经典军事运筹学

Classic Military Operations

刘　进　徐成涛　马满好　编著
李志猛　陈　杰　李卫丽

国防工业出版社
·北京·

内 容 简 介

本书主要阐述经典军事运筹学的原理和模型，首先粗略描绘了军事运筹学的学科概貌；其次简单介绍了军事运筹学的三大基本工具——优化理论、博弈理论与决策理论；最后一一介绍了军事运筹学的基本板块——搜索理论、射击理论、格斗理论、损耗理论、效能理论、统筹理论和模拟理论。本书编写体系严谨规范，可作为军队指挥学、管理科学与工程、控制科学与工程等专业本科生的教材或者教辅。

图书在版编目(CIP)数据

经典军事运筹学 / 刘进等编著. -- 北京：国防工业出版社，2025.1. -- ISBN 978-7-118-13524-4

Ⅰ. E911

中国国家版本馆 CIP 数据核字第 202443GB37 号

※

国防工业出版社 出版发行

(北京市海淀区紫竹院南路 23 号　邮政编码 100048)
三河市天利华印刷装订有限公司印刷
新华书店经售

*

开本 710×1000　1/16　　印张 22¼　　字数 384 千字
2025 年 1 月第 1 版第 1 次印刷　　印数 1—1600 册　　定价 148.00 元

(本书如有印装错误，我社负责调换)

国防书店：(010)88540777　　书店传真：(010)88540776
发行业务：(010)88540717　　发行传真：(010)88540762

前 言

军事运筹学是系统研究军事问题的定量分析及决策优化的理论和方法的学科,也是军事学术的重要组成部分。主要任务是为各类军事定量活动提供理论和方法,用以揭示各类军事系统的功能、结构和运行规律,科学地辅助军事决策和军事实践,合理利用资源,提高军事效能,启发新的作战思想。

军事运筹学的形成经历了一个漫长的过程。早在古代,人类从战争实践中就总结出了丰富的运筹思想,"运筹帷幄,决胜千里"一直是将帅们追求的最高境界。两次世界大战又为军事运筹实践提供了良好的契机。第二次世界大战后,军事运筹理论得到了突飞猛进的发展。20 世纪 50 年代末,军事运筹学基本上形成为一门独立的新学科。随着军事技术的进步,计算机技术的发展和高技术武器装备的出现,军事运筹学在解决军事战略、战役、战术、作战方法、军队指挥、后勤管理、军事训练等许多现实课题中起到不可替代的作用,进一步确立了军事运筹学作为现代军事学中一门独立学科的地位。

自 20 世纪 70 年代末至今,在钱学森等老一辈科学家的积极倡导下,我国的军事运筹学经历了起步研究、重点发展和全面发展等阶段,取得了很大的成绩,已成长为军事科学中最富生机、发展最快的学科之一,在应用成果、理论研究、作战模拟和人才培养等方面取得显著进展。目前,我国的军事运筹研究已形成一定规模和水平,为未来的发展奠定了良好的基础。

经过数十年的发展,军事运筹学已从第二次世界大战时期以战术指挥决策问题为对象,发展到今天以应用科技方法解决军事领域各类决策问题为对象的军事学科。它研究的内容、应用的范围,可以说覆盖了军事科学的各个基础理论学科。如军事力量建设和运用的筹划、战时对战争全局问题与平时对军事斗争全局问题的运筹；战役战斗行动的优化；军事指挥的科学决策；军队规模、编制体制的论证；后勤保障、技术保障的运筹；武器装备的体系建设方案和全寿命管理；军队人力资源的规划和管理，以及军备控制的研究和方案拟制等。

必须承认，军事运筹学是以问题为导向的学科，其理论体系并不是十分完善，呈现出多点不成面的形态。军事运筹学的底层理论体系到底由哪些构成，不同的专家有不同的看法！传统的观点认为，军事运筹学就是"十论"：优化理论、博弈理论、决策理论、搜索理论、射击理论、格斗理论、损耗理论、排队理论、库存理论、模拟理论。这是经典的看法，有道理也有一定的瑕疵，排队理论和库存理论体量很小，不足以和其它八论并列，充其量是优化理论的一部分。现代的观点认为，军事运筹学的传统"十论"是零散的点，不构成理论体系，必须重构军事运筹学，并且根据科学技术的演进赋予其时代特征，第二次世界大战时代发展的是机械化军事运筹学，20世纪后半叶发展的是信息化军事运筹学，21世纪前半叶要发展智能化军事运筹学，现在的军事运筹学还停留在机械化时代，信息化和智能化特征的军事运筹学体系还没有完全构建起来。这个观点是非常中肯的，信息工业革命和尚未形成共识的智能工业革命对军事运筹学学科提出了冲击和挑战，自然也是机遇。

站在学科的角度，军事运筹学体系的构建要分三个层面：理论方法层、技术手段层、应用环节层。从理论方法层来看，军事运筹学需要概率统计、优化理论、博弈理论、决策理论以及信息和智能的数学基础作为底层基座，没有很好的数学，无法想象军事运筹学会成为科学体系；从技术手段层来看，军事运筹学需要信息技术和智能技术，具体而言需要大数据、知识推理、机器学习、系统架构、仿真模拟、分布计算等细分技术手段作为实现工具；从应用环节来看，军事运筹学虽然在多类型的军事定量活动中无处不在，大到国家军事战略，小到班组战术安排，但是军事运筹的核心领域一定是作战指挥，具体包括：态势认知、规划决策、行动控制、效果评估和综合保障等五个重要的环节，这些环节需要利用多种数学的理论方法和多种信息智能的技术手段实现综合集成描述、建模、计算、仿真和验证等。

关于军事运筹学，我们是要写两本书的，一本是总结传统的《经典军事运筹学》，另一本是面向未来的《现代军事运筹学》，本书是这两本中的第一本。虽然传统军事运筹学或许有不少要素不太适应现代战争的需要，但是基于从历史中总结学科精髓的观点出发，还是很有必要用精炼的文字梳理经典军事运筹学的内容体系的。有了这样的考虑，我们对军事运筹学传统的"十论"进行了修改，变成了新的"十论":优化理论、博弈理论、决策理论、搜索理论、射击理论、格斗理论、损耗理论、效能理论、统筹理论、模拟理论。这样新的"十论"相较于传统的"十论"将排队理论和库存理论用效能理论和统筹理论所代替,这是因为排队论是搜索理论的重要基础,包含在搜索理论之中,排队理论和库存理论又只是优化理论的小小分支,而效能评估一直是军事定量的根基,统筹理论对于行动控制的具象化具有重要的作用。这样的"十论"可能会科学一些、合理一些。当然这是本书作者们的一家之言,可供讨论。

  本书的写作是由多位作者联合完成的。刘进完成了第1、2、3、4、7章,徐成涛完成了第9、10章,马满好完成了第11章,李志猛完成了第6章,陈杰完成了第5章并绘制了本书所有的插图,李卫丽完成了第8章。全书由刘进设计和统稿。

  本书作者们走上军事运筹学的研究道路,必须要感谢汪浩教授、沙基昌教授、张维明教授在国防科技大学创立和发展的军事运筹事业,正是他们在军事运筹学领域的筚路蓝缕、披荆斩棘,才为晚辈们铺平了道路。作者们时常温习《数理战术学》《战争设计工程》《体系设计工程》等专著,为其中的真知灼见、高屋建瓴所折服,也迸发出发展军事运筹学的使命感和焦虑感。当前,具有智能特征的新一轮军事变革正在蓬勃酝酿之中,对具有时代特征的军事运筹学的创新和发展提出了迫切的需求,而这正是作者们不可推卸的责任。

  本书的写作得到了国防科技大学系统工程学院的大力支持,得到了国防科技大学双重建设经费的资助,参考了几本非常经典的军事运筹学教材、科普读物和网络资料,在此一并表示感谢。

  限于作者水平,书中的观点和内容难免有不足和错误之处,请各位专家批评指正。

刘进
2024年5月于长沙
国防科技大学

目 录

第1章　学科概论　1

1.1　军事运筹学的基本概念　1

1.1.1　军事运筹学的来历　1

1.1.2　军事运筹学的定义　2

1.2　军事运筹学的形成和发展　3

1.2.1　军事运筹学的历史渊源　3

1.2.2　军事运筹学的萌芽时期　5

1.2.3　军事运筹学的形成时期　7

1.2.4　军事运筹学的发展时期　9

1.3　军事运筹学的研究内容　10

1.3.1　军事运筹学的研究对象　10

1.3.2　军事运筹学的研究目的　11

1.3.3　军事运筹学的基本内容　12

1.4　军事运筹学的研究方法和步骤　15

1.4.1　运筹学应用原则　15

1.4.2　运筹学的模型　16
1.4.3　军事运筹学的研究方法　17
1.4.4　军事运筹学的研究步骤　18

第2章　优化理论　19

2.1　优化引言　19

2.2　线性优化　20

2.2.1　多面体理论　20
2.2.2　线性规划基本定理　21
2.2.3　线性规划单纯形算法　23
2.2.4　线性规划最优性条件　26
2.2.5　线性规划对偶定理　27

2.3　非线性优化　28

2.3.1　问题举例与定义　28
2.3.2　局部与全局最优　30
2.3.3　对偶理论与KKT条件　32
2.3.4　下降搜索算法　36
2.3.5　典型求解算法的思想　38

2.4　随机优化模型　41

第3章　博弈理论　46

3.1　博弈引言　46

3.2　二人有限零和博弈：纯粹策略　46

3.2.1　模型要素　47
3.2.2　博弈值与解　47

3.2.3　解的刻画　52

3.3　二人有限零和博弈:混合策略　54

3.3.1　几个代数结论　55

3.3.2　混合扩张　56

3.3.3　混合值与解　57

3.3.4　混合博弈解的刻画　61

3.3.5　混合博弈解的存在性　63

3.4　完全信息静态博弈　68

3.4.1　基本模型　68

3.4.2　支配均衡　69

3.4.3　安全均衡　72

3.4.4　纳什均衡　74

3.4.5　均衡之间的关系　75

3.5　合作博弈模型与解概念　82

3.5.1　基本模型　82

3.5.2　等价表示　84

3.5.3　解概念原则　86

3.5.4　核心的定义性质　87

3.5.5　一些公理体系　89

3.5.6　沙普利值　90

第4章　决策理论　92

4.1　决策的分类　92

4.2　决策过程　93

4.3　单目标决策　95

4.3.1　不确定型决策　95

4.3.2	风险型决策	100
4.4	多目标决策	102
4.4.1	基本概念	102
4.4.2	化多为少的方法	104
4.4.3	分层序列法	110
4.4.4	多目标线性规划	110
4.4.5	层次分析法	112

第5章　搜索理论　118

5.1	引言	118
5.2	搜索理论原理	119
5.2.1	搜索规律及数学模型	119
5.2.2	搜索的描述式模型	121
5.2.3	搜索的标准式规划模型	131
5.2.4	搜索的标准式对策模型	134
5.2.5	相对运动中的发现势	135
5.3	搜索方法	139
5.3.1	面搜索	139
5.3.2	线搜索	141
5.3.3	应召搜索	143

第6章　射击理论　146

6.1	武器射击效率概述	146
6.1.1	有关射击的基本概念	146
6.1.2	射击效率的概念	149

6.2 射击误差 152

6.2.1 射击误差的概念和分布规律 152
6.2.2 圆概率误差与概率误差 157
6.2.3 射击的相关性与误差分组 158

6.3 对目标的毁伤律 161

6.3.1 毁伤律的基本概念 161
6.3.2 毁伤律的基本类型 166
6.3.3 零壹毁伤律 168
6.3.4 阶梯毁伤律 168
6.3.5 指数毁伤律 170
6.3.6 杀伤面积与矩形毁伤律 172
6.3.7 椭圆毁伤律 173

6.4 单发命中概率 173

6.4.1 一般表达式 173
6.4.2 精确公式 177

6.5 对单个目标的射击效率 183

6.5.1 独立发射(一组误差型)的毁伤概率 183
6.5.2 非独立发射(两组误差型)的射击效率 187

6.6 对集群目标的射击效率 189

6.6.1 射击效率指标 190
6.6.2 根据单位目标的毁伤概率进行计算 191
6.6.3 根据毁伤目标数的分布律来进行计算 192

第7章 格斗理论 195

7.1 基本概念 195

7.2　主要方法　196

7.2.1　概率分析方法　197

7.2.2　马尔科夫链方法　198

7.2.3　更新理论方法　200

7.3　基本格斗类型　202

7.3.1　离散情形的基本型格斗　203

7.3.2　连续情形的基本型格斗　205

7.3.3　毁伤时间和发射间隔　207

7.3.4　混合情形的基本型格斗　210

7.3.5　格斗开始条件的影响　211

第8章　损耗理论　217

8.1　概述　217

8.2　兰彻斯特和损耗理论　218

8.3　兰彻斯特第一线性定律　220

8.4　兰彻斯特平方律　224

8.5　兰彻斯特方程谱系　227

8.6　多兵种的兰彻斯特理论　228

8.7　兰彻斯特方程的应用　231

8.7.1　兰彻斯特方程的状态解　231

8.7.2　兰彻斯特方程的时间解　231

8.7.3　战斗分区的兰彻斯特定律　232

第9章　效能理论　235

9.1　效能分析的基本概念　235

9.1.1　效能概念　235
9.1.2　效能的量度　237
9.1.3　层次结构　239
9.1.4　效能指标的选择　240
9.1.5　武器系统的效能指标　242
9.1.6　效能指标评估的方法　243

9.2　武器系统的效能分析　244

9.2.1　武器系统效能分析的步骤　244
9.2.2　武器系统效能 ADC 模型　245
9.2.3　武器系统效能 SEA 方法　250

第10章　统筹理论　254

10.1　统筹法基础　254

10.1.1　统筹法概述　254
10.1.2　统筹图的级别、类型和拟制方法　260
10.1.3　统筹图的构作　267

10.2　统筹图计算　272

10.2.1　确定工时　272
10.2.2　图解计算法　275
10.2.3　表格计算法　283

10.3　统筹图的优化　287

10.3.1　统筹图的时间优化　287
10.3.2　统筹图的资源优化　291

第 11 章　　模拟理论　295

11.1　　作战模拟概况　295

11.1.1　　作战模拟发展简史　295
11.1.2　　作战模拟现状　296

11.2　　作战模拟的基本概念　297

11.2.1　　模型与模拟　297
11.2.2　　作战模型和作战模拟　298

11.3　　作战环境的定量描述　302

11.3.1　　战场气象条件的描述　302
11.3.2　　地形状态的描述　303
11.3.3　　战场地形描述的量化方法　305

11.4　　典型作战过程的描述　314

11.4.1　　战斗单位的机动　314
11.4.2　　蒙特卡洛统计试验法　320
11.4.3　　杜派指数法　330

参考文献　　342

第 1 章

学科概论

1.1 军事运筹学的基本概念

1.1.1 军事运筹学的来历

通俗地讲,军事运筹学的"运筹"就是运算、筹划的意思,几乎在每个人的头脑中天然地存在着;而"军事运筹",也就是站在军事的角度考虑运算、筹划问题。当要完成一项任务或做一件事时,人们头脑里常常会产生一个自然的想法,就是在条件许可的范围内,尽可能地找出一个最好的办法,去办好那件事。这种朴素的"选优"和"求好"的思想,实际上就是军事运筹学的基本思路。

依据《词源》,"运筹"一词出自中国《史记·高祖本纪》:"夫运筹策帷帐之中,决胜于千里之外。"汉朝的张良,长于"画策",是汉高祖刘邦的谋士。他常借助于吃饭用的筷子为刘邦筹算,曾制定破楚之策,刘邦多次称赞张良"运筹策帷帐之中,决胜于千里之外"。

最早有"军事运筹学"含义的英文词 operational research 出现于 1938 年。第二次世界大战前夕,英国面临如何抵御德国飞机轰炸的问题。当时德国拥有一支强大的空军,而英国是一个岛国,国内任一地点距海岸线都不超过 100km,这段距离当时德国飞机需飞行 17min。英国要在 17min 内完成预警、起飞、爬高、拦截等动作,在当时的技术条件下是非常困难的,因此要求及早发现目标。英国无线电专家沃森-瓦特研制成了雷达。但是后来在几次演习中发现,虽然雷达可以探测 160km 以外的飞机,但由于没有一套快速传递、处理和显示信息的设备,所探测到的信息无法提供给指挥员使用,从而不能发挥雷达的作用。当时英国的鲍德西雷达站负责人 A.P. 罗威建议马上开展对雷达系统运用方面的研究。为区别于技术方面的研究,他提出了"Operational Research"这个术语,原意为"作战研究"。Operational Research 在美国被称为 Operations Research。Operationd Research 和 Operations Research 的英文缩写均为 OR。

自 20 世纪 50 年代起,虽然欧美一些国家将这种用于作战研究的理论和方法广泛用于社会经济各领域,但仍沿用原词,使 OR 的含义有了扩展。OR 传入中国后,曾一度被译为"作业研究""运用研究"。1956 年,中国学术界通过钱学森、许国志等科学家的介绍,了解了这门学科,有关专家共同商定将 OR 译为"运筹学"。其译意恰当地反映了该词源于军事决策又军民通用的特点,并且赋予其作为一门学科的含义。

随着适用于军事领域的理论和方法应用的不断扩展,军事运筹理论研究工作得到深入发展,军事运筹理论逐渐成为一门独立的军事学科,在中国被称为"军事运筹学"(military operations research)。

1.1.2 军事运筹学的定义

虽然运筹学的性质和特点并没有太大的争议,但是军事运筹学作为一门年轻的军事学科,至今仍没有统一而确切的定义。

莫尔斯和金博尔在《运筹学方法》一书中称运筹学是"为执行部门对它们控制下的业务活动时,采取决策提供定量根据(以数量化为基础)的科学方法"。它首先强调的是科学方法,此含义不仅是某种研究方法的分散和偶然的应用,还可用于整个一类问题上,并能传授和有组织的活动。它强调以量化为基础,因此必然使用数学。但任何决策都包含定量和定性两个方面,而定性方面又不能简单地用数学表示,如政治、社会等因素,只有综合多种因素的决策才是全面的。运筹学工作者的职责是为决策者提供可以量化方面的分析,指出那些定性的因素。

美国 1978 年出版的《运筹学手册》认为"运筹学就是用科学方法去了解和解释运行系统的现象,它在自然界的范围内所选择的研究对象就是这些系统"。联合国国际科学技术发展局在《系统分析和运筹学》一书中,对运筹学所下的定义是"能帮助决策人解决那些可以用定量方法和有关理论来处理的问题"。运筹学是强调最优决策,"最优"是过分理想化了,在实际生活中往往用次优、满意等概念代替最优。因此,运筹学的又一定义是:"运筹学是一种给出问题坏的答案的艺术,否则问题的结果会更坏。"

张最良、李长生等所著的《军事运筹学》(军事科学出版社,1993 年)中给出的军事运筹学的定义是:"军事运筹学是应用数学和计算机等科学技术方法研究各类军事活动,为决策优化提供理论和方法的一门军事学科。"

李长生在其所著的《军事运筹学教程》(军事科学出版社,2000年)中给出的军事运筹学的定义是:"军事运筹学,是系统研究军事问题的定量分析及决策优化的理论和方法的学科。"

军事百科全书对军事运筹学是这样定义的:系统研究军事问题的定量分析及决策优化的理论和方法的学科,是军事学术的组成部分。军事运筹学以军事运筹的实践活动为研究对象,研究领域涉及作战指挥、军事训练、武器装备研制与发展、军队体制编制、军队管理、后勤保障等各个方面。其主要任务是为各类军事运筹分析活动提供理论和方法,用以揭示各类军事系统的功能、结构和运行规律,科学地辅助军事决策和军事实践,合理利用资源,提高军事效能,启发新的作战思想。在本书中,我们将采用军事百科全书对军事运筹学的定义。

1.2 军事运筹学的形成和发展

1.2.1 军事运筹学的历史渊源

虽然军事运筹学作为一门学科,是在第二次世界大战后逐渐形成的,但是军事运筹思想在古代就已经产生了。

早期的军事运筹思想可追溯至古代军事计划与实际作战运算活动中的选优求胜思想。公元前6世纪我国著名的军事家孙武可能是历史记载中最早的军事运筹思想的实践者了。在举世闻名的《孙子兵法》中,他提出的许多关于合理运用人力、物力获取战争胜利的见解,体现了丰富的军事运筹思想。

关于作战力量的运用与筹划的论述(运筹的重要性),孙子在《孙子》一书中写道:"夫未战而庙算胜者,得算多也;未战而庙算不胜者,得算少也。多算胜,少算不胜,而况于无算乎!"孙子认为:战前预计能够胜过敌人的,是因为筹划周密,胜利条件多;战前预计不能胜过敌人的,是因为筹划不周,胜利条件少。筹划周密,胜利条件多,可能胜敌;筹划不周,胜利条件少,不能胜敌;根本不筹划、没有胜利条件,岂不更差!

关于运筹研究的方法,写道:"兵法:一曰度,二曰量,三曰数,四曰称,五曰胜,地生度,度生量,量生数,数生称,称生胜。"这句话的大意是说,用兵之法,一是"度",二是"量",三是"数",四是"称",五是"胜"。根据战场地形情况,作出利用地形的判断;根据对战场地形的判断,得出战场容量的大小;根据战场容量大小,估计双方可能投入兵力的数量;根据双方可能投入兵力的数量,进行衡量对比;根据双方兵力的对比,判断作战的胜负。他把影响战争胜负的因素用"度、量、数、称"四个概念加以区别和联系,实际提供了四把量化战争因素的尺子,并指出使用四把尺子预测战争结局的程序。

关于兵力的运筹,孙子认为:"百战百胜,非善之善者也;不战而屈人之兵,善之善者也。"意思是说,百战百胜,不算是好中最好的;不战而使敌人屈服,才算是好中最好的。他还认为,"用兵之法,十则围之,五则攻之,倍则分之,敌则能战之,少则能逃之,不若则能避之。故小敌之坚,大敌之擒也"。意思是说,用兵的方法,有10倍于敌的绝对优势的兵力,就要四面包围,迫敌屈服;有5倍于敌的优势兵力,就要进攻敌人;有2倍于敌的兵力,就要设法分散敌人;与敌人兵力相等,就要善于设法战胜敌人;比敌人兵力少,就要善于摆脱敌人;各方面条件均不如敌人,就要设法避免与敌交战。弱小的军队如果只知坚守硬拼,那么就只会成为强大敌人的俘虏。

此外,《孙膑兵法》《尉缭子》《百战奇法》等历代军事名著及有关史籍,都有不少关于运筹思想的记载。例如,《史记·孙子吴起列传》中记载:战国齐将田忌与齐威王赛马,二人各拥有上、中、下三个等级的马,但齐王各等级的马均略优于田忌同等级的马,如依次按同等级的马对赛,田忌必连负三局。田忌根据孙膑的运筹,以自己的下、上、中马分别与齐王的上、中、下马对赛,结果是两胜一负。这反映了在总的劣势条件下,以己之长击敌之短,以最小的代价换取最大胜利的古典运筹思想,也是对策论的最早渊源。11世纪沈括的《梦溪笔谈》中根据军队的数量和出征距离,筹算所需粮草的数量,将人背和各种牲畜驮运的几种方案与在战场上"因粮于敌"的方案进行比较,得出了取粮于敌是最佳方案的结论,反映了当时后勤供应中多方案选优的思想。

在中国历史上,还有不少善于运用运筹思想而流芳百世的人物,如曹操、诸葛亮、李靖、刘基等。在古罗马、古希腊,也有许多类似的历史人物和运用运筹的实例。古希腊数学家阿基米德利用几何知识研究防御罗马人围攻叙拉古城的策略,也是体现军事运筹思想最早的典型事例之一。

在我国长期革命战争中,毛泽东和其他老一辈无产阶级革命家,在制定作战方针和实施作战指挥中,一贯重视兵力的运用研究,十分注重对敌我双方情况进行科学的定量分析,从统计资料中找出规律性数据,为决策提供依据。例如,土地革命战争时期,科学地分析战略形势,确定了农村包围城市的斗争道路;抗日战争时期,分析敌我力量对比,确定了持久战胜敌的思想;解放战争时期,基于对战争中敌我双方兵力消耗及兵员补充数据的分析,毛泽东提出了每战必须集中6倍、5倍、4倍、至少3倍于敌的兵力才能打歼灭战的兵力集中原则，指出了在歼敌一万、自损两千到三千的双方兵力消耗下平均每月歼敌一定数目的可能性，预测了夺取解放战争胜利的时间表，计算战争进程，确定在3~5年内从根本上消灭国民党军队、推翻国民党反动统治等，都科学地运用了定量分析的方法。历史证明了这种预测的正确性。此外，他还利用作战经验及大量统计数据，提出作战理论原则，并把一些重要的数量依据直接纳入原则体系，指导作战。十大军事原则中"每战集中绝对优势兵力(2倍、3倍、4倍，有时甚至是5倍或6倍于敌之兵力)，四面包围敌人，力求全歼，不使漏网"的原则，就是一例。

在古今中外战争史上，还可以找到大量运用军事运筹思想的事例。正因为有这样的历史渊源，才在科学技术水平及武器装备发展到一定阶段的条件下，产生了军事运筹学。

1.2.2 军事运筹学的萌芽时期

军事运筹学的萌芽时期是第一次世界大战至第二次世界大战结束。

第一次世界大战前期，英国工程师兰彻斯特发表了有关用数学研究战争的大量论述，建立了描述作战双方兵力变化过程的数学方程，被称为兰彻斯特方程。兰彻斯特第一次应用微分方程分析数量优势与胜负的关系，创造性地用数学方程式来描述两军对战的过程，从中论证了集中优势兵力的战略效果，定量地论证了集中兵力原则的正确性。1915年，俄国人M.奥西波夫独立推导出类似于兰彻斯特方程的奥西波夫方程，并用历史上的战例数据做了验证；同年，美国学者F.W.哈里斯首创库存论模型，用于确定平均库存与经济进货量，提高了库存系统的综合经济效益。之后美国人爱迪生为应对德国潜艇的威胁，他主要是用博弈理论、概率论和数理统计，研究水面舰艇躲避和击沉潜艇的最优战术。爱迪生得出商船用"之"字形方法机动，可大大避免遭受潜艇攻击的结论，减少敌方潜艇对商船的毁伤。这些研究虽然仅处于探索阶段，未能直接用于军事斗争，对当时的战争也未起到重要作用，但对后来的运筹学发展很有影响。

1921—1927年，法国数学家E.波莱尔发表的一系列论文为对策论的创建奠定了基础，其中证明了极小极大定理的特殊情形。这些均是为适应不同的军事需要而逐步发展起来的早期运筹理论和方法。

第二次世界大战中，英、美等国为了适应作战的需要，发明了一批新式武器。英国皇家空军为了应对德国飞机的空袭，研制出一种新的防空警戒工具——雷达；但由于武器的使用落后于武器的制造，因此，如何更有效地使用新式武器,在实践中充分发挥其作用,成为一个亟待解决的问题。1940年3月,英国国防部门成立了一个由物理学家勃兰凯特领导的小组,研究如何有效地使用雷达控制防空系统。该小组成员共11人,其中有两位数学家、四位物理学家、三位生理学家、一位测量员、一位军官。这是一个跨学科的小组,被人们称为"勃兰凯特杂技团"。开始雷达和高射武器配合不好,防空效果很低,甚至引起了人们对新装备——雷达作用的怀疑。后来这个小组在作战现场研究,找到了合理运用与配合雷达和高射武器的方法,使击毁敌机概率大大提高。值得一提的是当时从雷达的技术上讲,英国不如德国先进,可是由于运用得当,英国的作战效果比德国好得多。勃兰凯特小组的工作和成果引起了盟军的注意。

1942年3月,美国海军在反潜部队中成立了一个由莫尔斯领导的小组。莫尔斯是物理学家,他邀集了数学家和人寿保险、统计、遗传、量子力学等方面的专家,在反潜战研究中认为潜艇之所以可怕无非是因为它潜入水中不易被发现,所以首先要研究搜索,这个研究后来发展为搜索理论。发现敌艇后,还有如何击沉它的问题。当时海军使用的深水炸弹爆炸深度至少为75尺[①],杀伤范围只有20尺,由于空投时,飞机发现潜艇一般均在浮出水面时攻击,因此不易炸毁。后来根据这个小组的建议,使深水炸弹在水深30尺处爆炸,仅此一项措施,即使得潜艇的击沉率成倍增加。

1943年末,马歇尔将军在研究了海军和空军的运筹分析工作之后,给所有战场指挥官下达通知,建议成立类似的分析组来研究陆上作战问题。陆军方面虽然也成立了几个评价小组,取得了一些成果,但没有像海军和空军那样积极地利用这种方法。

第二次世界大战中,英、美等国家的各军种,特别是海军和空军,在军事运筹学的研究运用方面已不局限于使用武器装备的参数和性能达到最佳设计要求,而是发展到计划和预测某种作战方式或战术手段可能达到的效果。在情报的收集、处理,计划的组织、制定,战术的运用、研究,实现决心的预测、分析等各方面都进行了一种新的尝试。即用数学和综合分析的方法,从复杂的现象中找到敌人行动的规律,根据这些规律决定自己的战术,充分发挥自己的特长,以取得最大的战斗效果。

到第二次世界大战结束时,美、英两国从事军事运筹工作的科学技术人员,即使保守地估计也远远超过700名。他们运用自然科学的方法评估空军和海军的战斗行动效能,提供了一系列有关战术革新和战术计划的建议,为取得战

---

① 1尺=0.33米。

争胜利做出了重要贡献。例如：通过研究提出反潜深水炸弹的合理爆炸深度，使德国潜艇被击沉的数量增加了 3 倍；提出船只受敌机攻击时，大船应急转向，而小船应缓慢转向的逃避方法，使船只中弹数由 47% 降至 29%；论证商船安装高炮的合理性，使商船损失率由 25% 降至 15%；提出以平均飞机出动架次作为维修系统的效能准则，使飞机出动架次几乎增加 1 倍，显著提高了有限数目飞机对商船的护航能力等。

1938 年，当时任英国作战研究部主任的罗威把科学家的这些工作称为 "Operational Research"（运筹学）。这是运筹学作为这一学科命名的最早起源。

这一时期军事运筹研究的特点是：研究集中在短期、战术性作战急需的问题上；使用实战统计数据；结果直接提供给作战指挥人员并可立即得到实践检验；等等。

1.2.3 军事运筹学的形成时期

军事运筹学的形成时期是第二次世界大战结束至 20 世纪 60 年代中期。

英国于 1945 年底成立了军事部所属的运筹小组，并着手研究士兵及其武器、装备和服装质量的提高，对新武器装备的要求，战斗训练的内容和方法，供应和管理等方面的问题。美国海军运筹学小组战后继续开展工作，1947 年改为运筹评价小组。1946 年 10 月，空军成立了作战分析部，后改为空军作战部的作战分析处。他们从开始就和工业部门建立了紧密的联系，著名的兰德公司就是在空军的支持下发展起来的。

1948 年，陆军后勤部负责研究与发展的副部长马柯利夫少将邀请霍普金斯大学为研究小组提供技术帮助，成立了普通研究部，后改名为"运筹研究部"。国防部 1948 年 12 月批准成立了武器系统评估小组，要求它为国家武装力量提供"有关现代和未来武器系统在未来各种作战条件下的效能的准则、客观的分析和评估数据"。原驻太平洋陆军司令被任命为该组组长，莫尔斯博士为技术组长。他们的主要任务是：估计在完成作战计划规定的各种行动时的战斗损失，为完成一定军事目的所需的兵力兵器，以及部队的作战能力等。为此研究各种数量估计方法，建立一系列数学公式组成的空战模型。

朝鲜战争爆发后，美国运筹部长亲自率领小组上前线收集数据。海军研究了中朝高炮火力和海军航空兵机炮火力的相互制约关系，远东美军总司令还要求运筹部研究对步兵战斗行动近距离空中支援等问题。

这一阶段军事运筹学的发展主要为以下 3 个方面。

(1) 奠定了军事运筹学的理论基础。其中，一部分理论直接来自战争期间和战后年代的军事运筹实践,另一部分理论虽然并非直接来自军事运筹实践,但无论是在军事领域还是在非军事领域运用,都十分有效。属于前者的理论,如 1951 年美国公开出版的《运筹学方法》一书。该书作者美国物理学家莫尔斯(P. M. Morse)和金博尔(G. E. Kimball)都是第二次世界大战期间美国海军军事运筹组织的研究成员。这本书系统地介绍了战争期间军事运筹工作的研究成果,可算作军事运筹学的第一本奠基性著作。1956—1957 年美国学者库普曼(B. O. Koopman)根据战争期间美、英海军对德反潜战的搜索经验连续发表的三篇关于《搜索论》的论文,也属于这一类理论。属于后者的理论如 1944 年美国数学家冯·诺伊曼(John von Neumann)和摩根斯特恩(O. Morgenstern)合著的《对策论与经济行为》,1947 年美国数学家丹契克(G. B. Dantzig)为解决空军军事计划问题而提出的求解一般线性规划问题的单纯形法,以及 1956 年美国数学家贝尔曼(R. E. Bellman)提出的动态规划理论,等等。另外,人们还根据从战争中所得到的认识,重新评价和肯定了许多运筹学先驱者的工作,如丹麦工程师埃尔朗(A. K. Erlang)1917 在哥本哈根电话公司研究电话通信系统时提出的排队理论的一些著名公式,20 世纪 20 年代初提出的存贮论最佳批量公式,20 世纪 30 年代出现的关于商业零售问题的运筹解法等。在前人工作的基础上,规划理论、排队理论、库存和生产的数学理论、网络技术等一系列分支都在这一时期奠定了基础。

(2) 随着军事运筹学方法在各领域(包括非军事领域)的成功应用及基础理论的成熟,出现了建立一般运筹学学科的趋势。从 1951 年起美国哥伦比亚大学和海军研究生院等院校先后设置运筹学专业,培养这一专业的大学本科与硕士人才。军队、政府、企业、院校等部门设立了众多运筹学研究与应用机构,英国、美国相继于 1948 年和 1952 年成立了运筹学会。1959 年成立了国际运筹学会联合会(IFORS)。运筹学成为一门独立学科的结果进一步促进了军事运筹学理论研究与应用的进展。

(3) 军事运筹学的应用重点从"战术"问题转向"规划"问题,包括选择和设计未来战争的武器系统,论证合理的兵力结构,制定国防规划,等等。这是一类与战时运筹分析完全不同的问题。例如,早期运筹分析的一个重要应用是研究盟国驱逐舰对威胁护航的德国潜艇的最佳搜索方式;但在战后的分析中,分析者不仅要考虑潜艇对自己船只的威胁,还要考虑它们对城市和基地的威胁。为了寻求应对这种威胁的途径,分析者必须对尚未生产甚至尚未研制的新型探测和截击设备进行评估,还必须研究使用这些设备的合适战术。研制一种新型装备需要几年时间,因此,这种研究不再仅限于现实目标明确、有实战数据的现实作战行动。此外,经济因素变得越来越重要,由于不能用战争检验效能,注意的中心逐步转移到费用方面,因此导致效费分析理论的发展,着力研究以最小费用实现给定目标的途径。军事运筹学在这一方面的进展带来了巨大经济效益,以至于20世纪60年代初美国国防部长麦克纳马拉在兰德公司帮助下,在国防经费预算分配中建立了以效费分析为基础的规划计划预算管理体制(PPBS)。这一制度有效地组织了国防部的资源管理,在美国制定战略核威慑力量规划等方面起了很大作用,仅在其任期内,7年中约节约国防经费一千多亿美元。直到今天仍是美国国防管理的一项基本制度。

1.2.4 军事运筹学的发展时期

军事运筹学的发展时期是20世纪60年代中期至现在,这一时期军事运筹学的发展是与导弹、核武器的发展和数字计算机技术的广泛应用密切联系在一起的。在这方面,最深刻的变化是计算机作战模拟成为军事运筹学研究的基本方法。

20世纪50年代以来,美国、苏联、北约和以色列,都非常重视作战模拟技术的研究和应用。例如,以色列在历次中东战争中的作战计划,甚至偷袭乌干达机场的具体战斗计划,都首先经过战术模拟技术的严格检验。20世纪90年代初,海湾战争前美国多次运行各种模拟模型,分析情况,研究对策。例如,在海湾战争前,美国厄木斯和萨乍兰公司的F-16模拟系统,日夜运行训练,利用计算机储存的大量情报,自动生成任务沿线背景,训练飞行员的应急对策能力;还在计算机上进行了最初18h对伊拉克的空袭仿真。直到1996年,美国陆军还进行过"爱国者"导弹的"虚拟作战"。美国国防部还以中国为对象,在1992年向国会做了"中国致胜"的作战模拟,起宣传作用,以争取国防预算,并于1995年6月事先进行了对塞族目标轰炸的仿真。20世纪90年代,美国海军研制了一个高级海军作战模拟系统,利用分布式交互仿真技术,建设一个能连接各舰艇所有战斗系统及整个特混舰队基地港口的模拟系统,能演练海军作战的每种战斗(防空、突击、水面作战、水面火力支援等)功能,并进行综合演练。目前各国在作战模拟技术的研究方面,发展十分迅速。

我军现代作战模拟的研究起步较晚,大体是在20世纪70年代末经钱学森同志倡议开始的。为了推动这项工作的展开,中国系统工程学会成立后不久,就在1981年5月组建了军事系统工程委员会,并在京召开了全国首届计算机作战模拟学术会议。1985年3月,又召开了首次全军作战模拟经验交流会。1987年6月,作为该委员会刊物的《军事系统工程》创刊掀起一股作战模拟

"热",先后出现了上百个不同规模层次、不同用途的模拟模型。以军事科学院、国防大学、国防科技大学为代表的军事院校和科研单位,研制了作战模拟模型用于武器效能论证和战斗、战役模拟,如反坦克武器效能模型,炮兵作战模型,坦克战术模拟模型,分队战术模拟系统,海、空战模拟,电子战模拟,局部战争辅助分析系统,师团对抗模拟模型等,并已从战术模拟系统发展到战役模拟模型。有的还直接针对实际问题,如首都防空网优化模型。在模拟方法上既有解析模型、统计模型,还引进指数法用于作战模拟。具有代表性的成果有"长城一号""长城二号""红山一号""红山二号""长江二号""快模三号""快模四号"等。众多作战模型的研制成功,促进了军事科研学术活动,在教学和科研的实践中提高了水平,培养了人才。

依靠计算机作战模拟这种"作战实验"方法部分弥补了和平时期运筹研究得不到实战检验的缺陷,大大推动了军事运筹学向深度和广度的发展。除此之外,计算机技术的进展也使得应用数值计算方法解决大规模复杂运筹问题成为可能,推动了运筹学的进一步发展。为了进行军事运筹课题研究,各运筹研究机构研制了许多计算机作战模型及运筹计算软件。随着军事技术的迅速进步,导弹、核武器、综合自动化指挥系统及各种电子化装置等一大批高技术武器装备的出现,在军事战略、作战方法、军队指挥、军队编制、后勤管理、军事训练等方面提出了许多新课题。军事运筹研究在解决这些课题中所起的不可替代的作用,进一步确立了军事运筹学在现代军事科学体系中作为一门独立学科的地位。

海湾战争、科索沃战争及美军对阿富汗的作战,充分说明了军事运筹学的理论和方法在现代高技术条件下局部战争中的关键作用。作为"硬件"的高、新技术武器装备,如果没有运用数字计算机技术、现代仿真技术、运筹学的方法建立起来的"软件"支持,是不可能转化为巨大的战斗效能的。

为适应未来高技术条件下军事活动复杂多变的决策需要,军事运筹学的发展将进一步和电子计算机技术、人工智能及系统科学等现代科学技术结合,更广泛地应用于军事活动各个领域。

1.3 军事运筹学的研究内容

1.3.1 军事运筹学的研究对象

军事运筹学的研究对象属于军事活动中的决策优化问题。

在这里,军事活动泛指在军事力量的建设和运用中,为达到一定军事目的而进行的军事资源运用活动。而决策优化则在于寻求合理有效的军事资源运用方案或使方案得到最大改进。军事资源包括军事活动所使用的人员、武器装备、经费或时间等。因此,所说的军事活动决策优化可以是战略、作战、训练、装备、编制、后勤及军费管理等各个方面和各个层次的问题。这种研究在军事科学的其他分支中虽然有所涉及,但总的说来,不太明显且多半限于定性的说明。

军事运筹学与其他军事学科不同的地方就在于它从决策优化的角度研究军事活动,力求不仅从定性方面而且着重从定量方面提供可操作的决策优化理论和方法。随着军队武器装备的现代化,尤其是高科技在军事上的应用,军事力量建设和运用变得更加复杂。如果不深入地从定性、定量两个方面研究其决策问题,那么,不用说优化决策,就连最基本的可行决策都不可能做出。从这个意义上讲,军事运筹学以其特有的研究对象而成为一门独立的军事学科乃是军事科学适应现代战争需要而发展的结果。

军事运筹学与运筹学相比,最主要的区别是研究对象不同,而运筹学的一般方法及思想是完全适用于军事运筹学的。

1.3.2 军事运筹学的研究目的

军事运筹学这个名称包括了对军事活动中决策优化理论方法的科学研究和以应用研究结果、提出决策建议为目的的具体军事运筹研究两个方面。无论哪一方面,其目的都是实现决策的优化,即为决策者更好地作出运用军事资源的决策提供有数量根据的行动方案。这个目的进一步说明了军事运筹研究的应用性特点。

首先,军事运筹研究应不断明确并紧紧围绕决策的目标,强调目标的优化和实现目标的行动方案的优化。

其次,军事运筹研究的成果,无论是给出运用军事资源的更好的行动方案,还是做出这种行动方案的科学方法,其成效都主要依靠改变资源的应用方式或方法,即依靠合理、有效地运用军事资源。例如在第二次世界大战期间,盟国军队基于大船队和小船队被潜艇击沉的数目相近这一事实,决定采取扩大每次护航船队的方案,结果大大降低了损失船只的平均数。这里,扩大船队的方案就是军事运筹研究的成果。

再次,运筹研究所给出的行动方案必须有数量根据且可操作。用科学方法研究的目的正在于此。当然,在大多数决策中,定量方面不是事情的全部,还有许多其他方面,诸如政治、传统、道义等因素也很重要。因此,运筹研究在提出行动方案时,除数量根据外,还要尽可能把其他需要考虑的某些非数量根据指出来。

最后,运筹研究是为决策者作出决策提供建议的。因此,表达研究成果的技术是运筹研究非常重要的组成部分。所有的科学成果都含有向其他人员传达研究成果的意思。但是运筹研究的成果通常要传达给非科学技术人员的决策者,在运筹研究的成果没有以一种决策者能够理解的方式传达给他们以前,任何运筹研究工作都不能认为是完成了的。当然,决策者也要尽可能地增进对运筹研究的了解,以便更有效地发挥运筹研究在决策中的作用。

1.3.3 军事运筹学的基本内容

军事运筹学是自然科学与军事科学相结合而发展起来的一门交叉学科。它的内容十分广泛且在不断发展中,关于其内容体系目前还没有形成统一的看法。但大致说来,其理论包括以下三大部分。

1. 一般方法论

它是解决军事运筹研究与实践问题的一般方法。主要包括:军事运筹问题的定量描述方法,军事运筹研究的一般步骤,军事运筹工作的有效组织方法,战场调查和数据搜集方法,军事运筹方案的运行实验和检验方法,等等。

2. 基础理论

它主要是用科学方法研究资源运用活动而建立起来的、既可应用于军事领域又可应用于非军事领域的一般理论。这些理论基于对研究对象所做的一定数学抽象。这种数学抽象在运筹学中称为"模型",按照模型对客观现象的反映深度,可以把基础理论分为以下三部分。

(1)经验模型理论。它是由实验或观察数据建立经验或预测模型的理论、方法。这类模型主要反映现象的行为特性。所用的工具主要是概率论和数理统计。

(2)解析模型理论。它是针对专门类型运用问题建立的解析模型及其求解的理论,它们反映了形成现象行为的深层机制。其中,属于确定性模型的理论有线性规划、整数规划、图论和网络流、几何规划、非线性规划、目标规划和最优控制理论等。属于随机模型的理论有随机过程、排队理论、价值理论、决策分析等。属于冲突模型的理论有对策理论等。

(3)仿真模型理论。它是从内在机制和外部行为两个方面结合对所研究的现象或过程进行仿真分析的理论。如网络仿真模型、系统动力学模型、蒙特卡洛过程仿真模型等。

总的来说,军事运筹学的基础理论包括如下部分。

概率统计。概率论与统计学是军事运筹学中最基本的数学工具,在军事运筹分析中广泛应用。概率论是从数量角度研究大量随机现象,并从中获得规律的理论。统计学则是研究如何有效地搜集、整理随机数据,找出随机现象数量指标分布规律及其数字特征的理论。很多军事问题和基础数据均可运用上述理论进行描述或获取。

优化理论。研究如何将有限的人力、物力、资金等资源进行最适当最有效的分配和利用的理论,即研究可控变量 $x=(x_1,x_2,\cdots,x_n)$ 在某些约束条件下求其目标函数在 x 处取极大(或极小)值的理论。根据问题的性质与处理方法的不同,它又可分为线性规划、非线性规划、整数规划、动态规划、多目标规划等不同的理论。在军事资源分配等方面的运筹分析中有着广泛的应用。

特殊的优化理论——排队理论。研究关于公用服务系统的排队和拥挤现象的随机特性和规律的理论。军事上常用于作战、通信、后勤保障、C^3I 系统的运行管理等领域的运筹分析。

特殊的优化理论——库存理论。研究合理、经济地进行物资储备的控制策略的理论。军事上主要用于后勤管理领域的运筹分析。

博弈理论。研究冲突现象和选择最优策略的一种理论。适用于军事对抗和冲突条件下的决策策略等方面的运筹分析。

决策理论。研究决策者如何有效地进行决策的理论和方法。决策理论指导军事决策人员根据所获得的各种系统的状态信息,按照一定的目标和衡量标准进行综合分析,使决策者的决策既符合科学原则又能满足决策者的需求,从而促进决策的科学化。通常在军事决策问题的运筹分析中有广泛的应用。

搜索理论。研究在探测手段和资源受到限制的情况下,如何以最短时间和最大可能、最有效地找到某个特定目标的理论和方法。通常用于军事目标搜索、边防巡逻、搜捕逃犯以及军事情报检索等方面的运筹分析。

武器射击理论。研究关于武器系统射击效率及火力最佳运用的理论。主要用于武器系统的设计、研制与使用过程中的毁伤效果计算、精度分析、靶场试验及综合评价等方面的运筹分析。

兰彻斯特方程。描述敌对双方交战过程中兵力变化关系的微分方程组,包括第一线性律、第二线性律与平方律。用以揭示在特定的初始兵力兵器条件下,敌对双方战斗结果变化的数量关系。主要用于作战指挥、军事训练、武器装备论证等方面的运筹分析。

效能评估理论。军事运筹研究问题基本上可分为两大类:第一类问题(直接问题或分析问题),就是对给定的备选运筹方案或军事系统(武器系统或军事组织)的效能和/或作战效能进行评估。第二类问题(逆问题或综合问题),就是找出保证获得规定(或最大可能)效能或使效能获得最大改进的运筹方案或条件。解决上述两类问题都离不开效能概念及其评价。从一定意义上说,效能是军事运筹研究的出发点和归宿,而效能评价则是军事运筹学的一个基本研究内容。在讨论具体的军事运筹研究问题前,对效能概念及其评价的理论和方法进行讨论是十分必要的。

网络分析。通过对系统的网络描述,应用网络理论,研究系统并寻求系统优化方案的方法。广泛应用于作战指挥、训练演习、武器装备研制、后勤管理等军事活动的组织计划、控制协调等方面的运筹分析。

军事模型与模拟。对军事问题的抽象描述与仿真。军事模型是现实世界军事活动本质特征的近似描述,而不是全部属性的复制。模拟是指运用模型进行实验的过程。作战模拟是作战对抗过程的仿真实验。广泛应用于各类军事问题的运筹分析。

相关的理论与方法。在研究解决军事运筹问题中,还经常用到一些相关理论和方法,如模糊数学、系统动力学、决策支持系统等。

3. 应用理论

随着自然科学与军事科学的不断发展,军事运筹学在军事领域中的应用研究日益广泛和深入,在各专门领域运筹分析实践的基础上,已经或正在形成一系列针对不同层次、面向专门领域的理论和方法。其所涉及的应用领域有战略运筹研究、国防科技发展运筹研究、作战运筹研究、军事训练运筹研究、后勤保障运筹研究、武器系统运筹研究、军队组织结构与干部管理运筹研究,以及军事外交、军事经济、军法、军援、军备控制等的运筹研究。

军事战略运筹分析。对与军事战略有关的全局性问题进行定量研究和方案选优的理论和方法。它涉及的问题包括战略环境、战略目标、常备力量与后备力量建设、国防动员体制、战略后勤、国防经济、军事外交、军备控制和裁军、军事威慑与军事冲突、局部战争与全面战争、常规战争与核战争等方面的分析、预测和评估。由于战略问题不确定因素多,有些问题难于单纯用定量方法解决,因此需要定量分析与定性分析结合,计算机与人的判断结合。

国防科技发展运筹分析。对国防科技发展的方针、政策、目标、规划等有关问题进行定量分析和方案选优的理论和方法。可用于解决诸如重大项目评价、国防科技投资方向以及新技术在国防中应用的可行性研究等问题。

作战运筹分析。对作战的有关问题进行定量分析和方案选优的理论和方法。内容主要包括综合分析判断敌情、评估交战双方作战能力、优化兵力编成、部署和协调作战及各种保障计划等。主要用于作战辅助决策等。

军事训练运筹分析。对军事训练的组织与实施进行定量分析和方案选优的理论和方法。主要内容包括训练体制和训练内容、训练的组织实施、训练效果评估等方面的论证分析。

后勤保障运筹分析。对后勤保障进行定量分析和方案选优的理论和方法。内容主要包括后勤指挥、军费需求与分配、武器装备保管与维修、卫生勤务保障、军队运输方面的优化分析等。

武器系统运筹分析。对武器系统的发展、部署和使用进行定量分析与方案选优的理论和方法。主要内容包括武器系统作战效能、武器系统全寿命费用、武器系统费用效能、武器系统可靠性、易损性与生存能力等方面的分析、预测与评估等。

军队组织结构与干部管理运筹分析。对军队组织的各部分或要素的组合方式与干部队伍结构、需求和规划控制等进行定量分析与方案选优的理论和方法。涉及的问题包括：军队整体的宏观分析与具体单位的微观分析；军队结构的控制幅度、指挥层次、职权区分、单位编制、相互关系；干部编制结构、培养任用、流动规律、考核评估、进退升流等管理方面的分析。

相对基础理论而言，应用理论不太成熟，其范围和分类将随着军事运筹学在军事领域中的应用而不断发展。

1.4 军事运筹学的研究方法和步骤

1.4.1 运筹学应用原则

为了有效地应用运筹学，前英国运筹学学会会长托姆林森提出6条原则。

(1) 合伙原则。合伙原则是指运筹学工作者要和各领域的工作者，尤其是同实际部门工作者合作。

(2) 催化原则。在多学科共同解决某问题时，要引导人们改变一些常规的看法。

(3)互相渗透原则。要求多部门彼此渗透地考虑问题,而不是只局限于本部门。

(4)独立原则。在研究问题时,不应受某人或某部门的特殊政策所左右,应独立从事工作。

(5)宽容原则。解决问题的思路要宽,方法要多,而不是局限于某种特定的方法。

(6)平衡原则。要考虑各种矛盾的平衡、关系的平衡。

此外,尽管定量方法是军事运筹学的主要研究方法,但现代战争中许多事件或过程的特性不可能单纯用数量来表示,也不可能用严格数学公式来描述,如指挥人员的组织才能、军队的士气、人员的素质等。因此,军事运筹学的研究必须注意定量分析与定性分析的结合。

1.4.2 运筹学的模型

运筹学在解决问题时,按研究对象不同可构造各种不同的模型。模型是研究者对客观现实经过思维抽象后用文字、图表、符号、关系式以及实体模样描述所认识到的客观对象。模型的有关参数和关系式是较容易改变的,这样有助于问题的分析和研究。利用模型可以进行一定预测、灵敏度分析等。

模型有3种基本形式:①形象模型;②模拟模型;③符号或数学模型。目前用得最多的是符号或数学模型。构造模型是一种创造性劳动,成功的模型是科学和艺术的结晶,构建模型的方法和思路有以下5种。

(1)直接分析法:按研究者对问题内在机理的认识直接构造出模型。运筹学中已有不少现存的模型,如线性规划模型、投入产出模型、排队模型、存贮模型、决策和对策模型等。这些模型都有很好的求解方法及求解的软件,但用这些现存的模型研究问题时,要注意不能生搬硬套。

(2)类比法:有些问题可以用不同方法构造出模型,而这些模型的结构性质是类同的,由此就可以互相类比,如物理学中的机械系统、气体动力学系统、水力学系统、热力学系。军事科学的组成部分及电路系统之间就有不少彼此类同的现象,甚至有些经济、社会系统也可以用物理系统来类比。在分析某些经济、社会问题时,不同国家之间有时也可以找出某些类比的现象。

(3)数据分析法:对有些问题的机理尚未了解清楚,若能收集到与此问题密切相关的大量数据,或通过某些试验获得大量数据,就可以用统计分析法建模。

(4)试验分析法:当有些问题的机理不清,又不能做大量试验来获得数据时,只能通过做局部试验的数据加上分析来构造模型。

（5）想定法：当有些问题的机理不清，又缺少数据，还不能做试验来获得数据时，如一些社会、经济、军事问题，人们只能在已有的知识、经验和某些研究的基础上，对于将来可能发生的情况给出逻辑上合理的设想和描述，然后用已有的方法构造模型，并不断修正完善，直至比较满意为止。

模型的一般数学形式可用下列表达式描述：

$$\min f(x,y,z)$$
$$\text{s.t.} \quad g(x,y,z) \leq 0$$

式中：$f(x,y,z)$ 为目标评价准则；$g(x,y,z)$ 为约束条件；x 为决策变量；y 为参数；z 为随机因素。

目标的评价准则一般要求达到最佳（最大或最小）、适中、满意等，准则可以是单一的，也可是多个的。约束条件可以没有，也可以有多个。当 g 是等式时，即为平衡条件。当模型中无随机因素时，称为确定性模型，否则称为随机模型。随机模型的评价准则既可用期望值，也可用方差，还可用某种概率分布来表示。当可控变量只取离散值时，称为离散模型，否则称为连续模型。另外，可以按使用的数学工具将模型分为代数方程模型、微分方程模型、概率统计模型、逻辑模型等。当用求解方法来命名时，模型可以分为直接最优化模型、数字模拟模型、启发式模型。也可以按用途将模型分为分配模型、运输模型、更新模型、排队模型、存储模型等。还可以根据研究对象将模型分为能源模型、教育模型、军事对策模型、宏观经济模型等。

1.4.3 军事运筹学的研究方法

军事运筹学除遵循一般的科学研究方法外，还有其特殊的研究方法，具体内容如下。

（1）实验方法。即在受控条件下的军事活动实验中，验证军事运筹学某一理论符合实践的程度和预测方案实施的可能效果，从而丰富和发展军事运筹学的理论内容。

（2）总结经验方法。军事运筹学的理论和方法，大多是从军事运筹实践中总结出来的一些定量分析理论和方法，这些理论和方法具有一定的普遍性。因此，当遇有同类性质的问题时，可以采用这些理论和方法进行研究和分析。由于军事问题的复杂性，在利用理论分析的结果时，必须通过大量的运筹实践进行检验和修正。

（3）人—机结合方法。电子计算机的出现，拓展了军事运筹学的研究方法，出现了一些适用于军事运筹理论研究的人—机结合的新方法，使那些用常用的研究方法难以进行深入探索的层次较高、内容较复杂的问题得以解决。

1.4.4 军事运筹学的研究步骤

军事运筹学在解决大量军事实际问题过程中形成了自己的工作步骤。

(1)提出和形成军事问题。即要清楚军事问题的目标、可能的约束、问题的可控变量以及有关参数，并搜集有关资料。

(2)建立模型。即把军事问题中可控变量、参数和目标与约束之间的关系用一定的模型表示出来。

(3)求解。用各种手段(主要是数学方法，也可用其他方法)将模型求解。解可以是最优解、次优解、满意解。复杂模型的求解需用计算机，解的精度要求可由决策者提出。

(4)解的检验。首先检查求解步骤和程序有无错误，其次检查解是否反映现实问题。

(5)解的控制。通过控制解的变化过程决定对解是否要做一定的改变。

(6)解的实施。是指将解用到实际军事场景中必须考虑到实施的问题，如向实际部门讲清解的用法，以及在实施中可能产生的问题和修改。

以上过程应反复进行。

第2章

优化理论

2.1 优化引言

最优化作为数学的一个重要分支,就像分析学、代数学、几何学一样,是无法给出精确的数学定义的,只能说数学家共同体认为是最优化的内容就是最优化。

虽然不能给出最优化的精确数学定义,但是我们可以给出最优化的描述性定义。

定义 2.1 在一组可行的方案中,按照一定的目标和规则选择最优、次优、满意解的数学理论、计算方法、实践应用的综合型学科称为最优化。

从描述性定义可以看出,最优化不仅强调最优,还强调次优甚至满意。

例如,求解如下优化问题:

$$\min_{x \in [0,1]} (ax^2 + bx + c)$$

这个例子是二次函数在闭区间上的最小值和最小值点。观察目标函数是连续的,函数的可行域也是连续的,这类优化问题被称为连续优化问题。

一般而言,学术界将最优化模型按照函数的性质划分为线性模型和非线性模型。线性模型是指目标函数、不等式约束和等式约束都是线性函数的优化问题,这是最简单、最基础的优化模型。非线性模型是指目标函数、不等式约束和等式约束至少有一个函数是非线性函数的模型,数学中的绝大多数函数都是非线性函数,所以非线性模型比线性模型要多很多。

优化理论是军事运筹的重要数学工具,优化理论的本质是在一定目标设计、条件约束下寻求最优、次优或者满意解。优化理论包括连续优化、离散优化和随机优化三大板块,它们都有各自的理论体系和应用领域。本章主要介绍线性优化、非线性优化和随机优化在军事运筹领域应用较多的模型理论和算法。

2.2 线性优化

线性优化是优化理论中最简洁的模型,但是具有基本的重要性,其中的思想方法是其他复杂模型的基础。

2.2.1 多面体理论

定义 2.2 假设 $\Omega \subseteq \mathbb{R}^n$ 是 n 维空间的子集,则称为凸集,如果
$$\forall \alpha \in [0,1], \forall x, y \in \Omega \Rightarrow \alpha x + (1-\alpha) y \in \Omega.$$

定义 2.3 假设 A 是一个 $m \times n$ 矩阵, $b \in \mathbb{R}^m$ 是一个列矢量,我们称集合
$$P = \{x : Ax \leq b\}$$
为多面体。

定义 2.4 给定一个超平面 $H = \{x \in \mathbb{R}^n \mid p^T x = \alpha\}$,若多面体 $P \subset H_{(\leq)} = \{x : p^T x \leq \alpha\}$,则称不等式 $p^T x \leq \alpha$ 为多面体 P 的一个有效不等式。

定义 2.5 假设 $p^T x \leq \alpha$ 是多面体 P 的一个有效不等式,相应的超平面记为 H,则集合
$$F = H \cap P = \{x \in P \mid p^T x = \alpha\}$$
称为多面体 P 的一个面。此时,不等式 $p^T x \leq \alpha$ 称为面 F 的一个表示。特别地,若多面体 P 的一个面 $F \neq \emptyset$,并且 $F \neq P$,则称 F 为 P 的一个正常面。

注释 2.1 可以看出,若多面体 P 的一个面 $F \neq \emptyset$,当且仅当它相应的超平面 H 是 P 的支撑超平面。

定理 2.1 假设多面体 $P = \{x \in \mathbb{R}^n : Ax \leq b\}$。式中:矩阵 $A = (a^1, a^2, \cdots, a^{|I|})^T$;向量 $b = (b_1, b_2, \cdots, b_{|I|})^T$; I 为不等式约束指标集。令 $I^=$ 和 $I^\leq$ 分别表示 P 的等式指标集合和不等式指标集合,若 F 是 P 的一个非空的面,则 F 也是多面体,并且具有如下形式的不等式表示:
$$F = \{x \in \mathbb{R}^n \mid (a^i)^T x = b_i (\forall i \in I_F^=), (a^i)^T x \leq b_i (\forall i \in I_F^\leq)\}$$
式中: $I \supset I_F^= \supset I^=, I_F^\leq = I - I_F^=$。

定义 2.6 假设 $\Omega \subset \mathbb{R}^n$ 为非空的凸集,若 $x \in \Omega$ 不能表示为 Ω 中的两个不同点的凸组合,即不存在两个不同的点 $x_1 \neq x_2 \in \Omega$ 和实数 $\alpha \in (0,1)$,使得 $x = \alpha x_1 + (1-\alpha) x_2$,则 x 称为 Ω 的一个极点。

定义 2.7 假设 $\Omega \subset \mathbb{R}^n$ 为非空的凸集,若矢量 $d \in \mathbb{R}^n - \{0\}$ 满足 $\forall x \in \Omega$,射

线 $R(x,d) = \{x + \lambda d : \lambda \geq 0\} \subset \Omega$，则称矢量 d 是 Ω 的一个回收方向。非空凸集所有回收方向构成的尖锥（包括 $\mathbf{0}$ 矢量），称为 Ω 的回收锥，记为 $0^+\Omega$。

定义 2.8 假设 d_1, d_2 为非空凸集 Ω 的两个回收方向，若对于任意的 $\lambda > 0$，都有 $d_1 \neq \lambda d_2$，则称 d_1, d_2 是 Ω 的两个不同的回收方向。当非空凸集 Ω 的回收方向 d 不能表示成它的两个不同回收方向的锥组合时（非负系数组合），该方向 d 称为 Ω 的一个极方向。

例 2.1 多边形的顶点、多面体的顶点、闭圆盘的边界点都是极点。

例 2.2 假设 $\Omega = \{x \in \mathbb{R}^n : Ax = b, x \geq 0\}$ 是非空的，矢量 $d \neq 0$，则 d 是 Ω 的回收方向当且仅当 $Ad = 0, d \geq 0$。

定理 2.2 若多面体 $P = \{x \in \mathbb{R}^n : Ax \leq b\} \neq \varnothing$，则

(1) x 为 P 的极点 $\Leftrightarrow x$ 为 P 的一个 0 维面；

(2) d 为 P 的极方向 $\Leftrightarrow$ 射线 $R(0, d) = \{\lambda d : \lambda \geq 0\}$ 为多面锥 $P^0 = \{x : Ax \leq 0\}$ 的一个 1 维面；

(3) 如果多面体 P 的极点（极方向）存在，那么极点（极方向）的个数一定是有限的。

定理 2.3 若多面体 $P = \{x \in \mathbb{R}^n : Ax \leq b\} \neq \varnothing$，并且 $\text{rank}(A) = n$，则

(1) P 的极点集合是非空的有限集合，记为 $\{x_k\}_{k \in K}$；

(2) P 的极方向集合记为 $\{d_j\}_{j \in J}$（我们约定，当 P 不存在极方向时，指标集合 $J = \varnothing$），那么

$$P = \text{conv}\{x_k : k \in K\} + \text{cone}\{d_j : j \in J\}$$
$$= \left\{ x \in \mathbb{R}^n : x = \sum_k \lambda_k x_k + \sum_j \mu_j d_j, \sum_k \lambda_k = 1, \lambda_k \geq 0, \mu_j \geq 0 \right\}$$

(3) 指标集合 $J = \varnothing \Leftrightarrow P$ 是有界集合。

推论 2.1 若多面体 $\Omega = \{x \mid Ax \leq b, x \geq 0\}$ 是非空的，则 Ω 必定存在极点。

2.2.2 线性规划基本定理

线性规划，顾名思义研究的是目标函数和约束函数都是线性函数的规划问题。根据多面体表示定理，可以推导出线性规划的基本定理。

定理 2.4 若 $P = \{x \mid x \in \mathbb{R}^n, Ax \leq b\} \neq \varnothing$，则

(1) $\max\{c^T x \mid x \in P\}$ 有限 $\Leftrightarrow$ 存在 P 的一个极点为最优解；

(2) $\max\{c^T x \mid x \in P\}$ 无界 $\Leftrightarrow$ 存在 P 的一个极方向 d^*，使得 $c^T d^* > 0$。

线性规划的表现形式多种多样，我们可以对其进行标准化处理，线性规划的标准形式是指如下形式的优化问题：

$$\min \ c^T x$$
$$\text{s.t.} \ Ax = b$$
$$x \geq 0$$

式中：$A \in M_{m \times n}(\mathbb{R}), b \in \mathbb{R}^m, c, x \in \mathbb{R}^n$。记可行域
$$\Omega = \{x \mid Ax = b, x \geq 0\}$$

标准形式中：x_i 为决策变量；c_i 为价格系数；$c^T x$ 为目标函数；a_{ij} 为技术系数；b_i 为右端项。线性规划问题就是指寻找决策变量的一种特殊取值，在满足所有约束的前提下，使目标函数达到极小化。

标准形式为求解线性规划的研究和软件开发提供了一个合适的平台，那么如何将一般型的线性规划问题转化为标准型呢？一般而言，具有如下几种技巧。

(1) 不等式转化为等式。

对于 $\sum_j a_{ij} x_j \leq b_i$，增加一个松弛变量：
$$r_i = b_i - \sum_j a_{ij} x_j.$$

对于 $\sum_j a_{ij} x_j \geq b_i$，增加一个剩余变量：
$$s_i = \sum_j a_{ij} x_j - b_i.$$

(2) 受限与非受限变量转化为非负变量。

对于 $x_j \leq l_j$，进行平移变化：$\hat{x}_j = x_j - l_j$；

对于 $x_j \leq u_j$，进行反射变化与平移变化：$\hat{x}_j = u_j - x_j$；

对于自由变量 $x_j \in \mathbb{R}$，将它分解为非负变量之差：$x_j = y_j - z_j$，其中 $y_j \geq 0, z_j \geq 0$。

(3) 极大化转化为极小化。

将目标函数乘 -1，然后对其极小化。

定理 2.5 假设线性规划标准形式的可行域 $\Omega \neq \varnothing$，则有如下结论。

(1) 线性规划存在有限最优解，当且仅当对于可行域 Ω 的任意极方向 $d_j (j \in J)$，都有 $c^T d_j \geq 0$。

(2) 线性规划存在有限最优解，则其最优解可以在 Ω 的某个极点上取到。

根据线性规划基本定理，可知问题归结于对可行域的极点和极方向的研究，对此有如下的定义和性质。

考虑可行域 $\Omega = \{x \mid Ax = b, x \geq 0\}$，其中矩阵 $A = (B, N) \in M_{m \times n}(\mathbb{R})$。假设 $\operatorname{rank}(A) = m$，子矩阵 B 可逆。令变量 $x^T = (x_B^T, x_N^T)$，则
$$x_B = B^{-1} b - B^{-1} N x_N \geq 0, \ x_N \geq 0$$

式中：$x_N \geq 0$ 为自由的未知量。

定义 2.9 给定任意一个满足方程 $Ax = b$ 的解 x，若 $x_N = 0, x_B = B^{-1}b$，则 x 为与 Ω 相关的一个基本解，此时矩阵 B 为基矩阵，x_B 中对应的分量为基变量，x_N 中对应的分量为非基变量。进一步，若 $x_B = B^{-1}b \geq 0$，则相应的基本解 x 为 Ω 的一个基本可行解，子矩阵 B 为可行基矩阵，x_B 为一组可行基变量。特别地，当 $x_B = B^{-1}b > 0$ 时，基本解 x 为一个非退化的基本可行解，否则为一个退化的基本可行解。

定理 2.6 给定一个非空集合 $\Omega = \{x \mid Ax = b, x \geq 0\}$，其中矩阵 $A \in M_{m \times n}(\mathbf{R})$，若设 $\mathrm{rank}(A) = m$，则下面 3 个集合相等。

(1) Ω 的基本可行解集。
(2) $\{x \mid x \in \Omega$ 其中正分量对应的 A 中的各列线性无关$\}$。
(3) Ω 的极点集。

推论 2.2 对于标准型的线性规划，假设可行域 $\Omega \neq \varnothing$，$\mathrm{rank}(A) = m$，则 Ω 至多有 C_n^m 个极点。

定义 2.10 若线性规划的可行域非空，则线性规划是相容的，否则是非相容的。若线性规划的所有基本可行解都是非退化的，则线性规划是非退化的，否则是退化的。

2.2.3 线性规划单纯形算法

单纯形算法是一种迭代算法。任何一个迭代算法通常由 3 个主要步骤组成，实际上分别回答了 3 个问题。

(1) 如何确定一个既有效、计算又方便的初始点？通常，初始点影响到算法的整体效果。若算法对于初始点的选择比较敏感，就需要花费更多的计算量去寻找合适的初始点。有时，寻找一个初始点的计算量可以占到计算总量的一半以上。

(2) 检验求解目标是否实现？算法一般要提供一个算法结束的规则，在每个迭代点检验该规则是否满足。对于最优化问题，这意味着检验迭代点是否具有最优性。此外，在数值优化的计算过程中，常常要考虑计算误差对算法的影响。

(3) 如何选择移动方向和步长等参数，使算法产生一个更容易实现求解目标的点？迭代算法的有效性依赖于一个迭代机制，根据该机制寻找到好的迭代方向，并确定合适的步长，以便向更接近求解目标的地方移动。确定移动方向和步长的迭代机制构成了一个迭代算法的核心。

当相容的线性规划问题最优解存在时,其最优值可以在多面体的某个顶点取得。单纯形算法的基本思想就是从多面体的某个顶点出发,移动到使目标函数有所改进的相邻顶点;然后,再从相邻顶点出发,移动到另一个更好的顶点,直至到达最优的顶点。根据前文的讨论可知,顶点极点集合与可行域的基本可行解的集合是一样的,所以从代数的角度来看,单纯形算法实质上是从一个基本可行解出发,求出使目标函数得到改进的相邻的基本可行解,循环往复,直到求得最优的基本可行解,或者判断最优基本可行解不存在。

假设 x^* 是线性规划标准型的基本可行解,矩阵 $A=(B,N)$,其中 B 为可行基矩阵。若将基变量 x_B 和非基变量 x_N 对应的价格系数分别记为 c_B 和 c_N,则对于任意一个可行解 x,我们有 $x_B = B^{-1}b - B^{-1}Nx_N$。于是线性规划标准型问题可以等价转换为

$$\min z = c_B^T B^{-1} b + [0, c_N^T - c_B^T B^{-1} N] \begin{pmatrix} x_B \\ x_N \end{pmatrix}$$

$$= c_B^T B^{-1} b + r^T x$$

$$\text{s. t.} \begin{pmatrix} x_B \\ x_N \end{pmatrix} = \begin{pmatrix} B^{-1}b \\ 0 \end{pmatrix} + \begin{pmatrix} -B^{-1}N \\ I_N \end{pmatrix} x_N, \begin{pmatrix} x_B \\ x_N \end{pmatrix} \geq 0$$

其中

$$r =: \begin{pmatrix} 0 \\ c_N - (B^{-1}N)^T c_B \end{pmatrix} = c - A^T B^{-T} c_B$$

为与可行基矩阵 B 或者基本可行解 x^* 相对应的既约费用矢量,I_N 是一个 $(n-m) \times (n-m)$ 的单位矩阵。为了以后叙述方便,约定

$$D = \begin{pmatrix} -B^{-1}N \\ I_N \end{pmatrix}$$

并且把 D 称为顶点 x^* 处的方位矩阵,其中 D 的列矢量指示出与 x^* 相邻的基本可行解所在的方位。对于基本可行解 x^* 来说,它对应的目标函数值 $z^* = c_B^T B^{-1} b$。于是,$\forall x \in \Omega$,有 $z - z^* = r^T x$。特别地,注意到 $x \geq 0$,所以 $r \geq 0$ 蕴含着 $z \geq z^*$,即下面的定理成立。

定理 2.7 若 $x^* \in \Omega$ 是一个基本可行解,并且其对应的既约费用矢量 $r \geq 0$,则 x^* 是线性规划标准型的一个最优基本可行解。由于根据 r 中分量的符号可以推断出相应的基本可行解是否最优,所以我们把这些分量 r_i 称为判别数。

如果某个判别数 $r_j < 0$,则将非基变量 x_j 引进,替代某个基变量,就有可能减少目标函数值。我们把用一个非基变量替代某个基变量的过程称为转轴过

程,简称转轴。转轴的结果是得到一个与当前基本可行解相邻的另一个基本可行解,并且目标函数又有所改善。

方位矩阵 D 的列矢量实际上是可行域 Ω 的边方向(也有可能是极方向),对应于 x_j 的列

$$d_j = \begin{pmatrix} -B^{-1}A_j \\ e_j \end{pmatrix}$$

满足 $Ad_j = 0$。式中: e_j 为单位矩阵 I_N 中与 x_j 对应的列; A_j 为 A 的第 j 列。容易验证,在引入参数 x_j 后,基变量 $x_B = B^{-1}b - B^{-1}A_j x_j$。当矢量 $d_j \geq 0$ 时, d_j 是可行域的一个方向。此时,由于 $c^T d_j = r_j < 0$,所以线性规划是无下界的。当 $d_j \not\geq 0$ 时,若当前基本可行解是非退化的,则 d_j 是可行域的一个可行方向,即存在一个正数 δ,使得

$$A(x + \alpha d_j) = b, x + \alpha d_j \geq 0, \alpha \in (0, \delta]$$

沿着该方向移动,就可以改进当前的目标函数值。

定理 2.8 假设 x^* 是线性规划问题的基本可行解,既约费用矢量 $r \not\geq 0$,若与非基矢量 x_j 对应的判别数 $r_j < 0$,并且可行的边方向 d_j 存在,则沿此方向移动可以减少目标函数的值。特别地, $d_j \geq 0$ 时,线性规划无下界。

通常而言,可能有多个判别数小于零,并且对应的变方向也是可行的。此时,为了改进目标函数值,在理论上可以选择任意一个非基变量入基。不同的选择入基变量的方法,对应着不同的单纯形算法。为了清楚说明转轴过程,我们可以把它分为三个部分。①转入规则,即确定入基的非基变量;②转出规则,即确定出基的基变量;③具体的转轴操作,比如,最小下标规则即在所有的 $r_j < 0$ 中选择最小的下标 q,最大减少率规则,即选择最小的 $r_j < 0$ 对应的下标 q。

在给定一个边方向 d_q 作为移动方向之后,就需要确定相应的移动步长 α。由于 $c^T d_q = r_q < 0$,并且希望新的可行解也是基本解,因此就要求在不破坏可行性约束的条件下,沿着方向 d_q 的移动步长极大化,即 $\alpha \to \max$。容易看出,当 $d_q \geq 0$ 时,线性规划的目标函数可以趋向负无穷大。不妨假设 $d_q \not\geq 0$,则希望确定的移动步长满足

$$\alpha = \min_{i \in \mathcal{B}} \left\{ -\frac{x_i^*}{d_q^i} \mid d_q^i < 0 \right\}$$

式中: $\mathcal{B}$ 为基本可行解 x^* 中的基变量的下标集合。这种确定步长的规则为最小比值检验。在线性规划非退化时,与进基变量 x_q 对应的出基变量 x_p 是存在唯一的,记为

$$p = \mathrm{argmin}_{i \in \mathcal{B}} \left\{ -\frac{x_i^*}{d_q^i} \mid d_q^i < 0 \right\}.$$

定理 2.9 假设 x^* 是线性规划问题的基本可行解,若非基变量 x_q 对应的判别数 $r_q < 0$,并且边方向 $d_q \not\geq 0$ 是一个可行方向,则最小比值检验的步长机制将产生一个新的基本可行解,使得目标函数减少。

下面介绍单纯形算法的步骤。

步骤 1:初始化。给定初始可行基矩阵 $\boldsymbol{B}_0$,记基变量和非基变量的指标集合分别为 $\mathcal{B}_0$ 和 $\mathcal{N}_0$,置 $k \leftarrow 0$。

步骤 2:计算迭代点和迭代值。计算逆矩阵 $\boldsymbol{B}_k^{-1}$ 以及基本可行解 $x_k = (x_{\boldsymbol{B}_k}, x_{N_k})^{\mathrm{T}}$,其中 $x_{\boldsymbol{B}_k} = \boldsymbol{B}_k^{-1} b, x_{N_k} = 0$;计算目标函数值 $z_k = c_{\boldsymbol{B}_k}^{\mathrm{T}} x_{\boldsymbol{B}_k}$。

步骤 3:最优性检验。对于任意的 $j \in \mathcal{N}_k$,计算判别数 $r_j^k = c_j - c_{B_k}^{\mathrm{T}} B_k^{-1} A_j$。利用最大减少率规则确定入基变量下标 $q = \mathrm{argmin}_{j \in \mathcal{N}_k} r_j$。若 $r_q \geq 0$,则 x_k 和 z_k 分别为最优解和最优值,算法停止;否则,转步骤 4。

步骤 4:无界性检验。计算边方向 $d_q = \begin{pmatrix} -\boldsymbol{B}_k^{-1} A_q \\ e_q \end{pmatrix}$。若 $d_q \geq 0$,则线性规划无下界,算法停止;否则,利用最小比值检验规则确定出基变量下标 $p = \mathrm{argmin}_{i \in \mathcal{B}_k} \left\{ -\frac{x_i^*}{d_q^i} \mid d_q^i < 0 \right\}$;

步骤 5:转轴操作。令非基变量 x_q 进基替代基变量 x_p,计算新的可行基矩阵 $\boldsymbol{B}_{k+1}$;置 $k \leftarrow k+1$,转步骤 2。

定理 2.10 对于相容的非退化线性规划问题,单纯形算法经过有限次迭代,或者得到最优的基本可行解,或者得到线性规划无下界的判据。

注释 2.2 除了单纯形算法,内点法是解决线性规划问题的另一种重要方法,有兴趣的读者可以参考相关文献。

2.2.4 线性规划最优性条件

最优性条件是指线性规划最优解必须满足的一些微分或者代数等式,对于研究优化问题具有重要意义。

定理 2.11 对于线性规划问题

$$\min c^{\mathrm{T}} x,$$
$$\mathrm{s.t.} \quad x \in \Omega = \{x \mid x \in \mathbb{R}^n, Ax \geq b, x \geq 0\}$$

x^* 是其最优解,当且仅当存在矢量 $w \in \mathbb{R}^m, r \in \mathbb{R}^n$,使得

$$Ax^* \geq b, x^* \geq 0$$
$$c - A^T w - r = 0, w \geq 0, r \geq 0$$
$$w^T(Ax^* - b) = 0, r^T x^* = 0.$$

定理 2.12 对于线性规划问题

$$\min c^T x,$$
$$\text{s.t. } x \in \Omega = \{x \mid x \in \mathbb{R}^n, Ax = b, x \geq 0\}$$

x^* 是其最优解,当且仅当存在矢量 $w \in \mathbb{R}^m\}, r \in \mathbb{R}^n$,使得

$$Ax^* = b, x^* \geq 0$$
$$A^T w + r = c, r \geq 0$$
$$r^T x^* = 0.$$

2.2.5 线性规划对偶定理

考虑标准形式的线性规划问题 PLP

$$\min z = c^T x,$$
$$\text{s.t. } Ax = b, x \geq 0$$

再考虑和上面的线性规划问题有着密切联系的问题 DLP:

$$\min z = b^T w$$
$$\text{s.t. } A^T w \leq c, w \in \mathbb{R}^m.$$

称 DLP 为 PLP 的对偶问题,对偶问题 DLP 的可行解简称为对偶可行解。

更一般地,可以建立如下的对偶关系:问题 PLP1

$$\min c^T x$$
$$\text{s.t. } A_1 x \geq b_1$$
$$A_2 x = b_2$$
$$A_3 x \leq b_3$$
$$x \geq 0$$

和问题(DLP1)

$$\min b_1^T w_1 + b_2^T w_2 + b_3^T w_3$$
$$\text{s.t. } A_1^T w_1 + A_2^T w_2 + A_3^T w_3 \leq c$$
$$w_1 \geq 0, w_2 \text{ 任意}, w_3 \leq 0.$$

关于线性规划和对偶的线性规划,有下面的对偶定理。

定理 2.13 假设问题 PLP 的可行域为 S,问题 DLP 的可行域为 T。若 $S \neq \varnothing, T \neq \varnothing$,则 $\forall x \in S, w \in T$ 有 $c^T x \geq b^T w$。

定理 2.14 假设问题 PLP 的可行域为 S,问题 DLP 的可行域为 T。若存在 $x^* \in S \neq \varnothing, w^* \in T \neq \varnothing$,使得有 $c^T x^* = b^T w^*$,则 x^*, w^* 分别是 PLP 和 DLP 的最优解。

定理 2.15 假设问题 PLP 无下界,则它的对偶形式 DLP 是不相容的。反之若问题 DLP 无上界,则问题 PLP 是不相容的。

定理 2.16 问题 PLP 和它的对偶形式 DLP 都有最优解当且仅当它们都是相容的。

定理 2.17 (1)问题 PLP 和它的对偶形式 DLP 中任何一个问题存在有限的最优解,则另一个问题也存在有限的最优解,并且它们的目标函数值相等;

(2)问题 PLP 和它的对偶形式 DLP,若其中一个问题的目标函数值无界,则另一个问题是不相容的。

定理 2.18 假设问题 PLP 的可行域为 S,问题 DLP 的可行域为 T。若 $x^* \in S, w^* \in T$,则 x^*, w^* 是 PLP 和 DLP 的最优解当且仅当要么 $c - A^T w^* = 0$,要么 $x^* = 0$,并且要么 $Ax^* - b = 0$,要么 $w^* = 0$。

2.3 非线性优化

本章前面涉及的都是线性优化的模型、理论、算法和应用。我们重新审视一下线性优化的定义

$$\min_{\Omega} c^T x$$

式中:可行域 $\Omega = \{x | Ax = b, x \geq 0\}$ 为由线性等式和不等式刻画的多面体;目标函数 $c^T x$ 为线性函数。我们必须承认,线性优化的模型太特殊了。无论是从数学本身内在的理论驱动来看,还是从满足现实应用的角度来看,都可以对可行域和目标函数进行推广。可行域 Ω 的几何形态不一定是多面体,可以是千奇百怪的形态,具体刻画它的函数可以是线性的,也可以是高度非线性的,同样目标函数可以是线性的,也可以是高度非线性的。微积分告诉我们,在函数的领域,线性是最简单、最特殊、最常见、比例最少的函数种类,占据函数空间绝大部分地盘的是非线性函数。因此,无论是为了发展数学理论,还是为了应用的需要,都需要发展非线性规划。下面就来介绍非线性规划的例子、基本模型、基本理论、基本算法和简单的编程实现。

2.3.1 问题举例与定义

例 2.3(军事系统评估) 为了对一个军事系统进行多属性(假设有 n 个属

性)的综合评价,就需要知道每个属性的相对重要性,即确定它们的权重。为此将各属性的重要性(对评价者或者决策而言)进行两两比较,从而得出如下的判断矩阵:

$$J = \begin{pmatrix} a_{11} & \cdots & a_{1n} \\ \vdots & \ddots & \vdots \\ a_{n1} & \cdots & a_{nn} \end{pmatrix}$$

式中:元素 a_{ij} 为第 i 个属性的重要性与第 j 个属性的重要性之比。现需要从判断矩阵 J 计算出各属性的权重 w_i, $i = 1, 2, \cdots, n$。为了使求出的权矢量

$$(w_1, w_2, \cdots, w_n)$$

在最小二乘的意义上能最好地反映出判断矩阵的估计,由

$$a_{ij} \approx \frac{w_i}{w_j}$$

可得模型

$$\min \sum_i \sum_j (a_{ij} w_j - w_i)^2$$
$$\text{s.t.} \sum_i w_i = 1$$
$$w_i \geq 0, \forall i$$

例 2.4(军费预算问题) 一个国家的军费预算是个复杂重要的问题。预算的产生总是基于一定的历史数据和原则。假设上一年度国家的军事决算数据为 $(a_1, a_2, \cdots, a_n)$,其中 a_i 是投入到第 i 项军事建设的费用。假设今年国家根据财政收入确定了军事总投入为 K,军事部门要制定计划将这些经费投入到 n 项建设,为了更好地发挥效益,制定了如下评估方案:

$$\min \phi(x_1, x_2, \cdots, x_n)$$
$$\text{s.t.} \ |x_i - a_i|_2 \leq \delta_i, x_i \geq 0, \forall i$$
$$\sum_i x_i = K$$

式中:x_i 为分配给第 i 项建设的经费;$\phi(x_1, x_2, \cdots, x_n)$ 为经费的综合性能评估;$|x_i - a_i|_2 \leq \delta_i$ 为今年投给第 i 项建设的资金和去年相比,波动控制在一定范围之内。

从上面的两个例子,可以给出数学优化模型的一般形式:

$$\min f(x)$$
$$\text{s.t.} \ g(x) \leq 0$$
$$h(x) = 0$$

式中: $x \in \mathbb{R}^n$ 为决策变量; $f: D_1 \subseteq \mathbb{R}^n \to \mathbb{R}^1$ 为目标函数; $g = (g_1, g_2, \cdots, g_m)^T : D_2 \subseteq \mathbb{R}^n \to \mathbb{R}^m$ 为不等式约束函数; $\mathbf{h} = (h_1, h_2, \cdots, h_p)^T : D_3 \subseteq \mathbb{R}^n \to \mathbb{R}^p$ 为等式约束函数。在此必须指出的是,函数 $f(x), g(x), h(x)$ 的定义域 D_1, D_2, D_3 都是按照运算法则自然导出的定义域,没有添加人为的设定,特别地,称集合 $D = D_1 \cap D_2 \cap D_3$ 为优化模型的定义域。表达式 $g(x) \leq 0$ 表示了决策变量 x 必须满足的不等式约束, $h(x) = 0$ 表示了决策变量 x 必须满足的等式约束。我们的目的就是在所有满足不等式约束和等式约束的决策变量中找到使目标函数最小的点并且算出最小值。

如果 $f(x), g_1(x), g_2(x), \cdots, g_m(x), h_1(x), h_2(x), \cdots, h_p(x)$ 都是线性函数,那么这个模型就为线性规划;如果 $f(x), g_1(x), g_2(x), \cdots, g_m(x), h_1(x), h_2(x), \cdots, h_p(x)$ 中有一个函数是非线性的,那么这个模型就为非线性规划。从这个定义可以看出,线性规划是极少的,非线性规划是极多的。线性规划和非线性规划的划分是极为不平衡的。

为了更加简便地表示,定义可行域

$$\Omega = \{x \mid x \in \mathbb{R}^n, x \in D, g(x) \leq 0, h(x) = 0\}$$

就是在模型的定义域 D 上将不等式约束和等式约束用集合表达出来。因此上面的数学优化模型可以抽象表示为

$$\min_{\Omega} f(x)$$

因此如果 Ω 是多面体, $f(x)$ 是线性函数,那么这个模型就是线性规划;反之,如果 Ω 不是多面体,或者 $f(x)$ 不是线性函数,那么这个模型就是非线性规划。

2.3.2 局部与全局最优

2.3.1 节,我们将数学优化模型

$$\min f(x)$$
$$\text{s. t.} \quad g(x) \leq 0$$
$$h(x) = 0$$

或者

$$\min_{\Omega} f(x)$$

按照线性与非线性的标准进行了划分。我们也指出,这种划分是非常不均衡的。实际上,在现代运筹学中,凸优化与非凸优化的划分更为科学。如果将函数的复杂度看成一条数轴,最左边表示线性,越向右,非线性程度越高,那么线性非线性的划分点靠近最左边,而凸与非凸的划分模式就向右推进了一大步,

显得更加均衡合理。为了讲清楚为什么要这样划分,需要介绍凸集和凸函数的概念。

定义 2.11 假设 $\Omega \subseteq \mathbb{R}^n$ 是 n 维空间的子集,称为凸集,如果
$$\forall \alpha \in [0,1], \forall x,y \in \Omega \Rightarrow \alpha x + (1-\alpha)y \in \Omega.$$

凸集的几何含义就是集合中任意两点之间的线段仍然在这个集合中。在生活中,一般而言,西瓜是凸集,但是西瓜皮不是凸集,圆盘是凸集,圆周不是凸集。很多凸集放在一起(也就是做并运算)不一定是凸集,比如很多西瓜堆在一起因为有空隙就不是凸集。但很多凸集求公共(也就是做交运算)还是凸集。

定义 2.12 假设 $\Omega \subseteq \mathbb{R}^n$ 是 n 维欧几里得空间的凸集,函数 $f:\Omega \to \mathbb{R}^1$ 为凸函数,如果
$$\forall \lambda \in [0,1], \forall x,y \in \Omega \Rightarrow f(\lambda x + (1-\lambda)y) \leq \lambda f(x) + (1-\lambda)f(y).$$

凸函数的几何含义就是定义域两点间的函数图像在连接这两点的函数值的弦的下方。很多初等函数都是凸函数,比如线性函数 $f(x) = ax + b, x \in \mathbb{R}^1$ 是凸函数,二次函数 $f(x) = x^2, x \in \mathbb{R}^1$ 是凸函数,指数函数 $f(x) = \exp(x), x \in \mathbb{R}^1$ 也是凸函数。所以凸函数不仅包括线性函数,也包括很多非线性函数。

函数 $f:\Omega \to \mathbb{R}^1$ 是凸函数,实数 $\alpha \in \mathbb{R}^1$,下水平集定义为
$$S_\alpha = \{x \mid x \in \Omega, f(x) \leq \alpha\}$$
凸函数的一个好性质是它的任意下水平集都是凸集。

定义 2.13 假设 $\Omega \subseteq \mathbb{R}^n$ 是 n 维欧几里得空间的凸集,函数 $f:\Omega \to \mathbb{R}^1$ 是凸函数,那么如下的模型为凸优化模型:
$$\min_{\Omega} f(x).$$

上述定义中 Ω 是抽象的凸集,我们希望将其具体化。考察前文中的可行域 $\Omega = \{x \mid x \in \mathbb{R}^n, x \in D, g_i(x) \leq 0, i = 1,2,\cdots,m; h_j(x) = 0, j = 1,2,\cdots,p\}$ 如何控制其为一个凸集呢?根据凸函数的下水平集还是凸集、多面体是凸集的朴素认知,我们知道当 $g_i(x), i = 1,2,\cdots,m$ 是凸函数,$A \in M_{p \times n}(\mathbb{R})$ 是矩阵,$b \in \mathbb{R}^p$ 是列矢量时
$$\Omega = \{x \mid x \in \mathbb{R}^n, x \in D; g_i(x) \leq 0, i = 1,2,\cdots,m; Ax = b\}$$
是凸集,因此可以给出下面关于凸优化模型的具体定义。

定义 2.14 假设 $f(x), g_i(x), i = 1,2,\cdots,m$ 是凸函数,$A \in M_{p \times n}(\mathbb{R})$ 是矩阵,$b \in \mathbb{R}^p$ 是列矢量,那么模型
$$\min f(x)$$
$$\text{s.t.} \quad g(x) \leq 0$$
$$Ax = b$$

为凸优化模型。

具体的凸优化模型和抽象的凸优化模型本质上是一样的。如前文所述,较之线性与非线性,凸与非凸的划分更为科学合理。那么,凸优化模型究竟有什么独特的优点呢?为此需要一些概念与定义。

定义 2.15 假设 $\min_\Omega f(x)$ 是数学优化模型,如果满足
$$f(x^*) \leqslant f(\Omega).$$
则称 $x^* \in \Omega$ 是模型的全局最优点。

定义 2.16 假设 $\min_\Omega f(x)$ 是数学优化模型,如果满足
$$\exists r > 0, \text{s. t.}, f(x^*) \leqslant f(\Omega \cap B(x^*, r)).$$
则称 $x^* \in \Omega$ 是模型的局部最优点。

如果以海拔作为一个函数,那么地球上的最低点是马里亚纳海沟,这是全局最优点;假设你在珠穆朗玛峰顶,用登山镐挖了一个小坑,那么这个小坑就是局部最优点。所以局部最优的概念和全局最优的概念差异巨大。我们自然希望寻找全局最优,但是借助算法,往往找到的是局部最优。那么有没有一种模型找到的局部最优就是全局最优呢?有!

定理 2.19 假设 $\min_\Omega f(x)$ 是凸优化模型,那么:①模型的局部最优和全局最优是等价的,②模型的所有全局最优点形成一个凸集。

上述定理从局部最优与全局最优的关系阐述了凸优化模型的优势,不仅如此,就像线性优化模型的单纯形算法一样,凸优化模型有成熟的算法,可以高效求解,而一般的非线性优化模型是无法做到的。

2.3.3 对偶理论与 KKT 条件

在微积分和本书前文的论述中,知道无约束的优化问题是比较好处理的,有约束的问题往往难以处理。我们自然会问一个问题:能不能将一个约束的问题变成一个无约束的问题呢?这种思想就是拉格朗日对偶。

数学优化模型
$$\min f(x)$$
$$\text{s. t. } g(x) \leqslant 0$$
$$h(x) = 0$$

的转化,线性化是个好方法。为了表述方便,我们将这个模型的最优值记为 p^*,也就是
$$p^* = \min_\Omega f(x).$$

定义 2.17 数学优化模型

$$\min f(x)$$
$$\text{s.t. } g(x) \leq 0$$
$$h(x) = 0$$

的拉格朗日函数为

$$L(x,\alpha,\beta) = f(x) + \alpha^T g(x) + \beta^T h(x), x \in D, \alpha \in \mathbb{R}^m, \beta \in \mathbb{R}^p$$

拉格朗日对偶函数为

$$r(\alpha,\beta) = \min_{x \in D} L(x,\alpha,\beta), \alpha \in \mathbb{R}^m, \beta \in \mathbb{R}^p.$$

我们探索一下拉格朗日对偶函数与原始模型目标函数 $f(x)$ 的关系。首先需要限定 $\alpha \geq 0$，下面的推导过程自然会告诉你为什么。

$$r(\alpha,\beta)$$
$$= \min_{x \in D} L(x,\alpha,\beta)$$
$$\leq \min_{x \in \Omega} L(x,\alpha,\beta) \quad (\Omega \subseteq D)$$
$$= \min_{x \in \Omega} f(x) + \alpha^T g(x) + \beta^T h(x)$$
$$= \min_{x \in \Omega} f(x) + \alpha^T g(x) \,(\text{在 } \Omega \text{ 上}, h(x) = 0)$$
$$\leq \min_{x \in \Omega} f(x) \,(\alpha \geq 0 \text{ 并且在 } \Omega \text{ 上 } g(x) \leq 0, \text{一定有 } \alpha^T g(x) \leq 0)$$
$$= p^*.$$

推得一个简单但有用的结论：

$$\forall \alpha \in \mathbb{R}^m, \alpha \geq 0; \forall \beta \in \mathbb{R}^p \Rightarrow r(\alpha,\beta) \leq p^*.$$

自然就有

$$d^* := \max_{\alpha \geq 0, \beta} r(\alpha,\beta) \leq p^*.$$

定义 2.18 数学优化模型

$$\min f(x)$$
$$\text{s.t. } g(x) \leq 0$$
$$h(x) = 0$$

的拉格朗日对偶模型为

$$\max r(\alpha,\beta)$$
$$\text{s.t. } \alpha \geq 0.$$

根据上述推导，一个数学优化模型，它的最优值为 p^*，它的对偶模型的最优值为 d^*，一定有 $d^* \leq p^*$，这个简单的不等式称为弱对偶不等式。既然有弱，自然就有强，如果 $d^* = p^*$，我们就称为强对偶不等式。一个数学优化模型若满足强对偶，就是极好的，只需计算出对偶模型的最优值，也就算出了自己的最优值。什么样的数学模型满足强对偶呢？这并不容易，对于一般的数学优化模型需要很多数学条件,但是对于凸优化模型就容易很多。一个凸的数学优化模型只需满足 Slater 条件,就可以保证原始模型与对偶模型的最优值是一样的。

回到线性规划部分,通过启发的方式讲述了线性对偶。实际上,线性对偶可以归结在拉格朗日对偶的框架之下。

例 2.5 计算线性规划模型

$$\max c^T x$$
$$\text{s. t. } Ax \leq b$$
$$x \geq 0$$

的对偶模型。

解答 首先将模型

$$\max c^T x$$
$$\text{s. t. } Ax \leq b$$
$$x \geq 0.$$

等价转换为

$$\min (-c)^T x$$
$$\text{s. t. } Ax - b \leq 0$$
$$-x \leq 0.$$

拉格朗日函数为

$$L(x, \alpha, \alpha') = (-c)^T x + \alpha^T (Ax - b) - \alpha'^T x$$

拉格朗日对偶函数为

$$r(\alpha, \alpha')$$
$$= \min_{x \in \mathbb{R}^n} (-c)^T x + \alpha^T (Ax - b) - \alpha'^T x$$
$$= \min_{x \in \mathbb{R}^n} (A^T \alpha - c - \alpha')^T x - \alpha^T b$$
$$= \begin{cases} -\alpha^T b, & \text{如果 } A^T \alpha - c - \alpha' = 0 \\ -\infty, & \text{如果 } A^T \alpha - c - \alpha' \neq 0. \end{cases}$$

因此对偶模型为

$$\max -\alpha^T b$$
$$\text{s. t. } A^T \alpha - c - \alpha' = 0$$
$$\alpha \geq 0, \alpha' \geq 0.$$

等价转化为

$$\min \alpha^T \boldsymbol{b}$$
$$\text{s.t. } \boldsymbol{A}^T \alpha \geq c$$
$$\alpha \geq 0.$$

再一次转化为

$$\min \boldsymbol{b}^T y$$
$$\text{s.t. } \boldsymbol{A}^T y \geq c$$
$$y \geq 0.$$

这就是大名鼎鼎的冯·诺依曼线性规划对偶。这就是拉格朗日对偶的威力,可以从数学上形成统一!

一般我们不知道一个数学优化模型是否满足强对偶,我们只能开始假设它满足强对偶,然后推导它满足什么性质。

假设数学优化模型

$$\min f(x)$$
$$\text{s.t. } g(x) \leq 0$$
$$h(x) = 0$$

和对偶模型

$$\max r(\alpha, \beta)$$
$$\text{s.t. } \alpha \geq 0$$

是强对偶的。那么根据定义可知存在 x^*, α^*, β^* 满足

$$\begin{aligned}
d^* &= r(\alpha^*, \beta^*) \\
&= \min_{x \in D} L(x, \alpha^*, \beta^*) \\
&\leq \min_{x \in \Omega} L(x, \alpha^*, \beta^*) \\
&= \min_{x \in \Omega} f(x) + \alpha^{*T} g(x) + \beta^{*T} h(x) \\
&\leq f(x^*) + \alpha^{*T} g(x^*) + \beta^{*T} h(x^*) \\
&= L(x^*, \alpha^*, \beta^*) \\
&\leq f(x^*) = p^* = d^*.
\end{aligned}$$

因为首尾相等,所以所有的不等式变成等式。

由

$$\min_{x \in D} L(x, \alpha^*, \beta^*) = L(x^*, \alpha^*, \beta^*)$$

可以推出

$$\nabla_x L(x^*, \alpha^*, \beta^*) = 0$$

也就是

$$\nabla f(x^*) + \nabla g(x^*)\alpha^{*T} + \nabla h(x^*)\beta^{*T} = 0.$$

由

$$f(x^*) + \alpha^{*T}g(x^*) + \beta^{*T}h(x^*) = f(x^*)$$

可以推出

$$\alpha^{*T}g(x^*) = 0$$

又因为 $\alpha_i^* \geq 0, g_i(x^*) \leq 0, \forall i$,可以进一步推出

$$\alpha_i^* g_i(x^*) = 0, \forall i.$$

再结合 $x^* in \Omega$ 以及 $\alpha^* \geq 0$,可以综合成如下的 5 个方程:

$$\nabla f(x^*) + \nabla g(x^*)\alpha^* + \nabla h(x^*)\beta^* = 0$$
$$g(x^*) \leq 0$$
$$h(x^*) = 0$$
$$\alpha^* \geq 0$$
$$\alpha_i^* g_i(x^*) = 0, \forall i.$$

这组方程就是著名的 KKT 条件。KKT 条件的可解性和数学模型的最优点之间的关系比较微妙,对于一般的数学优化模型而言需要增加比较苛刻的条件,并进行细致的数学讨论,但是对于凸优化模型只需加一些很容易满足的条件,就可以得到 KKT 条件与最优点等价的结论,这又是凸模型的一个显著优势。

例 2.6 用 KKT 条件计算如下优化模型:

$$\min f(x) = (x-3)^2$$
$$\text{s.t. } 0 \leq x \leq 5.$$

解答 将模型转化为标准型

$$\min f(x) = (x-3)^2$$
$$\text{s.t. } -x \leq 0$$
$$x - 5 \leq 0.$$

代入 KKT 条件可得

$$2(x-3) - \alpha_1 + \alpha_2 = 0$$
$$x \geq 0, x - 5 \leq 0, \alpha_1 \geq 0, \alpha_2 \geq 0$$
$$\alpha_1 x = 0, \alpha_2(x-5) = 0$$

解得

$$x^* = 3, \alpha_1^* = 0, \alpha_2^* = 0.$$

2.3.4 下降搜索算法

考虑优化问题

$$\min_{\Omega} f(x).$$

在实际工作之中,一般采用一种搜索算法求解。搜索算法的基本思想是首先给定目标函数 $f(x)$ 的极小点附近的一个初始估计值 x_0,其次按照一定的规则产生一个点列 x_k,这种规则通常称为算法,并且希望点列 x_k 的极限 x^* 是 $f(x)$ 的极小点。如何产生这样的点列呢?我们知道,x_{k+1} 与 x_k 之差是一个矢量,它可以由方向和模长来确定,即

$$x_{k+1} = x_k + \alpha_k \boldsymbol{d}_k$$

式中:$\boldsymbol{d}_k$ 为矢量,α_k 为实数。这样,在 $\boldsymbol{d}_k$ 和 α_k 确定之后,通过上式就可以由 x_k 确定 x_{k+1}。从 x_k 出发,沿着 $\boldsymbol{d}_k$ 的方向移动一段距离 α_k,所得的点就是 x_{k+1}。因此矢量 $\boldsymbol{d}_k$ 又称为搜索方向,α_k 又称步长。各种不同算法的差别,就在于选择搜索方向 $\boldsymbol{d}_k$ 和步长 α_k 的方法,特别是搜索方向 $\boldsymbol{d}_k$ 的选择方法不同。

在搜索算法中,最广泛的一类是在给定初始点之后,若每迭代一步都使目标函数值有所下降,即

$$f(x_{k+1}) < f(x_k)$$

则称这种迭代算法为下降算法。假设算法已经迭代到 x_k 处,那么下一次迭代将有以下两种情况中的一种发生:①从 x_k 出发,沿着任何方向移动,目标函数值都不再下降,根据定义,x_k 就是局部极小点,迭代终止;②从 x_k 出发,至少存在一个方向,使目标函数值有所下降,这时,我们从中选定一个下降方向作为 $\boldsymbol{d}_k$,再沿着这个方向适当迈进一步,由 $x_{k+1} = x_k + \alpha_k \boldsymbol{d}_k$ 得到 x_{k+1},使 $f(x_{k+1}) < f(x_k)$。如果算法是有效的,那么其所产生的序列 x_k 将收敛于问题的极小点 x^*。但是计算机只能进行有限次的迭代。一般而言,不能求得精确解,只能得到近似解,当迭代点满足事先给定的精度时,停止计算,这个迭代点就是问题的最优解,否则,还要重复进行迭代。

综上所述,下降搜索算法一般而言可以分为四步:第一步,选定初始点 x_0,使其越接近极小点越好;第二步,假定已经得到非最优解 x_k,选定一个搜索方向,按照前文定义应该是一个下降方向,即满足 $f(x_k + t\boldsymbol{d}_k) < f(x_k), \forall t \in (0, \delta)$ 的方向 $\boldsymbol{d}_k$,使目标函数值下降;第三步,由 x_k 出发,以 $\boldsymbol{d}_k$ 为方向,作射线 $x_k + \alpha \boldsymbol{d}_k$,在此射线上取步长 α_k,使 $f(x_k + \alpha_k \boldsymbol{d}^k) < f(x_k)$,由此确定出下一个点 $x_{k+1} = x_k + \alpha_k \boldsymbol{d}_k$;第四步,检验所得的点 x_{k+1} 是否为最优解或者近似解。检验方法可因算法不同而不同。比如,对于事先取定的精度 ε,若满足 $|f(x_{k+1}) - f(x_k)| < \varepsilon$,或者 $|\nabla f(x_{k+1})| < \varepsilon$,或者 $|x_{k+1} - x_k| < \varepsilon$,再或者 $\dfrac{|f(x_{k+1}) - f(x_k)|}{|x_{k+1} - x_k|} < \varepsilon$,则认为 x_{k+1} 是近似最优解,迭代终止。否则,返回第二步。

如前文所述,对于下降搜索算法最重要的两个要素是确定下降方向和搜索步长,搜索方向 d_k 和步长 α_k 构成每一次迭代的修正量,直接决定算法的好坏。关于搜索方向的选择,一般要考虑使它尽可能指向极小点,又不至于花费太大的计算量。我们知道下降搜索方向与梯度成钝角,但是如何具体选择方向充满了技巧性,将在后文一一论述。关于步长的选择,有各种不同的方法:①简单步长,即令 $\alpha_k = 1, \forall k = 1,2,\cdots,n$,此种步长选择方式的好处在于简单,不足之处在于产生的新的迭代点 x_{k+1} 不一定是下降的;②可接受步长,即要求 α_k 满足 $f(x_k + \alpha_k d_k) < f(x_k)$ 即可,实践证明这种步长选择方案具有较好的适应性;③最优步长,即要求 α_k 是如下优化问题的最优值:

$$f(x_k + \alpha_k d_k) = \min_{\alpha \geq 0} f(x_k + \alpha d_k)$$

$$x_{k+1} = x_k + \alpha_k d_k$$

这是单变量 α 的函数极小值问题,这样确定的步长为最优步长。

定理 2.20 假设目标函数 $f(x)$ 一阶可微,且 x_{k+1} 是从 x_k 出发,沿着 d_k 方向做最优步长搜索得到的,则有

$$\nabla f(x_{k+1})^T d_k = 0$$

其中,$x_{k+1} = x_k + \alpha_k d_k$。

一个算法的收敛性是指如果某个算法构造出的点列 x_k 能够在有限的步长内达到问题的最优解 x^*,或者序列 x_k 有一个极限 x^*。显然只有具备收敛性的算法才是有意义的,因此当提出一种新算法时,往往需要对算法的收敛性进行讨论。

定义 2.19 对收敛于最优解 x^* 的序列 x_k,若存在与 k 无关的常数 $\beta > 0$ 和 $\alpha \geq 1$,当 k 从某个 k_0 开始时,有

$$|x_{k+1} - x^*| \leq \beta |x_k - x^*|^\alpha$$

成立,则称序列 x_k 收敛阶为 α,或者称为 α 解收敛。当 $\alpha = 1$ 时,称迭代序列 x_k 为线性收敛;当 $1 < \alpha < 2$ 时,称迭代序列 x_k 为超线性收敛;当 $\alpha = 2$ 时,称迭代序列 x_k 为二阶收敛。

一般而言,线性收敛是比较慢的,但二阶收敛是很快的,超线性收敛介于二者之间。若一个算法具有超线性或者以上的收敛速度,则认为这是一个很好的算法。

2.3.5 典型求解算法的思想

对于数学优化模型

$$\min_{\Omega} f(x)$$

归根结底还是要算出来,算法的复杂程度和 Ω 的形态有很大关系,如果 Ω 是全空间 $\mathbb{R}^n$ 或者开集,那么这类问题的算法设计就会有很大的自由度,称为无约束问题;如果 Ω 是其他情形,那么算法设计考虑的问题就会相对较多,称为有约束优化问题。

为了讲清楚算法的本质,首先只考虑一种最简单的情形 $\Omega = \mathbb{R}^n$,虽然简单但是体现了深刻的思想。

在优化模型的计算中,一类最典型的算法思想是:从初始点 x_0 出发,不停地搜索下降方向,调整步长,直到找不到下降方向为止。具体而言,假设算法迭代到了第 k 个点 x_k,此时需要根据函数 $f(x_k)$ 的性质寻找下降方向 $\boldsymbol{d}_k$,然后根据下降方向确定步长 α_k,得到新的点 $x_{k+1} = x_k + \alpha_k \boldsymbol{d}_k$,继续进行。

这里就涉及两个问题,如何找到下降方向 $\boldsymbol{d}$ 和步长 α?

假设下降方向 $\boldsymbol{d}$ 已经找到,如何确定步长 α 呢?比较通用的方法是最优步长法,也就是求解如下关于 α 的一维优化问题:

$$\min_{\alpha > 0} f(x + \alpha \boldsymbol{d}).$$

一维问题总是比较好解决的。假设最优解为 α^*,显然有

$$\nabla f(x + \alpha^* \boldsymbol{d})^{\mathrm{T}} \boldsymbol{d} = 0.$$

下降方向就是满足如下方程的 $\boldsymbol{d}$:

$$f(x + \boldsymbol{d}) < f(x).$$

寻找下降方向的方法很多,这些方法与最优步长结合就产生了不同的算法。

首先看一个简单的事实:一阶泰勒展开式

$$f(x + \boldsymbol{d}) = f(x) + \nabla f(x)^{\mathrm{T}} \boldsymbol{d} + o(\boldsymbol{d}).$$

因此,下降方向指的是

$$f(x) + \nabla f(x)^{\mathrm{T}} \boldsymbol{d} < f(x)$$

也就是

$$\nabla f(x)^{\mathrm{T}} \boldsymbol{d} < 0$$

因此,从一阶泰勒的角度来看,其中一个最自然的选择是

$$\boldsymbol{d} = -\nabla f(x).$$

最速下降法就是:迭代至 x_k 处,选择下降方向

$$\boldsymbol{d}_k = -\nabla f(x_k)$$

选择步长为

$$\alpha_k \in \operatorname{argmin}_{\alpha > 0} f(x_k + \alpha \boldsymbol{d}_k)$$

产生新的迭代点

$$x_{k+1} = x_k + \alpha_k \boldsymbol{d}_k$$

直到满足停止准则为止。

继续做二阶泰勒展开式

$$f(x+\boldsymbol{d}) = f(x) + \nabla f(x)^{\mathrm{T}}\boldsymbol{d} + \frac{1}{2}\boldsymbol{d}^{\mathrm{T}}\nabla^2 f(x)\boldsymbol{d} + o(|\boldsymbol{d}|^2).$$

为了实现

$$f(x+\boldsymbol{d}) < f(x)$$

也就是

$$\nabla f(x)^{\mathrm{T}}\boldsymbol{d} + \frac{1}{2}\boldsymbol{d}^{\mathrm{T}}\nabla^2 f(x)\boldsymbol{d} < 0.$$

一个自然的想法是计算上面关于 $\boldsymbol{d}$ 的二次函数

$$\nabla f(x)^{\mathrm{T}}\boldsymbol{d} + \frac{1}{2}\boldsymbol{d}^{\mathrm{T}}\nabla^2 f(x)\boldsymbol{d}$$

的极小值点。简单计算可得

$$\nabla f(x) + \nabla^2 f(x)\boldsymbol{d} = 0$$

若 $\nabla^2 f(x) > 0$,可得

$$\boldsymbol{d} = -[\nabla^2 f(x)]^{-1}\nabla f(x).$$

牛顿法就是:迭代至 x_k 处,选择下降方向

$$\boldsymbol{d}_k = -[\nabla^2 f(x_k)]^{-1}\nabla f(x_k)$$

选择步长为

$$\alpha_k \in \mathrm{argmin}_{\alpha > 0} f(x_k + \alpha \boldsymbol{d}_k)$$

产生新的迭代点

$$x_{k+1} = x_k + \alpha_k \boldsymbol{d}_k$$

直到满足停止准则为止。

上面讲述了无约束优化问题的典型算法,那么有约束问题如何求解呢?一个自然的想法是把有约束优化问题转化为无约束优化问题,这种思想比较典型的算法是内点法。简单起见,用不等式约束问题说明。

数学优化模型

$$\min f(x)$$
$$\mathrm{s.t.}\ g(x) \leq 0$$

或者

$$\min_{\Omega} f(x), \Omega = \{x \mid g(x) \leq 0\}.$$

我们定义
$$\Omega_0 = \{x \mid g(x) < 0\}$$
显然 Ω_0 是开集并且是 Ω 的子集。构造函数
$$\overline{f}(x,\alpha) = f(x) + \alpha \sum_{i=1}^{m} \log(-g_i), \alpha > 0$$
或者
$$\overline{f}(x,\alpha) = f(x) + \alpha \sum_{i=1}^{m} \frac{1}{-g_i(x)}, \alpha > 0.$$
目的很清楚,将求解
$$\min_{\Omega} f(x)$$
问题转化为求解一系列的
$$\min_{\Omega_0} \overline{f}(x,\alpha_k)$$
问题。

为什么叫内点法呢？观察函数的构造,在可行域 Ω 的边界点,函数 $\overline{f}(x,\alpha)$ 是无穷大的,好像高耸的围墙,限制算法在内部进行,随着参数 α 的控制,算法的迭代法发生变化,参数 α 越小,迭代点越靠近边界点,参数 α 越大,迭代点越靠近内部。具体细节问题可参阅相关书籍。

上文学习了无约束优化模型的最速下降法、牛顿法和有约束问题的内点法,这 3 类算法非常典型,提供了宝贵的算法设计思想。整体而言,数学优化模型的算法很多,关键就是下降方向、步长选择以及转化方法,思想大同小异:泰勒展开式逼近、高维化一维、有约束化无约束。

2.4 随机优化模型

在现实决策中,决策者获取的信息和数据很有可能是不确定的,描述不确定性的最常用的模型是概率论,由此出发可以建立期望值、机会约束等随机优化模型。

在一些期望约束之下,若决策者希望作出决策以便得到最大的期望回报,则可以建立如下形式的期望值模型:
$$\max E[f(\boldsymbol{x},\boldsymbol{\xi})]$$
$$\text{s.t.} \quad E[g_j(\boldsymbol{x},\boldsymbol{\xi})] \leq 0, j = 1,2,\cdots,p$$
式中:$\boldsymbol{x}$ 为决策矢量;$\boldsymbol{\xi}$ 为随机矢量;$f(\boldsymbol{x},\boldsymbol{\xi})$ 为目标函数;$g_j(\boldsymbol{x},\boldsymbol{\xi}), j = 1,2,\cdots,p$

为一组随机约束函数。

在很多情况之下,所考虑的决策问题往往涉及多个目标。若决策者希望极大化这些目标的期望值,则可以建立如下的多目标期望值模型:

$$\max(E[f_1(\boldsymbol{x},\boldsymbol{\xi})],\cdots,E[f_m(\boldsymbol{x},\boldsymbol{\xi})])$$
$$\text{s.t.} \quad E[g_j(\boldsymbol{x},\boldsymbol{\xi})] \leq 0, j=1,2,\cdots,p$$

式中: $f_i(\boldsymbol{x},\boldsymbol{\xi}), i=1,2,\cdots,m$ 为目标函数。

根据决策者给定的优先结构和目标水平,也可以把一个随机决策系统转化为一个期望值目标规划:

$$\min \sum_{j=1}^{l} P_j \sum_{i=1}^{m} (u_{ij}d_i^+ + v_{ij}d_i^-)$$
$$\text{s.t.} \quad E[f_i(\boldsymbol{x},\boldsymbol{\xi})] + d_i^- - d_i^+ = b_i, i=1,2,\cdots,m$$
$$E[g_j(\boldsymbol{x},\boldsymbol{\xi})] \leq 0, j=1,2,\cdots,p$$
$$d_i^+, d_i^+ \geq 0, i=1,2,\cdots,m$$

式中: P_j 为优先因子,表示各个目标的相对重要性,且对所有的 j,有 $P_j \leq P_{j+1}$; u_{ij} 为对应优先级 j 的第 i 个目标正偏差的权重因子; v_{ij} 为对应优先级 j 的第 i 个目标负偏差的权重因子; d_i^+ 为目标 i 偏离目标值的正偏差,定义为

$$d_i^+ = [E[f_i(\boldsymbol{x},\boldsymbol{\xi})] - b_i] \vee 0$$

式中: d_i^- 为目标 i 偏离目标值的负偏差,定义为

$$d_i^- = [b_i - E[f_i(\boldsymbol{x},\boldsymbol{\xi})]] \vee 0$$

式中: f_i 为目标约束的函数; g_j 为系统约束中的函数; b_i 为目标 i 的目标值; j 为优先级个数; m 为目标约束个数; p 为系统约束个数。

当数学规划问题中含有随机变量时,目标函数和约束条件已经不能按照通常的意义理解,必须为之提出一套新的规划理论并寻求相应的算法。即期望值模型之后,机会约束规划是由 Charnes 和 Cooper 提出的第二类随机规划,其显著的特点是随机约束条件至少以一定的置信水平成立。

假设 $\boldsymbol{x}$ 是一个决策矢量, $\boldsymbol{\xi}$ 是一个随机矢量, $f(\boldsymbol{x},\boldsymbol{\xi})$ 是目标函数, $g_j(\boldsymbol{x},\boldsymbol{\xi})$, $j=1,2,\cdots,p$ 是随机约束函数,由于随机约束 $g_j(\boldsymbol{x},\boldsymbol{\xi}), j=1,2,\cdots,p$ 没有给出一个明确的可行集合,所以一个自然的想法就是希望随机约束以一定的置信水平 α 成立,这样就有下面的机会约束

$$P(g_j(\boldsymbol{x},\boldsymbol{\xi}) \leq 0, j=1,2,\cdots,p) \geq \alpha$$

我们称这种类型的机会约束为联合机会约束。一个点 $\boldsymbol{x}$ 是可行的当且仅当事件 $\{\boldsymbol{\xi} \mid g_j(\boldsymbol{x},\boldsymbol{\xi}) \leq 0, j=1,2,\cdots,p\}$ 的概率测度不小于 α,有时机会约束可以表示

为如下的形式：
$$P(g_j(\boldsymbol{x},\boldsymbol{\xi})\leq 0)\geq \alpha_j, j=1,2,\cdots,p.$$
更为一般的是下面的混合机会约束：
$$P(g_j(\boldsymbol{x},\boldsymbol{\xi})\leq 0, j=1,2,\cdots,k_1)\geq \alpha_1$$
$$P(g_j(\boldsymbol{x},\boldsymbol{\xi})\leq 0, j=k_1+1,k_1+2,\cdots,k_2)\geq \alpha_2$$
$$\cdots$$
$$P(g_j(\boldsymbol{x},\boldsymbol{\xi})\leq 0, j=k_{t-1}+1,k_{t-1}+2,\cdots,p)\geq \alpha_t$$
其中,$1\leq k_1 < k_2 < \cdots < k_{t-1} < p$。

在随机环境之下,若决策者希望极大化目标函数的乐观值,则可以建立如下的 max – max 机会约束规划：
$$\max \bar{f}$$
$$\text{s.t. } P(f(\boldsymbol{x},\boldsymbol{\xi})\geq \bar{f})\geq \beta$$
$$P(g_j(\boldsymbol{x},\boldsymbol{\xi})\leq 0, j=1,2,\cdots,p)\geq \alpha$$

式中：α 和 β 为决策者预先给定的置信水平。模型称为 max – max 模型是因为其等价于
$$\max_{x}\max_{\bar{f}} \bar{f}$$
$$\text{s.t. } P(f(\boldsymbol{x},\boldsymbol{\xi})\geq \bar{f})\geq \beta$$
$$P(g_j(\boldsymbol{x},\boldsymbol{\xi})\leq 0, j=1,2,\cdots,p)\geq \alpha$$

式中：$\max \bar{f}$ 为目标函数 $f(\boldsymbol{x},\boldsymbol{\xi})$ 的 β 乐观值。

在很多情况之下,所考虑的决策问题往往涉及多个目标,因此可以建立如下的多目标机会 max – max 约束模型：
$$\max(\bar{f}_1,\bar{f}_2,\cdots,\bar{f}_m)$$
$$\text{s.t. } P(f_i(\boldsymbol{x},\boldsymbol{\xi})\geq \bar{f}_i)\geq \beta_i, i=1,2,\cdots,m$$
$$P(g_j(\boldsymbol{x},\boldsymbol{\xi})\leq 0)\geq \alpha_j, j=1,2,\cdots,p$$

式中：α_j 和 β_i 为决策者预先给定的置信水平,以上模型等价于
$$\max(\max_{\bar{f}_1}\bar{f}_1,\bar{f}_2\cdots,\max_{\bar{f}_m}\bar{f}_m)$$
$$\text{s.t. } P(f_i(\boldsymbol{x},\boldsymbol{\xi})\geq \bar{f}_i)\geq \beta_i, i=1,2,\cdots,m$$
$$P(g_j(\boldsymbol{x},\boldsymbol{\xi})\leq 0)\geq \alpha_j, j=1,2,\cdots,p$$

式中：$\max \bar{f}_i$ 为目标函数 $f_i(\boldsymbol{x},\boldsymbol{\xi})$ 的 β_i 乐观值。

根据决策者给定的优先结构和目标水平,也可以把一个随机决策系统转化为一个机会约束目标 max – max 规划:

$$\min \sum_{j=1}^{l} P_j \sum_{i=1}^{m} (u_{ij} d_i^+ + v_{ij} d_i^-)$$

$$\text{s.t.} \quad P(f_i(\boldsymbol{x},\boldsymbol{\xi}) - b_i \leq d_i^+) \geq \beta_i^+, i = 1,2,\cdots,m$$

$$P(b_i - f_i(\boldsymbol{x},\boldsymbol{\xi}) \leq d_i^-) \geq \beta_i^-, i = 1,2,\cdots,m$$

$$P(g_j(\boldsymbol{x},\boldsymbol{\xi}) \leq 0) \geq \alpha_j, j = 1,2,\cdots,p$$

$$d_i^+, d_i^+ \geq 0, i = 1,2,\cdots,m$$

式中:P_j 为优先因子,表示各个目标的相对重要性,且对所有的 j,有 $P_j \leq P_j + 1$;u_{ij} 为对应优先级 j 的第 i 个目标正偏差的权重因子;v_{ij} 为对应优先级 j 的第 i 个目标负偏差的权重因子;d_i^+ 为目标 i 偏离目标值的 β_i^+ 乐观正偏差,定义为

$$d_i^+ = \min\{d \vee 0 \mid P(f_i(\boldsymbol{x},\boldsymbol{\xi}) - b_i \leq d) \geq \beta_i^+\}$$

式中:d_i^- 为目标 i 偏离目标值的 β_i^- 乐观负偏差,定义为

$$d_i^+ = \min\{d \vee 0 \mid P(b_i - f_i(\boldsymbol{x},\boldsymbol{\xi}) \leq d) \geq \beta_i^-\}$$

式中:f_i 为目标约束的函数;g_j 为系统约束中的函数;b_i 为目标 i 的目标值;j 为优先级个数;m 为目标约束个数;p 为系统约束个数。

在随机环境下,若决策者希望极大化目标函数的悲观值,则可以建立如下的 min – max 机会约束规划:

$$\max_{x} \min_{\overline{f}} \overline{f}$$

$$\text{s.t.} \quad P(f(\boldsymbol{x},\boldsymbol{\xi}) \leq \overline{f}) \geq \beta$$

$$P(g_j(\boldsymbol{x},\boldsymbol{\xi}) \leq 0, j = 1,2,\cdots,p) \geq \alpha$$

式中:$\min \overline{f}$ 为目标函数 $f(\boldsymbol{x},\boldsymbol{\xi})$ 的 β 悲观值。

在很多情况之下,所考虑的决策问题往往涉及多个目标,则可以建立如下的多目标机会约束 min – max 模型:

$$\max(\min_{\overline{f}_1} \overline{f}_1, \overline{f}_2, \cdots, \min_{\overline{f}_m} \overline{f}_m)$$

$$\text{s.t.} \quad P(f_i(\boldsymbol{x},\boldsymbol{\xi}) \leq \overline{f}_i) \geq \beta_i, i = 1,2,\cdots,m$$

$$P(g_j(\boldsymbol{x},\boldsymbol{\xi}) \leq 0) \geq \alpha_j, j = 1,2,\cdots,p$$

式中:$\min \overline{f}_i$ 为目标函数 $f_i(\boldsymbol{x},\boldsymbol{\xi})$ 的 β_i 悲观值。

根据决策者给定的优先结构和目标水平,也可以把一个随机决策系统转化

为一个机会约束目标 min – max 规划：

$$\min \sum_{j=1}^{l} P_j \sum_{i=1}^{m} \left[u_{ij}(\max_{d_i^+} d_i^+ \vee 0) + v_{ij}(\max_{d_i^-} d_i^- \vee 0) \right]$$

$$\text{s.t.} \quad P(f_i(\boldsymbol{x},\boldsymbol{\xi}) - b_i \geq d_i^+) \geq \beta_i^+, i = 1,2,\cdots,m$$

$$P(b_i - f_i(\boldsymbol{x},\boldsymbol{\xi}) \geq d_i^-) \geq \beta_i^-, i = 1,2,\cdots,m$$

$$P(g_j(\boldsymbol{x},\boldsymbol{\xi}) \leq 0) \geq \alpha_j, j = 1,2,\cdots,p$$

式中：P_j 为优先因子，表示各个目标的相对重要性，且对所有的 j，有 $P_j \leq P_{j+1}$；u_{ij} 为对应优先级 j 的第 i 个目标正偏差的权重因子；v_{ij} 为对应优先级 j 的第 i 个目标负偏差的权重因子；$d_i^+ \vee 0$ 为目标 i 偏离目标值的 β_i^+ 乐观正偏差，定义为

$$d_i^+ \vee 0 = \min\{d \vee 0 \mid P(f_i(\boldsymbol{x},\boldsymbol{\xi}) - b_i \leq d) \geq \beta_i^+\}$$

式中：$d_i^- \vee 0$ 为目标 i 偏离目标值的 β_i^- 乐观负偏差，定义为

$$d_i^+ \vee 0 = \min\{d \vee 0 \mid P(b_i - f_i(\boldsymbol{x},\boldsymbol{\xi}) \leq d) \geq \beta_i^-\}$$

式中：f_i 为目标约束的函数；g_j 为系统约束中的函数；b_i 为目标 i 的目标值；j 为优先级个数；m 为目标约束个数；p 为系统约束个数。

第3章 博弈理论

3.1 博弈引言

博弈理论是军事运筹的一个重要数学工具。博弈理论和优化理论具有显著的不同,优化理论是单方面追寻最优、次优、满意解的过程,但博弈理论是多方决策者相互纠缠追寻稳定解的过程。因为军事活动具有显著的对抗性和合作性,所以描述多方竞争与合作的博弈理论在军事运筹中具有不可替代的重要作用。按照最一般的划分方法,博弈理论可以分为非合作博弈、合作博弈两大板块,非合作博弈进一步细分为完全信息静态博弈、完全信息动态博弈、不完全信息静态博弈、不完全信息动态博弈四大模型,合作博弈可以划分为可转移支付合作博弈、策略型合作博弈、不可转移支付合作博弈三大模型。作为本书的一部分,本章不可能全面阐述博弈理论,但是抓住了最重要的内容,即二人有限零和博弈及其混合扩张、完全信息静态博弈、可转移支付合作博弈中的核心与沙普利值等,这是博弈理论最经典、最辉煌、应用最为广泛的篇章,掌握了这些就基本把握了博弈理论的思想理论精髓,为进一步学习打下了坚实基础。

3.2 二人有限零和博弈:纯粹策略

二人有限零和博弈是非合作博弈中最经典、最简单的内容,可为后面完全信息静态博弈中诸多抽象概念的理解提供丰富的案例。二人有限零和博弈在早期博弈理论的发展中发挥了重要作用,1928年大数学家冯·诺依曼定义了二人有限零和博弈的解概念,并证明了著名的 minmax 定理,这是一般博弈理论发展史上的一个里程碑定理。时至今日,在智能时代,minmax 定理依然在发挥重要的作用。

3.2.1 模型要素

什么是二人有限零和博弈?顾名思义,两个人进行的博弈,每个人的策略都是有限的。

定义 3.1 三元组 $G=(S_1,S_2,\boldsymbol{A})$ 称为二人有限零和博弈,满足

(1) $S_1=\{a_1,a_2,\cdots,a_m\}$ 是局中人 1 的策略集;

(2) $S_2=\{b_1,b_2,\cdots,b_n\}$ 是局中人 2 的策略集;

(3) 矩阵 $\boldsymbol{A}=(a_{ij})_{m\times n}$ 是局中人 1 的盈利矩阵,其中 a_{ij} 是指当局中人 1 拿着策略 a_i,局中人 2 拿着策略 b_j,此时局中人 1 的盈利为 a_{ij};

(4) 矩阵 $\boldsymbol{A}=(a_{ij})_{m\times n}$ 是局中人 2 的亏本矩阵,其中 a_{ij} 是指当局中人 1 拿着策略 a_i,局中人 2 拿着策略 b_j,此时局中人 2 的亏本为 a_{ij}。

注释 3.1 亏本 a_{ij} 即意味着盈利为 $-a_{ij}$,所以局中人 2 的盈利矩阵矩阵为 $-\boldsymbol{A}$,$\boldsymbol{A}+(-\boldsymbol{A})=0$,这也是其被称为零和博弈的原因,一方的盈利是另一方的亏本。

3.2.2 博弈值与解

定义 3.2 假设

$$G=(S_1,S_2,\boldsymbol{A})$$

是一个二人有限零和博弈,博弈的盈利上界定义为

$$U=\max_{i,j}a_{ij}.$$

定义 3.3 假设

$$G=(S_1,S_2,\boldsymbol{A})$$

是一个二人有限零和博弈,博弈的盈利下界定义为

$$L=\min_{i,j}a_{ij}.$$

定义 3.4 假设

$$G=(S_1,S_2,\boldsymbol{A})$$

是一个二人有限零和博弈,局中人 1 取定策略 a_i,那么此策略的保底盈利函数定义为

$$f_i=:\min_j a_{ij}.$$

定义 3.5 假设

$$G=(S_1,S_2,\boldsymbol{A})$$

是一个二人有限零和博弈,博弈的 maxmin 值定义为

$$\bar{f} = \max_i f_i = \max_i \min_j a_{ij}.$$

即局中人 1 的保底盈利值,也就是局中人 1 所有的策略保底盈利值中的最大值。

定义 3.6 假设

$$G=(S_1,S_2,\boldsymbol{A})$$

是一个二人有限零和博弈,博弈的 maxmin 策略定义为

$$a_{i^*}, i^* \in \mathrm{Argmax}_i f_i.$$

也就是

$$a_{i^*}, f_{i^*} = \max_i f_i.$$

定理 3.1 假设

$$G=(S_1,S_2,\boldsymbol{A})$$

是一个二人有限零和博弈,a_{i^*} 是博弈的 maxmin 策略当且仅当

$$f_{i^*} \geq f_i, \forall i \in \{1,2,\cdots,m\}.$$

证明 根据定义,a_{i^*} 是 maxmin 策略当且仅当

$$f_{i^*} = \max_i f_i$$

也就是

$$f_{i^*} \geq f_i, \forall i \in \{1,2,c\cdots,m\}.$$

由此证明了结论。

推论 3.1 假设

$$G=(S_1,S_2,\boldsymbol{A})$$

是一个二人有限零和博弈,a_{i^*} 是博弈的 maxmin 策略当且仅当

$$\min_j a_{i^*j} \geq \min_k a_{ik}, \forall i \in \{1,2,\cdots,m\}.$$

证明 根据前文的定理,可知 a_{i^*} 是博弈的 maxmin 策略当且仅当

$$f_{i^*} \geq f_i, \forall i \in \{1,2,\cdots,m\}.$$

根据 f_i 的定义可得

$$\min_j a_{i^*j} \geq \min_k a_{ik}, \forall i \in \{1,2,\cdots,m\}.$$

由此证明了结论。

推论 3.2 假设

$$G=(S_1,S_2,\boldsymbol{A})$$

是一个二人有限零和博弈,a_{i^*} 是博弈的 maxmin 策略当且仅当

证明 根据前文的定理,可知 a_{i*} 是博弈的 maxmin 策略当且仅当
$$f_{i*} \geq f_i, \forall i \in \{1,2,\cdots,m\}.$$
可以推出当且仅当
$$f_{i*} \geq \max_i f_i.$$
也就是
$$f_{i*} \geq \overline{f}.$$
由此证明了结论。

推论 3.3 假设
$$G = (S_1, S_2, \boldsymbol{A})$$
是一个二人有限零和博弈,a_{i*} 是博弈的 maxmin 策略当且仅当
$$a_{i*j} \geq \overline{f}, \forall j \in \{1,2,\cdots,n\}.$$

证明 根据前文的定理,可知 a_{i*} 是博弈的 maxmin 策略当且仅当
$$f_{i*} \geq \overline{f}.$$
根据定义可得
$$\min_j a_{i*j} \geq \overline{f}.$$
也就是
$$a_{i*j} \geq \overline{f}, \forall j \in \{1,2,\cdots,n\}.$$
由此证明了结论。

定义 3.7 假设
$$G = (S_1, S_2, \boldsymbol{A})$$
是一个二人有限零和博弈,局中人 2 取定策略 b_j,那么此策略的最大亏本函数定义为
$$g^j = :\max_i a_{ij}.$$

定义 3.8 假设
$$G = (S_1, S_2, \boldsymbol{A})$$
是一个二人有限零和博弈,博弈的 minmax 值定义为
$$\underline{g} = \min_j g^j = \min_j \max_i a_{ij}.$$
即局中人 2 的保底亏本值,也就是局中人 2 所有策略的最大亏本值的最小值。

定义 3.9 假设
$$G = (S_1, S_2, \boldsymbol{A})$$

是一个二人有限零和博弈,博弈的 minmax 策略定义为

$$b_{j^*}, j^* \in \text{Argmin}_j g^j.$$

也就是

$$b_{j^*}, g^{j^*} = \min_j g^j.$$

定理 3.2 假设

$$G = (S_1, S_2, \boldsymbol{A})$$

是一个二人有限零和博弈,b_{j^*} 是博弈的 minmax 策略当且仅当

$$g^{j^*} \leq g^j, \forall j \in \{1, 2, \cdots, n\}.$$

证明 根据定义,b_{j^*} 是博弈的 minmax 策略当且仅当

$$g^{j^*} = \min_j g^j$$

也就是

$$g^{j^*} \leq g^j, \forall j \in \{1, 2, \cdots, n\}.$$

由此证明了结论。

推论 3.4 假设

$$G = (S_1, S_2, \boldsymbol{A})$$

是一个二人有限零和博弈,b_{j^*} 是博弈的 minmax 策略当且仅当

$$\max_i a_{ij^*} \leq \max_k a_{kj}, \forall j \in \{1, 2, \cdots, n\}.$$

证明 根据前文的定理,可知 b_{j^*} 是博弈的 minmax 策略当且仅当

$$g^{j^*} \leq g^j, \forall j \in \{1, 2, \cdots, m\}.$$

根据 g^j 的定义可得

$$\max_i a_{ij^*} \leq \max_k a_{kj}, \forall j \in \{1, 2, \cdots, n\}.$$

由此证明了结论。

推论 3.5 假设

$$G = (S_1, S_2, \boldsymbol{A})$$

是一个二人有限零和博弈,b_{j^*} 是博弈的 minmax 策略当且仅当

$$g^{j^*} \leq \bar{g}.$$

证明 根据前文的定理,可知 b_{j^*} 是博弈的 minmax 策略当且仅当

$$g^{j^*} \leq g^j, \forall j \in \{1, 2, \cdots, n\}.$$

可以推出当且仅当

$$g^{j^*} \leq \min_j g^j.$$

也就是

$$g^{j^*} \leq \underline{g}.$$

由此证明了结论。

推论 3.6 假设

$$G = (S_1, S_2, \boldsymbol{A})$$

是一个二人有限零和博弈，b_{j^*} 是博弈的 minmax 策略当且仅当

$$a_{ij^*} \leq \underline{g}, \forall i \in \{1, 2, \cdots, m\}.$$

证明 根据前文的定理，可知 b_{j^*} 是博弈的 minmax 策略当且仅当

$$g^{j^*} \leq \underline{g}.$$

根据定义可得

$$\max_i a_{ij^*} \leq \underline{g}.$$

也就是

$$a_{ij^*} \leq \underline{g}, \forall i \in \{1, 2, \cdots, m\}.$$

由此证明了结论。

定理 3.3 假设

$$G = (S_1, S_2, \boldsymbol{A})$$

是一个二人有限零和博弈，必定有

$$\overline{f} \leq \underline{g}.$$

证明 首先一定有

$$\min_j a_{ij} \leq a_{ij}$$

然后可得

$$\max_i \min_j a_{ij} \leq \max_i a_{ij}$$

进一步可得

$$\max_i \min_j a_{ij} \leq \min_j \max_i a_{ij}$$

也就是

$$\overline{f} \leq \underline{g}.$$

由此证明了结论。

上面的定理告诉我们，保底盈利值一定小于保底亏本值。根据上述定理，对于一个二人零和博弈，什么时候实现 $\underline{g} = \overline{f}$，也就是保底盈利值刚好等于保底亏本值呢？此时保底盈利是最大的，保底亏本是最小的。由此启发我们对二人有限零和博弈给出如下的定义。

定义 3.10 假设 $G = (S_1, S_2, A)$ 是一个二人有限零和博弈,称博弈有一个值,如果 $\underline{g} = \overline{f}$,则数值 $v = \underline{g} = \overline{f}$ 为博弈值,记为 $v(G)$,此时博弈的 maxmin 策略和 minmax 策略分别为局中人的最优策略,局中人 1 的最优策略和局中人 2 的最优策略形成的策略对称为博弈解,博弈解集合记为

$$\mathrm{Sol}(G) = \{(a_{i^*}, b_{j^*}) \mid i^* \in \mathrm{Argmax}_i f_i, j^* \in \mathrm{Argmin}_j g^j\}.$$

定理 3.4 假设 $G = (S_1, S_2, A)$ 是一个二人有限零和博弈,如果博弈有一个值,那么博弈值一定是唯一的、确定的,此时局中人 1 的最优策略和局中人 2 的最优策略可以自由组合,形成博弈解。

证明 根据定义,博弈 (S_1, S_2, A) 有值,那么就意味着

$$\underline{g} = \overline{f}$$

也就是

$$v =: \min_j \max_i a_{ij} = \max_i \min_j a_{ij}$$

这个值只和 $\min_j \max_i a_{ij}, \max_i \min_j a_{ij}$ 是否相等有关,只和矩阵 A 有关,所以如果博弈有值,那么就一定是唯一确定的。

博弈有了值,也就是

$$\max_i f_i = \min_j g^j.$$

此时取定

$$a_{i^*}, i^* \in \mathrm{Argmax}_i f_i$$

和

$$b_{j^*}, j^* \in \mathrm{Argmin}_j g^j$$

根据定义都为局中人的最优策略,那么

$$(a_{i^*}, b_{j^*}), \forall i^* \in \mathrm{Argmax}_i f_i, \forall j^* \in \mathrm{Argmin}_j g^j$$

都是博弈的解。由此证明了结论。

对于二人有限零和博弈,有了值就一定有解,值是唯一的,但是解不一定唯一,没有值就一定没有解。这个定理告诉我们求解博弈解的方法,先判断有没有博弈值,如果没有博弈值,则没有博弈解,如果有博弈值,那么继续计算可得博弈解。一个自然的问题是,能不能不算博弈值,直接判断出博弈解呢?

3.2.3 解的刻画

定义 3.11 假设 $G = (S_1, S_2, A)$ 是二人有限零和博弈,策略组 (a_{i^*}, b_{j^*}) 为均衡解,如果满足

$$a_{ij^*} \leq a_{i^*j^*} \leq a_{i^*j}, \forall i = 1, 2, \cdots, m; j = 1, 2, \cdots, n$$

博弈 G 的所有均衡解记为

$$\text{Equm}(G)$$

均衡解 (a_{i*}, b_{j*}) 对应的盈利值 a_{i*j*} 为均衡值。

我们要探索均衡解和博弈解之间的关系,要探索均衡值和博弈值之间的关系。

定理 3.5 假设 $G = (S_1, S_2, A)$ 是二人有限零和博弈,那么任何一个博弈解都是均衡解,此时均衡解的均衡值就是博弈值。

证明 假设 (a_{i*}, b_{j*}) 是博弈解,那么意味着

$$v = \underline{g} = \overline{f}$$

并且

$$i^* \in \text{Argmax}_i f_i, \quad j^* \in \text{Argmin}_j g^j.$$

也就是

$$a_{ij*} \leq \max_i a_{ij*} = g^{j^*} = f_{i*} = \min_j a_{i*j}$$
$$\leq a_{i*j*} \leq \max_i a_{ij*} = g^{j^*} = f_{i*} = \min_j a_{i*j}$$
$$\leq a_{i*j}.$$

所以得到了

$$a_{ij*} \leq a_{i*j*} \leq a_{i*j}$$

并且

$$a_{i*j*} = f_{i*} = g^{j^*} = v.$$

由此证明了结论。

定理 3.6 假设 $G = (S_1, S_2, A)$ 是二人有限零和博弈,(a_{i*}, b_{j*}) 是一组均衡解,那么博弈一定有值 $v = a_{i*j*}$,并且 (a_{i*}, b_{j*}) 是一组博弈解。

证明 因为 (a_{i*}, b_{j*}) 是一组均衡解,根据定义可得

$$a_{ij*} \leq a_{i*j*} \leq a_{i*j}, \quad \forall i = 1, 2, \cdots, m; j = 1, 2, \cdots, n$$

进一步可得

$$g^{j^*} \leq a_{i*j*} \leq f_{i*}$$

又知道

$$f_{i*} \leq \overline{f} \leq \underline{g} \leq g^{j^*}$$

二者结合可得

$$f_{i*} \leq \overline{f} \leq \underline{g} \leq g^{j^*} \leq a_{i*j*} \leq f_{i*}$$

因此所有的不等式变成等式,也就是

$$f_{i*} = \overline{f} = \underline{g} = g^{j*} = a_{i*j*} = f_{i*}$$

推得,博弈有博弈值

$$v = a_{i*j*}$$

并且

$$i^* \in \mathrm{Argmax}_i f_i, j^* \in \mathrm{Argmin}_j g^j$$

也就是说 (a_{i*}, b_{j*}) 是一组博弈解。由此证明了结论。

上面的两个定理告诉我们,二人有限零和博弈的均衡解集就是博弈解集,所有均衡值都是一样的,都是博弈值。下面的推论 3.7 是自然的。

推论 3.7 假设

$$G = (S_1, S_2, \boldsymbol{A})$$

是一个二人有限零和博弈,如果

$$(a_{i*}, b_{j*}), (a_{k*}, b_{l*}) \in \mathrm{Equm}(G) = \mathrm{Sol}(G)$$

那么有

$$(a_{k*}, b_{j*}), (a_{i*}, b_{l*}) \in \mathrm{Equm}(G) = \mathrm{Sol}(G).$$

可以用函数论中的鞍点定理来刻画二人有限零和博弈的均衡解或者博弈解。

定义 3.12 函数 $f: X \times Y \to \mathbf{R}$,点 $(x^*, y^*) \subset X \times Y$ 为函数 f 的鞍点,如果满足

$$f(x^*, y^*) \geq f(X, y^*)$$
$$f(x^*, y^*) \leq f(x^*, Y).$$

定理 3.7 假设

$$G = (S_1, S_2, \boldsymbol{A})$$

是一个二人有限零和博弈,(a_{i*}, b_{j*}) 是鞍点当且仅当 (a_{i*}, b_{j*}) 是博弈解或者均衡解。

证明 鞍点是均衡点的另一种说法,根据前文的定理易证。

3.3 二人有限零和博弈:混合策略

在纯粹策略意义下,二人有限零和博弈不一定有解,这和我们秉持的一种数学哲学是相矛盾的:对于一种好的解概念,如果很多问题没有解,那么这是不好的,必须对问题和解概念进行扩充,使得大部分问题都有解。在这样的哲学思想的指导下,我们思考二人有限零和博弈的模型,首先盈利函数是无法进行

大幅度修改的，否则就变成了其他问题，所以只能从策略集上进行修改，也不能毫无原则地修改，最好的方式是进行概率扩张，这种方法产生的策略称为混合策略。混合策略的解释是按照博弈模板进行大规模博弈实验，最终统计数据，一定比例的局中人选择某种纯策略，这种比例关系就解释为概率，这和智能时代的行为大数据分析何其相似！

3.3.1 几个代数结论

定义 3.13 假设 A 是一个有限的非空集合并且 $\#A = m$，定义其上的概率分布空间为

$$\Delta(A) = \left\{ \alpha \mid \alpha \in \mathbb{R}^m; \alpha \geq 0; \sum \alpha = 1 \right\}.$$

定义 3.14 假设有有限个数据 $A = \{i\}_{i \in I} \subseteq \mathbb{R}, \#I < \infty$，

(1) 用 $\min A$ 表示集合 A 最小值；
(2) 用 $\max A$ 表示集合 A 最大值；
(3) 用 $I_{\min} = \{i \mid i \in I, x_i = \min A\}$；
(4) 用 $I_{\max} = \{i \mid i \in I, x_i = \max A\}$；
(5) 用 $I_{\mathrm{mid}} = \{i \mid i \in I, \min A < x_i < \max A\}$；
(6) 用 $\Delta(A) = \left\{ \alpha \mid \alpha = (\alpha_i)_{i \in I}, \alpha_i \geq 0, \sum_{i \in I} \alpha_i = 1 \right\}$；用 $\Delta_+(A) = \left\{ \alpha \mid \alpha = (\alpha_i)_{i \in I}, \alpha_i > 0, \sum_{i \in I} \alpha_i = 1 \right\}$；
(7) $I = I_{\min} \biguplus I_{\mathrm{mid}} \biguplus I_{\max}$；
(8) 任意取定 $\alpha \in \Delta(A)$，$\mathrm{Supp}(\alpha) = \{x \mid x \in A, \alpha(x) > 0\}$ 为分布 α 的支撑集，$\mathrm{Zero}(\alpha) = \{x \mid x \in A, \alpha(x) = 0\}$ 为分布 α 的零测集。

定理 3.8 假设有有限个数据 $A = \{x_i\}_{i \in I} \subseteq \mathbb{R}$ 并且 $\#I < \infty$，那么任取 $\alpha = (\alpha_i)_{i \in I} \in \Delta(A)$，成立

$$\min A \leq \sum_{i \in I} \alpha_i x_i \leq \max A.$$

定理 3.9 假设有有限个数据 $A = \{x_i\}_{i \in I} \subseteq \mathbb{R}$ 并且 $\#I < \infty$，成立

$$\min_{\alpha \in \Delta(A)} \left(\sum_{i \in I} \alpha_i x_i \right) = \min A; \quad \max_{\alpha \in \Delta(A)} \left(\sum_{i \in I} \alpha_i x_i \right) = \max A.$$

定理 3.10 假设有有限个数据 $A = \{x_i\}_{i \in I} \subseteq \mathbb{R}$ 并且 $\#I < \infty$，取定 $\alpha = (\alpha_i)_{i \in I} \in \Delta(A)$，如果成立 $\min A = \sum_{i \in I} \alpha_i x_i$，那么必定成立

$$\alpha_i = 0, \forall i \in I \backslash I_{\min}.$$

定理 3.11 假设有限个数据 $A = \{x_i\}_{i \in I} \subseteq \mathbf{R}$ 并且 $\#I < \infty$,取定 $\alpha = (\alpha_i)_{i \in I} \in \Delta(A)$,如果成立 $\max A = \sum_{i \in I} \alpha_i x_i$,那么必定成立

$$\alpha_i = 0, \forall i \in I \backslash I_{\max}.$$

证明 上面的四个定理是简单的,留做练习。

3.3.2 混合扩张

在 3.2 节,讨论了二人有限零和博弈,博弈有解的充要条件是

$$\max_i \min_j a_{ij} = \min_j \max_i a_{ij}.$$

而这样的条件一般满足不了,因此很多博弈问题是没有纯粹策略解的,这需要我们修改博弈模型。

一个博弈模型,局中人是不用修改的,盈利函数是局中人的主观反应,基本不用修改,可以修改的部分是策略集。现实决策中,大量的事实表明,局中人采取的是"混合策略",即以"概率分布"在有限个"纯粹策略"集上进行"混合选择",这就是"混合扩张"。

定义 3.15 假设 S 是包含 m 个元素的集合,其上的混合扩张定义为 S 上的概率分布空间,记为 Σ_S:

$$\Sigma_S = \left\{ x \mid x \in \mathbb{R}^m, x \geq 0, \sum x = 1 \right\}.$$

定义 3.16 假设 S 是包含有 m 个元素的集合,其上的混合扩张集合为 Σ_S,对于其中的任意一个混合扩张 $x \in \Sigma_S$,其支撑集和零测集分别为

$$\text{Supp}(x) = \{i \mid x_i > 0, i = 1, 2, \cdots, m\}; \text{Zero}(x) = \{i \mid x_i = 0, i = 1, 2, \cdots, m\}.$$

定义 3.17 假设 S_1, S_2 是局中人 1, 2 的有限策略集,元素个数分别为 m, n,此时称 S_1, S_2 为局中人 1, 2 的纯粹策略集,局中人 1, 2 基于 S_1, S_2 的混合策略集记为

$$\Sigma_1 = \left\{ x \mid x \in \mathbb{R}^m, x \geq 0, \sum x = 1 \right\}$$

$$\Sigma_2 = \left\{ y \mid y \in \mathbb{R}^n, y \geq 0, \sum y = 1 \right\}$$

记 $\Sigma = \Sigma_1 \times \Sigma_2$。

定义 3.18 假设 S_1, S_2 是局中人 1, 2 的纯粹策略集,$\Sigma_1 \times \Sigma_2$ 是局中人 1, 2 的混合策略集,$G = (S_1, S_2, A)$ 是二人有限零和博弈,那么可以混合扩张为零和博弈

$$G_{\text{mix}} = (\Sigma_1 \times \Sigma_2, F)$$

其中,函数 F 是局中人 1 在混合策略意义下的盈利函数,定义为
$$F(x,y) = x^{\mathrm{T}}Ay, \forall x \in \Sigma_1, y \in \Sigma_2.$$

为了方便,我们把 $\mathbb{R}^m$ 空间中的标准正交基记为
$$e_1, e_2, \cdots, e_m.$$

把 $\mathbb{R}^n$ 空间中的标准正交基记为
$$\eta_1, \eta_2, \cdots, \eta_n.$$

这样 Σ_1 中的元素 x 可以记为
$$x = \sum_{i=1}^{m} x_i e_i.$$

同理 Σ_2 中的元素 y 可以记为
$$y = \sum_{j=1}^{n} y_j \eta_j.$$

根据上一节的几个基本的初等代数结论,我们可以得到如下结论。

定理 3.12 假设 $G = (S_1, S_2, A)$ 是一个二人有限零和博弈,$G_{\text{mix}} = (\Sigma_1, \Sigma_2, F)$ 是其混合扩张,那么有
$$\min_y x^{\mathrm{T}}Ay = \min_j x^{\mathrm{T}}A\eta_j$$
$$\max_x x^{\mathrm{T}}Ay = \max_i e_i^{\mathrm{T}}Ay.$$

3.3.3 混合值与解

定义 3.19 假设 $G = (S_1, S_2, A)$ 是一个二人有限零和博弈,$G_{\text{mix}} = (\Sigma_1, \Sigma_2, F)$ 是其混合扩张,混合博弈的盈利上界定义为
$$U(G_{\text{mix}}) = \max_{x,y} x^{\mathrm{T}}Ay.$$

定理 3.13 假设 $G = (S_1, S_2, A)$ 是一个二人有限零和博弈,$G_{\text{mix}} = (\Sigma_1, \Sigma_2, F)$ 是其混合扩张,博弈 G, G_{mix} 的盈利上界有如下关系:
$$U(G_{\text{mix}}) = U(G).$$

定义 3.20 假设 $G = (S_1, S_2, A)$ 是一个二人有限零和博弈,$G_{\text{mix}} = (\Sigma_1, \Sigma_2, F)$ 是其混合扩张,博弈的盈利下界定义为
$$L(G_{\text{mix}}) = \min_{x,y} x^{\mathrm{T}}Ay.$$

定理 3.14 假设 $G = (S_1, S_2, A)$ 是一个二人有限零和博弈,$G_{\text{mix}} = (\Sigma_1, \Sigma_2, F)$ 是其混合扩张,博弈 G, G_{mix} 的盈利下界有如下关系:
$$L(G_{\text{mix}}) = L(G).$$

定义 3.21 假设 $G = (S_1, S_2, A)$ 是一个二人有限零和博弈,$G_{\text{mix}} = (\Sigma_1, \Sigma_2,$

F)是其混合扩张,对于局中人 1 的混合策略 x,博弈的保利盈利函数定义为

$$F_{\text{low}}(x) = \min_y x^\text{T} A y.$$

定理 3.15　假设 $G = (S_1, S_2, A)$ 是一个二人有限零和博弈,$G_{\text{mix}} = (\Sigma_1, \Sigma_2, F)$ 是其混合扩张,那么成立

$$F_{\text{low}}(x) = \min_j x^\text{T} A \eta_j.$$

定义 3.22　假设 $G = (S_1, S_2, A)$ 是一个二人有限零和博弈,$G_{\text{mix}} = (\Sigma_1, \Sigma_2, F)$ 是其混合扩张,博弈的 maxmin 值定义为

$$\overline{F}_{\text{low}} = \max_x F_{\text{low}}(x) = \max_x \min_y x^\text{T} A y = \max_x \min_j x^\text{T} A \eta_j.$$

即局中人 1 的保底盈利值。

定义 3.23　假设 $G = (S_1, S_2, A)$ 是一个二人有限零和博弈,$G_{\text{mix}} = (\Sigma_1, \Sigma_2, F)$ 是其混合扩张,博弈的 maxmin 策略定义为

$$x^*, x^* \in F_{\text{low}}^{-1}(\overline{F}_{\text{low}}), x^* \in \text{Argmax}_x F_{\text{low}}(x).$$

定理 3.16　假设 $G = (S_1, S_2, A)$ 是一个二人有限零和博弈,$G_{\text{mix}} = (\Sigma_1, \Sigma_2, F)$ 是其混合扩张,那么函数

$$F_{\text{low}} : \Sigma_1 \rightarrow \mathbb{R}^1$$

是连续函数,$\overline{F}_{\text{low}}$ 一定存在,maxmin 策略也一定存在。

证明　Σ_1 是有界闭的凸集,函数 F_{low} 是线性函数的取小,所以一定连续,根据维尔斯特拉斯定理,最大值点一定存在,最大值一定可以取到。

定理 3.17　假设 $G = (S_1, S_2, A)$ 是一个二人有限零和博弈,$G_{\text{mix}} = (\Sigma_1, \Sigma_2, F)$ 是其混合扩张,x^* 是博弈的 maxmin 策略当且仅当

$$F_{\text{low}}(x^*) \geq F_{\text{low}}(x), \forall x \in \Sigma_1.$$

推论 3.8　假设 $G = (S_1, S_2, A)$ 是一个二人有限零和博弈,$G_{\text{mix}} = (\Sigma_1, \Sigma_2, F)$ 是其混合扩张,x^* 是博弈的 maxmin 策略当且仅当

$$\min_y x^{*\text{T}} A y \geq \min_z x^\text{T} A z, \forall x \in \Sigma_1.$$

推论 3.9　假设 $G = (S_1, S_2, A)$ 是一个二人有限零和博弈,$G_{\text{mix}} = (\Sigma_1, \Sigma_2, F)$ 是其混合扩张,x^* 是博弈的 maxmin 策略当且仅当

$$\min_j x^{*\text{T}} A \eta_j \geq \min_k x^\text{T} A \eta_k, \forall x \in \Sigma_1.$$

推论 3.10　假设 $G = (S_1, S_2, A)$ 是一个二人有限零和博弈,$G_{\text{mix}} = (\Sigma_1, \Sigma_2, F)$ 是其混合扩张,x^* 是博弈的 maxmin 策略当且仅当

$$x^{*\text{T}} A y \geq \overline{F}_{\text{low}}, \forall y \in \Sigma_2.$$

推论 3.11　假设 $G = (S_1, S_2, A)$ 是一个二人有限零和博弈,$G_{\text{mix}} = (\Sigma_1, \Sigma_2,$

F)是其混合扩张,x^*是博弈的 maxmin 策略当且仅当

$$x^{*\mathrm{T}}A\eta_j \geqslant \overline{F}_{\mathrm{low}}, \forall j.$$

证明 上面的一个定理和四个推论都是 maxmin 策略的定义和基本的代数结论,证明由读者自己完成。

定义 3.24 假设 $G=(S_1,S_2,A)$ 是一个二人有限零和博弈,$G_{\mathrm{mix}}=(\Sigma_1,\Sigma_2,F)$ 是其混合扩张,博弈的最大亏本函数定义为

$$F_{\mathrm{up}}(y) = \max_x x^{\mathrm{T}}Ay.$$

定理 3.18 假设 $G=(S_1,S_2,A)$ 是一个二人有限零和博弈,$G_{\mathrm{mix}}=(\Sigma_1,\Sigma_2,F)$ 是其混合扩张,那么成立

$$F_{\mathrm{up}}(y) = \max_i e_i^{\mathrm{T}}Ay.$$

定义 3.25 假设 $G=(S_1,S_2,A)$ 是一个二人有限零和博弈,$G_{\mathrm{mix}}=(\Sigma_1,\Sigma_2,F)$ 是其混合扩张,博弈的 minmax 值定义为

$$\underline{F}_{\mathrm{up}} = \min_y F_{\mathrm{up}}(y) = \min_y \max_x x^{\mathrm{T}}Ay = \min_y \max_i e_i^{\mathrm{T}}Ay.$$

即局中人 2 的保底亏本值。

定义 3.26 假设 $G=(S_1,S_2,A)$ 是一个二人有限零和博弈,$G_{\mathrm{mix}}=(\Sigma_1,\Sigma_2,F)$ 是其混合扩张,博弈的 minmax 策略定义为

$$y^*, y^* \in F_{\mathrm{up}}^{-1}(\underline{F}_{\mathrm{up}}), y^* \in \mathrm{Argmin}_y F_{\mathrm{up}}(y).$$

定理 3.19 假设 $G=(S_1,S_2,A)$ 是一个二人有限零和博弈,$G_{\mathrm{mix}}=(\Sigma_1,\Sigma_2,F)$ 是其混合扩张,那么函数

$$F_{\mathrm{up}}:\Sigma_2 \to \mathbb{R}^1$$

是连续函数,$\underline{F}_{\mathrm{up}}$ 一定存在,minmax 策略也一定存在。

证明 Σ_2 是有界闭的凸集,函数 F_{up} 是线性函数的取大,所以一定连续,根据维尔斯特拉斯定理,最小值点一定存在,最小值一定可以取到。

定理 3.20 假设 $G=(S_1,S_2,A)$ 是一个二人有限零和博弈,$G_{\mathrm{mix}}=(\Sigma_1,\Sigma_2,F)$ 是其混合扩张,y^* 是博弈的 minmax 策略当且仅当

$$F_{\mathrm{up}}(y^*) \leqslant F_{\mathrm{up}}(y), \forall y \in \Sigma_2.$$

推论 3.12 假设 $G=(S_1,S_2,A)$ 是一个二人有限零和博弈,$G_{\mathrm{mix}}=(\Sigma_1,\Sigma_2,F)$ 是其混合扩张,y^* 是博弈的 minmax 策略当且仅当

$$\max_x x^{\mathrm{T}}Ay^* \leqslant \max_z z^{\mathrm{T}}Ay, \forall y \in \Sigma_2.$$

推论 3.13 假设 $G=(S_1,S_2,A)$ 是一个二人有限零和博弈,$G_{\mathrm{mix}}=(\Sigma_1,\Sigma_2,F)$ 是其混合扩张,y^* 是博弈的 minmax 策略当且仅当

$$\max_i e_i^{\mathrm{T}}Ay^* \leqslant \max_k e_k^{\mathrm{T}}Ay, \forall y \in \Sigma_2.$$

推论 3.14 假设 $G=(S_1,S_2,A)$ 是一个二人有限零和博弈，$G_{mix}=(\Sigma_1,\Sigma_2,F)$ 是其混合扩张，y^* 是博弈的 minmax 策略当且仅当
$$x^{\mathrm{T}}Ay^* \leq \underline{F}_{up}, \forall\, x \in \Sigma_1.$$

推论 3.15 假设 $G=(S_1,S_2,A)$ 是一个二人有限零和博弈，$G_{mix}=(\Sigma_1,\Sigma_2,F)$ 是其混合扩张，y^* 是博弈的 minmax 策略当且仅当
$$e_i^{\mathrm{T}}Ay^* \leq \underline{F}_{up}, \forall\, i.$$

证明 上面的一个定理和四个推论都是 minmax 策略的定义和基本的代数结论，证明由读者自己完成。

定理 3.21 假设 $G=(S_1,S_2,A)$ 是一个二人有限零和博弈，$G_{mix}=(\Sigma_1,\Sigma_2,F)$ 是其混合扩张，必定有
$$\overline{F}_{low} \leq \underline{F}_{up}.$$

证明 首先自然成立
$$\min_y x^{\mathrm{T}}Ay \leq x^{\mathrm{T}}Ay$$

两边同时取 $\max_x$ 可得
$$\max_x \min_y x^{\mathrm{T}}Ay \leq \max_x x^{\mathrm{T}}Ay$$

两边再同时取 $\min_y$ 可得
$$\min_y \max_x \min_y x^{\mathrm{T}}Ay \leq \min_y \max_x x^{\mathrm{T}}Ay$$

左边最外层的 $\min_y$ 没有作用价值，可得
$$\max_x \min_y x^{\mathrm{T}}Ay \leq \min_y \max_x x^{\mathrm{T}}Ay$$

也就是
$$\overline{F}_{low} \leq \underline{F}_{up}.$$

由此证明了结论。

根据上面的定理，对于一个二人有限零和混合博弈，可以讨论什么时候实现
$$\overline{F}_{low} = \underline{F}_{up}.$$

此时局中人 1 的保底盈利函数最大，局中人 2 的保底亏本函数最小，这是一个特殊的情形，可以作为博弈解定义的出发点。

定义 3.27 假设 $G=(S_1,S_2,A)$ 是一个二人有限零和博弈，$G_{mix}=(\Sigma_1,\Sigma_2,F)$ 是其混合扩张，称混合博弈有一个值，如果
$$\overline{F}_{low} = \underline{F}_{up}.$$

此时数值

$$v_{\text{mix}} = \overline{F}_{\text{low}} = \underline{F}_{\text{up}}.$$

为混合博弈值,此时博弈的 maxmin 策略和 minmax 策略为博弈的混合最优策略,局中人 1,2 的任意混合最优策略形成的策略对称为博弈的混合解,所有的混合解记为

$$\text{MixSol}(G) = \{(x^*, y^*) \mid x^* \in F_{\text{low}}^{-1}(v_{\text{mix}}); y^* \in F_{\text{up}}^{-1}(v_{\text{mix}})\}.$$

定理 3.22 假设 $G = (S_1, S_2, A)$ 是一个二人有限零和博弈, $G_{\text{mix}} = (\Sigma_1, \Sigma_2, F)$ 是其混合扩张,如果博弈有一个混合值,那么混合博弈值一定是唯一的、确定的,此时局中人 1 的混合最优策略和局中人 2 的混合最优策略可以自由组合,形成混合博弈解。

证明 根据定义,博弈 (S_1, S_2, A) 有混合值,那么就意味着

$$\underline{F}_{\text{up}} = \overline{F}_{\text{low}}$$

也就是

$$v_{\text{mix}} =: \min_y \max_x x^{\text{T}} A y = \max_x \min_y x^{\text{T}} A y$$

这个值只和 $\min_y \max_x x^{\text{T}} A y$, $\max_x \min_y x^{\text{T}} A y$ 是否相等有关,所以如果博弈有混合值,那么就一定是唯一确定的。

对于二人有限零和博弈,有了混合值就一定有混合解,混合值是唯一的,但是混合解不一定唯一,没有混合值就一定没有混合解。这个定理告诉我们求解博弈混合解的方法,先判断有没有混合博弈值,如果没有,则没有混合博弈解,如果有混合博弈值那么继续计算可得混合博弈解。一个自然的问题是,能不能不算混合博弈值,直接判断出混合博弈解呢?

3.3.4 混合博弈解的刻画

定义 3.28 假设 $G = (S_1, S_2, A)$ 是一个二人有限零和博弈, $G_{\text{mix}} = (\Sigma_1, \Sigma_2, F)$ 是其混合扩张,称

$$(x^*, y^*) \in \Sigma = \Sigma_1 \times \Sigma_2$$

是混合均衡解,如果满足

$$x^{\text{T}} A y^* \leqslant x^{*\text{T}} A y^* \leqslant x^{*\text{T}} A y, \forall x \in \Sigma_1, y \in \Sigma_2$$

所有的混合均衡解记为 $\text{MixEqum}(G)$,混合均衡解对应的均衡值称为混合均衡值。

我们要探索混合均衡解和混合博弈解之间的关系,要探索混合均衡值和混合博弈值之间的关系。

定理 3.23 假设 $G = (S_1, S_2, A)$ 是二人有限零和博弈, $G_{\text{mix}} = (\Sigma_1, \Sigma_2, F)$ 是

其混合扩张,那么任何一个混合博弈解都是混合均衡解,此时混合均衡值就是混合博弈值。

证明 假设(x^*,y^*)是混合博弈解,那么意味着

$$v_{\text{mix}} = \underline{F}_{\text{up}} = \overline{F}_{\text{low}}$$

并且

$$x^* \in \text{Argmax}_x F_{\text{low}}(x), y^* \in \text{Argmin}_y F_{\text{up}}(y).$$

也就是

$$x^{\text{T}}Ay^* \leq \max_x x^{\text{T}}Ay^* = F_{\text{up}}(y^*) = F_{\text{low}}(x^*) = \min_y x^{*\text{T}}Ay$$
$$\leq x^{*\text{T}}Ay^* \leq \max_x x^{\text{T}}Ay^* = F_{\text{up}}(y^*) = F_{\text{low}}(x^*) = \min_y x^{*\text{T}}Ay$$
$$\leq x^{*\text{T}}Ay.$$

所以得到了

$$x^{\text{T}}Ay^* \leq x^{*\text{T}}Ay^* \leq x^{*\text{T}}Ay$$

并且

$$x^{*\text{T}}Ay^* = F_{\text{up}}(y^*) = F_{\text{low}}(x^*) = v_{\text{mix}}.$$

由此证明了结论。

定理 3.24 假设$G = (S_1, S_2, A)$是二人有限零和博弈,$G_{\text{mix}} = (\Sigma_1, \Sigma_2, F)$是其混合扩张,$(x^*, y^*)$是一组混合均衡解,那么博弈一定有混合值

$$v_{\text{mix}} = x^{*\text{T}}Ay^*$$

并且(x^*, y^*)是一组混合博弈解。

证明 因为(x^*, y^*)是一组混合均衡解,根据定义可得

$$x^{\text{T}}Ay^* \leq x^{*\text{T}}Ay^* \leq x^{*\text{T}}Ay, \forall x, y$$

进一步可得

$$F_{\text{up}}(y^*) \leq x^{*\text{T}}Ay^* \leq F_{\text{low}}(x^*)$$

又知道

$$F_{\text{low}}(x^*) \leq \overline{F}_{\text{low}} \leq \underline{F}_{\text{up}} \leq F_{\text{up}}(y^*)$$

二者结合可得

$$F_{\text{low}}(x^*) \leq \overline{F}_{\text{low}} \leq \underline{F}_{\text{up}} \leq F_{\text{up}}(y^*) \leq x^{*\text{T}}Ay^* \leq F_{\text{low}}(x^*)$$

因此所有的不等式变成等式,也就是

$$F_{\text{low}}(x^*) = \overline{F}_{\text{low}} = \underline{F}_{\text{up}} = F_{\text{up}}(y^*) = x^{*\text{T}}Ay^* = F_{\text{low}}(x^*)$$

推得,博弈有混合博弈值

$$v_{\text{mix}} = x^{*\text{T}}Ay^*$$

并且
$$x^* \in \mathrm{Argmax}_x F_{\mathrm{low}}(x), y^* \in \mathrm{Argmin}_y F_{\mathrm{up}}(y)$$
也就是说(x^*, y^*)是一组混合博弈解。由此证明了结论。

上面的两个定理告诉我们,二人有限零和博弈的混合均衡解集就是混合博弈解集,所有混合均衡值都是一样的,都是混合博弈值。下面的这个推论是自然的。

推论 3.16 假设$G = (S_1, S_2, A)$是二人有限零和博弈,$G_{\mathrm{mix}} = (\Sigma_1, \Sigma_2, F)$是其混合扩张,如果
$$(x^*, y^*), (z^*, w^*) \in \mathrm{MixEqum}(G) = \mathrm{MixSol}(G)$$
那么有
$$(x^*, w^*), (z^*, y^*) \in \mathrm{MixEqum}(G) = \mathrm{MixSol}(G).$$

可以用函数论中的鞍点定理来刻画二人有限零和博弈的均衡解或者博弈解。

定义 3.29 函数$f: X \times Y \to \mathbf{R}$,点$(x^*, y^*) \subset X \times Y$为函数$f$的鞍点,如果满足
$$f(x^*, y^*) \geq f(X, y^*)$$
$$f(x^*, y^*) \leq f(x^*, Y).$$

定理 3.25 假设$G = (S_1, S_2, A)$是二人有限零和博弈,$G_{\mathrm{mix}} = (\Sigma_1, \Sigma_2, F)$是其混合扩张,$(x^*, y^*)$是函数$f$的鞍点当且仅当$(x^*, y^*)$是混合博弈解或者混合均衡解。

证明 鞍点是均衡点的另一种说法,根据前文的定理易证。

3.3.5 混合博弈解的存在性

二人有限零和博弈混合扩张以后,有混合解吗?这是一个基本的问题。对于二人有限零和博弈,纯粹策略下的博弈解是不一定存在的,但是对于混合情形,我们可以给出肯定的回答。本质上就是要证明
$$\overline{F}_{\mathrm{low}} = \underline{F}_{\mathrm{up}}.$$

为了下面的关键定理,我们需要线性规划的基本对偶定理,可参考任何一本标准的数学优化的教材。

引理 3.1(一般形式的线性规划的对偶) 假设$c \in \mathbb{R}^n, d \in \mathbb{R}^1, G \in M_{m \times n}(\mathbb{R}), h \in \mathbb{R}^m, A \in M_{l \times n}(\mathbb{R}), b \in \mathbb{R}^l$,一般形式的线性规划模型

$$\min c^T x + d$$
$$\text{s.t.} \quad Gx - h \leq 0$$
$$Ax - b = 0.$$

的对偶问题为

$$\min \alpha^T h + \beta^T b - d$$
$$\text{s.t.} \quad \alpha \geq 0, G^T \alpha + A^T \beta + c = 0.$$

二者等价。

引理 3.2(标准形式的线性规划的对偶) 假设 $c \in \mathbb{R}^n, d \in \mathbb{R}^1, A \in M_{l \times n}(\mathbb{R}), b \in \mathbb{R}^l$,标准形式的线性规划模型

$$\min c^T x + d$$
$$\text{s.t.} \quad x \geq 0$$
$$Ax - b = 0.$$

的对偶问题为

$$\min \beta^T b - d$$
$$\text{s.t.} \quad \alpha \geq 0, -\alpha + A^T \beta + c = 0.$$

二者等价。

引理 3.3(不等式形式的线性规划的对偶) 假设 $c \in \mathbb{R}^n, d \in \mathbb{R}^1, A \in M_{m \times n}(\mathbb{R}), b \in \mathbb{R}^m$,求解不等式形式的线性规划模型

$$\min c^T x + d$$
$$\text{s.t.} \quad Ax \leq b.$$

的对偶问题为

$$\min \alpha^T b - d$$
$$\text{s.t.} \quad \alpha \geq 0, A^T \alpha + c = 0.$$

二者等价。

定理 3.26 假设 $G = (S_1, S_2, A)$ 是一个二人有限零和博弈,$G_{\text{mix}} = (\Sigma_1, \Sigma_2, F)$ 是其混合扩张,那么一定有

$$\underline{F}_{\text{up}} = \overline{F}_{\text{low}}$$

也就是博弈一定有混合值,那么一定也有混合博弈解,也就是混合均衡解。

证明 根据定义

$$\underline{F}_{\text{up}}$$

等价于

$$\min_y (\max_x x^T A y)$$

也就是
$$\min_y(\max_i e_i^T Ay)$$

转化为
$$\min(\max_i e_i^T Ay)$$
$$\text{s. t.} \quad \sum y = 1, y \geqslant 0$$

进一步转化为
$$\min \quad v$$
$$\text{s. t.} \quad \max_i e_i^T Ay \leqslant v$$
$$\sum y = 1, y \geqslant 0$$

整理可得
$$\min \quad v$$
$$\text{s. t.} \quad Ay \leqslant v1_m$$
$$1_n^T y = 1, y \geqslant 0$$

整理成典范形式可得
$$\min \quad v$$
$$\text{s. t.} \quad Ay - v1_m \leqslant 0$$
$$-y \leqslant 0$$
$$1_n^T y - 1 = 0.$$

这是以 (v,y) 为自变量的线性优化问题,根据前文的定理可知一定有最小值和最小值点,最小值就是 $\overline{F}_{up}$,最小值点就是 minmax 策略。

同样根据定义
$$\overline{F}_{low}$$

等价于
$$\max_x(\min_y x^T Ay)$$

也就是
$$\max_x(\min_j x^T A\eta_j)$$

转化为
$$\max(\min_j x^T A\eta_j)$$
$$\text{s. t.} \quad \sum x = 1, x \geqslant 0$$

进一步转化为

$$\max \quad w$$
$$\text{s.t.} \quad \min_j x^T A \eta_j \geq w$$
$$\sum x = 1, x \geq 0$$

整理可得

$$\max \quad w$$
$$\text{s.t.} \quad x^T A \geq w 1_n^T$$
$$1_m^T x = 1, x \geq 0$$

整理成典范形式可得

$$\max \quad w$$
$$\text{s.t.} \quad -A^T x + w 1_n \leq 0$$
$$-x \leq 0$$
$$1_m^T x - 1 = 0.$$

这是以 (w,x) 为自变量的线性优化问题,根据前文的定理可知一定有最大值和最大值点,最大值就是 $\overline{F}_{\text{low}}$,最大值点就是 maxmin 策略。

要论证

$$\underline{F}_{\text{up}} = \overline{F}_{\text{low}}$$

只需论证

$$\min \quad v$$
$$\text{s.t.} \quad Ay - v 1_m \leq 0$$
$$-y \leq 0$$
$$1_n^T y - 1 = 0$$

和

$$\max \quad w$$
$$\text{s.t.} \quad -A^T x + w 1_n \leq 0$$
$$-x \leq 0$$
$$1_m^T x - 1 = 0$$

是对偶的。如果能证明这一点,那么根据线性优化对偶定理可知,这两个模型的最优值相等。

下面计算模型

$$\min \quad v$$
$$\text{s.t.} \quad Ay - v1_m \leq 0$$
$$-y \leq 0$$
$$1_n^T y - 1 = 0$$

的对偶模型。整理得到

$$\min \quad (0_n^T, 1)\begin{pmatrix} y \\ v \end{pmatrix}$$
$$\text{s.t.} \quad \begin{pmatrix} A & -1_m \\ -I_n & 0_n \end{pmatrix}\begin{pmatrix} y \\ v \end{pmatrix} \leq 0$$
$$(1_n^T, 0)\begin{pmatrix} y \\ v \end{pmatrix} - 1 = 0$$

根据引理可得对偶模型为

$$\min \quad \beta$$
$$\text{s.t.} \quad \begin{pmatrix} A^T & -I_n \\ -1_m^T & 0_n^T \end{pmatrix}\alpha + \beta(1_n^T, 0)^T + (0_n^T, 1)^T = 0$$
$$\alpha \geq 0$$

整理得

$$\min \quad \beta$$
$$\text{s.t.} \quad A^T \alpha_1 - \alpha_2 + \beta 1_n = 0$$
$$-1_m^T \alpha_1 + 1 = 0$$
$$\alpha_1 \geq 0, \alpha_2 \geq 0.$$

进一步可得

$$\min \quad -\beta$$
$$\text{s.t.} \quad A^T \alpha_1 + (-\beta)1_n \geq 0$$
$$-\alpha_1 \leq 0$$
$$1_m^T \alpha_1 - 1 = 0$$

也就是

$$\max \quad \beta$$
$$\text{s.t.} \quad -A^T \alpha_1 + \beta 1_n \leq 0$$
$$-\alpha_1 \leq 0$$
$$1_m^T \alpha_1 - 1 = 0$$

修改变量得到

$$\max \quad w$$
$$\text{s.t.} \quad -A^T x + w 1_n \leq 0$$
$$-x \leq 0$$
$$1_m^T x - 1 = 0.$$

由此证明了结论。

推论 3.17 假设 $G = (S_1, S_2, A)$ 是一个二人有限零和博弈，$G_{\text{mix}} = (\Sigma_1, \Sigma_2, F)$ 是其混合扩张，混合策略对
$$(x^*, y^*) \in \Sigma = \Sigma_1 \times \Sigma_2$$
是混合博弈解当且仅当使得 (x^*, y^*) 是如下线性规划的对偶解：

$$\min \quad v$$
$$\text{s.t.} \quad Ay \leq v 1_m$$
$$\sum y = 1, y \geq 0.$$

和

$$\max \quad w$$
$$\text{s.t.} \quad x^T A \geq w 1_n^T$$
$$\sum x = 1, x \geq 0.$$

3.4 完全信息静态博弈

本节的主要目的是从三个角度阐述完全信息静态博弈的纯粹策略均衡解概念。第一个角度是 Pareto 最优导致支配均衡解概念，第二个角度是保守最优导致安全均衡解概念，第三个角度是稳定最优导致纳什均衡解概念。

3.4.1 基本模型

根据第 2 章的内容，完全信息静态博弈的模型既包括局中人、策略集以及盈利函数等要素，也包括局中人知识结构的假设。

定义 3.30 完全信息静态博弈包括如下三要素与一假设：

(1) 局中人要素：局中人集合记为 N，单个局中人记为 $i \in N$。

(2) 策略集要素：每个局中人 $\forall i \in N$ 都有一个策略集合 A_i。

(3) 盈利函数要素：每个局中人 $\forall i \in N$ 都有一个盈利函数 $f_i: A \to \mathbf{R}$，其中 $A = \times_{i \in N} A_i$。

(4) 完全信息假设:局中人集合 N,策略集合 $(A_i)_{i\in N}$,盈利函数 $(f_i)_{i\in N}$ 都是局中人的公共知识。

完全信息静态博弈模型一般记为一个三元组
$$(N,(A_i)_{i\in N},(f_i)_{i\in N}).$$
为了应用和行文的方便,我们需要定义一些特别的符号。

定义 3.31 假设
$$(N,(A_i)_{i\in N},(f_i)_{i\in N})$$
是一个完全信息静态博弈。$I\subseteq N$ 是局中人的一个子集,$-I=N\setminus I$ 称为局中人集合 I 的对手集。
$$A_I=\times_{i\in I}A_i, A_{-I}=\times_{j\in -I}A_j$$
分别为局中人集合 I 的策略集及其对手 $-I$ 的策略集。
$$a_I=(a_i)_{i\in I}, a_{-I}=(a_j)_{j\in -I}$$
分别为局中人集合 I 的策略及其对手 $-I$ 的策略。特别地,当局中人子集 $I=\{i\}$ 时,称
$$-i=N\setminus\{i\}, A_{-i}=\times_{j\in -i}A_j, a_{-i}=(a_j)_{j\in -i}$$
分别为局中人 i 的对手、对手的策略集、对手的策略。一个策略向量可以表示为
$$a=(a_i)_{i\in N}=(a_I,a_{-I})=(a_1,a_{-1})=\cdots=(a_i,a_{-i})=\cdots.$$

定义 3.32 完全信息静态博弈
$$(N,(A_i)_{i\in N},(f_i)_{i\in N})$$
称为

(1) 局中人有限博弈:如果满足 $\#N<+\infty$;

(2) 策略集有限博弈:如果满足 $\#A<+\infty$;

(3) 有限博弈:如果满足 $\#N<+\infty, \#A<+\infty$。

注释 3.2 博弈理论与最优化的区别在于盈利函数对所有局中人行动的依赖性,注意在完美信息静态博弈的定义中,盈利函数 f_i 的定义域是 $A=\times_{i\in N}A_i$ 而不是 A_i,如果定义域是 A_i,那么就蜕化为最优化的情形。

3.4.2 支配均衡

从 Pareto 最优的角度出发可以产生一种解概念,即支配均衡。

定义 3.33 假设
$$(N,(A_i)_{i\in N},(f_i)_{i\in N})$$
是一个完全信息静态博弈,局中人 i 有两个策略 $a_i,b_i\in A_i$,称 a_i 被 b_i 严格支配,记为 $a_i<<b_i$,如果满足

$$f_i(a_i, c_{-i}) < f_i(b_i, c_{-i}), \forall c_{-i} \in A_{-i}$$

上述条件可简写为

$$a_i << b_i \Leftrightarrow f_i(a_i, A_{-i}) < f_i(b_i, A_{-i}).$$

为了体现出支配关系和当前策略集合的关系,有时也把 $a_i << b_i$ 记为 $a_i <<_A b_i$。

定义 3.34 假设

$$(N, (A_i)_{i \in N}, (f_i)_{i \in N})$$

是一个完全信息静态博弈,局中人 i 的策略 $a_i \in A_i$,称为严格被支配策略,如果满足

$$\exists b_i \in A_i, \text{s.t.}, a_i << b_i.$$

为了体现出支配关系和当前策略集合的关系,有时也把 $a_i << b_i$ 记为 $a_i <<_A b_i$。

注释 3.3 局中人的严格被支配策略与当前的博弈模型有关,如果局中人的策略集合发生了变化,那么严格被支配策略一般而言也会发生变化,如果局中人的盈利函数发生了变化,那么严格被支配策略也会发生变化。随着策略集合的变换,一些之前不是严格被支配策略的策略也会变成严格被支配策略。

直观来讲,一个理性的局中人不会选择严格被支配策略作为自己的策略,因此我们期待逐次剔除严格被支配策略(iterated elimination of strictly dominated strategies,IESD),这个过程并不平凡,其需要严格的逻辑基础。

公理 3.1(IESD 第一公理) 理性的局中人不会选择严格被支配策略。

公理 3.2(IESD 第二公理) 完全信息静态博弈中的局中人都是理性的。

公理 3.3(IESD 第三公理) 局中人是理性的这一事实是所有局中人的公共知识。

IESD 过程需要上述三个公理作为逻辑基础,缺一不可。

定义 3.35(IESD 过程) 假设

$$(N, (A_i)_{i \in N}, (f_i)_{i \in N})$$

是一个完全信息静态博弈,并且满足 IESD 三大公理,博弈可以实现逐次约简:

(1) 令 $R_i^0 := A_i, \forall i \in N$;

(2) 递归定义为 $R_i^n, \forall i \in N$ 为

$$R_i^n = \{s_i \mid s_i \in R_i^{n-1}, \nexists t_i \in R_i^{n-1}, \text{s.t.}, t_i \succ_{R_i^{n-1}} s_i\}.$$

(3) 最终产生 $R_i^\infty, \forall i \in N$,使之再无法约简。

定义 3.36(IESD 均衡) 假设

$$(N, (A_i)_{i \in N}, (f_i)_{i \in N})$$

是一个完全信息静态博弈,满足 IESD 三大公理,博弈最终可以约简为

$$(N, (R_i^\infty)_{i \in N}, (f_i)_{i \in N}).$$

此时策略集合 $R^\infty = \times_{i\in N} R_i^\infty$ 称为严格支配均衡。

定理 3.27(IESD 唯一性定理) 假设
$$(N,(A_i)_{i\in N},(f_i)_{i\in N})$$
是一个完全信息静态博弈,满足 IESD 三大公理,博弈约简为
$$(N,(R_i^\infty)_{i\in N},(f_i)_{i\in N}).$$
那么策略集合 $R^\infty = \times_{i\in N} R_i^\infty$ 与约简次序无关。

证明 容易验证,留作习题。

除严格被支配策略剔除以外,还可以考虑弱被支配策略的剔除。

定义 3.37 假设
$$(N,(A_i)_{i\in N},(f_i)_{i\in N})$$
是一个完全信息静态博弈,局中人 i 有两个策略 $a_i,b_i \in A_i$,称 a_i 被 b_i 弱支配,记为 $a_i < b_i$,如果满足
$$f_i(a_i,c_{-i}) \leq f_i(b_i,c_{-i}), \forall c_{-i} \in A_{-i}; \exists d_{-i} \in A_{-i}, \text{s.t.}, f_i(a_i,d_{-i}) < f_i(b_i,d_{-i}).$$
上述条件可简写为
$$a_i < b_i \Leftrightarrow f_i(a_i,A_{-i}) \leq f_i(b_i,A_{-i}); \exists d_{-i} \in A_{-i}, \text{s.t.}, f_i(a_i,d_{-i}) < f_i(b_i,d_{-i}).$$
为了体现出支配关系和当前策略集合的关系,有时也把 $a_i < b_i$ 记为 $a_i <_A b_i$。

定义 3.38 假设
$$(N,(A_i)_{i\in N},(f_i)_{i\in N})$$
是一个完全信息静态博弈,局中人 i 的策略 $a_i \in A_i$,称为弱被支配策略,如果满足
$$\exists b_i \in A_i, \text{s.t.}, a_i < b_i.$$
为了体现出支配关系和当前策略集合的关系,有时也把 $a_i < b_i$ 记为 $a_i <_A b_i$。

注释 3.4 局中人的弱被支配策略与当前的博弈模型有关,如果局中人的策略集合发生了变化,那么弱被支配策略一般而言也会发生变化,如果局中人的盈利函数发生了变化,那么弱被支配策略也会发生变化。随着策略集合的变换,一些之前不是弱被支配策略的策略也会变成弱被支配策略。

直观来讲,一个理性的局中人不会选择弱被支配策略作为自己的策略,因此我们期待逐次剔除弱被支配策略(iterated elimination of weakly dominated actions,IEWD),这个过程并不平凡,其需要严格的逻辑基础。

公理 3.4(IEWD 第一公理) 理性的局中人不会选择弱被支配行动。

公理 3.5(IEWD 第二公理) 完全信息静态博弈中的局中人都是理性的。

公理 3.6(IEWD 第三公理) 局中人是理性的这一事实是所有局中人的公共知识。

IEWD 过程需要上面的三个公理作为逻辑基础,缺一不可。

定义 3.39(IEWD 过程) 假设
$$(N,(A_i)_{i\in N},(f_i)_{i\in N})$$
是一个完全信息静态博弈,并且满足 IEWD 三大公理,博弈可以实现逐次约简:

(1) 令 $W_i^0 := A_i, \forall i \in N$;

(2) 递归定义为 $W_i^n, \forall i \in N$ 为
$$W_i^n = \{s_i \mid s_i \in W_i^{n-1}, \not\exists\, t_i \in W_i^{n-1}, \text{s.t.}, t_i \succ_{W^{n-1}} s_i\}.$$

(3) 产生 $W_i^\infty, \forall i \in N$,使之再无法约简。

定义 3.40(IEWD 均衡) 假设
$$(N,(A_i)_{i\in N},(f_i)_{i\in N})$$
是一个完全信息静态博弈,满足 IEWD 三大公理,博弈最终可以约简为
$$(N,(W_i^\infty)_{i\in N},(f_i)_{i\in N})$$
此时策略集合 $W^\infty = \times_{i\in N} W_i^\infty$ 称为弱支配均衡。

定理 3.28(IEWD 不唯一定理) 假设
$$(N,(A_i)_{i\in N},(f_i)_{i\in N})$$
是一个完全信息静态博弈,满足 IEWD 三大公理,博弈约简为
$$(N,(W_i^\infty)_{i\in N},(f_i)_{i\in N}).$$
那么策略集合 $W^\infty = \times_{i\in N} W_i^\infty$ 与约简次序相关。

证明 构造一个反例即可,留作练习。

3.4.3 安全均衡

如果局中人从安全保守的角度出发选择行动,那么就会产生安全均衡的概念。

定义 3.41 假设
$$(N,(A_i)_{i\in N},(f_i)_{i\in N})$$
是一个完全信息静态博弈,局中人 i 的盈利上界定义为
$$M_i = \max_{a\in A} f_i(a).$$

定义 3.42 假设
$$(N,(A_i)_{i\in N},(f_i)_{i\in N})$$
是一个完全信息静态博弈,局中人 i 的盈利下界定义为
$$m_i = \min_{a\in A} f_i(a).$$

定义 3.43 假设
$$(N,(A_i)_{i \in N},(f_i)_{i \in N})$$
是一个完全信息静态博弈,局中人 i 的后发盈利函数定义为
$$f_{i,\text{low}}(a_i) = \min_{a_{-i} \in A_{-i}} f_i(a_i, a_{-i}).$$

定义 3.44 假设
$$(N,(A_i)_{i \in N},(f_i)_{i \in N})$$
是一个完全信息静态博弈,局中人 i 的 maxmin 值定义为
$$\underline{v}_i = \max_{a_i \in A_i} f_{i,\text{low}}(a_i) = \max_{a_i \in A_i} \min_{a_{-i} \in A_{-i}} f_i(a_i, a_{-i}).$$

定义 3.45 假设
$$(N,(A_i)_{i \in N},(f_i)_{i \in N})$$
是一个完全信息静态博弈,局中人 i 的 maxmin 策略定义为
$$a_i^* \in f_{i,\text{low}}^{-1}(\underline{v}_i) = \text{Argmax}_{a_i \in A_i} f_{i,\text{low}}(a_i).$$

定理 3.29 假设
$$(N,(A_i)_{i \in N},(f_i)_{i \in N})$$
是一个完全信息静态博弈,$a_i^* \in A_i$ 为局中人 i 的 maxmin 策略当且仅当
$$\min_{a_{-i} \in A_{-i}} f_i(a_i^*, a_{-i}) \geq \min_{a_{-i} \in A_{-i}} f_i(a_i, a_{-i}), \forall a_i \in A_i.$$

定理 3.10 假设
$$(N,(A_i)_{i \in N},(f_i)_{i \in N})$$
是一个完全信息静态博弈,$a_i^* \in A_i$ 为局中人 i 的 maxmin 策略当且仅当
$$f_i(a_i^*, A_{-i}) \geq \underline{v}_i = \max_{a_i \in A_i} \min_{a_{-i} \in A_{-i}} f_i(a_i, a_{-i}).$$

定义 3.46 假设
$$(N,(A_i)_{i \in N},(f_i)_{i \in N})$$
是一个完全信息静态博弈,局中人 i 的先发盈利函数定义为
$$f_{i,\text{up}}(a_{-i}) = \max_{a_i \in A_i} f_i(a_i, a_{-i})$$

定义 3.47 假设
$$(N,(A_i)_{i \in N},(f_i)_{i \in N})$$
是一个完全信息静态博弈,局中人 i 的 minmax 值定义为
$$\overline{v}_i = \min_{a_{-i} \in A_{-i}} f_{i,\text{up}}(a_{-i}) = \min_{a_{-i} \in A_{-i}} \max_{a_i \in A_i} f_i(a_i, a_{-i}).$$

定义 3.48 假设
$$(N,(A_i)_{i \in N},(f_i)_{i \in N})$$
是一个完全信息静态博弈,局中人 i 的对手 $-i$ 的 minmax 策略定义为

$$a_{-i}^* \in f_{i,\text{up}}^{-1}(\overline{v}_i) = \text{Argmin}_{a_{-i} \in A_{-i}} f_{i,\text{up}}(a_{-i}).$$

定理 3.31 假设

$$(N, (A_i)_{i \in N}, (f_i)_{i \in N})$$

是一个完全信息静态博弈，$a_{-i}^* \in A_{-i}$ 是局中人 i 的对手 $-i$ 的 minmax 策略当且仅当

$$\max_{a_i \in A_i} f_i(a_i, a_{-i}^*) \leq \max_{a_i \in A_i} f_i(a_i, a_{-i}), \forall a_{-i} \in A_{-i}.$$

定理 3.32 假设

$$(N, (A_i)_{i \in N}, (f_i)_{i \in N})$$

是一个完全信息静态博弈，$a_{-i}^* \in A_{-i}$ 是局中人 i 的对手 $-i$ 的 minmax 策略当且仅当

$$f_i(A_i, a_{-i}^*) \leq \overline{v}_i = \min_{a_{-i} \in A_{-i}} \max_{a_i \in A_i} f_i(a_i, a_{-i}).$$

定理 3.33 假设

$$(N, (A_i)_{i \in N}, (f_i)_{i \in N})$$

是一个完全信息静态博弈，对于局中人 i 而言，必定满足

$$\underline{v}_i \leq \overline{v}^i.$$

3.4.4 纳什均衡

从决策稳定的角度出发考虑解概念，可以得到纳什均衡。

定义 3.49 假设

$$(N, (A_i)_{i \in N}, (f_i)_{i \in N})$$

是一个完全信息静态博弈，$\boldsymbol{a} \in A$ 是一个纯粹策略矢量，局中人 i 对 $\boldsymbol{a}$ 的偏离策略集定义为

$$\text{Prof}_i(\boldsymbol{a}) = \{b_i \mid b_i \in A_i, \text{s.t.}, f_i(b_i, a_{-i}) > f_i(a_i, a_{-i})\}.$$

偏离策略集合表示局中人 i 在其对手策略固定的情况下对当前策略的修正。

定义 3.50 假设

$$(N, (A_i)_{i \in N}, (f_i)_{i \in N})$$

是一个完全信息静态博弈，$a_{-i} \in A_{-i}$ 是一个纯粹策略矢量，局中人 i 对 a_{-i} 的最优反应策略集合定义为

$$\text{BR}_i(a_{-i}) = \{a_i \mid a_i \in A_i, \text{s.t.}, f_i(a_i, a_{-i}) \geq f_i(A_i, a_{-i})\} = \text{Argmax}_{a_i \in A_i} f_i(a_i, a_{-i}).$$

定义 3.51 假设

$$(N, (A_i)_{i \in N}, (f_i)_{i \in N})$$

是一个完全信息静态博弈，$a^* \in A$ 是纳什均衡，如果满足

$$\forall i \in N, f_i(a_i^*, a_{-i}^*) \geq f_i(A_i, a_{-i}^*).$$

定理 3.34 假设

$$(N, (A_i)_{i \in N}, (f_i)_{i \in N})$$

是一个完全信息静态博弈，$a^* \in A$ 是纳什均衡当且仅当

$$\forall i \in N, \mathrm{Prof}_i(a^*) = \varnothing.$$

证明 (1)假设 $a^* \in A$ 是纳什均衡，那么根据定义有

$$\forall i \in N, f_i(a_i^*, a_{-i}^*) \geq f_i(A_i, a_{-i}^*)$$

因此

$$\forall i \in N, \mathrm{Prof}_i(a^*) = \varnothing.$$

(2)假设 $\forall i \in N, \mathrm{Prof}_i(a^*) = \varnothing$，那么根据定义有

$$\forall i \in N, f_i(a_i^*, a_{-i}^*) \geq f_i(A_i, a_{-i}^*)$$

因此 a^* 是纳什均衡。由此我们证明了结论。

注释 3.5 上面的定理说明了纳什均衡的稳定意义：局中人 i 在其对手 $-i$ 固定策略矢量 a_{-i}^* 不会改变自己的策略 a_i^*。

定理 3.35 假设

$$(N, (A_i)_{i \in N}, (f_i)_{i \in N})$$

是一个完全信息静态博弈，$a^* \in A$ 是纳什均衡当且仅当

$$\forall i \in N, a_i^* \in BR_i(a_{-i}^*).$$

证明 (1)假设 $a^* \in A$ 是纳什均衡，那么根据定义有

$$\forall i \in N, f_i(a_i^*, a_{-i}^*) \geq f_i(A_i, a_{-i}^*)$$

因此

$$\forall i \in N, a_i^* \in \mathrm{BR}_i(a_{-i}^*).$$

(2)假设 $\forall i \in N, a_i^* \in \mathrm{BR}_i(a_{-i}^*)$，那么根据定义有

$$\forall i \in N, f_i(a_i^*, a_{-i}^*) \geq f_i(A_i, a_{-i}^*)$$

因此 a^* 是纳什均衡。由此证明了结论。

注释 3.6 上面的定理说明了纳什均衡的优化意义：局中人 i 在其对手 $-i$ 固定策略向量 a_{-i}^* 时最优策略是 a_i^*。

并不是所有的完全信息静态博弈都有纳什均衡，可能有，也可能没有。如果存在纳什均衡，则可能存在一个，也可能存在多个。

3.4.5 均衡之间的关系

前面几节介绍了 3 类均衡概念：支配均衡、安全均衡和纳什均衡。下面研

究它们之间的关系。

定理 3.36 假设
$$(N,(A_i)_{i\in N},(f_i)_{i\in N})$$
是一个完全信息静态博弈,如果局中人 i 的一个策略 $a_i^* \in A_i$ 满足如下条件:
$$a_i^* >_A b_i, \forall b_i \in A_i$$
那么 a_i^* 是局中人 i 的 maxmin 策略。

证明 因为策略 a_i^* 弱支配局中人 i 的其他策略,根据定义,可知
$$f_i(a_i^*, A_{-i}) \geq f_i(b_i, A_{-i}), \forall b_i \in A_i$$
那么必定有
$$f_{i,\text{low}}(a_i^*) \geq f_{i,\text{low}}(b_i), \forall b_i \in A_i$$
根据定义知道 a_i^* 是局中人 i 的 maxmin 策略。由此证明了结论。

定理 3.37 假设
$$(N,(A_i)_{i\in N},(f_i)_{i\in N})$$
是一个完全信息静态博弈,如果局中人 i 的一个策略 $a_i^* \in A_i$ 满足如下条件:
$$a_i^* >_A b_i, \forall b_i \in A_i$$
那么
$$a_i^* \in \text{BR}_i(a_{-i}), \forall a_{-i} \in A_{-i}.$$

证明 因为策略 a_i^* 弱支配局中人 i 的其他策略,根据定义,可知
$$f_i(a_i^*, a_{-i}) \geq f_i(b_i, a_{-i}), \forall b_i \in A_i, \forall a_{-i} \in A_{-i}$$
根据定义,可知
$$a_i^* \in \text{BR}_i(a_{-i}), \forall a_{-i} \in A_{-i}.$$
由此证明了结论。

定理 3.38 假设
$$(N,(A_i)_{i\in N},(f_i)_{i\in N})$$
是一个完全信息静态博弈,如果满足
$$\forall i \in N, \exists a_i^* \text{ s.t.}, a_i^* >_A A_i \setminus \{a_i^*\}$$
那么 $a^* = (a_i^*)$ 是 maxmin 策略矢量。

定理 3.39 假设
$$(N,(A_i)_{i\in N},(f_i)_{i\in N})$$
是一个完全信息静态博弈,如果满足
$$\forall i \in N, \exists a_i^* \text{ s.t.}, a_i^* >_A A_i \setminus \{a_i^*\}$$
那么 $a^* = (a_i^*)$ 是纳什均衡。

定理 3.40 假设
$$(N,(A_i)_{i\in N},(f_i)_{i\in N})$$
是一个有限的完全信息静态博弈，如果满足
$$\forall i \in N, \exists a_i^* \text{ s.t., } a_i^* \gg_A A_i \setminus \{a_i^*\}$$
那么 $a^* = (a_i^*)$ 是唯一的 maxmin 策略矢量。

证明 因为策略 $\forall i \in N, a_i^*$ 严格支配局中人 i 的其他策略，根据前面的定理可知 a_i^* 是局中人 i 的 maxmin 策略，下面验证唯一性。假设 b_i^* 是另一个 maxmin 策略，因为 a_i^* 严格支配 b_i^*，所以有
$$f_i(a_i^*, A_{-i}) > f_i(b_i^*, A_{-i})$$
又因为博弈是有限的，可以推得
$$f_{i,\text{low}}(a_i^*) > f_{i,\text{low}}(b_i^*)$$
这与 b_i^* 是另一个 maxmin 策略矛盾。由此证明了结论。

定理 3.41 假设
$$(N,(A_i)_{i\in N},(f_i)_{i\in N})$$
是一个有限的完全信息静态博弈，如果满足
$$\forall i \in N, \exists a_i^* \text{ s.t., } a_i^* \gg_A A_i \setminus \{a_i^*\}$$
那么 $a^* = (a_i^*)$ 是唯一的纳什均衡。

证明 因为策略 $\forall i \in N, a_i^*$ 严格支配局中人 i 的其他策略，根据前面的定理可知 a^* 是纳什均衡，下面验证唯一性。假设 $b^* = (b_i^*)_{i \in N}$ 是另一个纳什均衡，不妨设 $a_i^* \neq b_i^*$，因为 a_i^* 严格支配 b_i^*，所以有
$$f_i(a_i^*, A_{-i}) > f_i(b_i^*, A_{-i})$$
可以推得
$$f_i(a_i^*, b_{-i}^*) > f_i(b_i^*, b_{-i}^*)$$
这与 $b^* = (b_i^*)_{i \in N}$ 是另一个纳什均衡矛盾。由此证明了结论。

定理 3.42 假设
$$(N,(A_i)_{i\in N},(f_i)_{i\in N})$$
是一个有限的完全信息静态博弈，如果 $a^* \in A$ 是纳什均衡，那么必定成立
$$f_i(a^*) \geq \underline{v}_i, \forall i \in N.$$

证明 根据纳什均衡的定义可知
$$f_i(a_i^*, a_{-i}^*) \geq f_i(a_i, a_{-i}^*) \geq \min_{a_{-i} \in A_{-i}} f_i(a_i, a_{-i}), \forall a_i \in A_i$$
可以得到
$$f_i(a^*) \geq \max_{a_i \in A_i} \min_{a_{-i} \in A_{-i}} f_i(a_i, a_{-i}) = \underline{v}_i.$$

由此证明了结论。

方便起见,对于一个完全信息静态博弈 G,其严格支配均衡记为 $R^{\infty} = \times_{i \in N} R_i^{\infty}$,其弱支配均衡记为 $W^{\infty} = \times_{i \in N} W_i^{\infty}$,其 maxmin 策略记为 $\text{MaxMin} = \times_{i \in N} \text{MaxMin}_i$,其纳什均衡记为 $\text{NashEqum}(G)$。下面重点探索剔除严格和弱被支配策略对纳什均衡集的影响。

定理 3.43 假设
$$G_1 = (N, (A_i^1)_{i \in N}, (f_i)_{i \in N})$$
是一个完全信息静态博弈,如果 $a_i^* \in A_i$ 是局中人 i 的弱被支配策略,定义新的博弈
$$G_2 = (N, (A_i^2)_{i \in N}, (f_i)_{i \in N}), A_j^2 = A_j^1, \forall j \neq i, A_i^2 = A_i^1 \setminus \{a_i^*\}.$$
那么成立
$$\underline{v}_i(G_1) = \underline{v}_i(G_2); \underline{v}_j(G_2) \geqslant \underline{v}_j(G_1), \forall j \neq i.$$

证明 (1) 根据定义,可知
$$\underline{v}_i(G_1) = \max_{a_i \in A_i^1} \min_{a_{-i} \in A_{-i}^1} f_i(a_i, a_{-i})$$
$$\underline{v}_i(G_2) = \max_{a_i \in A_i^2} \min_{a_{-i} \in A_{-i}^2} f_i(a_i, a_{-i})$$
$$= \max_{a_i \in A_i^2} \min_{a_{-i} \in A_{-i}^1} f_i(a_i, a_{-i})$$
$$= \max_{a_i \in A_i^1 \setminus \{a_i^*\}} \min_{a_{-i} \in A_{-i}^1} f_i(a_i, a_{-i})$$

显然有
$$\underline{v}_i(G_1) \geqslant \underline{v}_i(G_2)$$

下证
$$\underline{v}_i(G_1) = \underline{v}_i(G_2).$$

因为 a_i^* 是弱被支配策略,所以必定存在 $b_i \in A_i^1 \setminus \{a_i^*\}$,使得
$$f_i(b_i, A_{-i}) \geqslant f_i(a_i^*, A_{-i})$$

所以
$$\min_{a_{-i} \in A_{-i}} f_i(b_i, a_{-i}) \geqslant \min_{a_{-i} \in A_{-i}} f_i(a_i^*, a_{-i})$$

进一步
$$\max_{a_i \in A_i^1 \setminus \{a_i^*\}} \min_{a_{-i} \in A_{-i}^1} f_i(a_i, a_{-i}) = \max_{a_i \in A_i^1} \min_{a_{-i} \in A_{-i}^1} f_i(a_i, a_{-i})$$

因此
$$\underline{v}_i(G_1) = \underline{v}_i(G_2).$$

(2) 根据定义,可知
$$\underline{v}_j(G_1) = \max_{a_j \in A_j^1} \min_{a_{-j} \in A_{-j}^1} f_j(a_j, a_{-j})$$

$$\underline{v}_j(G_2) = \max_{a_j \in A_j^2} \min_{a_{-j} \in A_{-j}^2} f_j(a_j, a_{-j})$$
$$= \max_{a_j \in A_j^1} \min_{a_{-j} \in A_{-\{ij\}}^1 \times A_i^2} f_j(a_j, a_{-j}).$$

显然有
$$A_{-\{ij\}}^1 \times A_i^2 = A_{-\{ij\}}^1 \times (A_i^1 \setminus \{a_i^*\}) \subset A_{-j}^1$$

因此必定有
$$\underline{v}_j(G_1) \geq \underline{v}_j(G_2), \forall j \neq i.$$

由此证明了结论。

注释 3.7 上述定理中应特别注意的是,只有局中人 i 的 maxmin 值保持不动,其余局中人的 maxmin 值才会增大。

定理 3.44 假设
$$G_1 = (N, (A_i)_{i \in N}, (f_i)_{i \in N})$$
是一个完全信息静态博弈,定义新的博弈
$$G_2 = (N, (B_i)_{i \in N}, (f_i)_{i \in N}), B_i \subseteq A_i, \forall i \in N$$
如果满足
$$\exists a^* \in \text{NashEqum}(G_1) \text{ s.t. }, a^* \in B$$
那么
$$a^* \in \text{NashEqum}(G_2).$$

证明 因为 $a^* \in \text{NashEqum}(G_1)$,所以根据定义
$$f_i(a_i^*, a_{-i}^*) \geq f_i(A_i, a_{-i}^*), \forall i \in N$$
由 $B_i \subseteq A_i, \forall i \in N$,可以推得
$$f_i(a_i^*, a_{-i}^*) \geq f_i(B_i, a_{-i}^*), \forall i \in N$$
又因为 $a^* \in B$,所以根据定义可得
$$a^* \in \text{NashEqum}(G_2).$$

由此证明了结论。

定理 3.45 假设
$$G_1 = (N, (A_i)_{i \in N}, (f_i)_{i \in N})$$
是一个完全信息静态博弈,$b_i^* \in A_i$ 是局中人 i 的弱被支配策略,定义新的博弈
$$G_2 = (N, (B_i)_{i \in N}, (f_i)_{i \in N}); B_j = A_j, \forall j \neq i; B_i = A_i \setminus \{b_i^*\}.$$
那么
$$\text{NashEqum}(G_2) \subseteq \text{NashEqum}(G_1).$$

证明 假设 $a^* \in \text{NashEqum}(G_2)$,根据定义可知
$$f_k(a_k^*, a_{-k}^*) \geq f_k(B_k, a_{-k}^*), \forall k \in N$$

根据题目中的条件可得

$$f_j(a_j^*, a_{-j}^*) \geq f_j(A_j, a_{-j}^*), \forall j \neq i$$
$$f_i(a_i^*, a_{-i}^*) \geq f_i(A_i \setminus \{b_i^*\}, a_{-i}^*).$$

因为 b_i^* 是弱被支配的,所以存在 $c_i \in A_i \setminus \{b_i^*\}$ 使得

$$f_i(c_i, A_{-i}) \geq f_i(b_i^*, A_{-i})$$

因此

$$f_i(a_i^*, a_{-i}^*) \geq f_i(c_i, a_{-i}^*) \geq f_i(b_i^*, a_{-i}^*)$$

推出

$$f_i(a_i^*, a_{-i}^*) \geq f_i(A_i, a_{-i}^*).$$

根据定义,可得

$$a^* \in \text{NahEqum}(G_1).$$

由此证明了结论。

注释 3.8 上述的定理证明,删除弱被支配策略后,新博弈的纳什均衡点不会增加,但是有可能减少,就是因为弱被支配策略矢量有可能是纳什均衡点。

定理 3.46 假设

$$G_1 = (N, (A_i)_{i \in N}, (f_i)_{i \in N})$$

是一个完全信息静态博弈,通过逐次剔除弱被支配策略,得到新的博弈

$$G_2 = (N, (B_i)_{i \in N}, (f_i)_{i \in N})$$

那么

$$\text{NashEqum}(G_2) \subseteq \text{NashEqum}(G_1).$$

定理 3.47 假设

$$G_1 = (N, (A_i)_{i \in N}, (f_i)_{i \in N})$$

是一个完全信息静态博弈,通过逐次剔除弱被支配策略,得到新的博弈

$$G_2 = (N, (a_i)_{i \in N}, (f_i)_{i \in N})$$

那么

$$\text{NashEqum}(G_2) = a = (a_i)_{i \in N} \in \text{NashEqum}(G_1).$$

定理 3.48 假设

$$G_1 = (N, (A_i)_{i \in N}, (f_i)_{i \in N})$$

是一个完全信息静态博弈,$b_i^* \in A_i$ 是局中人 i 的严格被支配策略,定义新的博弈

$$G_2 = (N, (B_i)_{i \in N}, (f_i)_{i \in N}); B_j = A_j, \forall j \neq i; B_i = A_i \setminus \{b_i^*\}.$$

那么

$$\text{NashEqum}(G_2) = \text{NashEqum}(G_1).$$

证明 显然

$$\text{NashEqum}(G_2) \subseteq \text{NashEqum}(G_1)$$

下证

$$\text{NashEqum}(G_2) \supseteq \text{NashEqum}(G_1)$$

根据前文的定理,只需证明

$$\text{NashEqum}(G_1) \subseteq B.$$

任取 $a^* \in \text{NashEqum}(G_1)$,只需证明 $a_i^* \neq b_i^*$。根据纳什均衡的定义可知

$$f_i(a_i^*, a_{-i}^*) \geq f_i(A_i, a_{-i}^*)$$

又因为 b_i^* 是严格被支配集,所以根据定义存在 $c_i \in A_i \setminus \{b_i^*\}$ 使得

$$f_i(c_i, A_{-i}) > f_i(b_i^*, A_{-i})$$

二者结合起来,可得

$$f_i(a_i^*, a_{-i}^*) \geq f_i(c_i, a_{-i}^*) > f_i(b_i^*, a_{-i}^*).$$

由此证明了结论。

注释 3.9 上述定理证明,删除严格被支配策略后,新博弈的纳什均衡不变。

定理 3.9 假设

$$G_1 = (N, (A_i)_{i \in N}, (f_i)_{i \in N})$$

是一个完全信息静态博弈,通过逐次剔除严格被支配策略,得到新的博弈

$$G_2 = (N, (B_i)_{i \in N}, (f_i)_{i \in N})$$

那么

$$\text{NashEqum}(G_2) = \text{NashEqum}(G_1).$$

定理 3.50 假设

$$G_1 = (N, (A_i)_{i \in N}, (f_i)_{i \in N})$$

是一个完全信息静态博弈,通过逐次剔除严格被支配策略,得到新的博弈

$$G_2 = (N, (a_i)_{i \in N}, (f_i)_{i \in N})$$

那么

$$\text{NashEqum}(G_2) = a = (a_i)_{i \in N} = \text{NashEqum}(G_1).$$

定理 3.51 假设

$$G_1 = (N, (A_i)_{i \in N}, (f_i)_{i \in N})$$

是一个完全信息静态博弈,局中人的严格被支配策略不可能是一个纳什均衡矢量的分量。

3.5 合作博弈模型与解概念

从本节开始,我们关注合作博弈,参与博弈的局中人之间具有强约束以实现共同合作,多个局中人集合在一起构成一个联盟,因此合作博弈的核心问题有两个:一是联盟结构如何形成;二是形成联盟结构以后,局中人如何实现稳定分配。第一个问题超出了本书的范畴,不赘述。我们重点关注第二个问题。合作博弈的基本模型分为三类:转移支付的模型(TUCG)、策略形式的模型(SFCG)、无转移支付的模型(NTUCG)。本节主要讲述可转移支付模型和解概念。

3.5.1 基本模型

具有转移支付指的是合作博弈具有一个公共的标尺来衡量各个联盟创造的价值,并且相互之间可以支付,比如证券交易市场、企业的市场交易行为,更具体的例子是一个企业联盟共同合作完成了一个大工程,工程方支付给企业联盟一大笔资金,这个企业联盟商讨如何分配这笔资金。在这个例子中,"资金"就是一个公共标尺,而且彼此之间可以转移支付。合作博弈的局中人可以是有限的,也可以是无限的,为了简单起见,本章及以后各章,都假定局中人是有限的。

定义 3.52 假设 N 是有限的局中人集合,N 的一个划分是指 N 的一些子集组成的族,即是 $\tau = \{A_i\}_{i \in I} \subseteq \mathcal{P}(N)$,满足

$$\#I < \infty; A_i \neq \varnothing, \forall i \in I; A_i \cap A_j = \varnothing, \forall i \neq j \in I; \bigcup_{i \in I} A_i = N.$$

局中人集合 N 上的所有划分以及其中的某个特殊划分记为

$$\mathrm{Part}(N), \tau = \{A_i\}_{i \in I} \in \mathrm{Part}(N).$$

定义 3.53 假设 N 是有限的局中人集合,f 是一个函数,二元组 (N, f) 称为一个 TUCG,如果满足

$$f: \mathcal{P}(N) \to \mathbf{R}, f(\varnothing) = 0.$$

局中人集合 N 的每个子集 $A \in \mathcal{P}(N)$ 都为联盟,$\varnothing$ 为空联盟,N 为大联盟,$f(A)$,$\forall A \in \mathcal{P}(N)$ 为联盟 A 创造的价值。

定义 3.54 假设 N 是有限的局中人集合,N 的一个划分即为 N 的一个联盟结构。一般我们考虑三类联盟结构

$$\tau_1 = \{N\}; \tau_2 = \{\{i\}\}_{i \in N}; \tau_3 \in \mathrm{Part}(N).$$

第一类联盟结构是指所有的局中人 N 形成一个大联盟,这是绝对的"集体主义";第二类联盟结构是指所有的个体单独形成联盟,这是绝对的"个体主义";第三类联盟结构是指一般的联盟结构,介于绝对的"集体主义"和"个体主义"之间的"中间主义"。

定义 3.55 假设 N 是有限的局中人集合,(N,f) 为一个 TUCG,如果已经形成了联盟结构 $\tau \in \text{Part}(N)$,为了确定起见,用三元组表示具有联盟结构的 TUCG

$$(N,f,\tau).$$

定义 3.56 假设 N 是有限的局中人集合,(N,f) 为一个 TUCG,$S \in \mathcal{P}_0(N)$ 是一个非空子集,S 诱导的子博弈记为

$$(S,f|_S), f|_S =: f|_{\mathcal{P}(S)} : \mathcal{P}(S) \to \mathbf{R}$$

为了简单起见,有时也记为 (S,f)。

定义 3.57 假设 N 是有限的局中人集合,(N,f,τ) 为一个带有联盟结构的 TUCG,$S \in \mathcal{P}_0(N)$ 是一个非空子集,S 诱导的带有联盟结构的子博弈记为

$$(S,f,\tau_S), \tau_S = \{A \cap S \mid \forall A \in \tau\} \setminus \emptyset.$$

定义 3.58 假设 N 是有限的局中人集合,(N,f) 为一个 TUCG,称其为简单的,如果满足

$$f(A) \in \{0,1\}, \forall A \in \mathcal{P}(N).$$

定义 3.59 假设 N 是有限的局中人集合,(N,f) 为一个 TUCG,称其为恒和的,如果满足

$$f(A) + f(A^c) = f(N), \forall A \in \mathcal{P}(N), A^c =: N \setminus A.$$

定义 3.60 假设 N 是有限的局中人集合,(N,f) 为一个 TUCG,称其为单调的,如果满足

$$\forall A \subseteq B \in \mathcal{P}(N) \Rightarrow f(A) \leqslant f(B).$$

定义 3.61 假设 N 是有限的局中人集合,(N,f) 为一个 TUCG,称其为超可加的,如果满足

$$\forall A, B \in \mathcal{P}(N), A \cap B = \emptyset \Rightarrow f(A) + f(B) \leqslant f(A \cup B).$$

定义 3.62 假设 N 是有限的局中人集合,(N,f) 为一个 TUCG,称其为加权多数的,如果存在阈值 $q \in \mathbf{R}_+$ 和权重 $(w_i)_{i \in N} \in \mathbf{R}_+^N$ 满足

$$f(A) = \begin{cases} 1 & (如果 w(A) \geqslant q) \\ 0 & (如果 w(A) \geqslant q) \end{cases}.$$

其中,$w(A) = \sum_{i \in A} w_i$。

定义 3.63 假设 N 是有限的局中人集合,(N,f) 为一个 TUCG,称其为 0-规范的,如果满足

$$f(i) = 0, \forall i \in N.$$

定义 3.64 假设 N 是有限的局中人集合，(N,f) 为一个 TUCG，称其为 $0-1-$规范的，如果满足

$$f(i) = 0, \forall i \in N; f(N) = 1.$$

定义 3.65 假设 N 是有限的局中人集合，(N,f) 为一个 TUCG，称其为 $0-0-$规范的，如果满足

$$f(i) = 0, \forall i \in N; f(N) = 0.$$

定义 3.66 假设 N 是有限的局中人集合，(N,f) 为一个 TUCG，称其为 $0-(-1)-$规范的，如果满足

$$f(i) = 0, \forall i \in N; f(N) = -1.$$

定义 3.67 假设 N 是有限的局中人集合，(N,f) 为一个 TUCG，称其为可加的或者线性可加的，如果满足

$$f(A) = \sum_{i \in A} f(i), \forall A \in \mathcal{P}(N).$$

定义 3.68 假设 N 是有限的局中人集合，(N,f) 为一个 TUCG，称其为凸的，如果满足

$$\forall A, B \in \mathcal{P}(N) \Rightarrow f(A) + f(B) \leq f(A \cup B) + f(A \cap B).$$

3.5.2 等价表示

假设 N 是一个有限的局中人集合，那么它的所有子集的个数是有限的，即

$$\#\mathcal{P}(N) = 2^n; \#\mathcal{P}_0(N) = 2^n - 1.$$

对于一个 TUCG(N,f)，因为 $f(\emptyset) = 0$，因此，(N,f) 本质上可用一个 $2^n - 1$ 维矢量表示，即是

$$(f(A))_{A \in \mathcal{P}_0(N)} \in \mathbf{R}^{2^n - 1}.$$

我们用 Γ_N 表示局中人集合 N 上的所有 TUCG，即

$$\Gamma_N = \{(N,f) \mid f: \mathcal{P}(N) \to \mathbf{R}, f(\emptyset) = 0\}.$$

那么 Γ_N 同构于 $\mathbf{R}^{2^n-1}$，因此其上可以定义加法和数乘。

$$\forall (N,f), (N,g) \in \Gamma_N \Rightarrow (N, f+g) \in \Gamma_N \text{ s.t., } (f+g)(A) = f(A) + g(A)$$

$$\forall \alpha \in \mathbf{R}, \forall (N,f) \in \Gamma_N \Rightarrow (N, \alpha f) \in \Gamma_N \text{ s.t., } (\alpha f)(A) = \alpha(f(A)).$$

为了介绍等价的概念，我们需要一点启发。首先，用人民币作为计量单位分配财富和用美元作为计量单位分配财富不会本质改变所得，因此正比例变换可以作为等价变换的一种；其次，个体单独创造的财富纳入联盟分配时，应该原封不动返回个体，因此平移变换可以作为等价变化的一种；最后，综合真比例变

换和平移变换,我们认为正仿射变换可以作为等价的一种恰当描述。为了行文简单,我们介绍一些符号。

$$\forall A \in \mathcal{P}(N), \mathbf{R}^A = \{(x_i)_{i \in A} \mid x_i \in \mathbf{R}, \forall i \in A\}$$

$$\forall x \in \mathbf{R}^N, \forall A \in \mathcal{P}(N), x(A) = \sum_{i \in A} x_i; x(\varnothing) =: 0.$$

定义 3.69 假设 N 是有限的局中人集合,(N,f) 和 (N,g) 都是 TUCG,称 (N,f) 策略等价于 (N,g),如果满足

$$\exists \alpha > 0, b \in \mathbf{R}^N, s.t., g(A) = \alpha f(A) + b(A), \forall A \in \mathcal{P}(N).$$

定理 3.52 假设 N 是有限的局中人集合,Γ_N 上的策略等价关系是一种等价关系。

证明 按照集合的等价关系的定义,分三步来证明这个定理。

第一步,(N,f) 和 (N,f) 策略等价。

第二步,如果 (N,f) 和 (N,g) 策略等价,那么 (N,g) 和 (N,f) 策略等价。

由假设,存在 $\alpha > 0$ 和 $b \in R^N$,使得

$$g(A) = \alpha f(A) + b(A), \forall A \in \mathcal{P}(N)$$

那么

$$f(A) = \frac{1}{\alpha} g(A) + \frac{-b}{\alpha}(A), \forall A \in \mathcal{P}(N).$$

第三步,如果 TUCG (N,f) 和 (N,g) 策略等价,(N,g) 和 (N,h) 策略等价,那么 (N,f) 和 (N,h) 策略等价。

由假设,知道存在 $\alpha > 0, \beta > 0$ 和 $b, c \in R^N$,使得

$$g(A) = \alpha f(A) + b(A), \forall A \in \mathcal{P}(N)$$

$$h(A) = \beta g(A) + c(A), \forall A \in \mathcal{P}(N).$$

由此推出

$$h(A) = \alpha \beta f(A) + (c + \beta b)(A), \forall A \in \mathcal{P}(N).$$

由此我们证明了结论。

定理 3.53 假设 N 是有限的局中人集合,(N,f) 是一个 TUCG,那么

(1) (N,f) 策略等价于 $0-1$ 规范博弈当且仅当 $f(N) > \sum_{i \in N} f(i)$;

(2) (N,f) 策略等价于 $0-0$ 规范博弈当且仅当 $f(N) = \sum_{i \in N} f(i)$;

(3) (N,f) 策略等价于 $0-(-1)$ 规范博弈当且仅当 $f(N) < \sum_{i \in N} f(i)$;

(4) 任意的 (N,f) 都策略等价于 $0-$ 规范博弈。

证明 我们只证明定理的第一个论断,其余的同理可证,留作习题。

第一步，假设(N,f)策略等价于一个 $0-1$ 规范博弈(N,g)，根据定义存在 $\alpha > 0, b \in R^N$，使得

$$f(A) = \alpha g(A) + b(A), \forall A \in \mathcal{P}(N)$$

直接计算得到

$$f(N) = \alpha g(N) + b(N) = \alpha + b(N); f(i) = b_i$$

因此，可以得到

$$\alpha + b(N) = f(N) > b(N) = \sum_{i \in N} b_i = \sum_{i \in N} f(i).$$

第二步，假设(N,f)满足$f(N) > \sum_{i \in N} f(i)$，构造一个与其等价的 $0-1$ 规范博弈

$$(N,g), g(A) = \frac{1}{f(N) - \sum_{i \in N} f(i)} f(A) + \frac{-b}{f(N) - \sum_{i \in N} f(i)}(A).$$

其中，$b_i = f(i)$。由此证明了结论。

3.5.3 解概念原则

对于一个带有联盟结构的 TUCG，我们考虑的解概念即是如何合理分配财富的过程，使得人人在约束下获得最大利益，解概念有两种，一种是集合，另一种是单点。

定义 3.70 假设 N 是一个有限的局中人集合，Γ_N 表示其上的所有 TUCG，解概念分为集值解概念和数值解概念。

(1) 集值解概念：$\phi: \Gamma_N \to (\mathbb{R}^N), \phi(N,f,\tau) \subseteq \mathbb{R}^N$.

(2) 数值解概念：$\phi: \Gamma_N \to \mathbb{R}^N, \phi(N,f,\tau) \in \mathbb{R}^N$.

解概念的定义过程是一个立足于分配的合理、稳定的过程，可以充分发挥创造力，我们从以下几个方面出发至少可以定义几个理性的分配矢量集合。

第一个方面：个体参加联盟合作得到的财富应该大于等于个体单干得到的财富！这条性质称为个体理性。

第二个方面：联盟结构中的联盟最终得到的财富应该是这个联盟创造的财富！这条性质称为结构理性。

第三个方面：一个群体最终得到的财富应该大于等于这个联盟创造的财富！这条性质称为集体理性。

定义 3.71 假设 N 是一个有限的局中人集合，(N,f,τ) 表示一个带有联盟结构的 TUCG，其对应的个体理性分配集定义为

$$X^0(N,f,\tau) = \{x \mid x \in \mathbb{R}^N; x_i \geq f(i), \forall i \in N\}.$$

定义 3.72 假设 N 是一个有限的局中人集合，(N,f,τ) 表示一个带有联盟

结构的 TUCG，其对应的结构理性分配集定义为

$$X^1(N,f,\tau) = \{x \mid x \in \mathbb{R}^N; x(A) = f(A), \forall A \in \tau\}.$$

定义 3.73 假设 N 是一个有限的局中人集合，(N,f,τ) 表示一个带有联盟结构的 TUCG，其对应的集体理性分配集定义为

$$X^2(N,f,\tau) = \{x \mid x \in \mathbb{R}^N; x(A) \geq f(A), \forall A \in (N)\}.$$

定义 3.74 假设 N 是一个有限的局中人集合，(N,f,τ) 表示一个带有联盟结构的 TUCG，其对应的可行理性分配集定义为

$$\begin{aligned}X(N,f,\tau) &= \{x \mid x \in \mathbb{R}^N; x_i \geq f(i), \forall i \in N; x(A) = f(A), \forall A \in \tau\} \\ &= X^0(N,f,\tau) \cap X^1(N,f,\tau).\end{aligned}$$

所有的解概念，无论是集值解概念还是数值解概念都应该从三大理性分配集以及可行理性分配集出发寻找。

3.5.4 核心的定义性质

三大理性分配集综合考虑产生解概念核心，即满足个体理性、结构理性和集体理性的解概念。

定义 3.75 假设 N 是一个有限的局中人集合，$(N,f,\{N\})$ 表示一个带有大联盟结构的 TUCG，其对应的核心定义为

$$\begin{aligned}&\text{Core}(N,f,\{N\}) \\ &= X^0(N,f,\{N\}) \cap X^1(N,f,\{N\}) \cap X^2(N,f,\{N\}) \\ &= X(N,f,\{N\}) \cap X^2(N,f,\{N\}) \\ &= \{x \mid x \in \mathbb{R}^N; x_i \geq f(i), \forall i \in N; x(N) = f(N); x(A) \geq f(A), \forall A \in (N)\}.\end{aligned}$$

定理 3.54 假设 N 是一个有限的局中人集合，$(N,f,\{N\})$ 表示一个带有大联盟结构的 TUCG，那么它的核心是 $\mathbb{R}^N$ 中有限个闭的半空间的交集，是有界闭集，是凸集。

证明 根据核心的定义可得

$$\begin{aligned}&\text{Core}(N,f,\{N\}) \\ &= \{x \mid x \in \mathbb{R}^N; x_i \geq f(i), \forall i \in N; x(N) = f(N); x(A) \geq f(A), \forall A \in \mathcal{P}(N)\}\end{aligned}$$

因此，本质上求解一个 TUCG 的核心是求解如下不等式方程组：

$$\begin{cases} x \in \mathbb{R}^N & \text{分配矢量} \\ x_i \geq f(i), \forall i \in N & \text{个体理性} \\ \sum_{i \in N} x_i = f(N) & \text{结构理性} \\ \sum_{i \in A} x_i \geq f(A), \forall A \in \mathcal{P}(N) & \text{集体理性}\end{cases}$$

根据数学分析的基本知识,可知核心是有限个闭的半空间的交集,因此一定是闭集,一定是凸集。下证核心是有界集合。根据个体理性,可知核心是有下界的,记为

$$\min_{i \in N} x_i \geq \min_{i \in N} f(i) =: l, \forall x \in \text{Core}(N, f, \{N\}).$$

综合运用个体理性和结构理性,可知

$$x_i = f(N) - \sum_{j \neq i} x_j \leq f(N) - (n-1)l =: u, \forall i \in N, \forall x \in \text{Core}(N, f, \{N\}).$$

因此核心中的元素有上界。二者结合得出,核心是一个有界集合。综上核心是一个有界的、闭的、凸的多面体。由此证明了结论。

作为一个解概念,关心解概念在等价变换意义下的变换规律。

定理 3.55 假设 N 是一个有限的局中人集合,$(N, f, \{N\})$ 表示一个带有大联盟结构的 TUCG,那么

$$\forall \alpha > 0, \forall b \in \mathbb{R}^N \Rightarrow \text{Core}(N, \alpha f + b, \{N\}) = \alpha \text{Core}(N, f, \{N\}) + b.$$

即合作博弈 $(N, \alpha f + b, \{N\})$, $\forall \alpha > 0, b \in \mathbb{R}^N$ 与 $(N, f, \{N\})$ 的核心之间具有协变关系。

证明 取定 $\alpha > 0, b \in \mathbb{R}^N$,根据定义合作博弈 $(N, f, \{N\})$ 的核心是如下方程组的解集

$$E_1 : \begin{cases} x \in \mathbb{R}^N & \text{分配矢量} \\ x_i \geq f(i), \forall i \in N & \text{个体理性} \\ \sum_{i \in N} x_i = f(N) & \text{结构理性} \\ \sum_{i \in A} x_i \geq f(A), \forall A \in \mathcal{P}(N) & \text{集体理性.} \end{cases}$$

同样根据定义可知合作博弈 $(N, \alpha f + b, \{N\})$ 的核心是如下方程组的解集

$$E_2 : \begin{cases} y \in \mathbb{R}^N & \text{分配矢量} \\ y_i \geq \alpha f(i) + b_i, \forall i \in N & \text{个体理性} \\ \sum_{i \in N} y_i = \alpha f(N) + b(N) & \text{结构理性} \\ \sum_{i \in A} y_i \geq \alpha f(A) + b(A), \forall A \in \mathcal{P}(N) & \text{集体理性.} \end{cases}$$

假设 x 是方程组 E_1 的解,显然 $\alpha x + b$ 是方程组 E_2 的解,因为正仿射变换是等价变化,所以如果 y 是方程组 E_2 的解,那么 $\frac{y}{\alpha} - \frac{b}{\alpha}$ 是方程组 E_1 的解,综上可得

$$\text{Core}(N, \alpha f + b, \{N\}) = \alpha \text{Core}(N, f, \{N\}) + b.$$

由此证明了结论。

定理 3.56 假设 N 是一个有限的局中人集合，$(N,f,\{N\})$ 表示一个带有大联盟结构的 TUCG，那么核心非空与否在策略等价意义下是不变的。

3.5.5 一些公理体系

定义 3.76 假设 N 是一个有限的局中人集合，Γ_N 表示其上所有带有大联盟结构的合作博弈，假设有一个数值解概念 $\phi:\Gamma_N \to \mathbb{R}^N$，$\phi(N,f,\{N\}) \in \mathbb{R}^N$，局中人 $i \in N$，在解概念意义下，局中人 i 获得的分配记为 $\phi_i(N,f,\{N\})$，分配矢量记为 $\phi(N,f,\{N\}) = (\phi_i(N,f,\{N\}))_{i \in N} \in \mathbb{R}^N$。

定义 3.77 (有效公理) 假设 N 是一个有限的局中人集合，Γ_N 表示其上所有带有大联盟结构的合作博弈，假设有一个数值解概念 $\phi:\Gamma_N \to \mathbb{R}^N$，$\phi(N,f,\{N\}) \in \mathbb{R}^N$，称其满足有效公理，如果满足

$$\sum_{i \in N} \phi_i(N,f,\{N\}) = f(N); \forall (N,f,\{N\}) \in \Gamma_N.$$

定义 3.78 假设 N 是一个有限的局中人集合，$(N,f,\{N\})$ 是一个合作博弈，称局中人 i 和 j 关于 $(N,f,\{N\})$ 是对称的，如果满足

$$\forall A \subseteq N \setminus \{i,j\} \Rightarrow f(A \cup \{i\}) = f(A \cup \{j\}).$$

如果局中人 i 和 j 关于 $(N,f,\{N\})$ 是对称的，记为 $i \approx_{(N,f,\{N\})} j$ 或者简单记为 $i \approx j$。

定义 3.78 (对称公理) 假设 N 是一个有限的局中人集合，Γ_N 表示其上所有带有大联盟结构的合作博弈，假设有一个数值解概念 $\phi:\Gamma_N \to \mathbb{R}^N$，$\phi(N,f,\{N\}) \in \mathbb{R}^N$，称其满足对称公理，如果满足

$$\phi_i(N,f,\{N\}) = \phi_j(N,f,\{N\}), \forall (N,f,\{N\}) \in \Gamma_N, \forall i \approx_{(N,f,\{N\})} j.$$

定义 3.80 假设 N 是一个有限的局中人集合，$(N,f,\{N\})$ 是一个合作博弈，称局中人 i 关于 $(N,f,\{N\})$ 是零贡献的，如果满足

$$\forall A \subseteq N \Rightarrow f(A \cup \{i\}) = f(A).$$

如果局中人 i 关于 $(N,f,\{N\})$ 是零贡献的，则记为 $i \in \text{Null}(N,f,\{N\})$ 或者简单记为 $i \in \text{Null}$。

定义 3.81 (零贡献公理) 假设 N 是一个有限的局中人集合，Γ_N 表示其上所有带有大联盟结构的合作博弈，假设有一个数值解概念 $\phi:\Gamma_N \to \mathbb{R}^N$，$\phi(N,f,\{N\}) \in \mathbb{R}^N$，称其满足零贡献公理，如果满足

$$\phi_i(N,f,\{N\}) = 0, \forall (N,f,\{N\}) \in \Gamma_N, \forall i \in \text{Null}(N,f,\{N\}).$$

定义 3.82 (加法公理) 假设 N 是一个有限的局中人集合，Γ_N 表示其上所有带有大联盟结构的合作博弈，假设有一个数值解概念 $\phi:\Gamma_N \to \mathbb{R}^N$，$\phi(N,f,\{N\}) \in \mathbb{R}^N$，称其满足加法公理，如果满足

$$\phi(N,f+g,\{N\}) = \phi(N,f,\{N\}) + \phi(N,g,\{N\}), \forall (N,f,\{N\}), (N,g,\{N\}) \in \Gamma_N.$$

上文介绍的各种公理相互组合可以产生各种解概念,但并不能保证解概念是唯一的。我们需要探索集结尽可能少的公理产生唯一的解概念。

3.5.6 沙普利值

定义 3.83 假设 N 是一个包含 n 个人的有限的局中人集合,Permut(N) 表示 N 中的所有置换,假设 $\pi \in$ Permut(N),定义

$$P_i(\pi) = \{j \mid j \in N; \pi(j) < \pi(i)\}.$$

表示按照置换 π 在局中人 i 之前的局中人集合。

定理 3.57 假设 N 是一个包含 n 个人的有限的局中人集合,Permut(N) 表示 N 中的所有置换,假设 $\pi \in$ Permut(N),那么

$$P_i(\pi) = \varnothing \Leftrightarrow \pi(i) = 1$$
$$\#P_i(\pi) = 1 \Leftrightarrow \pi(i) = 2$$
$$P_i(\pi) \cup \{i\} = P_k(\pi) \Leftrightarrow \pi(k) = \pi(i) + 1.$$

定义 3.84 假设 N 是一个有限的局中人集合,Γ_N 表示其上所有带有大联盟结构的合作博弈,假设 $\pi \in$ Permut(N),定义一个数值解概念 $\phi^\pi : \Gamma_N \to \mathbb{R}^N$,$\phi(N,f,\{N\}) \in \mathbb{R}^N$ 为

$$\phi_i^\pi(N,f,\{N\}) = f(P_i(\pi) \cup \{i\}) - f(P_i(\pi)), \forall i \in N, \forall (N,f,\{N\}) \in \Gamma_N.$$

根据上一节中的例子可知,解概念 ϕ^π 满足有效、协变、零贡献和加法公理,但是不满足对称公理。

定义 3.85 假设 N 是一个有限的局中人集合,Γ_N 表示其上所有带有大联盟结构的合作博弈,假设 $\pi \in$ Permut(N),定义一个数值解概念 Sh$: \Gamma_N \to \mathbb{R}^N$,Sh$(N,f,\{N\}) \in \mathbb{R}^N$ 为

$$\text{Sh}_i(N,f,\{N\}) = \frac{1}{n!} \sum_{\pi \in \text{Permut}(N)} [f(P_i(\pi) \cup \{i\}) - f(P_i(\pi))],$$
$$\forall i \in N, \forall (N,f,\{N\}) \in \Gamma_N.$$

即是

$$\text{Sh}_i(N,f,\{N\}) = \frac{1}{n!} \sum_{\pi \in \text{Permut}(N)} \phi_i^\pi(N,f,\{N\}), \forall i \in N, \forall (N,f,\{N\}) \in \Gamma_N.$$

这个数值解概念称为沙普利值。

定理 3.58 假设 N 是一个有限的局中人集合,Γ_N 表示其上所有带有大联盟结构的合作博弈,沙普利值可以具体表示为

$$\mathrm{Sh}_i(N,f,\{N\}) = \sum_{A \in \mathcal{P}(N\setminus\{i\})} \frac{|A|! \times (n-|A|-1)!}{n!}$$
$$(f(A\cup\{i\}) - f(A)), \forall i \in N.$$

证明 根据定义可知

$$\mathrm{Sh}_i(N,f,\{N\}) = \frac{1}{n!}\sum_{\pi \in \mathrm{Permut}(N)} [f(P_i(\pi)\cup\{i\}) - f(P_i(\pi))], \forall i \in N.$$

固定 $A \in \mathcal{P}(N\setminus\{i\})$，需要计算有多少个置换 π 使得 $P_i(\pi) = A$。显然这种类型的置换为 $(A, i, A^c\setminus\{i\})$，前面的集合 A 内部有 $|A|!$ 种内部排列，后面的集合 $A^c\setminus\{i\}$ 内部 $(n-|A|-1)!$ 种排列，满足 $P_i(\pi) = A$ 的置换有 $|A|! \times (n-|A|-1)!$ 种，所以

$$\mathrm{Sh}_i(N,f,\{N\}) = \sum_{A \in (N\setminus\{i\})} \frac{|A|! \times (n-|A|-1)!}{n!}$$
$$(f(A\cup\{i\}) - f(A)), \forall i \in N.$$

由此我们证明了结论。

定理 3.59 假设 N 是一个有限的局中人集合，Γ_N 表示其上所有带有大联盟结构的合作博弈，假设 $\pi \in \mathrm{Permut}(N)$，沙普利值满足有效、对称、零贡献、加法、协变、线性公理。

定理 3.60 假设 N 是一个有限的局中人集合，Γ_N 表示其上所有带有大联盟结构的合作博弈，其上满足有效、对称、零贡献和加法公理的数值解概念是存在唯一的，即沙普利值。

第4章

决策理论

4.1 决策的分类

决策理论是军事运筹学的另一个重要工具。决策是人们在军事、政治、经济、技术以及日常生活中普遍遇到的一种选择方案的行为。其困难是如何从多种方案中作出正确的选择,以便获得好的结果或实现预期的目标。管理国家、企业,时刻都会遇到大大小小的决策问题,军事活动更是如此,因此强调科学决策尤其重要。

从不同的角度出发可得出不同的决策分类。

1. 按性质的重要性分类

可将决策分为战略决策、策略决策和执行决策,或称为战略计划、管理控制和运行控制。

战略决策是涉及某组织发展和生存有关的全局性、长远问题的决策,如厂址的选择、新产品开发方向、新市场的开发、原料供应地的选择等。

策略决策是为完成战略决策所规定的目的而进行的决策,如对一个企业产品规格的选择、工艺方案和设备的选择、厂区和车间内工艺路线的布置等。

执行决策是根据策略决策的要求对执行行为方案的选择,如生产中产品合格标准的选择、日常生产调度的决策等。

2. 按决策的结构分类

分为程序决策和非程序决策。

程序决策是一种有章可循的决策,一般是可重复的。

非程序决策一般是无章可循的决策,只能凭经验直觉作出应变的决策,一般是一次性的。

由于决策的结构不同,因此解决问题的方式也不同,见下表。

解决问题的方式	程序决策	非程序决策
传统方式	习惯、标准规程	直观判断、创造性观察、选拔人才
现代方式	运筹学、管理信息系统	培训决策者、人工智能、专家系统

3. 按定量和定性分类

分为定量决策和定性决策,描述决策对象的指标都可以量化时可用定量决策,否则只能用定性决策。总的发展趋势是尽可能地把决策问题量化。

4. 按决策环境分类

可将决策问题分为确定型的、风险型的和不确定型的三种。确定型的决策是指决策环境是完全确定的,作出选择的结果也是确定的。风险型决策是指决策的环境不是完全确定的,而其发生的概率是已知的。不确定型决策是指决策者对将发生结果的概率一无所知,只能凭决策者的主观倾向进行决策。

5. 按决策过程的连续性分类

可分为单项决策和序贯决策。单项决策是指整个决策过程只作一次决策就得到结果,序贯决策是指整个决策过程由一系列决策组成。一般讲管理活动是由一系列决策组成的,但在这一系列决策中往往有几个关键环节要作决策,可以把这些关键的决策分别看作单项决策。

4.2 决策过程

构造人们决策行为的模型主要有2种方法:一种是面向决策结果的方法,另一种是面向决策过程的方法。

面向决策结果的方法认为:若决策者能够正确地预见决策结果,则其核心是决策的结果和正确的预测。通常单目标决策和多目标决策属于这种类型。

面向决策过程的方法认为:若决策者了解决策过程,掌握了过程和能控制过程,他就能正确地预见决策结果。对于面向决策结果的方法的程序比较简单:确定目标、收集信息、提出方案、方案选优、决策。

由面向决策结果的方法的程序可知,任何决策都有一个过程和程序,绝非决策者灵机一动拍板就行。面向决策过程的方法一般包括预决策、决策、决策后3个互相依赖的阶段。

预决策阶段是指当要决策的问题摆在决策者面前时,决策者能立即想到各种可能方案,并意识到没有理想方案时,就会产生矛盾。他开始企图寻找减少矛盾的方案,沿着这企图扩大线索时,就需要收集信息。收集信息时开始会比较客观,无倾向性,之后会逐渐变得主观和具有倾向性。当预决策进行得比较顺利时,可以进行局部决策。

决策阶段可分为分部决策和最终决策。分部决策包括对决策处境作方向性的调整,如排除劣解,重新考虑已放弃的方案,增加和去除一些评价准则。在合并一些方案后,减少了变量数和方案数,决策者按照主观倾向重新估计各方案,并保留倾向的少数方案,以便进行最终决策。

决策后阶段主要考虑的问题是决策后看法不一致。这时决策者倾向于解释和强调已选方案的优点,并寻找更多的信息来证明已选方案的优点和正确性。应克服愿听取相同意见、不愿听取不同意见的现象。决策后阶段要了解决策实施,这是十分重要的,决策实施是决策的继续,决策后阶段往往也是下次决策的预决策阶段。

任何决策问题都由以下要素构成决策模型。

(1)决策者,他的任务是进行决策。决策者可以是个人、委员会或某个组织。一般指领导者或领导集体。

(2)可供选择的方案(替代方案)、行动或策略。参谋人员的任务是为决策者提供各种可行方案。其中包括了解研究对象的属性,确定目的和目标。属性是指研究对象的特性,它们是客观存在的,是可以客观量度的,并由决策者主观选定,如选拔飞行员时,按身高、年龄、健康状况等数值来表明其属性。目的是表明选择属性的方向,如要优秀还是良好,反映了决策者的要求和愿望。目标是给出了参数值的目的。

(3)准则是衡量选择方案,包括目的、目标、属性、正确性的标准,在决策时有单一准则和多准则。

(4)事件是指不为决策者所控制的客观存在的将发生的状态。

(5)每一事件的发生将会产生某种结果,如获得收益或造成损失。

(6)决策者的价值观,如决策者对货币额或不同风险程度的主观价值观念。

确定型的决策是指不包含随机因素的决策问题,每个决策者都会得到一个唯一的事先可知的结果。本章讨论的决策问题都是具有不确定因素和有风险的决策。

4.3 单目标决策

4.3.1 不确定型决策

不确定型决策是指决策者对环境情况一无所知。这种类型的决策是根据决策者的主观倾向进行的,根据决策者的主观态度不同,基本可分为五种准则:悲观主义决策准则、乐观主义决策准则、等可能性决策准则、最小机会损失决策准则、折中主义决策准则。以下用例子分别说明。

例 4.1 设某工厂是按批生产某产品并按批销售,每件产品的成本为 30 元,按批发价格为每件 35 元。若每月成产的产品当月销售不完,则每件损失 1 元。工厂每投产一批是 10 件,最大月生产能力是 40 件,决策者可选择的生产方案为 0 件、10 件、20 件、30 件、40 件五种。假设决策者对其产品的需求情况一无所知,试问这时决策者应如何决策?

这个问题可用决策矩阵来描述。决策者可选的行动方案有 5 种,这是他的策略集合,记作 $\{S_j\}$,$i=1,2,\cdots,5$。经分析他可断定将发生 5 种销售情况:销量为 0 件、10 件、20 件、30 件、40 件,但不知它们发生的概率。这就是事件集合,记作 $\{E_j\}$,$i=1,2,\cdots,5$。每个"策略—事件"对都可以计算出相应的收益值或损失值。如当选择月产量为 20 件,销出量为 10 件时,收益额为 $10\times(35-30)-1\times(20-10)=40(元)$,照此我们可以一一计算出各"策略—事件"对应的收益值或损失值,记作 a_{ij}。将这些数据汇总在矩阵中,如下表所示。这就是决策矩阵。根据决策矩阵中元素所示含义不同,可分为收益矩阵、损失矩阵、风险矩阵、后悔值矩阵等。

策略 S_i	事件 E_j				
	0	10	20	30	40
S_1	0	0	0	0	0
S_2	10	50	50	50	50	50
S_3	20	40	100	100	100	100

续表

策略 S_i	事件 E_j				
	0	10	20	30	40
S_4	30	30	90	150	150	150
S_5	40	20	80	140	140	200

1. 悲观主义决策准则

悲观主义决策准则亦称保守主义决策准则。当决策者面临着各事件的发生概率不清时,决策者考虑可能由于决策失误而造成重大经济损失。由于自身的经济实力比较脆弱,决策者在处理问题时就比较谨慎。他分析各种最坏的可能结果,从中选择最好者,以它对应的策略为决策策略,用符号表示为 max min 决策准则。在收益矩阵中先从各策略所对应的可能发生的"策略—事件"对的结果中选出最小值,将它们列于表的最右列。再从此列的数值中选出最大者,以它对应的策略为决策者应选的决策策略,计算见下表。

策略 S_i	事件 E_j					min
	0	10	20	30	40	
S_1	0	0	0	0	0	0	0←max
S_2	10	50	50	50	50	50	−10
S_3	20	40	100	100	100	100	−20
S_4	30	30	90	150	150	150	−30
S_5	40	20	80	140	140	200	−40

根据 max min 决策准则有

$$\max(0, -10, -20, -30, -40) = 0$$

它对应的策略为 S_1,即为决策者应选的策略。在这里是"什么也不生产",这种结论似乎荒谬,但在实际中表示先观察,再作决定。上述计算公式表示为

$$S_k^* \to \max \min(a_{ij}).$$

2. 乐观主义决策准则

持乐观主义(max max)决策准则的决策者对待风险的态度与悲观主义者不

同,当面临情况不明的决策问题时,他绝不放弃任何一个可获得最好结果的机会,以争取好中之好的乐观态度来选择其决策策略。决策者在分析收益矩阵各策略的"策略—事件"对的结果中选出最大者,将它们列于表的最右列。再从该列数值中选择最大者,以它对应的策略为决策策略,计算见下表。

策略 S_i	事件 E_j						max
	0	10	20	30	40		
S_1	0	0	0	0	0	0	0
S_2	10	50	50	50	50	50	50
S_3	20	40	100	100	100	100	100
S_4	30	30	90	150	150	150	150
S_5	40	20	80	140	140	200	200←max

根据 max max 决策准则有
$$\max(0,50,100,150,200)=200$$
它对应的策略为 S_5。用公式表示为
$$S_k^* \to \max_i \max_j (a_{ij}).$$

3. 等可能性决策准则

等可能性决策准则是 19 世纪数学家 Laplace 提出的。他认为:当一个人面临某事件集合,在没有确切理由来说明这一事件比那一事件有更多机会发生时,只能认为各事件发生的机会是均等的。即每一事件发生的概率都是 1。决策者计算各策略的收益期望值,然后在所有这些期望值中选择最大者,以它对应的策略为决策策略,见下表。之后按照下式决定决策策略。
$$S_k^* \to \max_i \{E(S_i)\}.$$

策略 S_i	事件 E_j						$E(S_i) = \sum_j p a_{ij}$
	0	10	20	30	40		
S_1	0	0	0	0	0	0	0
S_2	10	50	50	50	50	50	38
S_3	20	40	100	100	100	100	64

续表

策略 S_i		事件 E_j					$E(S_i) = \sum_j pa_{ij}$
		0	10	20	30	40	
S_4	30	30	90	150	150	150	78
S_5	40	20	80	140	140	200	80←max

本例中 $P = \dfrac{1}{5}$，期望值计算为

$$E(S_i) = \sum_j pa_{ij}.$$

最终比较各个期望值可得

$$\max\{E(S_i)\} = \max\{0, 38, 64, 78, 80\} = 80.$$

4. 最小机会损失决策准则

最小机会损失决策准则亦称为最小遗憾值决策准则或 Savage 决策准则。首先将收益矩阵中各元素变换为每一"策略—事件"对的机会损失值(遗憾值、后悔值)。其含义是，当某一事件发生后，由于决策者没有选用收益最大的策略，而形成的损失值。若发生 k 事件，各策略的收益为 $a_{ik}, i = 1, 2, \cdots, 5$，其中最大者为

$$a_{ik} = \max_i (a_{ik})$$

则各策略的机会损失值为

$$a'_{ik} = \{\max_i(a_{ik}) - a_{ik}\}\ (i = 1, 2, \cdots, 5)$$

计算结果见下表。

策略 S_i		事件 E_j					max
		0	10	20	30	40	
S_1	0	0	0	0	0	0	200
S_2	10	50	50	50	50	50	150
S_3	20	40	100	100	100	100	100
S_4	30	30	90	150	150	150	50
S_5	40	20	80	140	140	200	40←min

从所有最大机会损失值中选取最小者,它对应的策略为决策策略。用公式表示为

$$S_k^* \to \max_i \max_j (a'_{ij})$$

本例的决策策略为

$$\min(200,150,100,50,40) = 40 \leftarrow S_5$$

在分析产品废品率时,应用本决策准则比较方便。

5. 折中主义决策准则

当用 minmax 决策准则或 maxmin 决策准则来处理问题时,有的决策者认为这种方式太极端。于是提出将这两种决策策略综合,令 a 为乐观系数,且 $0 \leq a \leq 1$,并用以下关系式表示

$$H_i = a a_{i_{\max}} + (1-a) a_{i_{\min}}$$

式中:$a_{i_{\max}}$ 和 $a_{i_{\min}}$ 分别为第 i 个策略可能得到的最大收益值和最小收益值。

设 $a = 1.3$,将计算得出的 H_i 值列于表的右端。然后选择

$$S_k^* \to \max_i \{H_i\}$$

计算得到下表。

策略 S_i	事件 E_j					H_i
	0	10	20	30	40	
S_1	0	0	0	0	0	0
S_2	10	50	50	50	50	50	10
S_3	20	40	100	100	100	100	20
S_4	30	30	90	150	150	150	30
S_5	40	20	80	140	140	200	40←max

本例的决策策略为

$$\max(0,10,20,30,40) = 40 \to S_5.$$

在不确定性决策中是因人、因地、因时选择决策准则的,但在实际中当决策者面临不确定性决策问题时,他首先获取有关各事件发生的信息,使不确定性决策问题转化为风险决策,风险决策将是讨论的重点。

4.3.2 风险型决策

风险型决策是指决策者对客观情况不甚了解,但对将发生的各事件的概率是已知的。决策者通过调查,根据过去的经验或主观估计等途径获得这些概率。在风险型决策中一般采用期望值作为决策准则,常用的有最大期望收益决策准则和最小机会损失决策准则。

1. 最大期望收益决策准则(EMV)

决策矩阵的各元素代表"策略—事件"对的收益值,各事件发生的概率为p_j,先计算各策略的期望收益值

$$\sum_j p_j a_{ij}(i=1,2,\cdots,n)$$

然后从这些期望收益值中选取最大者,它对应的策略为决策应选策略。即

$$\max \sum_j p_j a_{ij} \to S_*^k$$

以例4.1的数据进行计算,计算结果见下表。

$$\max(0,10,20,30,40)=40 \to S_5.$$

策略 S_i	事件 E_j					EMV
	0	10	20	30	40	
	概率 p_j					
	0.1	0.2	0.4	0.2	0.1	
S_1	0	0	0	0	0	0
S_2	10	50	50	50	50	50	44
S_3	20	40	100	100	100	100	76
S_4	30	30	90	150	150	150	84←max
S_5	40	20	80	140	140	200	80

这时

$$\max(0,44,76,84,80)=84 \to S_4$$

即选择策略 $S_4=30$。

EMV 适用于一次决策多次重复进行生产的情况,所以它是平均意义下的最大收益。

2. 最小机会损失决策准则(EOL)

矩阵的各元素代表"策略—事件"对的机会损失值,各事件发生的概率为 p_j,先计算各策略的期望损失值。

$$\sum_j p_j a'_{ij}(i=1,2,\cdots,n)$$

然后从这些期望损失值中选取最小者,它对应的策略应是决策者所选策略。即

$$\min_i(\sum_j p_j a'_{ij}) \to S_k^*$$

表上运算与上述 EMV 相似,不再赘述。

3. EMV 和 EOL 决策准则的关系

从本质上讲,EMV 与 EOL 决策准则是一样的。

设 a_{ij} 为决策矩阵的收益值。因为当发生的事件的所需量等于所选策略的生产量时,收益值最大,即在收益矩阵的对角线上的值都是其所在列中的最大者,所以机会损失矩阵可通过以下求得,见下表。

S_i	E_1	E_2	$\cdots$	E_n
	p_1	p_2	$\cdots$	p_n
S_1	$a_{11}-a_{11}$	$a_{22}-a_{12}$	$\cdots$	$a_{nn}-a_{1n}$
S_2	$a_{11}-a_{21}$	$a_{22}-a_{22}$	$\cdots$	$a_{nn}-a_{2n}$
$\vdots$	$\vdots$	$\vdots$	$\vdots$	$\vdots$
S_n	$a_{11}-a_{n1}$	$a_{22}-a_{n2}$	$\cdots$	$a_{nn}-a_{nn}$

第 i 策略的机会损失

$$\begin{aligned} \text{EOL}_i &= p_1(a_{11}-a_{1i}) + p_2(a_{22}-a_{2i}) + \cdots + p_n(a_{nn}-a_{ni}) \\ &= p_1 a_{11} + p_2 a_{22} + \cdots + p_n a_{nn} - (p_1 a_{1i} + p_2 a_{2i} + \cdots + p_n a_{ni}) \\ &= K - (p_1 a_{1i} + p_2 a_{2i} + \cdots + p_n a_{ni}) \\ &= K - \text{EMV}_i. \end{aligned}$$

故当 EMV 为最大时,EOL 便为最小。所以在决策时用这两种决策准则所得结果是相同的。

4. 全情报的价值(EVPI)

当决策者耗费了一定经费进行调研,获得了各事件发生概率的信息,应采

用"随机应变"的战术。这时所得的期望收益称为全情报的期望收益,记作 EPPL。此收益应当大于至少等于最大期望收益,即 EPPL≥EMV*,则定义

$$EPPL - EMV* = EVPI$$

为对全情报的价值。这就说明获取情报的费用不能超过 EVPI 值,否则就没有增加收入。实际应用时考虑费用构成很复杂,这里仅说明全情报价值的概念和其意义。

4.4 多目标决策

4.4.1 基本概念

在生产、经济、科学和工程活动中经常需要对多个目标(指标)的方案、计划、设计进行好坏的判断,例如设计一个导弹,既要其射程远,又要燃料消耗少,还要命中率高;又如选择新厂的厂址,除要考虑运费、造价、燃料供应费等经济指标外,还要考虑对环境的污染等社会因素,只有对各种因素的指标进行综合衡量后,才能作出合理的决策。

例 4.2 由 n 种成分 $x_1, x_2, \cdots, x_n$ 组成一个橡胶配方,可用 $\boldsymbol{x} = (x_1, x_2, \cdots, x_n)^T$ 表示。对每种配方都要同时考查几个指标,如强度 f_1、硬度 f_2、伸长率 f_3、变形度 f_4 等。假定有 m 个指标,它们都与配方方案 x 有关,它们与 x 的关系为 $f_1(x)$,$f_2(x), \cdots, f_m(x)$。当 m 很多且要比较两方案的优劣时,就很难下决断了。于是有人把这种问题用数学规划来处理。先以某指标作为主要指标,如以强度 f_1 为主要指标,并且越大越好,而其他指标只要落在一定规格范围内即可。这就把这问题转化为求解

$$\max_{\Omega} f_1(x)$$
$$\Omega = \{x \mid f'_i \leqslant f_i(x) \leqslant f''_i, i = 2, 3, \cdots, m, x \in A\}$$

式中:A 为对 x 本身的一个限制;f'_i、f''_i 分别为第 i 个指标的上、下限。

在考虑单目标最优化问题时,只要比较任意两个解对应的目标函数值,就能确定谁优谁劣(目标值相等时除外)。在多目标情况下,就不能作这样简单的比较来确定谁优谁劣了。例如有两个目标都要求实现最大化,这样的决策问题,若能列出多个方案,那么这些方案都不易比较。

假定有 m 个目标 $f_1(x), f_2(x), \cdots, f_m(x)$ 同时要考查,并要求都越大越好。在不考虑其他目标时,记第 i 个目标的最优值为

$$f_i^* = \max_{\Omega} f_i(x)$$

相应的最优解记为 $x^{(i)}, i=1,2,\cdots,m$，其中 Ω 是解的约束集合

$\Omega = \{x \mid g(x) \geq 0\}$，此处 $g(x) = (g_1(x), g_2(x), \cdots, g_l(x))^T$。

当这些 $x^{(i)}$ 都相同时，就以这共同解作为多目标的共同最优解。一般不会全部相同，例如当 $x^{(1)} \neq x^{(2)}$ 时，这两个解就难比优劣，但它们一定都是非劣解。为了与单目标最优化的记号有所区别，今后用

$$V - \max_{x \in \Omega} F(x) \text{ 或者 } V - \max_{g(x) \geq 0} F(x)$$

表示在约束集合 Ω 内求多目标问题的最优(亦称求矢量最优)，其中

$$F(x) = (f_1(x), f_2(x), \cdots, f_m(x))^T.$$

若各目标值都要求越小越好，则用下式表示：

$$V - \min_{\Omega} F(x).$$

下面考查使目标值越大越好。简单起见，本节一般只考虑 n 维欧氏空间 $\mathbb{R}^n$，即

$$x = (x_1, x_2, \cdots, x_n)^T \in \mathbb{R}^n, \Omega \subseteq \mathbb{R}^n, F(x) \in \mathbb{R}^m.$$

实际上当 x_0 是最优解时，即表示 $\forall x \in \Omega$，有

$$F(x) \leq F(x_0)$$

当 x_0 是非劣解时，即不存在 $x \in \Omega$，有

$$F(x) \geq F(x_0).$$

以后用"$\geqslant$"表示 $F(x) > F(x_0)$，$F(x) \neq F(x_0)$，即至少有一个分量严格">"才成立。相应的 $F(x_0)$ 在目标函数空间中称为非劣点或有效点。有的还进一步引入弱非劣解，即当 x_0 是弱非劣解，若不存在 $x \in \Omega$，有 $F(x) > F(x_0)$。

在单目标时任何两个解都可以比较其优劣，因此是完全有序的。可是在多目标时，任何两个解不一定都是可比出其优劣的，因此只能是半有序的。假定所有解 x 是属于全空间 Σ 中某一个约束集合 Ω，即 $x \in \Omega \subseteq \Sigma$，在 Σ 上对任一解 x 可以定义一个半序：$\succsim$，且可把 Σ 分成 3 个子集：

(1) $\Sigma_{\succ}(x)$ 所有比 x 优的解集合；
(2) $\Sigma_{\precsim}(x)$ 所有比 x 劣或相等的解集合；
(3) $\Sigma_{\sim}(x)$ 所有与 x 无法比较的解集合。

显然有

$$\Sigma = \Sigma_{\succ}(x) \cup \Sigma_{\precsim}(x) \cup \Sigma_{\sim}(x).$$

按照这些子集的划分，Zadeh 给出"非劣"和"最优"的定义。

定义 4.1 解 $x_0 \in \Omega \subseteq \Sigma$ 叫作在 Ω 内"非劣",如果 $\Omega \cap \Sigma_{\succ}(x_0) = \varnothing$。

定义 4.2 解 $x_0 \in \Omega \subseteq \Sigma$ 叫作在 Ω 内最优,如果 $\Omega \subseteq \Sigma_{\precsim}(x_0)$。

定理 4.1 若 x_0 是最优解,则必为非劣解。反之不然。

证明 因为由定义,x_0 是最优,$\Omega \subseteq \Sigma_{\precsim}(x_0)$,而 $\Sigma_{\precsim}(x_0) \cap \Sigma_{\succ}(x_0) = \varnothing$,故 $\Omega \cap \Sigma_{\succ}(x_0) = \varnothing$,所以 x_0 也为非劣解。

反之不一定对,即 x_0 是非劣解,有 $\Omega \cap \Sigma_{\succ}(x_0) = \varnothing$ 成立。但是由于 Ω 不一定全在 $\Sigma_{\precsim}(x_0)$ 内,而只能保证 $\Omega \subseteq (\Sigma_{\precsim}(x_0) \cup \Sigma_{\sim}(x_0))$,因此不一定是最优解。但在单目标时,由于是全有序,$\Sigma_{\sim}(x_0) = \varnothing$,因此 x_0 是非劣时,必有 $\Omega \subseteq \Sigma_{\precsim}(x_0)$,即 x_0 自然就是最优解。由此可见在单目标最优化问题时,对最优和非劣可以不区分;但在多目标最优化问题时,这两个概念必须加以区别。

4.4.2 化多为少的方法

要求若干目标同时实现最优往往是很难的。经常是有所失才能有所得,那么问题是失得在何时最好。各种不同的思路可引出各种合理处理得失的方法。以下介绍化多为少的方法。由于直接解决多目标问题的最优化较为困难,因此很多人想办法将它们化为较容易求解的单目标或双目标问题。由于化法不一,因此形成了多种方法。

首先是主要目标法。主要目标法的思想就是解决主要问题,并适当兼顾其他要求。

1. 优选法

在实际问题中通过分析讨论,抓住其中一两个主要目标,让它们尽可能地好,而其他指标只要满足一定要求即可,通过若干次试验以达到最佳。

2. 数学规划法

设有 m 个目标 $f_1(x), f_2(x), \cdots, f_m(x)$ 要考查,其中方案变量 $x \in \Omega$,若以某目标为主要目标,如 $f_1(x)$ 要求实现最优(最大),而对其他目标只满足一定规格要求即可,如

$$f'_i \leqslant f_i(x) \leqslant f''_i, i = 2, \cdots, m$$

其中,当 $f'_i = -\infty$ 或 $f''_i = +\infty$ 就变成单边限制,这样问题便可化成求下述非线性规划问题:

$$\max_{\Omega} f_1(x)$$
$$\Omega' = \{x \mid f'_i \leqslant f_i(x) \leqslant f''_i, i=2,\cdots,m; x \in \Omega\}.$$

3. 线性加权法

若有 m 个目标 $f_1(x), f_2(x), \cdots, f_m(x)$,分别给以权系数 $\lambda_i, i=1,2,\cdots,m$,然后作新的目标函数

$$U(x) = \sum_{i=1}^{m} \lambda_i f_i(x).$$

该方法的难点是如何找到合理的权系,使多个目标用同一尺度统一起来,同时所找到的最优解又是向量极值的好的非劣解。在多目标最优化问题中无论用何方法,至少应找到一个非劣解(或近似非劣解),其次因非劣解可能有很多,要从中挑出较好的解,这个解有时就要用到另一个目标。下面介绍几种选择特定权系数的方法。

(1)线性加权之 α 法。

先以两个目标为例,假设一个目标是要求劳动量消耗 $f_1(x)$ 最小,另一个目标是收益 $f_2(x)$ 最高。它们都是线性函数,都以元为单位。Ω 也为线性约束,即

$$\Omega = \{x \mid Ax \leqslant b\}$$

式中:A 为矩阵;b 为列矢量。

作为新目标函数

$$U(x) = \alpha_2 f_2(x) - \alpha_1 f_1(x)$$

其中,α_1, α_2 由下述方程组确定:

$$-\alpha_1 f_1^0 + \alpha_2 f_2^* = c_1$$
$$-\alpha_1 f_1^* + \alpha_2 f_2^0 = c_1$$

其中

$$f_1^0 = \min_{\Omega} f_1(x) = f_1(x^{(1)}), f_2^* = f_2(x^{(1)})$$
$$f_2^0 = \max_{\Omega} f_2(x) = f_2(x^{(2)}), f_1^* = f_1(x^{(2)}).$$

c_1 可为任意的常数 ($c_1 \neq 0$),解方程组可得

$$\alpha_1 = \frac{c_1(f_2^0 - f_2^*)}{f_1^* f_2^* - f_1^0 f_2^0}$$

$$\alpha_2 = \frac{c_1(f_1^* - f_1^0)}{f_1^* f_2^* - f_1^0 f_2^0}.$$

若规定 $\alpha_1 + \alpha_2 = 1$,即可得到

$$c_1 = \frac{f_1^* f_2^* - f_1^0 f_2^0}{f_1^0 - f_2^* + f_1^* - f_1^0}.$$

从而有

$$\alpha_1 = \frac{f_2^0 - f_2^*}{f_1^0 - f_2^* + f_1^* - f_1^0}$$

$$\alpha_2 = \frac{f_1^* - f_1^0}{f_1^0 - f_2^* + f_1^* - f_1^0}.$$

易见

$$\frac{\alpha_1}{\alpha_2} = \frac{f_2^0 - f_2^*}{f_1^* - f_1^0} = k.$$

由这样定义的 α_1, α_2 作出的新目标函数为

$$U(x) = \alpha_2 f_2(x) - \alpha_1 f_1(x)$$
$$= \frac{(f_1^* - f_1^0)f_2(x) - (f_2^0 - f_2^*)f_1(x)}{f_1^0 - f_2^* + f_1^* - f_1^0}.$$

当要求实现最大时,可表示为

$$\max_{\Omega} U(x) = \max_{\Omega}(\alpha_2 f_2(x) - \alpha_1 f_1(x)).$$

若作目标值空间 (f_1, f_2),则 $U(x)$ 取不同数时,相当于一簇平行线,其斜率为 $k = \alpha_1/\alpha_2$。

请注意点 M_1 点 (f_1^0, f_2^*) 与 M_2 点 (f_1^*, f_2^0) 的连线的斜率为 $(f_2^0 - f_2^*)/(f_1^* - f_1^0)$,与新目标函数 $U(x)$ 的平行线簇的斜率是一致的。当 U 取最大值时,此平行线簇正好与 c 点相交。对于有 m 个目标 $f_1(x), f_2(x), \cdots, f_m(x)$ 的情况,不妨设其中 $f_1(x), f_2(x), \cdots, f_k(x)$ 要求最小化,而 $f_{k+1}(x), f_{k+2}(x), \cdots, f_m(x)$ 要求最大化,这时可构成下述新目标函数:

$$\max_{\Omega} U(x) = \max_{\Omega} \left(-\sum_{j=1}^{k} \alpha_j f_j(x) + \sum_{j=k+1}^{m} \alpha_j f_j(x) \right)$$

其中,α_j 满足方程组

$$-\sum_{j=1}^{k} \alpha_j f_{ij} + \sum_{j=k+1}^{m} \alpha_j f_{ij} = c_{ij} \ (i=1,2,\cdots,m)$$

其中

$$f_{ii} = f_i^0 = \min_{\Omega} f_i(x) = f_i(x^{(i)}) \ (i=1,2,\cdots,k)$$
$$f_{ii} = f_i^0 = \max_{\Omega} f_i(x) = f_i(x^{(i)}) \ (i=k+1,k+2,\cdots,m)$$
$$f_{ij} = f_j(x^{(i)}) \ (j \neq i, i,j = 1,2,\cdots,m).$$

(2) 线性加权之 λ 法。

当 m 个目标都要求实现最大时,可用下述加权和效用函数,即

$$U(x) = \sum_{i=1}^{m} \lambda_i f_i(x)$$

其中,λ_i 取 $\lambda_i = 1/f_i^0, f_i^0 = \max_\Omega f_i(x)$。

1. 平方和加权法

设有 m 个规定值 $f_1^*, f_2^*, \cdots, f_m^*$,要求 m 个函数 $f_1(x), f_2(x), \cdots, f_m(x)$ 分别与规定的值相差尽量小,对其中不同值的要求相差程度可不完全一样,即有的要求重一些,有的轻一些。这时可采用下述评价函数:

$$U(x) = \sum_{i=1}^{m} \lambda_i (f_i(x) - f_i^*)^2$$

要求 $\min_\Omega U(x)$,其中 λ_i 可按要求相差程度分别给出。

2. 理想点法

有 m 个目标 $f_1(x), f_2(x), \cdots, f_m(x)$,每个目标分别有其最优值

$$f_i^0 = \max_\Omega f_i(x) = f_i(x^{(i)}) \quad (i = 1, 2, \cdots, m).$$

若所有 $x^{(i)}(i=1,2,\cdots,m)$ 都相同,设为 x^0,则令 $x = x^0$ 时,对每个目标都能达到其各自的最优点,可惜一般做不到,因此对向量函数

$$\boldsymbol{F}(x) = (f_1(x), f_2(x), \cdots, f_m(x))^T$$

来说,矢量 $\boldsymbol{F}^0 = (f_1^0, f_2^0, \cdots, f_m^0)^T$ 只是一个理想点(一般达不到它)。

理想点法,其中心思想是定义了一定的模,在这个模意义下找一个点尽量接近理想点,即让模

$$\|\boldsymbol{F}(x) - \boldsymbol{F}^0\| \to \min \|\boldsymbol{F}(x) - \boldsymbol{F}^0\|.$$

对于不同的模,可以找到不同意义下的最优点,这个模也可看作评价函数,一般定义的 p 模是

$$\|\boldsymbol{F}(x) - \boldsymbol{F}^0\|_p = \left(\sum_{i=1}^{m} |f_i^0 - f_i(x)|^p \right)^{1/p} = L_p(x)$$

其中,p 的取值一般在 $[1, +\infty)$。当取 $p = 2$ 时,模即为欧氏空间中矢量 $\boldsymbol{F}(x)$ 与矢量 $\boldsymbol{F}_0$ 的距离。要求模最小,也就要找到一解,它对应的目标值与理想点的目标值距离最近,可表示为

$$\min_\Omega L_p(x).$$

当 $p=1$ 时,$L_1(x) = \sum_{i=1}^{m} |f_i^0 - f_i(x)|$。当 $p=\infty$ 时,$L_\infty = \max_{1 \leq i \leq m} |f_i^0 - f_i(x)|$。

当 $p=2$ 时,其几何意义是两点之间的最短距离为直线。

当 $p>2$ 时,其距离就小于这两点之间的直线距离;并且 p 越大,距离值就越趋向于较大的分量(属性、目标)。

因此,可取不同的 p 值代表人们对较大分量(属性、目标)的偏爱程度,它就不是几何概念了。

3. 乘除法

在 m 个目标 $f_1(x),f_2(x),\cdots,f_m(x)$ 中,不妨设其中 k 个 $f_1(x),f_2(x),\cdots,f_k(x)$ 要求实现最小,其余 $f_{k+1}(x),f_{k+2}(x),\cdots,f_m(x)$ 要求实现最大,并假定 $f_{k+1}(x),f_{k+2}(x),\cdots,f_m(x)>0$ 这时可采用评价函数

$$U(x) = \frac{f_1(x)f_2(x)\cdots f_k(x)}{f_{k+1}(x)\cdots f_m(x)} \to \min.$$

4. 功效系数法

设 m 个目标 $f_1(x),f_2(x),\cdots,f_m(x)$,其中 k_1 个目标要求实现最大,k_2 个目标要求实现最小,其余的目标是过大不行,过小也不行。对于这些目标 $f_i(x)$ 分别给以一定的功效系数 d_i,d_i 是在 $[0,1]$ 上的某一数。当达到目标最满意时,取 $d_i=1$;当目标最差时,取 $d_i=0$。描述 d_i 与 $f_i(x)$ 的关系,称为功效函数,表示为 $d_i=F_i(f_i)$。对于不同类型目标应选用不同类型的功效函数。

Ⅰ 型:f_i 越大,d_i 越大;f_i 越小,d_i 也越小。

Ⅱ 型:f_i 越小,d_i 越大;f_i 越小,d_i 也越小。

Ⅲ 型:当 f_i 取适当值时,d_i 最大;当 f_i 取偏值(过大或过小)时,d_i 变小。

具体功效函数构造法可以很多,有直线法、折线法、指数法。

用指数法构造 Ⅰ 型功效函数,可设其表达式为

$$d = e^{-(e^{-(b_0+b_1 f)})}$$

其中 b_0,b_1 可这样确定:当 f 达到某一合格值 f_1 时,取 $d_1=e^{-1}$;当 f 达到某一不合格值 f_0 时,取 $d_0=e^{-e}$。

将上述要求代入上式即有

$$d_1 = e^{-1} = e^{-(e^{-(b_0+b_1 f^1)})},\quad d_0 = e^{-e} = e^{-(e^{-(b_0+b_1 f^0)})}$$

由这两式可得

$$b_0 + b_1 f^1 = 0, \quad b_0 + b_1 f^0 = -1$$

解之得

$$b_0 = \frac{f^1}{f^0 - f^1}, \quad b_1 = \frac{-1}{f^0 - f^1}$$

即

$$d = e^{-e^{\frac{f-f^1}{f^0-f^1}}}.$$

同样对Ⅱ型功效函数,可取为

$$d = 1 - e^{-e^{\frac{f-f'}{f''-f'}}}.$$

对于Ⅲ型功效函数,取

$$d = e^{-|Y|^n}$$

其中

$$Y = \frac{2f - (f' + f'')}{f' - f''}$$

这样,当$f=f'$或$f=f''$时,$Y=\pm 1$,$d=e^{-1}$,为刚好可接受的值;当$f=\dfrac{f'+f''}{2}$时,$Y=0$,$d=1$,即f达到比较适当的值。为了确定n,可再取一个f,使其与某一个适当的d值相对应,这时可给出

$$n = \frac{\log(1/d)}{\log(|Y|)}.$$

例如,取$f=f=\dfrac{2f'+f''}{3}$,这时$Y=1/3$,使其与$d=e^{-1/2}$相对应,则

$$n = \frac{\log(1/2)}{\log(1/3)} \approx 0.6309$$

即

$$d = e^{-|Y|^{0.6309}}, \quad Y = \frac{2f - (f' + f'')}{f' - f''}.$$

有了功效函数后,对每个目标都可对应为相应的功效函数。目标值可转换为功效系数。这样每确定一个方案x后,就有m个目标函数值$f_1(x)$, $f_2(x),\cdots,f_m(x)$。然后用其对应的功效函数转换为相应的功效系数$d_1,d_2,\cdots,d_m$,并可用它们的几何平均值

$$D = \sqrt[m]{d_1 d_2 \cdots d_m}$$

为评价函数,显然D越大越好,$D=1$是最满意的,$D=0$是最差的。这样定义的评价函数有一个好处,一个方案中只要有一个目标值太差,如$d_i=0$,就会使$D=0$,从而不会采用这个方案。

4.4.3 分层序列法

由于同时处理 m 个目标是比较麻烦的,故可采用分层序列法。分层序列法的思想是把目标按其重要性给出一个序列,分为最重要目标、次要目标等。设给出的重要性序列为 $f_1(x),f_2(x),\cdots,f_m(x)$,下面逐个求最优化的序列最优化解。首先对第一个目标求最优解,并找出所有最优解的集合记为 Ω_0。然后在 Ω_0 内求第二个目标的最优解,记这时的最优解集合为 Ω_1,依此类推,一直到求出第 m 个目标的最优解 x^0,其模型如下:

$$\Omega_0 =: \mathrm{Argmax}_{\Omega} f_1(x)$$
$$\Omega_1 =: \mathrm{Argmax}_{\Omega_0} f_2(x)$$
$$\vdots$$
$$\Omega_k =: \mathrm{Argmax}_{\Omega_{k-1}} f_{k+1}(x)$$
$$\vdots$$
$$\Omega_{m-1} =: \mathrm{Argmax}_{\Omega_{m-2}} f_m(x)$$
$$x^0 \in \Omega_{m-1}$$
$$f_1(x^0) = \max_{\Omega} f_1(x)$$
$$f_2(x^0) = \max_{\Omega_0} f_2(x)$$
$$\vdots$$
$$f_m(x^0) = \max_{\Omega_{m-2}} f_m(x).$$

该方法有解的前提是 $\Omega,\Omega_0,\cdots,\Omega_{m-1}$ 非空,同时 $\Omega_0,\Omega_1,\cdots,\Omega_{m-2}$ 都不能只有一个元素,否则就很难进行下去。当 Ω 是紧致集,函数 $f_1(x),f_2(x),\cdots,f_m(x)$ 都是上半连续,则按下式定义的集求解

$$\Omega_{k-1} = \{x \mid f_k(x) = \max_{u \in \Omega_{k-2}} f_k(u); x \in \Omega_{k-2}\} \quad (k=1,2,\cdots,m)$$

其中 Ω_{k-1} 都非空,特别 Ω_{m-1} 是非空。故有最优解,而且是共同的最优解。

4.4.4 多目标线性规划

当所有目标函数是线性函数,约束条件也都是线性时,可有些特殊的解法。特别是泽勒内等将解线性规划的单纯形法给予适当修正后,用来解多目标线性规划问题,或把多目标线性规划问题化成单目标的线性规划问题后求解,以下介绍逐步法。

逐步法是一种迭代法。在求解过程,每进行一步,分析者把计算结果告诉

决策者,决策者对计算结果作出评价。若认为已满意,则迭代停止;否则分析者根据决策者的意见进行修改和再计算,直到求得决策者认为满意的解为止,故称此法为逐步进行法。设有 k 个目标的线性规划问题。

$$V - \max_{\Omega} Cx$$

其中,$\Omega = \{x \mid Ax \leq b, x \geq 0\}$,$A$ 为 $m \times n$ 矩阵,C 为 $k \times n$ 矩阵,也可表示为

$$C = \begin{bmatrix} c^1 \\ \vdots \\ c^k \end{bmatrix} = \begin{bmatrix} c_1^1 & c_2^1 & \cdots & c_n^1 \\ \vdots & \vdots & & \vdots \\ c_1^k & c_2^k & \cdots & c_n^k \end{bmatrix}$$

求解的计算步骤为

第 1 步:分别求 k 个单目标线性规划问题的解。

$$\max_{\Omega} c^j x \quad (j = 1, 2, \cdots, k)$$

得到最优解 $x^{(j)}, j = 1, 2, \cdots, k$,以及相应的 $c^j x^{(j)}$。显然

$$c^j x^{(j)} = \max_{\Omega} c^j x$$

并作下表 $Z = (z_i^j)$,其中 $z_i^j = c^i x^{(j)}$,$z_j^j = \max_{\Omega} c^j x = c^j x^{(j)} = M_j$。

	z_1	z_2	z_i	z_k
$x^{(1)}$	z_1^1	z_2^1	$\cdots z_i^1 \cdots$	z_k^1
$\vdots$	$\vdots$	$\vdots$	$\vdots$	$\vdots$
$x^{(i)}$	z_1^i	z_2^i	$\cdots z_i^i \cdots$	z_k^i
$\vdots$	$\vdots$	$\vdots$	$\vdots$	$\vdots$
$x^{(k)}$	z_1^k	z_2^k	$\cdots z_i^k \cdots$	z_k^k
M_j	z_1^1	z_2^2	z_i^i	z_k^k

第 2 步:求权系数。

从上表中得到 M_j 及 $m_j = \min_{1 \leq i \leq k} z_i^j (j = 1, 2, \cdots, k)$,为了找出目标值的相对偏差及消除不同目标值的量纲不同的问题,进行如下处理。当 $M_j > 0$ 时,有

$$\alpha_j = \frac{M_j - m_j}{m_j} \times \frac{1}{\sqrt{\sum_{i=1}^{n} (c_i^j)^2}}.$$

当 $M_j < 0$ 时,有

$$\alpha_j = \frac{m_j - M_j}{M_j} \times \frac{1}{\sqrt{\sum_{i=1}^{n} (c_i^j)^2}}.$$

经归一化,得权系数

$$\pi_j = \frac{\alpha_j}{\sum_{j=1}^{k}\alpha_j}, 0 \leq \pi_j \leq 1, \sum \pi_j = 1 (j = 1,2,\cdots,k).$$

第3步:构造以下线性规划问题,并求解

$$LP(1): \begin{cases} \min \lambda \\ \lambda \geq (M_i - c^i x)\pi_i (i = 1,2,\cdots,k) \\ x \in \Omega (\lambda \geq 0) \end{cases}$$

假定求得的解为 $\bar{x}^{(1)}$,相应的 k 个目标值为 $c^1 \bar{x}^{(1)}, c^2 \bar{x}^{(1)}, \cdots, c^k \bar{x}^{(1)}$,若 $x^{(1)}$ 为决策者的理想解,相应的 k 个目标值为 $c^1 x^{(1)}, c^2 x^{(1)}, \cdots, c^k x^{(1)}$。这时决策者将 $\bar{x}^{(1)}$ 的目标值进行比较后,认为满意了就可以停止计算。若认为相差太远,则考虑适当修正。如考虑对第 j 个目标宽容一下,即让点步,减少或增加一个 Δc^j,并将约束集 Ω 改为

$$\Omega^1: \begin{cases} c^j x \geq c^{j-}(x)^{(1)} - \Delta c^j \\ c^j x \geq c^{i-}(x)^{(1)} (i \neq j) \\ x \in \Omega \end{cases}$$

并令第 j 个目标的权系数 $\pi_j = 0$,这表示降低这个目标的要求。再求解以下线性规划问题:

$$LP(2): \begin{cases} \min \lambda \\ \lambda \geq (M_i - c^i x)\pi_i (i = 1,2,\cdots,k)(i \neq j) \\ x \in \Omega^1 (\lambda \geq 0) \end{cases}$$

若求得的解为 $\bar{x}^{(2)}$,再与决策者对话,如此重复,直到决策者满意为止。

4.4.5 层次分析法

层次分析法(analytic hierarchy process,AHP)是美国运筹学家沙旦(T. L. Saaty)于20世纪70年代提出的一种定性与定量分析相结合的多目标决策分析方法,特别是将决策者的经验判断给予量化,在目标(因素)结构复杂且缺乏必要的数据情况下更为实用,所以近几年来在我国实际应用中发展较快。

(1) AHP 原理。

例如某工厂在扩大企业自主权后,有一笔企业留成的利润资金,这时厂领导要合理使用这笔资金。根据各方面的反映和意见,提出可供领导决策的方案有:①作为奖金发给职工;②扩建职工食堂、托儿所;③开办职工业余技术学校

和培训班;④建立图书馆;⑤引进新技术扩大生产规模等。领导在决策时,要考虑到调动职工劳动生产积极性,提高职工文化技术水平,改善职工物质文化生活状况等方面。对这些方案的优劣性进行评价,排队后,才能作出决策。面对这类复杂的决策问题,处理的方法是,先对问题所涉及的因素进行分类,然后构造一个各因素之间相互联结的层次结构模型。因素分类:一为目标类,如合理使用今年企业留利××万元,以促进企业发展;二为准则类,这是衡量目标能否实现的标准,如调动职工劳动积极性,提高企业的生产技术水平;三为措施类,是指实现目标的方案、方法、手段等,如发奖金、扩建集体福利设施、引进新技术等。按目标到措施自上而下地将各类因素之间的直接影响关系排列于不同层次,并构成层次结构图。构造好各类问题的层次结构图是一项细致的分析工作,要有一定经验。根据层次结构图确定每层各因素相对重要性的权数,直至计算出措施层各方案的相对权数。这就给出了各方案的优劣次序,以供领导决策。

这个方法的原理是这样的。

设有 n 件物体 $A_1, A_2, \cdots, A_n$,它们的重量分别为 $w_1, w_2, \cdots, w_n$。若将它们两两比较重量,其比值可构成 $n \times n$ 矩阵 A。

$$A = \begin{bmatrix} w_1/w_1 & w_1/w_2 & \cdots & w_1/w_n \\ w_2/w_1 & w_2/w_2 & \cdots & w_2/w_n \\ \vdots & \vdots & & \vdots \\ w_n/w_1 & w_n/w_2 & \cdots & w_n/w_n \end{bmatrix}$$

A 矩阵具有如下性质:若用重量矢量 $W = (w_1, w_2, \cdots, w_n)^T$ 乘 A 矩阵,则得到

$$AW = \begin{bmatrix} w_1/w_1 & w_1/w_2 & \cdots & w_1/w_n \\ w_2/w_1 & w_2/w_2 & \cdots & w_2/w_n \\ \vdots & \vdots & & \vdots \\ w_n/w_1 & w_n/w_2 & \cdots & w_n/w_n \end{bmatrix} \cdot \begin{bmatrix} w_1 \\ w_2 \\ \vdots \\ w_n \end{bmatrix} = n \begin{bmatrix} w_1 \\ w_2 \\ \vdots \\ w_n \end{bmatrix} = nW$$

即

$$(A - nI)W = 0.$$

由矩阵理论可知,式中:W 为特征矢量;n 为特征值。若 W 为未知时,则可根据决策者对物体之间两两相比的关系,主观作出比值的判断,或用 Delphi 法来确定这些比值,使 A 矩阵为已知,故判断矩阵记作 $\bar{A}$。

根据正矩阵的理论,可以证明:若 A 矩阵有以下特点(设 $a_{ij} = w_i/w_j$):

$$a_{ii} = 1$$
$$a_{ij} = 1/a_{ji} \, (i,j=1,2,\cdots,n)$$
$$a_{ij} = a_{ij}/a_{ik} \, (i,j=1,2,\cdots,n).$$

则该矩阵具有唯一非零的最大特征值 λ_{max},且 $\lambda_{max} = n$。

若给出的判断矩阵 $\overline{A}$ 具有上述特征,则该矩阵具有完全一致性。然而人们对复杂事物的各因素,采用两两比较时,不可能做到判断的完全一致性,而存在估计误差,这必然导致特征值及特征矢量也有偏差。这时问题由 $AW = nW$ 变成 $\overline{A}W^c = \lambda_{max}W^c$,这里 λ_{max} 是矩阵 A 的最大特征值,W^c 便是带有偏差的相对权重矢量。这就是由判断不相容而引起的误差。为了避免误差太大,要衡量 A 矩阵的一致性,当 A 矩阵完全一致时,因

$$a_{ii} = 1,$$
$$\sum_{i=1}^{n} \lambda_i = \sum_{i=1}^{n} a_{ii} = n$$

所以存在唯一的非零 $\lambda = \lambda_{max} = n$。而当 A 矩阵存在判别不一致时,一般 $\lambda_{max} \geqslant n$。这时

$$\lambda_{max} + \sum_{i \neq max} \lambda_i = \sum_{i=1}^{n} a_{ii} = n$$

由于

$$\lambda_{max} - n = -\sum_{i \neq max} \lambda_i$$

所以其平均值作为检验判断矩阵一致性的指标(CI)

$$CI = \frac{\lambda_{max} - n}{n-1} = \frac{-\sum_{i \neq max} \lambda_i}{n-1}.$$

当 $\lambda_{max} = n$,CI $= 0$ 时,完全一致;CI 值越大,判断矩阵的完全一致性越差。一般只要 CI $\leqslant 0.1$,就认为判断矩阵的一致性可以接受,否则重新进行两两比较判断。判断矩阵的维数 n 越大,判断的一致性将越差,故应放宽对高维判断矩阵一致性的要求。于是引入修正值 RI,见下表,并取更为合理的 CR 为衡量判断矩阵一致性的指标。

$$CR = \frac{CI}{RI}.$$

维数	1	2	3	4	5	6	7	8	9
RI	0.00	0.00	0.58	0.90	1.12	1.24	1.32	1.41	1.45

(2)标度设计。

为了使各因素之间进行两两比较得到量化的判断矩阵,引入 1~9 的标度。根据心理学家的研究提出:人们区分信息等级的极限能力为 7 ± 2,特制下表。因为自己与自己比是同等重要的,所以对角线上的元素不用进行判断比较,只需给出矩阵对角线上三角形中的元素。可见 $n\times n$ 矩阵,只需给出 $\dfrac{n(n-1)}{2}$ 个判断数值。除以下标度方法外,还可以用其他标度方法。

标度 a_{ij}	定义
1	i 因素与 j 因素相同重要
3	i 因素比 j 因素略重要
5	i 因素与 j 因素较重要
7	i 因素与 j 因素非常重要
9	i 因素与 j 因素绝对重要
2,4,6,8	为以上两判断之间的中间状态对应的标度值
倒数	若 j 因素与 i 因素比较,得到判断值为 $a_{ji}=\dfrac{1}{a_{ij}}$ $a_{ii}=1$

(3)层次模型。

根据具体问题一般分为目标层、准则层和措施层。复杂的问题可分为总目标层、子目标层、准则层(或制约因素层)、方案措施层,或分为层次更多的结构。

按给出的层次结构模型,设为目标层 A、准则层 C(有 k 个准则因素)、措施层 p(有 n 个方案)。由决策者用其他方法给出各层因素之间的两两比较得出 $A-C$ 判断矩阵为

A	C_1	C_2	$\cdots$	C_k
C_1	a_{11}	a_{12}	$\cdots$	a_{1k}
C_2	a_{21}	a_{22}	$\cdots$	a_{2k}
$\vdots$	$\vdots$	$\vdots$		$\vdots$
C_k	a_{k1}	a_{k2}	$\cdots$	a_{kk}

然后分别给出 $C-P$ 的判断矩阵($i=1,2,\cdots,k$)

C_i	P_1	P_2	$\cdots$	P_n
P_1	a_{11}	a_{12}	$\cdots$	a_{1n}
P_2	a_{21}	a_{22}	$\cdots$	a_{2n}
$\vdots$	$\vdots$	$\vdots$		$\vdots$
P_n	a_{n1}	a_{n2}	$\cdots$	a_{nn}

用近似法计算各判断矩阵的最大特征值和特征矢量。

(4) 计算方法。一般地讲,在 AHP 中计算判断矩阵的最大特征值与特征矢量,并不需要很高的精度,故用近似法计算即可。最简单的方法是求和法及其改进的方法,但方根法更好,这里只介绍方根法。这是一种近似方法,其计算步骤如下。

1) 计算判断矩阵每行所有元素的几何平均值

$$\bar{\omega}_i = \sqrt[n]{\prod_{j=1}^{n} a_{ij}} \ (i = 1,2,\cdots,n)$$

得到 $\bar{\omega} = (\bar{\omega}_1, \bar{\omega}_2, \cdots, \bar{\omega}_n)^T$。

2) 将 $\bar{\omega}_i$ 归一化,即计算

$$\omega_i = \frac{\bar{\omega}_i}{\sum_{i=1}^{n} \bar{\omega}_i} \ (i = 1,2,\cdots,n)$$

得到 $\bar{\omega} = (\bar{\omega}_1, \bar{\omega}_2, \cdots, \bar{\omega}_n)^T$,即为所求特征矢量的近似值,这也是各因素的相对权重。

3) 计算判断矩阵的最大特征值 λ_{max}

$$\lambda_{max} = \sum_{i=1}^{n} \frac{(A\bar{\omega})_i}{n\bar{\omega}_i}$$

式中:$(A\bar{\omega})_i$ 为矢量 $A\omega$ 的第 i 个元素。

4) 计算判断矩阵一致性指标,检验其一致性

当各层次诸因素的相对权重都得到后,进行措施层的组合权重计算。

5) 组合权重计算

设有目标层 A、准则层 C、方案 P 构成的层次模型,目标层 A 对准则层 C 的相对权重为

$$\bar{\omega}^{(1)} = (\omega_1^{(1)}, \omega_2^{(1)}, \cdots, \omega_k^{(1)})^T$$

准则层的各准则 C_i,对方案层 P,n 个方案的相对权重为

$$\bar{\omega}_l^{(2)} = (\omega_{1l}^{(2)}, \omega_{2l}^{(2)}, \cdots, \omega_{nl}^{(2)})^{\mathrm{T}} (l=1,2,\cdots,k)$$

那么各方案对目标而言,其相对权重是通过权重 $\bar{\omega}^{(1)}$ 与 $\bar{\omega}_l^{(2)}$ ($l=1,2,\cdots,k$) 组合而得到的,其计算可采用表格式进行,就可得到 $V^{(2)} = (v_1^{(2)}, v_2^{(2)}, \cdots, v_n^{(2)})^{\mathrm{T}}$ 为 P 层各方案的相对权重。

第5章

搜索理论

5.1 引言

如何有效地利用我军的武器,主要取决于对目标的搜索、选择以及同目标的交战,而这些均与敌方的信息与情报有关。获取情报的手段称作侦察,它是保障指挥员正确地选择作战决策的前提,所以是战斗保障的重要环节之一。努力提高侦察情报的能力对各国军队来讲都是一个重要的目标。

侦察按其获取情报的决策目的分为战略侦察、战役侦察和战术侦察。战略侦察的主要任务是围绕战略目的,获取有关外围(敌方)军事机构能力和意图的情报。战略侦察主要依靠(可达几十年)情报收集,它往往通过人员的渗透方式来进行,但现代由于技术的发展,有可能也需要"实时"进行,以便能及时地发现突然性的攻击。战役侦察的任务是针对较短时间跨度内有限地区或有限类的对方目标(如敌海军舰队),查明敌情以及有关的地形、气象、水文和社会情况等。战术侦察的任务和对象的范围更加有限,但要求侦察内容更加具体和实时。无论是战役侦察还是战术侦察,其任务均依上级的指示,受领的战斗任务和对情报的掌握程度,一般可有以下几种。

(1) 查明一定地区内是否有敌方兵力和武器装备。
(2) 查明敌方目标的位置和运动方向。
(3) 查明敌方目标的类型、兵力、型号编成和部署。
(4) 查明敌方目标实力变化和被毁伤程度。
(5) 查明敌方意图及实现其意图的方法等。

上述各项任务中,前两项查明的情报是最基本的,往往可借助各种侦察手段,特别是各种现代技术手段来直接获取,完成这一侦察任务的行动称作"搜索行动",这是我们本章所要着重讨论的问题。上述后面三项任务要求的情报除少数场合(如通过捕俘、间谍)可直接获取外,一般不能直接获取,必须通过综合分析多种情报,作出判断,这种综合分析多种情报、辨别真伪、作出情况判断结论的过程称为情报决策。

搜索发现目标是最基本的侦察手段,搜索理论是研究利用探测手段寻找某种指定目标的优化方案的理论和方法。它起源于第二次世界大战库普曼及其同事的反潜战运筹小组的工作,该小组研究建立了搜索理论中的许多概念,如搜索宽度和搜索率,分析了目力探测和雷达探测发现目标误差的统计规律,建立了随机搜索模型。从那时起,搜索理论即成为军事运筹学的一个重要分支。第二次世界大战后,搜索理论的原理成功地应用于许多重要领域,如从在大洋深处搜索潜水目标到对外层空间的人造卫星进行监视、侦察。例如:1966 年在西班牙帕洛玛斯(Palomares)附近的地中海海域搜索丢失的氢弹;1968 年在亚速尔群岛附近寻找核潜艇"天蝎座号";1974 年治理苏伊士运河中,搜索水下残留的水雷;等等。搜索理论还应用于其他非军事领域,如地下或水下的资源勘探、海上捕鱼、搜捕逃犯、检索文档、寻找故障等。所以搜索理论是一门很有实用价值的学科,对于武器系统分析研究来说它是一个基本的工具,特别是在搜索和侦察器材的评价、论证及使用研究、作战模拟系统研究中尤其重要。

5.2 搜索理论原理

战斗过程的关键问题是要及时地探测(搜索)与识别敌人目标,并对其实施有效地射击。当敌人的目标出现在战场上时,如果不能及时发现它们,就不可能及时地使用我方的武器系统对其进行有效打击,因此提高目标探测的成功率与及时性是非常重要的,这需要提高探测、搜索器材的性能,同时也要提高搜索的效率。目标搜索法(搜索理论)的研究对象就是在各种不同的环境中搜索一定的物体的方法,对于如何提高搜索的效率具有指导意义。

5.2.1 搜索规律及数学模型

1. 搜索的概念

搜索是指为了发现所要寻找的物体而考查物体可能所在区域的过程,而发现就是与目标发生直接的能量接触,从而获得关于目标存在(位置)的信息。发现是依靠观察器材——光学、雷达、水声及其他器材实现的。

参与搜索过程的对象可分为两个方面,一方面是被搜索的目标,另一方面是进行搜索的观察者,其中任一方都可能有多个成员。

各种不同的物体都可作为搜索的目标,如飞行器、地面目标、舰船、各种鱼类和其他海洋动物等。被搜索的目标一般有以下两个特点。

(1)目标的特征随着搜索时环境条件的变化而不同。

(2)目标的位置信息从搜索开始到搜索结束通常是不确定的。

这种不确定性要求观察者为获得目标的信息而采取搜索行动。

一般来说,被搜索的目标与所处的环境总是在某些方面具有不同的特征,从而存在被发现的可能性,搜索的任务就是要能及时地探测出这种不同,及早地发现目标,提高搜索的成功率。

2. 搜索目标的规律

根据搜索条件及搜索结果之间关系的不同情况,可将搜索规律分为以下三种类型。

(1)正规型。搜索的结局是由搜索条件唯一确定的,例如若搜索中测定目标位置和运动要素是没有误差的,则搜索结局便是唯一确定的,从而就是正规型的搜索。

(2)随机型。对于给定的搜索条件其搜索结果不是唯一的,而是随机的。例如搜索中测定目标、位置和运动要素有偶然误差时,便是随机型的搜索。

(3)对抗型。在许多军事活动中,目标总是力求不被发现,因而采取各种隐蔽的对抗措施,从而形成对抗型的搜索活动。

3. 搜索的数学模型

搜索的各种规律均是较复杂的,研究搜索过程就是要揭示形成这些规律的数量关系,即反映搜索条件与结局之间的定量关系,从而掌握搜索的客观规律。通常用搜索的数学模型表示这种定量关系,这些模型可分为如下两大类。

(1)描述式模型。即不含可控制变量(决策变量)的模型。在这种模型中,观察者不能选取搜索的决策,被搜索的目标也不能选取逃避的决策。后面将要讨论的马尔可夫过程描述的搜索就是一类典型的描述式模型,用雷达对海面航行的舰只所作的搜索是可用描述式模型表示的一个例子。

(2)标准式模型。既含有可控制变量(决策变量)又含有不可控变量的模型。在这种模型中,至少有一方(观察者或被搜索目标)能够选取决策。这类模型可进一步分为下面三种形式。

①确定性标准式模型,是用于表示正规型搜索的模型,其模型中的各种参数与变量是在没有或很少随机干扰的条件下测定或估计的确定值。这类模型应用中的一个主要困难是获得精确数据,其寻求最优搜索方式的决策是通过在模型中寻找最优值的方法来获取的,所以这类模型一般是变分形式的或数学规划形式的。

②随机性标准式模型,是指所描述的搜索过程的初始状态与结局服从一定随机规律的模型。建立这类模型,应有足够多的数据来判断搜索的随机规律或能够在分析的基础上推得它们的理论分布,所以在建模过程中常使用统计试验法(蒙特卡洛法)。上述两类标准式模型合称为规划模型。

③不确定性标准式模型,是描述对抗型搜索的模型。在这种对抗的搜索中,被搜索的目标和观察者都力图选择对自己有利的行动策略,但在搜索过程中双方所获得的信息都是不确定的。这种模型通常都是用对策论中的方法建立的,故又称为对策模型。

5.2.2 搜索的描述式模型

1. 随机过程的基本知识

在自然界中事物的变化过程可以分成两类:一类是变化过程具有确定的形式,或者有必然的变化规律,用数学的语言表示,就是事物变化的过程可以用一个(或几个)时间确定的函数来描述。这种过程称为确定性过程,如在真空中进行自由落体运动时物体离始点的距离的变化过程是确定性的。

另一类过程没有确定的变化形式,没有必然的变化规律,用数学语言来说,就是事物变化的过程不能用一个(或几个)时间 t 的确定函数来加以描绘,或者对事物变化过程中的每个时刻 t,观测到的结果可能是一个随机变量。如飞机飞行中每个时刻 t 的高度 $h(t)$ 就是一个随机变量,对这类过程可用随机过程的概念来描述。

定义 5.1 如果对于每个固定 $t \in T$,$X(t)$ 都是随机变量,那么就称 $(X(t))_{t \in T}$ 是一随机过程,或者说,随机过程 $(X(t))_{t \in T}$ 是依赖于时间 t 的一组随机变量。

随机过程可依其状态是连续型的或是离散型的进行分类。

定义 5.2 随机过程 $(X(t))_{t \in T}$,如果对于每个固定 $t \in T$,$X(t)$ 都是离散的随机变量,则称此过程为离散型随机过程。

定义 5.3 随机过程 $(X(t))_{t \in T}$,如果对于每个固定 $t \in T$,$X(t)$ 都是连续的随

机变量,则称此过程为连续型随机过程。

随机过程也可依其时间参数是连续或离散的进行分离。

如果随机过程$(X(t))_{t \in T}$的时间变化范围T是有限或无限区间,则称$(X(t))_{t \in T}$是连续参数随机过程,如T是可列个数的集合,则称$(X(t))_{t \in T}$为离散参数随机过程或简称为随机变量序列。

随机过程在任一时刻的状态是随机变量,由此可以利用随机变量的统计描述方法来描述随机过程的统计特性。

定义5.4 设$(X(t))_{t \in T}$是一随机过程,对于每个固定的$t_1 \in T, X(t_1)$是随机变量,它的分布函数一般与t_1有关,记为

$$F_1(x_1; t_1) = P(X(t_1) \leq x_1)$$

称为随机过程$(X(t))$的一维分布函数,如果存在二元函数$f_1(x_1; t_1)$使

$$F_1(x_1; t_1) = \int_{-\infty}^{x_1} f_1(y_1; t_1) dy_1.$$

成立,则称$f_1(x_1; t_1)$为随机过程$(X(t))$的一维概率密度。

一维分布函数或概率密度描绘了随机过程在各个孤立时刻的统计特性,但不能反映随机过程在不同时刻状态之间的关系。

定义5.5 为了描述随机过程$(X(t))$在任意两个时刻t_1和t_2状态之间的联系,可以列入二维随机变量的分布函数,可记为

$$F_2(x_1, x_2; t_1, t_2) = P(X(t_1) \leq x_1, X(t_2) \leq x_2)$$

称为随机过程$(X(t))$的二维分布函数。如果存在函数$f_2(x_1, x_2; t_1, t_2)$使

$$F_2(x_1, x_2; t_1, t_2) = \int_{-\infty}^{x_1} \int_{-\infty}^{x_2} f_2(y_1, y_2; t_1, t_2) dy_1 dy_2.$$

成立,则称$f_2(x_1, x_2; t_1, t_2)$为过程$(X(t))$的二维概率密度。

定义5.6 取定随机过程$(X(t))$的n个时刻$t_1, t_2, \cdots, t_n \in T$,可以列入$n$维随机变量的分布函数,可记为

$$F_n(x_1, x_2, \cdots, x_n; t_1, t_2, \cdots, t_n) = P(X(t_1) \leq x_1, X(t_2) \leq x_2, \cdots, X(t_n) \leq X_n)$$

称为随机过程$(X(t))$的n维分布函数。如果存在函数$f_n(x_1, x_2, \cdots, x_n; t_1, t_2, \cdots, t_n)$使

$$F_n(x_1, x_2, \cdots, x_n; t_1, t_2, \cdots, t_n) = \int_{-\infty}^{x_1} \int_{-\infty}^{x_2} \cdots \int_{-\infty}^{x_n} f_n(y_1, y_2, \cdots, y_n; t_1, t_2, \cdots, t_n) dy_1 dy_2 \cdots dy_n.$$

成立,则称$f_n(x_1, x_2, \cdots, x_n; t_1, t_2, \cdots, t_n)$为过程$(X(t))$的$n$维概率密度。

因此,n维分布函数(或概率密度)能够近似地描述随机过程$(X(t))$的统计特性。易见,n取得越大,n维分布函数就越能完善地反映$(X(t))$的特性。

根据分布函数或概率度的不同特征随机过程有如下几种常见的类型。

定义 5.7 一个随机过程 $(X(t))_{t\in T}$,对于指标集 T 中的任意 n 个时刻 t_1, $t_2,\cdots,t_n$,如果随机变量 $X(t_1),X(t_2),\cdots,X(t_n)$ 是相互独立的,或者随机过程的 n 维分布

$$F_n(x_1,x_2,\cdots,x_n;t_1,t_2,\cdots,t_n) = \prod_{k=1}^{n} F_1(x_k;t_k), \forall n \in \mathbf{N}.$$

则称 $(X(t))$ 是独立随机过程。

独立随机过程的特点是过程在任一时刻的状态和任何其他时刻的状态之间是互不影响的。由定义可看出,独立随机过程的一维分布函数包含了该过程的全部统计信息。不过从物理的角度来看,连续参数的独立随机过程是不存在的。事实上,当 t_1 和 t_2 充分接近时,完全有理由断言状态 $X(t_2)$ 将依赖 $X(t_1)$ 的统计特性,故参数的独立随机过程被认为是一种理想化的随机过程,它具有数学处理简单、方便等特点。

但独立随机变量序列确实是存在的,例如在 $t=1,2\cdots\cdots$ 独立地重复抛一硬币,正面对应数 1,反面对应数 0,X_n 表示 $t=n$ 时的抛掷结果,那么 X_n 就是一独立随机变量序列。

定义 5.8 一个随机过程 $(X(t))_{t\in T}$,对于指标集 T 中的任意 n 个时刻 $t_1 < t_2 < \cdots < t_n$,在条件 $X(t_i)=x_i, i=1,2,\cdots,n-1$ 的条件下的 $X(t_n)$ 的分布函数恰好等于在条件 $X(t_{n-1})=x_{n-1}$ 下的 $X(t_n)$ 的分布函数,也就是

$$F(x_n;t_n \mid x_{n-1};t_{n-1}) = F(x_n;t_n \mid x_{n-1},x_n,\cdots,x_1;t_{n-1},t_n,\cdots,t_1), n \in \mathbf{N}, n \geq 3.$$

那么称 $(X(t))$ 为马尔科夫过程,简称马氏过程。上式左端的分布函数

$$F(x;t \mid x';t') = P(X(t) \leq x \mid X(t') \leq x'), t > t'$$

称为马氏过程的转移概率。

对于马氏过程 $(X(t))$,如果条件概率密度函数 f 存在,那么马氏特征等价于

$$f(x_n;t_n \mid x_{n-1};t_{n-1}) = f(x_n;t_n \mid x_{n-1},\cdots,x_1;t_{n-1},\cdots,t_1), n \in \mathbf{N}, n \geq 3.$$

由此可以证明马氏过程的概率密度函数

$$f(x_1,x_2,\cdots,x_n;t_1,t_2,\cdots,t_n)$$
$$= f(x_n;t_n \mid x_{n-1},x_n,\cdots,x_1;t_{n-1},t_n,\cdots,t_1)f(x_{n-1},x_n,\cdots,x_1;t_{n-1},t_n,\cdots,t_1)$$
$$= f(x_n;t_n \mid x_{n-1},t_{n-1})f(x_{n-1},x_n,\cdots,x_1;t_{n-1},t_n,\cdots,t_1)$$
$$= f(x_1;t_1) \prod_{r=1}^{n-1} f(x_{r+1};t_{r+1} \mid x_r;t_r), \forall n \in \mathbf{N}.$$

当取 t_1 为原始时刻时,$f_1(x_1,t_1)$ 便是初始分布密度,从而说明马尔可夫过程的统计特性完全由它的初始分布(密度)和转移概率(密度)确定,也就是说,如

过程在 t_1 时刻所处的状态为已知的条件下,过程在 $t>t_1$ 时刻所处的状态与过程在 t_1 时刻之前的状态无关,这个特性称为无后效性。

最简单应用又最广泛的一类马尔可夫过程是马尔可夫链,它是时间参数和状态都是离散的马氏过程,将可列个发生状态转移的时刻记为 $t_1,t_2,\cdots,t_n$,在 t_n 时发生的转移称为等 n 次转移,并假设在每个时刻 t_n,$X_n = X(t_n)$ 所可能取的状态(可能值)为 $a_i, i=1,2,\cdots,N$ 这时马氏特征成为

$$P(X_n = a_{i_n} \mid X_{n-1} = a_{i_{n-1}}) = P(X_n = a_{i_n} \mid X_{n-1} = a_{i_{n-1}}, X_n = a_{i_n}, \cdots, X_1 = a_{i_1}).$$

如果对马氏链再假设,$X_{n-1} = a_i$ 的条件下,$X_n = a_j$ 成立的概率与 n 无关,那么我们可以把这个概率记为 p_{ij},即

$$p_{ij} = P(X_n = a_j \mid X_{n-1} = a_i), \quad \forall i,j,n.$$

则称 p_{ij} 为马氏链的(一步)转移概率。

显然有

$$p_{ij} \geq 0, \quad \forall i,j$$

并且

$$\sum_j p_{ij} = 1, \quad \forall i.$$

由 p_{ij} 构成的矩阵

$$\boldsymbol{\pi} = (p_{ij})$$

称为马氏链的转移概率矩阵,它决定了马氏过程状态转移的法则。

定义 5.9 一个随机过程 $(X(t))_{t\in T}$,对于指标集 T 中的任意 2 个时刻 $0 \leq t_1 < t_2$,记

$$X(t_1,t_2) =: X(t_2) - X(t_1)$$

这是一个随机变量,称为 $(X(t))$ 在时间区间 $[t_1,t_2]$ 上的增量,如果对于 n 个时刻 $0 \leq t_1 < t_2 < \cdots < t_n$,增量

$$X(t_1,t_2), X(t_2,t_3), \cdots, X(t_{n-1},t_n)$$

是相互独立的,则称 $(X(t))$ 为独立增量过程。

可以证明,独立增量过程是一个马尔科夫过程。

定义 5.10 一个随机过程 $(X(t))_{t \geq t_0 \geq 0}$,$(X(t))$ 的状态只取非负整数,而且满足以下条件。

(1) $(X(t))$ 是独立增量过程。

(2) 在 $\Delta(t)$ 的时间间隔之内,增量

$$P_1(t,t+\Delta(t)) = P(X(t,t+\Delta(t))=1) = \lambda \Delta(t) + o(\Delta(t))$$

式中:$o(\Delta(t))$ 为高阶小量;λ 为过程强度。

(3) 对于充分小的 $\Delta(t)$,有
$$\sum_{j\geq 2} P_j(t,t+\Delta(T)) = \sum_{j\geq 2} P(X(t,t+\Delta(t)) = j) = o(\Delta(t)).$$
则称 $(X(t))$ 为独立增量过程。

定义 5.11 一个随机过程 $(X(t))_{t\in T}$,对于指标集 T 中的任意 n 个时刻 t_1, $t_2,\cdots,t_n$ 和任意实数 s,随机过程的 n 维分布满足
$$F_n(x_1,x_2,\cdots,x_n;t_1,t_2,\cdots,t_n) = F_n(x_1,x_2,\cdots,x_n;t_1+s,t_2+s,\cdots,t_n+s), \forall n\in\mathbb{N}.$$
则称 $(X(t))$ 是平稳过程,简称为平稳过程。

由定义看出,平稳过程的统计特性将不随时间的改变而变化,平稳过程是很重要很基本的一类随机过程,工程中所遇到的过程很多可以认为是平稳的。

2. 搜索的马氏过程表示

在实际的搜索过程中,具有很多的随机因素,对搜索过程中每个时刻,出现什么样的结果,通常是不确定的,故搜索过程是一个随机过程,可以用随机过程理论来讨论搜索问题。

把观察者和被搜索目标作为一个系统,则搜索的过程便是此系统由一个状态到另一个状态的转移,对这样的过程可近似地看作马尔可夫过程,也就是说,在此搜索的过程中,如在 t 时刻处于状态 A,则在下一时刻 $t+\Delta(t)$ 出现何状态的概率只取决于它在 t 时刻的状态 A。

当然实际的搜索并不是马氏过程,但由于搜索过程中的有关信息经常是不充分的,故用马氏过程来描述是比较合适的,也较方便。

搜索过程中所有可能的状态均是可列的,而且状态的转移是突变的(如从未发现到发现),因此,搜索过程是离散状态的过程,而且在大多数的搜索问题中,系统可在任何时刻由一个状态到另一个状态,因此搜索过程是时间连续的过程。

如设 $N(t_0,t)$ 或者简单记为 $N(t)$ 为搜索过程 (t_0,t) 中发现目标的次数($t_0>0$ 表示初始时刻),则 $N(t)$ 也是随机过程,且取值为非负整数,称 $N(t)$ 为发现流。可以看出 $N(t)$ 是一个泊松过程。根据泊松过程的特征,我们将求出搜索时 (t_0,t) 内发现次为 m 的概率 $p_m(t_0,t)$。

我们将一般的泊松过程中的过程强度 λ 记为 γ,称为发现率,表示单位时间内平均发现目标的次数。

假设
$$p_m(t_1,t_2) = p(N(t_1,t_2) = m), \quad \forall m\in\mathbb{N}, t_2 > t_1$$

表示在时间区间 (t_1,t_2) 内发现目标 m 次的概率,由 $N(t)$ 的泊松过程性质,可以知道

$$\begin{aligned}&p_0(t,t+\Delta(t))\\&=1-p_1(t,t+\Delta(t))-\sum_{j\geqslant 2}p_j(t,t+\Delta(t))\\&=1-\gamma\Delta(t)+o(\Delta(t)).\end{aligned}$$

设 $\Delta(t)>0$,由于 $N(t)$ 的增量独立性有

$$\begin{aligned}&p_0(t_0,t+\Delta(t))\\&=p(N(t_0,t+\Delta(t))=0)\\&=p(N(t_0,t)=0,N(t,t+\Delta(t))=0)\\&=p(N(t_0,t)=0)p(N(t,t+\Delta(t))=0)\\&=p_0(t_0,t)p_0(t,t+\Delta(t))\\&=p_0(t_0,t)(1-\gamma\Delta(t)+o(\Delta(t))).\end{aligned}$$

我们得到

$$p_0(t_0,t+\Delta(t))-p_0(t_0,t)=p_0(t_0,t)(-\gamma\Delta(t)+o(\Delta(t))).$$

两边同时除以 $\Delta(t)$ 并令 $\Delta(t)\to 0$,我们得到

$$\frac{\mathrm{d}p_0(t_0,t)}{\mathrm{d}t}=-\gamma p_0(t_0,t)$$

$$p_0(t_0,t_0)=1.$$

当 $\gamma=\mathrm{const}$ 时,也就是 $N(t)$ 为泊松流,可得

$$p_0(t_0,t)=\mathrm{e}^{-\gamma(t-t_0)},\quad t>t_0.$$

当 $\gamma=\gamma(t)\neq\mathrm{const}$,也就是 $N(t)$ 非平稳,可得

$$p_0(t_0,t)=\mathrm{e}^{-\int_{t_0}^{t}\gamma(s)\mathrm{d}s},\quad t>t_0.$$

在下面的推导中,我们认定 $\gamma=\mathrm{const}$。

同样地,可以确定 $p_1(t_0,t)$,我们知道

$$\begin{aligned}&p_1(t_0,t+\Delta(t))\\&=p(N(t_0,t+\Delta(t))=1)\\&=p(N(t_0,t)=1,N(t,t+\Delta(t))=0)+p(N(t_0,t)=0,N(t,t+\Delta(t))=1)\\&=p(N(t_0,t)=1)p(N(t,t+\Delta(t))=0)+p(N(t_0,t)=0)p(N(t,t+\Delta(t))=1)\\&=p_1(t_0,t)p_0(t,t+\Delta(t))+p_0(t_0,t)p_1(t,t+\Delta(t))\\&=p_1(t_0,t)(1-\gamma\Delta(t)+o(\Delta(t)))+(\gamma\Delta(t)+o(\Delta(t)))\mathrm{e}^{-\gamma(t-t_0)}.\end{aligned}$$

整理得到

$$\frac{\mathrm{d}p_1(t_0,t)}{\mathrm{d}t}=-\gamma p_1(t_0,t)+\gamma\mathrm{e}^{-\gamma(t-t_0)}$$

$$p_1(t_0,t_0)=0.$$

故

$$p_1(t_0,t)=\gamma(t-t_0)\mathrm{e}^{-\gamma(t-t_0)},\ t>t_0.$$

同理对于任意一个 m,我们有

$$\begin{aligned}&p_m(t_0,t+\Delta(t))\\ &=p(N(t_0,t+\Delta(t))=m)\\ &=\sum_{k=0}^{m}p(N(t_0,t)=m-k,N(t,t+\Delta(t))=k)\\ &=\sum_{k=0}^{m}p(N(t_0,t)=m-k)p(N(t,t+\Delta(t))=k)\\ &=p(N(t_0,t)=m)p(N(t,t+\Delta(t))=0)+\\ &\quad p(N(t_0,t)=m-1)p(N(t,t+\Delta(t))=1)+o(\Delta(t))\\ &=p_m(t_0,t)p_0(t,t+\Delta(t))+p_{m-1}(t_0,t)p_1(t,t+\Delta(t))+o(\Delta(t))\\ &=p_m(t_0,t)(1-\gamma\Delta(t)+o(\Delta(t)))+\\ &\quad p_{m-1}(t_0,t)(\gamma\Delta(t)+o(\Delta(t)))+o(\Delta(t)).\end{aligned}$$

整理得到

$$\frac{\mathrm{d}p_m(t_0,t)}{\mathrm{d}t}=-\gamma p_m(t_0,t)+\gamma p_{m-1}(t_0,t)$$

$$p_m(t_0,t_0)=0,\ \forall m\in\mathbb{N}$$

故

$$p_m(t_0,t)=\gamma(t-t_0)\left(\gamma\int_{t_0}^{t}p_{m-1}(t_0,s)\mathrm{e}^{-\gamma(s-t_0)}\mathrm{d}s\right),t>t_0.$$

通过归纳法可得

$$p_2(t_0,t)=\frac{(\gamma(t-t_0))^2}{2!}\mathrm{e}^{-\gamma(t-t_0)};$$

$$p_3(t_0,t)=\frac{(\gamma(t-t_0))^3}{3!}\mathrm{e}^{-\gamma(t-t_0)};$$

$$\vdots$$

$$p_m(t_0,t)=\frac{(\gamma(t-t_0))^m}{m!}\mathrm{e}^{-\gamma(t-t_0)},\ \forall m\geqslant 0.$$

上述推导都是基于 $\gamma=\mathrm{const}$ 完成的。如果 $\gamma\neq\mathrm{const}$,则

$$p_m(t_0,t)=\frac{\left(\int_{t_0}^{t}\gamma(s)\mathrm{d}s\right)^m}{m!}\mathrm{e}^{-\int_{t_0}^{t}\gamma(s)\mathrm{d}s},\ \forall m\in\mathbb{N}.$$

定义 5.12 假设

$$U = U(t) = \int_{t_0}^{t} \gamma(s)\,\mathrm{d}s$$

称 $U(t)$ 为发现势。

那么通过归纳法可得

$$p_0(t_0,t) = \mathrm{e}^{-U(t)}$$

$$p_1(t_0,t) = U(t)\mathrm{e}^{-U(t)}$$

$$p_2(t_0,t) = \frac{(U(t))^2}{2!}\mathrm{e}^{-U(t)}$$

$$p_3(t_0,t) = \frac{(U(t))^3}{3!}\mathrm{e}^{-U(t)}$$

$$\vdots$$

$$p_m(t_0,t) = \frac{(U(t))^m}{m!}\mathrm{e}^{-U(t)},\quad \forall m \geqslant 0.$$

设 $p_{m\geqslant 1}(t_0,t)$ 搜索时间 (t_0,t) 内至少发现 1 次的概率，通常称为发现概率，可以看出

$$p_{m\geqslant 1}(t_0,t) = 1 - p_0(t_0,t) = 1 - \mathrm{e}^{-U(t)}.$$

3. 目标发现率

根据观察器材的结构特点及使用方式，搜索过程对空间的观察在时间上可分为连续的或是离散的。

若使用全向作用器材，则观察是连续型的。若使用定向作用器材(雷达、水声等)观察某个角度范围的空间，则观察是间断的，故此时的观察是离散的。当观察的间断非常小，可把它看作连续的观察。

设 g 是在给定距离上对目标一次观察的发现率，现假设在不变的物理条件下进行的各次观察中发现目标的事件是相互独立的，则 n 次对目标的观察，至少发现目标一次的概率为

$$p_{0\delta} = 1 - (1-g)^n.$$

由上式可知，只要能保证每次的发现率为 $g>0$，则无论 g 怎么小，当 n 足够大时，$p_{0\delta}$ 就可趋于 1，从而最终能发现目标。

设 X 为随机变量，其值 $X=k$ 表示在 k 次观察中前 $(k-1)$ 次没有发现目标但是在第 k 次发现了，假设

$$p_{0\delta}(n) = p(X=n) = (1-g)^{n-1}g.$$

我们计算 X 的期望，表示发现目标所需要观察的平均次数

$$E(X) = \sum_{k=1} kp(X=k)$$
$$= \sum_{k=1} kp_{0\delta}(k)$$
$$= \sum_{k=1} k(1-g)^{k-1}g$$
$$= \sum_{k=1} -g((1-g)^k)'$$
$$= -g(\sum_{k=1}(1-g)^k)'$$
$$= -g\left(\frac{1-g}{1-(1-g)}\right)'$$
$$= \frac{1}{g}.$$

我们计算 X 的二阶矩,可得

$$E(X^2) = \sum_{k=1} k^2 p(X^2=k^2)$$
$$= \sum_{k=1} k^2 p_{0\delta}(k)$$
$$= \sum_{k=1} k(k-1)(1-g)^{k-1}g + \sum_{k=1} k(1-g)^{k-1}g$$
$$= \sum_{k=2} k(k-1)(1-g)^{k-2}g(1-g) + \sum_{k=1} -g((1-g)^k)'$$
$$= \sum_{k=2} ((1-g)^k)''g(1-g) + \sum_{k=1} -g((1-g)^k)'$$
$$= g(1-g)\left(\sum_{k\geq 2}(1-g)^k\right)'' - g\left(\sum_{k=1}(1-g)^k\right)'$$
$$= g(1-g)\left(\frac{(1-g)^2}{1-(1-g)}\right)'' - g\left(\frac{1-g}{1-(1-g)}\right)'$$
$$= \frac{2(1-g)}{g^2} + \frac{1}{g}$$
$$= \frac{2}{g^2} - \frac{1}{g}.$$

所以 X 的方差和标准差为

$$V(X) = E(X^2) - (E(X))^2 = \frac{2}{g^2} - \frac{1}{g} - \frac{1}{g^2} = \frac{1-g}{g^2}; \quad D(X) = \sqrt{V(x)} = \frac{\sqrt{(1-g)}}{g}.$$

在连续观察中,评价搜索效率的主要依据是单位时间内的发现率 γ,要求 $\gamma = \text{const}$。设 $t_0 = 0$,则 $(0,t)$ 时间内发现目标的概率(至少发现目标一次的概率)$p_{0\delta}(t)$ 由前可知为

$$p_{0\delta}(t) = 1 - e^{-\gamma t}, \quad \forall t > 0.$$

当 $t \to +\infty$,我们有
$$\lim_{t \to +\infty} p_{0\delta}(t) = \lim_{t \to +\infty}(1 - e^{-\gamma t}) = 1.$$

现在假设
$$f(t) = (p_{0\delta}(t))' = \gamma e^{-\gamma t}.$$

是发现时间 $t_{0\delta}$ 的密度函数,那么由此可知发现目标所需的平均时间(期望时间)$T_{0\delta}$ 为

$$E(t_{0\delta}) = T_{0\delta} = \int_0^{+\infty} t f(t) \mathrm{d}t = \int_0^{+\infty} \gamma t e^{-\gamma t} \mathrm{d}t = \frac{1}{\gamma}.$$

发现时间变量 $t_{0\delta}$ 的二阶矩为

$$E(t_{0\delta}^2) = \int_0^{+\infty} t^2 f(t) \mathrm{d}t = \int_0^{+\infty} \gamma t^2 e^{-\gamma t} \mathrm{d}t = \frac{2}{\gamma^2}.$$

所以发现时间变量 $t_{0\delta}$ 的方差和标准差为

$$V(t_{0\delta}) = E(t_{0\delta}^2) - E^2(t_{0\delta}) = \frac{1}{\gamma^2}; \quad D(t_{0\delta}) = \sqrt{V(t_{0\delta})} = \frac{1}{\gamma}.$$

在观察时,观察者与目标在每次观察中距离不能保持不变时,则发现率将随观察次数或时间而变化。

对于离散观察,设 g_i 为第 i 次观察的发现率,观察 n 次发现目标的概率为

$$p_{0\delta} = 1 - \prod_{i=1}^{n}(1 - g_i)$$

此时
$$p_{0\delta}(n) = g_n \prod_{i=1}^{n-1}(1 - g_i).$$

对于连续观察,如果 $\gamma(t) \neq \mathrm{const}$,那么

$$p_{0\delta}(t) = 1 - e^{-U(t)} = 1 - e^{-\int_0^t \gamma(s)\mathrm{d}s}.$$

前面所述的有关离散观察与连续观察的发现率 g 和 γ 都是与一定的距离和环境有关的,所以 g 与 γ 的获得一般需通过实验法来确定,下面我们讨论一种以目视或光学器材为工具进行搜索时的获取,其经验关系式为

$$\gamma = k \times \frac{A}{S^2}.$$

式中:K 为常数;$\dfrac{A}{S^2}$ 为立体角的角度;S 为观察点到目标的距离;A 为目标的水平面积;A' 为 A 在视线的垂直平面上的投影面积,如图 5.1 所示。

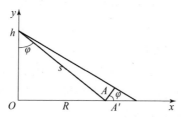

图 5.1　倒立方律几何关系

通过图 5.1 可知

$$A = A'\cos\varphi, \quad \cos\varphi = \frac{h}{S}$$

所以可得

$$\gamma = k \times \frac{A}{S^2} = k \times \frac{A'\cos\varphi}{S^2} = k \times \frac{A'h}{S^3} = kA'\frac{h}{(h^2+R^2)^{3/2}}.$$

当 $h \ll R$ 时,$(h^2+R^2)^{3/2} \approx R^3$,记 $k' = kA'$,那么有

$$\gamma = k'\frac{h}{R^3}.$$

这就是所谓的发现率的倒立方律。

5.2.3　搜索的标准式规划模型

我们可以给出数学优化模型的一般形式

$$\min f(x)$$
$$\text{s.t. } g(x) \leq 0$$
$$h(x) = 0$$

式中:$x \in \mathbb{R}^n$ 为决策变量;$f:D_1 \subseteq \mathbb{R}^n \to \mathbb{R}^1$ 为目标函数;$g = (g_1, g_2, \cdots, g_m)^T : D_2 \subseteq \mathbb{R}^n \to \mathbb{R}^m$ 为不等式约束函数;$h = (h_1, h_2, \cdots, h_p)^T : D_3 \subseteq \mathbb{R}^n \to \mathbb{R}^p$ 为等式约束函数。在这里必须指出的是,函数 $f(x)$、$g(x)$、$h(x)$ 的定义域 D_1、D_2、D_3 都是按照运算法则自然导出的定义域,没有添加人为的设定,特别地,称集合 $D = D_1 \cap D_2 \cap D_3$ 为优化模型的定义域。表达式 $g(x) \leq 0$ 表示决策变量 x 必须满足的不等式约束,$h(x) = 0$ 表示决策变量 x 必须满足的等式约束。我们的目的就是在所有满足不等式约束和等式约束的决策变量中找到使得目标函数最小的点并且算出最小的值。

如果 $f(x), g_1(x), g_2(x), \cdots, g_m(x), h_1(x), h_2(x), \cdots, h_p(x)$ 都是线性函数,那么这个模型就称为线性规划;如果 $f(x), g_1(x), g_2(x), \cdots, g_m(x), h_1(x), h_2(x), \cdots, h_p(x)$ 中有一个函数是非线性的,那么这个模型就称为非线性规划。

从这个定义可以看出,线性规划是极少的,非线性规划是极多的。线性非线性的划分是极为不平衡的。

为了更加简便地表示,我们定义可行域

$$\Omega = \{x \mid x \in \mathbb{R}^n, x \in D, \ g(x) \leq 0, h(x) = 0\}$$

就是在模型的定义域 D 上将不等式约束和等式约束用集合表达出来。因此,上文中数学优化模型可以抽象表示为

$$\min_{\Omega} f(x).$$

如果 Ω 是多面体,$f(x)$ 是线性函数,这个模型就是线性规划;反之,如果 Ω 不是多面体,或者 $f(x)$ 不是线性函数,这个模型就是非线性规划。

搜索问题用什么样的规划模型来描述,主要根据搜索问题的特点来决定。

1. 线性规划模型

大多数搜索问题与搜索力的分配有关,为了选择搜索力的最优分配方式(配置规划),可采用线性规划模型,为此应认为,搜索过程中其效果与搜索力的耗费成正比。

例 5.1 假设为了勘探某种矿藏,派出了几类搜索组,每组配备有不同数量的 m 种仪器。假定,第 $j, j = 1, 2, \cdots, n$ 类搜索组每组配备第 $i, i = 1, 2, \cdots, n$ 型仪器 a_{ij} 台,而第 i 型仪器共有 b_i 台,在勘探中,每个第 j 类搜索组完成搜索所花费的时间为 c_j,请求出使总的勘探时间最少的各类搜索组个数。

假设第 j 类搜索组的个数为 x_j,那么可以建立模型:

$$\min \sum_j c_j x_j$$

$$\text{s.t.} \ \sum_j a_{ij} x_j \leq b_i, \quad \forall i (x_j \in \mathbf{N}).$$

这里的模型是一个整数规划模型,是一个线性规划,这类模型可用单纯形法求解,得到最优方案。

2. 非线性优化模型

在搜索中需采取 n 个行动才能发现某个目标,每个搜索行动耗费搜索力的数量为 x_j,得到的效果为 $f_j(x_j)$,如果这些行动是互相独立的,即不相关的,则可以假设 n 个行动耗费搜索力 A 所得的总效果等于每个搜索行动中耗费每种搜索力所得搜索效果之和,此时,寻找最优搜索方案可通过求解如下模型解决:

$$\max \sum_{j=1}^{n} f_j(x_j)$$

$$\text{s.t.} \sum_j x_j \leq A(x_j \geq 0).$$

这是一类可分离变量的非线性规划,可用很多方法求解。特别地,当 $f_j, j = 1, 2, \cdots, n$ 是凹函数时,整个模型是凸优化模型,具有很好的理论基础和算法基础。

例 5.2 假设飞机失事以后,必须在不大于 C 的时间内发现它,而且飞机在每一区域内被发现的次数是服从泊松分布的,即单位时间内在区域 j 发现 m 次的概率可表示为

$$p_j(m) = \frac{b_j^m}{m!} e^{-b_j}$$

式中:b_j 为发现率。

解答 假设 x_j 为在区域 j 内搜索进行的时间,我们的目标是找出一组搜索的时间方案:

$$x = (x_1, x_2, \cdots, x_n)$$

使得发现目标的概率最大,为此,设 A 为发现目标的事件,B_j 为飞机落入区域 j 的事件,则

$$p(A) = \sum_j p(A \mid B_j) p(B_j) = \sum_j (1 - e^{-b_j x_j}) a_j.$$

由此可得如下模型:

$$\max \sum_{j=1}^n (1 - e^{-b_j x_j}) a_j$$
$$\text{s.t.} \sum_j x_j \leq C(x_j \geq 0).$$

这是一个凸规划模型。

3. 动态规划模型

在许多搜索问题中,搜索过程可以由若干阶段组成。每一阶段有一组可能的行动方式。对于每一阶段的不同的行动方式,其有不同的搜索效果。搜索者最终所取得的效果将受各阶段所选搜索方式的影响,所以这是一个多阶段的决策问题,可以用动态规划的方法求得最优策略。

例 5.3 设在某区域寻找沉没的船只,该区域由 4 个区段组成,并假设一共有 5 个搜索者,在第 $j, j = 1, 2, 3, 4$ 区段发现船只的期望次数 $M_j(m)$ 取决于分配在这些区段中的搜索者个数 m,其值如下表所示:

$$\begin{pmatrix} m & M_1(m) & M_2(m) & M_3(m) & M_4(m) \\ 0 & 0.000 & 0.000 & 0.000 & 0.000 \\ 1 & 0.600 & 0.400 & 0.500 & 0.300 \\ 2 & 1.080 & 0.640 & 0.750 & 0.510 \\ 3 & 1.464 & 0.784 & 0.875 & 0.657 \\ 4 & 1.770 & 0.870 & 0.938 & 0.760 \\ 5 & 2.016 & 0.922 & 0.969 & 0.832 \end{pmatrix}$$

另设，以所有区段中发现船只的期望次数表示搜索过程总的效果，问应如何给各区段分配搜索者的个数，以便使总的效果达到最大值。

这个问题可看作多阶段的决策问题，可用动态规划求解。

以各区段作为阶段，则此问题共有 4 个阶段，$n=4$。

设 s_k 表示第 k 阶段的初始状态，$k=1,2,3,4$，则 $s_1=5$，s_5 表示结束状态；x_k 为第 k 阶段的决策变量，则 $0 \leqslant x_k \leqslant s_k$ 取整数，有如下关系：

$$s_{k+1} = s_k - x_k.$$

从而有如下递推方程：

$$f_k(s_k) = \max_{x_k=0,1,\cdots,s_k} \{M_k(x_k) + f_{k+1}(s_{k+1})\}, \quad k=1,2,3,4.$$

$$f_5(s_5) = 0.$$

5.2.4 搜索的标准式对策模型

很多搜索问题是以双方的利益冲突为特征的，这种冲突使搜索过程具有如下特点：一方力图发现对方，而另一方力图避免被对方发现，同时，双方为了达到本身的目的，每一方的任何措施都与对方所选择的行动方式有关，这样的搜索态势，就叫作对抗态势。

描述搜索对抗态势的一种方式就是对策模型，即用对策论中的方法进行描述，此时可把搜索问题表示为如下模型：

$$G = (S_1, S_2, H).$$

此时，把搜索中的两方分别看作两个局中人，即局中人 Ⅰ 和局中人 Ⅱ，其中：S_1 表示局中人 Ⅰ 的策略集合，即在搜索中局中人 Ⅰ 所能采取的所有可行方案的集合；S_2 是为局中人 Ⅱ 的策略集合；$H(a_i,b_j)$ 为赢得函数。实际上，在非合作的对策问题中，它是局中人 Ⅰ 的赢得函数，其含义为，若是搜索对抗中，局中人 Ⅰ 选取策略 $a_i \in S_1$，局中人 Ⅱ 选取策略 $b_j \in S_2$，则搜索结果是局中人 Ⅰ 得到 $H(a_i,b_j)$ 的收益（赢得）。$H(a_i,b_j)$ 也是局中人 Ⅱ 的损失值，所以此时的问题是零和对策问题。

零和对策中一个最简单的情况是双方都只有有限个策略,此时称为有限零和对策,或称为矩阵对策。

在零和搜索进行过程中,常常表现为观察者与目标双方交替行动的某种序列形式,如可分成一系列有代表性的循环。循环的总的形式是:首先,观察者从有限行动集中选择搜索方式;其次,目标选择规避方式(这时目标并不知道观察者的上述选择);再次,出现某个随机行动;最后,敌我双方获得所选择方式的信息及其结果。这一循环结束后,双方根据它的结果采取最终行动或转入下一个循环。

这种搜索过程的数学模型是多步对策模型,通常可看作重复进行的零和对策。

在实际搜索中,还经常遇到观察者在发现目标后对它进行追踪的对抗态势,此时,观察者为接近目标或在最短时间内接近给定距离而选择拦截目标的机动参数;目标则力图避免被观察者所截住或尽量推迟(被观察者)截住的时间,这种追踪问题可利用微分对策的方法来描述。

5.2.5 相对运动中的发现势

1. 目标观察作一般运动时的发现势

这里讨论观察者和目标沿着一般的曲线作变速运动的情况,此时双方的相对位置在不断变化,因此发现概率也在不断地变化。

设平面直角坐标系的横轴与纵轴为 x 和 y,搜索者所在点为原点,目标的相对运动轨迹为 C,如图 5.2 所示。

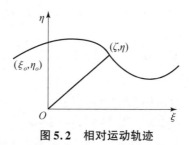

图 5.2 相对运动轨迹

曲线 C 的时间参数模型为

$$x = x(t), y = y(t), t_1 \leq t \leq t_2.$$

故观察点到目标点的距离为

$$r(t) = \sqrt{x^2(t) + y^2(t)}.$$

我们知道,在其他条件不变的情况下,目标的发现率 g_i 与 γ 两者是距离 r 的函数,即
$$g_i = g_i(r), \quad \gamma = \gamma(r).$$
因此可以有
$$g_i(r) = g_i(\sqrt{x^2(t)+y^2(t)}) = g_i(t), \gamma(r) = \gamma(\sqrt{x^2(t)+y^2(t)}) = \gamma(t), t_1 \leqslant t \leqslant t_2.$$
当运动轨迹已知时,便可得出目标的发现概率。

如在离散观察时,发现概率
$$p_0(C) = 1 - \prod_{i=1}^{n}(1 - g_i(t)), t_1 \leqslant t \leqslant t_2.$$
在连续观察时,目标的发现概率为
$$p_0(t) = 1 - e^{-\int_{t_1}^{t_2}\gamma(t)\mathrm{d}t}.$$
我们知道曲线 C 上的发现势为
$$F(C) = \int_{t_1}^{t_2}\gamma(t)\mathrm{d}t = \int_{t_1}^{t_2}\gamma(\sqrt{x^2(t)+y^2(t)})\mathrm{d}t.$$
令 s 是曲线 C 的弧长微元,我们知道
$$\mathrm{d}s = \sqrt{(x'(t))^2+(y'(t))^2}\mathrm{d}t =: v_p \mathrm{d}t.$$
因此可得
$$F(C) = \int_{t_1}^{t_2}\gamma(\sqrt{x^2(t)+y^2(t)})\mathrm{d}t = \int_{C}\frac{\gamma(r)}{v_p}\mathrm{d}s.$$
也就是说,发现势可以表现为曲线 C 上的曲线积分。

定理 5.1 发现势 $F(C)$ 具有可加性,即设 C_1 和 C_2 两条轨迹,$C = C_1 + C_2$ 表示轨迹运动之和,则
$$F(C) = F(C_1 + C_2) = F(C_1) + F(C_2).$$

证明 根据定义可知
$$p_0(C) = 1 - e^{-F(C)} = 1 - e^{-F(C_1+C_2)}.$$
又有发现概率的定义可知
$$\begin{aligned}p_0(C) &= 1 - (1-p_0(C_1))(1-p_0(C_2))\\ &= 1 - (1-(1-e^{-F(C_1)}))(1-(1-e^{-F(C_2)}))\\ &= 1 - e^{-F(C_1)}e^{-F(C_2)}\\ &= 1 - e^{-(F(C_1)+F(C_2))}.\end{aligned}$$
比较可知
$$e^{-F(C)} = e^{-F(C_1+C_2)} = e^{-(F(C_1)+F(C_2))}.$$
因此一定有

$$F(C) = F(C_1 + C_2) = F(C_1) + F(C_2).$$

一般地,如果有

$$C = \sum_{i=1}^{n} C_i$$

那么一定有

$$F(C) = F\left(\sum_i C_i\right) = \sum_i F(C_i).$$

2. 有效发现宽度

设搜索者与目标均作等速直线运动,此时设直角坐标系为 x,y 坐标系,其中 x 轴为正横方向,y 轴为目标的相对运动方向,即 v_p 方向平行,如图 5.3 所示。

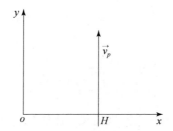

图 5.3　有效发现宽度几何关系

设 $t=0$ 时,目标位于正横点 $(x,0)$,则目标运动方程为

$$x = \text{const}$$
$$y = v_p t, \quad t_1 \leq t \leq t_2.$$

则连续发现势为

$$\begin{aligned} F(C) &= \int_{t_1}^{t_2} \gamma\left(\sqrt{x^2 + y^2}\right) dt \\ &= \frac{1}{v_p} \int_C \gamma\left(\sqrt{x^2 + y^2}\right) ds \\ &= \frac{1}{v_p} \int_C \gamma\left(\sqrt{x^2 + y^2}\right) dy \\ &=: F(x). \end{aligned}$$

从而

$$p_0(C) = 1 - e^{-F(C)} = 1 - e^{-F(x)} =: p_{oc}(x).$$

即发现目标的概率只是正横 x 的函数,因为此时曲线 C 的位置由 x 确定,只要 C 的长度确定,发现目标的概率只是 x 的函数。

假设相对运动直线 C_x 是无限长的,其距观察者最近的距离为 x(横距),则

发现目标的概率为(连续观察)

$$p_{oc}(x) = 1 - e^{-F(x)}, F(x) = \int_{-\infty}^{+\infty} \frac{1}{v_p}\gamma(\sqrt{x^2+y^2})\,dy.$$

设 N_0 是单位面积中的目标数,称为目标的密度,t 是一个相当长的时间间隔,它远远大于目标处在可能被发现距离范围内的时间,则在单位时间内,从相对正横 x 和 $x+dx$ 之间通过的目标数为

$$dM = \frac{N_0 dy dx}{dt} = N_0 v_p dx.$$

则单位时间内发现的目标数期望数为

$$dM_0 = p_{oc}(x) N_0 v_p dx$$

对 x 进行积分,便得到单位时间观察者平均发现的目标数

$$M_0 = \int_{-\infty}^{+\infty} dM_0 = \int_{-\infty}^{+\infty} p_{oc}(x) N_0 v_p dx.$$

或者得到

$$\frac{M_0}{N_0 v_p} = \int_{-\infty}^{+\infty} p_{oc}(x)\,dx.$$

称 $\frac{M_0}{N_0 v_p}$ 或者 $\int_{-\infty}^{+\infty} p_{oc}(x)\,dx$ 为有效发现宽度,记为 M_k。M_k 指的是这样一段区域,在此区域中,单位时间平均发现 M_0 个目标,而这些目标在搜索区域内以密度 N_0 均匀分布,而且具有相同的相对速度 v_p。

所以有效发现宽度表示观察者在搜索时的有效路径宽度,此宽度指标表明搜索观察设备的使用效果。根据定义,M_k 的确定方法有两种。

(1)实验方法。如对搜索地面目标或海面目标的飞机雷达的有效宽度可作如下实验,设在面积为 S 的某区域中,每平方千米配置有 N_0 个目标,目标的配置和飞机的航线应是随机的,如飞机的速度为 v_H(此时可不考虑目标运动速度,故视 $v_p = v_H$)。它的雷达在单位时间内发现 M_0 个目标,则 M_k 可作如下计算:

$$M_k = \frac{M_0}{N_0 v_H}.$$

(2)直接计算,如图 5.4 所示。对连续观察可用下式直接计算:

$$M_k = \int_{-\infty}^{+\infty} (1 - [e^{-\int_{y_1}^{y_2}\gamma(\sqrt{x^2+y^2})dy}])\,dx.$$

飞机上目力观察者寻找海面船只的情况,发现率为

$$\gamma(t) = \frac{k'h}{(r^2+h^2)^{3/2}}$$

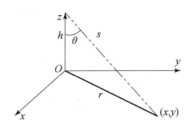

图 5.4 飞机海面搜索几何关系

设飞机的速度为 v_0,则发现势为

$$F(C) = \int_C \gamma(r)\mathrm{d}t$$
$$= \int_C \frac{k'h}{(x^2+y^2+h^2)^{3/2}}\mathrm{d}t$$
$$= \frac{k'h}{v_0}\int_{y_0}^{+\infty} \frac{1}{(x^2+y^2+h^2)^{3/2}}\mathrm{d}y.$$

式中:y_0 为观察者扫描区域的后方限设 $y_0=0$;x 为模距(正横),则发现目标的概率

$$p(x) = 1 - \mathrm{e}^{-\frac{k'h}{v_0(x^2+h^2)}} = 1 - \mathrm{e}^{-\frac{k'h}{v_0 x^2}}.$$

因此有效发现宽度为

$$M_k = \int_{-\infty}^{+\infty} p(x)\mathrm{d}x = \int_{-\infty}^{+\infty}(1-\mathrm{e}^{-\frac{k'h}{v_0 x^2}})\mathrm{d}x = 2\sqrt{\frac{2k'h}{v_0}}.$$

5.3 搜索方法

5.3.1 面搜索

面搜索的特点是在给定区域内任意点上发现的目标都是等概率的,目标在 0°~360° 航向上也是均匀分布的,这时,目标可从任意方向上通过给定区域,而搜索者不了解目标位置及运动要素的任何具体情况,所以搜索的任务便是在给定区域内发现目标或确定该区域内有无目标。

1. 规则搜索

规则搜索是指当搜索完整个区域后,其中每一点至多只有一次(不重复)落入观察者的观察区域(发现区域)。

平行航向的搜索就是规则搜索的例子,当需要搜索的区域面积相当大时,采用一系列相距 R_1 的平行航线搜索是保证均匀搜索的方法,这里我们来讨论这样的情况。

实行平行搜索的方法,可以是单个观察者的螺旋线式或 Z 字式航线搜索,如图 5.5 所示,或多个观察者的相距平行搜索等。

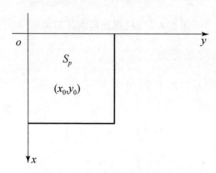

图 5.5　规则搜索几何关系

设区域为矩形区域,面积为 $S_p = A \times B$,如果时间与能力允许,可在 n 条航线上进行搜索,每条长度为 A,相距为 $R_1 = \dfrac{B}{n}$,则整个搜索路线长为 $L = nA$,设 R_0 为发现距离,则总的搜索面积为

$$\begin{aligned} S_b &= 2R_0 L \\ &= 2R_0 nA \\ &= 2R_0 A \times \frac{B}{R_1} \\ &= 2R_0 \times \frac{S_p}{R_1}. \end{aligned}$$

从而得到总的搜索覆盖率(总观察势)

$$U(L) = \frac{S_b}{S_p} = \frac{2R_0}{R_1}$$

即可作为发现目标的概率。

实际上,可假设目标在 S_p 中是均匀分布的,故这种规则搜索的发现率为

$$\gamma(t) = \frac{\gamma_0}{1 - \gamma_0 t}, \quad \gamma_0 = \frac{2R_0 V_H}{S_p}.$$

假设 T 是完成搜索所需要的时间,那么发现目标的概率是

$$p_0(t) = \gamma_0 T = \frac{2R_0 V_H T}{S_p} = \frac{2R_0 L}{S_p} = \frac{2R_0}{R_1}.$$

如果已知发现率为 $\gamma(r)$，设目标的坐标为 (x_0, y_0)，则发现目标的概率为

$$p(C) = 1 - e^{-F(C)}, \quad F(C) = \sum_{k=1}^{n} F_k(C).$$

其中

$$F_k(C) = \int_0^A \gamma\left(\sqrt{\left(\left(k - \frac{1}{2}\right)R_1 - x_0\right)^2 + (y - y_0)^2}\right) dy$$

$$= \int_0^A \gamma\left(\sqrt{\left(\left(k - \frac{1}{2}\right)\frac{B}{n} - x_0\right)^2 + (y - y_0)^2}\right) dy$$

$$=: F\left(\left|\left(k - \frac{1}{2}\right)\frac{B}{n} - x_0\right|\right).$$

2. 随机搜索

随机搜索是指观察者在区域中是均匀分布的，其航向是随机的，所以随机搜索结束时，区域中有些部分可能被重复搜索，此时实际上是常发现率的搜索，故

$$\gamma = \frac{2R_0 v_H}{S_p}.$$

搜索结束时的发现势

$$F(C) = \int_0^T \frac{2R_0 v_H}{S_p} dt = \int_C \frac{2R_0}{S_p} ds = \frac{2R_0 L}{S_p}.$$

因此发现概率为

$$p_0(C) = 1 - e^{-\frac{2R_0 L}{S_p}}.$$

5.3.2 线搜索

线搜索的首要任务是发现并防止被搜索目标在给定的边界上通过。作为观察者可能具有，也可能不具有目标运动要素和地段的信息，当已知目标的可能航向或预测它正在向给定的边界接近时，要采用这样的搜索。此时，观察者采取的方法一般是往返巡逻。

例如，讨论飞机要搜索发现必经海峡中通过的军舰的问题，假设海峡的航道宽度为 D，如果舰船的航速已知为 v_0，则可把往返式封锁巡逻从实际坐标变换为相对运动坐标系，此时的坐标系中军舰的位置是固定的。这样，搜索的航线将很方便描述。可以预见，在相对坐标系中，最有效的搜索航线是一串平行

的搜索航线,再把它们反过来变换到相对于地球的实际坐标系时,就得到横8字形样式,如图5.6所示。

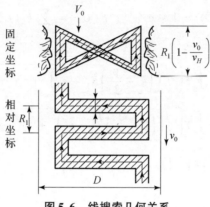

图 5.6 线搜索几何关系

如果巡逻航线是封闭的且与目标运动相匹配,那么相对坐标系中平行搜扫的间距必定和海峡宽度 D、目标航速 v_0 和飞机时速 v_H 有关。因为 $v_H \gg v_0$,故可以认为实际航程与 D 相差不大,飞机往返一趟的时间 T 为

$$T = \frac{2D}{v_H}.$$

其必相等于相对坐标中平行搜索时军舰经过两个间距的时间

$$T = \frac{2R_1}{v_0}$$

即

$$R_1 = \frac{Dv_0}{v_H}.$$

如果搜索者不知道目标将从海峡宽度线 D 上何处和在时间 $T = \frac{2D}{v_H}$ 内的何时通过,则可认为目标可以在相对坐标系中位于面积为 $S_p = 2R_1 D$ 的区域内,则相对航线为平行时,发现目标的概率为

$$p_0 = \frac{2R_0 D}{D} \times 2R_1 = \frac{R_0}{R_1} = \frac{R_0 v_H}{D v_0}.$$

如相对航线看作随机时,则发现目标的概率为

$$p_0(C) = 1 - e^{-\frac{2R_0 D}{2R_1 D}} = 1 - e^{-\frac{R_0}{R_1}} = 1 - e^{-\frac{R_0 v_H}{D v_0}}.$$

这种搜索方式通过增加飞机进行同样的搜索可提高发现概率。

5.3.3 应召搜索

应召搜索的任务就是对已经发现过而又失去了接触的目标再进行搜索,把原先发现过的目标的位置和时间定为再搜索的初态,使用这种搜索方式搜索时,观察者可以认为拥有目标位置和速度方面的一些信息,但没有目标的运动方面和某个扇面航向的信息,此时的搜索一般可分为两种情况:在目标航向可能的扇面内的搜索和在发现目标区域内的搜索。

1. 在目标航向的可能扇面内的搜索

这种搜索就是观察者提前选择进入目标可能航向的前方,然后与目标相向运动,所以此时观察者需解决如下一些问题。

(1)目标航向的可能扇面。
(2)观察者到达目标航向前方的距离。
(3)进入目标前方所需的航向和时间。
(4)与目标相遇的路线。
(5)在迎着目标运动时与观察者之间的距离。

2. 在发现目标区域内的搜索

假设已确定了目标位置,在经过时间 T_0 后,才开始对它进行搜索,在 T_0 这段时间内,只能认为目标已经离开了原来被测定位置,观察者知道目标的最大航速为 U,因此在 T_0 时刻,目标可能位于半径为 $U \times T_0$ 的圆内。随着搜索的推进,该圆将不断推广。此时,按照搜索中的机动方法,可分为螺旋线航向搜索或平行航向搜索。

我们知道此时目标的可能位置分布密度值从中心逐渐向外减少,被搜索目标最可能的位置从开始被发现起,逐渐沿径向运动。因而在发现区域内的搜索最好在目标所在概率最大的位置上进行。由于分布概率密度最大值是沿径向移动的,所以观察者应该在一系列半径不断增大的圆上进行连续搜索,从而使观察者的轨迹是一条曲线,即从初始发现目标位置开始,按照目标位置分布密度值的移动速度,向外移动且能围住目标所有可能位置的环状地段。

一般地,可以用下列对长螺旋线来描述上述曲线:$r = r_0 e^{\rho \varphi}$。式中:r 为螺旋线半径矢径(螺旋线上的系列初始发现目标点的距离);φ 为旋线的转角;ρ 为确定螺旋线形状和矢量增加速度的参数;r_0 为 $\varphi = 0$ 时的螺旋矢径。

当 $t = T_0$ 时,目标距离原点的最远距离为 $v_0 T_0$,故搜索从 $\varphi = 0, r_0 = v_0 T_0$ 开

始,假设目标的运动方向为 φ_0,那么在 $t+T_0$ 时刻,目标的位置可由方程决定

$$r_1 = v_0 T_0 + v_0 t ; \varphi = \varphi_0.$$

则观察者搜索的螺旋曲线应满足对任意的 φ,当观察者运动到 φ_0 角时,均有

$$r_1 \geqslant r_2$$

式中:r_1 为观察者的半径。

由于 $ds = v_H dt$,以及 $ds = \sqrt{r^2 + r'^2} d\varphi = r\sqrt{1+\rho^2} d\varphi$,可以得到

$$v_H dt = r\sqrt{1+\rho^2} d\varphi$$

也就是

$$\int_0^t v_H dt = \int_0^\varphi r_0 \sqrt{1+\rho^2} e^{\rho\varphi} d\varphi$$

得到

$$v_H t = r_0 \sqrt{1+\rho^2} (e^{\rho\varphi} - 1)$$

经过直接计算可得

$$\varphi = \log\left(1 + \frac{v_H \rho t}{r_0 \sqrt{1+\rho^2}}\right).$$

从而使观察者的运动曲线为

$$r_1 = r_0 e^{\rho\varphi} = r_0 e^{\rho\log\left(1 + \frac{v_H \rho t}{r_0 \sqrt{1+\rho^2}}\right)} = r_0 \left(1 + \frac{v_H \rho t}{r_0 \sqrt{1+\rho^2}}\right)^\rho.$$

当 $\varphi = \varphi_0$ 时,$r_1 = r_2$,可以推出

$$t_0 = \frac{r_0 (e^{\varphi \cdot 0} - 1)\sqrt{1+\rho^2}}{v_H \rho}.$$

于是得到

$$r_1 = v_0 T_0 + \frac{v_0 r_0 (e^{\varphi_0} - 1)\sqrt{1+\rho^2}}{v_H \rho}$$

$$r_2 = r_0 + v_0 t_0.$$

则

$$r_0 e^{\rho\varphi_0} \geqslant r_0 + \frac{v_0 r_0 (e^{\varphi_0} - 1)\sqrt{1+\rho^2}}{v_H \rho}.$$

推出

$$(e^{\rho\varphi_0} - 1) \geqslant \frac{v_0}{v_H}(e^{\varphi_0} - 1)\frac{\sqrt{1+\rho^2}}{\rho}.$$

也就是

$$\frac{\rho}{\sqrt{1+\rho^2}} \geqslant \frac{v_0}{v_H}.$$

给出满足上式的 ρ 使能确定具体的螺旋线形状。取定

$$\frac{\rho}{\sqrt{1+\rho^2}} = \frac{v_0}{v_H}; \quad \rho^2 v_H^2 = (1+\rho^2) v_0^2; \quad \rho^2 = \frac{v_0^2}{v_H^2 - v_0^2}.$$

故只要取

$$\rho = \sqrt{\frac{v_0^2}{v_H^2 - v_0^2}}$$

就可使搜索在可控制条件下进行。

第6章

射击理论

6.1 武器射击效率概述

6.1.1 有关射击的基本概念

战斗中战胜对方的主要手段是通过各种武器杀伤和消灭对方,这一过程是通过对敌方发射各种弹药来实现的,下面就简单介绍有关射击的一些基本概念。

1. 射击武器的种类

广义地讲,进行射击的武器可分为射击武器和反推力武器,并统称为火器。

射击武器是利用火药燃烧产生的气体的能量,把枪(炮)弹从枪(炮)膛内发射出去的武器,它包括的种类有枪械和火炮。枪械指的是口径在20mm以下的发射弹头或其他杀伤物体的身管射击武器,枪械的种类按性能可分为手枪、步枪、冲锋枪、轻机枪、重机枪和高射机枪。枪械是步兵的主要武器,主要用于射击暴露的有生目标和低空目标,有的枪械可发射枪榴弹,摧毁轻型装甲目标。火炮是口径在20mm以上的以火药气体压力抛射弹丸的身管射击武器,用于对地面、水上和空中目标射击歼灭和压制敌方有生力量和技术兵器,摧毁各种防御工事和其他建筑物,以及完成其他任务。火炮的主要性能指标有射程、射击精度、弹丸威力和机动性等。火炮按用途可分为地面压制火炮、高射炮、航空炮、坦克炮、舰炮、海岸炮等,按其炮膛结构可分为线膛炮和滑膛炮,按其结构和性能可分为榴弹炮、加农炮、火箭炮、迫击炮、无坐力炮、复合性能炮(如加农榴弹炮)、高平两用炮等。

反推力武器包括的种类有火箭筒、火箭炮和导弹。火箭筒是单人使用的发射火箭弹的轻武器,筒内无膛线,发射时无后坐力,装有红外线瞄准镜,可在夜间进行射击,直射距离一般为 100~300m,用于摧毁近距离内的装甲目标和军用工事。火箭炮是炮兵装备的多发联装火箭发射装置,主要用于对大面积目标射击,口径为 107~273mm,最大射程为 40km,可一次发射一发至数十发火箭弹,火箭炮射速快,管数(或框、轨)多(12~40 管),火力猛,突袭性好,射程较多,机动性强,但射弹散布大,炮后危险性大,易暴露阵地。导弹是依靠自身动力按反作用原理推进,并能自引导战斗部打击目标的武器,主要由战斗部、动力装置、制导系统和弹体组成,战斗部装药可以是烈性炸药,也可以是核装药,动力装置分为火箭发动机和空气喷气发动机。

2. 射击的概念与任务

射击就是火器发射弹头[枪(炮)弹或导弹]对目标实施火力攻击,以达到一定的作战目的,射击是火器完成战斗任务的基本手段。

炮兵射击分为直接瞄准射击和间接瞄准射击,直接瞄准射击时,从发射阵地能够通视目标,用瞄准装置直接瞄准目标;间接瞄准射击时,不能直接通视目标,由指挥员位于观察所指挥,进行射击。

不同的火器其射击的方法会有很大的不同,而且要完成的任务也是不同的,对于地面炮兵来说,其任务可分为如下几类。

(1)压制射击,是给有生力量、火器、坦克、装甲车辆、炮兵分队等目标以部分损伤,使其暂时丧失战斗力,停止射击后,目标将在较短时间恢复战斗力。

(2)歼灭射击,是严重损伤目标,使其大部分或全部丧失战斗力,停止射击后,目标不能在短时间内恢复战斗力,或不给补充(修理)就不能恢复战斗力。

(3)破坏射击,是摧毁工事、工程设施或建筑物,使其不能使用。

(4)妨害射击,是指目的仅在于干扰(阻碍、迟滞)敌人行动,削弱敌人战斗力或封锁交通要道的射击。

通常所说的毁伤一般是指压制、歼灭、破坏等的总称。

3. 射击准备

射击的过程一般可分为射击准备与射击实施两个阶段。

射击准备的主要目的是决定参加射击的火炮对目标射击开始用的瞄准装置装定分划(简称为射击开始诸元或射击诸元)。

在相同的射击(诸元)条件下,发射的大量弹头的落点不可能正好落在目标上,而是散落在目标的周围,形成射弹散布,这种射弹的散布中心,就称为散布中心。在射击准备时,总是力求使散布中心位于某个点,此点便称为瞄准点。

炮兵进行射击准备的内容:决定目标的位置,包括目标的距离、方向等;测地准备,决定发射阵地(连基准炮)和观测所坐标及高程,赋予火炮和器材的基准射向;气象准备,决定风、气温及气压等气象条件;弹道准备,决定装药批号、初速偏差量、装药温度等弹道条件;技术准备,检查和规正火炮瞄准装置,检查瞄准线偏移和确定表尺射角对象限仪射角不一致的偏差量。

决定射击开始诸元,测定当时条件对标准条件的偏差量,用来把测地诸元换算成开始诸元,在瞄准装置上装定开始诸元所相应的表定高角和开始方向,以使散布中心通过或靠近目标。

4. 射击实施

炮兵在进行射击实施时,一般分为试射和效力射两个步骤。

试射是用射击的方法排除或减小开始诸元的误差,以获得有利于毁伤目标的效力射诸元。当火力突然性对射击效果无重要意义,或开始诸元精度不高且情况允许时,应先对目标试射,否则可以不通过试射直接进效力射。

效力射是以较精确的射击诸元,对目标进行有效射击,以达到预定的战术目的。效力射过程中,应尽量观察射击效果和进行必要的射击调整。效力射的主要方法有集中射击和拦阻射击。

对导弹武器的射击过程也可分为准备与实施两个阶段,但作业的方法有很大差异,对防空导弹武器系统来说,其射击的过程为:首先由目标搜索和指示雷达进行扫描监视,根据其提供的信息,识别敌我,分析敌情,作出判断,定下歼灭目标的决心,并为制导站或目标照射雷达指示目标;目标跟踪雷达发现目标后,经过识别与核对后,转入跟踪状态,同时测定目标瞬时坐标,提供给发射装置,进行高低角与方位角的自动瞄准,在半自动或自动的制导系统中,则用导弹导引头进行跟踪;目标飞到一定距离之内,发射导弹;导弹起飞之后,自动地导向目标。在遥控制导系统中,发射出去的导弹由跟踪雷达截获并跟踪,导弹的瞬时坐标送入解算装置,与目标的坐标进行比较之后,按所采用的导引方法产生相应的控制指令,指令由传输设备发送给导弹。在自动搜寻系统中,由导引头不断获取目标的信息在弹上形成控制指令,保证导弹飞向目标。在导弹与目标遭遇时,通常由导弹利用非触发引信引爆战斗部来杀伤目标。

6.1.2 射击效率的概念

1. 射击效率指标

射击效率。射击效率是指射击对目标的毁伤程度,或完成给定战斗任务的有效程度。所以射击效率反映了武器在完成射击任务时对目标毁伤的能力。对于两种不同的射击方法,当其他条件均相同,发射相同数量的弹药时,平均能给敌人更大毁伤或有更大把握完成射击任务的射击,认为其效率较高;或者虽然取得相同的毁伤效果,但所需的平均弹药消耗量较少者,认为其效率较高。所以射击效率的大小不仅与火器种类有关,也与射击的方法有关。

射击效率指标。射击效率指标是用于评定武器在一定条件下的射击效率高低的定量指标。由于射击中受很多随机因素干扰,所以实际的射击结果是一种随机现象。一般用某种概率数值来表示射击的效率指标,用于表示武器在一定条件下的射击结果的统计规律性,通常用某种事件发生的概率或某随机变量的数学期望、方差等来表示。例如:

(1) 发射 N 发弹完成射击任务的概率;

(2) 对集群目标射击时,毁伤单位目标数的数学期望和方差等;

(3) 杀伤一个目标所需的平均弹药消耗量。

2. 射击效率指标的分类

射击的可靠性。可靠性指标表示的是完成射击任务可能性大小的概率数值,如我们用 A 表示"完成射击任务"这一事件,则射击可靠性指标就是 A 事件出现的概率 $p(A)$。因为在某些射击情况下,弹药(时间)有一定的限制,故射击任务可能完成,也可能完不成,这时用可靠性指标就能反映出射击的效率。根据目标的情况不同,可靠性指标还可分为如下三种形式。

(1) 对单个目标的射击。此时毁伤目标即表示完成了任务,所以完成任务的概率便是毁伤目标的概率。如对目标发射 N 发弹,则

$$p(A) = \sum_{k=1}^{N} p(A \mid k) p(k)$$

式中: $p(k)$ 为发射 N 发命中 k 发的概率; $p(A \mid k)$ 为命中 k 发弹的条件下毁伤目标的概率。

(2) 对集群目标的射击。此时完成任务与毁伤的单位目标相对数有关,而毁伤单位目标相对数 U 是一个离散型随机变量,故此时的可靠性指标表示为

$$p(A) = \sum_{i=1}^{n} p(A \mid U_i) p(U_i)$$

式中：n 为集群目标中的单位目标数量；$p(U_i)$ 为毁伤的相对目标数为 U_i 的概率。如果设集群目标的相对毁伤数在 U_i 条件下毁伤目标的概率为 u_i，即

$$p(A \mid U_i) = u_i$$

则毁伤目标的概率为

$$p(A) = \sum_{i=1}^{n} p(U_i) p(A \mid U_i) = \sum_{i=1}^{n} u_i p(u_i) = E(U).$$

所以从 $E(U)$ 可以大致看出完成任务的可靠程度。

(3) 对面积目标的射击。对目标的毁伤程度此时用相对毁伤面积 U 来表示，它是连续型随机变量，故

$$p(A) = \int_0^1 p(A \mid u) \mathrm{d}F(u)$$

式中：$F(u)$ 为 U 的分布函数；$p(A \mid u)$) 为相对毁伤面积在 u 的条件下毁伤目标的概率。

对目标的毁伤能力，此指标用于表示由射击所造成的目标毁伤程度，主要对集群目标和面积目标采用。因为在对集群目标和面积目标射击时，总是希望尽可能多地毁伤集群目标中的单位目标数或相对数，以及面积目标中的面积或相对面积，故通常取目标毁伤部分的数学期望作为射击效率指标，并统一写成如下形式：

$$E(U) = \int_0^1 u \mathrm{d}F(u)$$

式中：u 为目标被毁伤部分 U 的可能值，若 U 的计量单位是单位目标的相对数或相对面积则积分限为 $0-1$；$F(u)$ 为 U 的分布函数；$E(U)$ 为 U 的数学期望。另外，还用目标的毁伤部分的方差 $V(u)$ 或均方差 $D(U)$ 作为辅助指标：

$$V(U) = (D(U))^2 = \int_0^1 (u - E(u))^2 \mathrm{d}F(u).$$

射击的经济性。这一指标用于表示我方完成射击任务所付出代价的高低。常用的经济性指标是在给定条件下完成射击任务所需的弹药消耗量的数学期望，另外还用弹药消耗量的均方差作为辅助指标。有时也用货币或其他价值形式表示射击的经济性指标。

射击的迅速性。迅速性指标表示完成射击任务所需时间的长短，如完成射击任务所需的平均时间，或在给定的时间内完成任务的概率等。迅速性指标属

于次要指标,一般较少采用。

3. 射击效率指标的选择

在评定武器的射击效率时,要选择合适的指标作为衡量的标准。合理地选择射击效率指标,具有重要意义,因为如错误地选择效率指标,就有可能导致错误的结论。经常有这样的情况,按某一个或几个效率指标来看,给定的武器射击效率是高的,但按另一个或几个指标来看,武器的射击效率却是低的。所以选择效率指标时一定要注意考虑具体的条件。

在选择射击效率指标时主要考虑的因素有研究目的、射击任务、目标的性质、武器的性能、弹药消耗量的限制、射击过程能否观察和修正射击等。

根据射击任务的不同,可选取单一的射击效率指标,也可选择几个指标,但选择几个指标时应有一个是主要的射击效率指标,在对不同的目标射击时,应该给每类目标确定射击效率指标,分别进行计算。

4. 射击效率指标的评定方法和步骤

武器的使用条件是战斗中的对抗环境,最能反映射击效率的数据是战斗中的统计数据,但在实际工作中,一般都不可能在战场上评定射击效率指标,特别是武器研制中的论证与设计,还没有实际的武器系统可供使用来评定射击效率指标。因而此时要用其他方法来评定。评定射击效率指标的方法主要有试验法、解析法和统计试验法等。

试验法就是用进行专门的军事演习、实弹射击等试验,得出所要研究的随机变量(射击结果)的统计分布或经验值。

解析法是在分析与射击有关的各项条件和目标性质等基础上,用数学方法找出射击效率指标的数学表达式,然后计算各种不同条件下的效率指标及各种因素对指标的影响。这种方法虽然不能考虑影响射击效率的所有因素,但具有简单方便的优点,因而应用广泛。

统计试验法是按照事先规定的逻辑法则的数学模型,用电子计算机进行模拟,获得一系列随机现实,然后对这些现实进行统计处理,求出效率指标。

评定射击效率时大致包括如下步骤:明确研究目的;收集和分析资料,包括对目标的分析;设定有关的战术、射击和其他条件;选定射击效率指标;建立数学模型,选择计算方法;确定计算的基础数据,主要是有关射误差和目标毁伤方面的数据;计算和分析结果,进行必要的试验,得出结论。

5. 射击效率理论的用途

射击效率理论主要研究给定条件下的射击效率和寻找使射击效率最大的条件。

其可应用于如下方面:对现有武器射击效率作出评价;确定武器的技术性能对射击效率的影响;确定战术和射击方法对射击效率的影响;比较各种射击方法的射击效率,从而确定最有效的射击方法和战术方法;估计参战双方的战斗效率及实力对比,确定最好的作战方案;确定完成任务所需的兵力、估计弹药消耗量,制定弹药消耗量的标准和确定较好的分配任务方案;等等。

射击效率理论还可用于确定武器系统方案的优劣。在新武器的设计阶段,可参与战术技术指标的论证和选定武器的合理结构方案,以及提出比较合理的战术技术要求。在武器的研制和试验阶段,可比较不同的设计方案,参与试验计划的制订,根据试验数据估计新武器的射击效率,评定它是否达到了战术技术要求及提出新武器使用方法的建议等。

6.2 射击误差

6.2.1 射击误差的概念和分布规律

一次发射一般是指一门火炮发射一发弹头;一次射击通常由若干次发射组成,所以射击和发射是两个不同的概念。但在实际使用中,通常不加区别,由多次射击组成的射击过程,称为广义射击。

在每次进行射击时,弹落点(炸点)一般不会正好与瞄准点重合,所以射击或发射是有误差的。例如,当用步枪或反坦克武器对垂直目标射击时,或者用火炮或导弹对地面目标射击时,弹落点便形成一个二维散布图形,其散布程度取决于武器的射击准确度与密集度。

1. 决定诸元误差(系统误差)和射击准确度

在射击准备时,要进行许多测量、计算工作,每一环节都会产生误差,如决定目标位置和测地的误差、弹道准备时的误差、气象条件测定时的误差、瞄准装置使用时的误差等,这些误差综合形成散布中心对瞄准点的偏差 $\overline{\Delta C}$,称为决定射击诸元误差或诸元误差,也称为系统误差、瞄准误差,如图 6.1 所示。

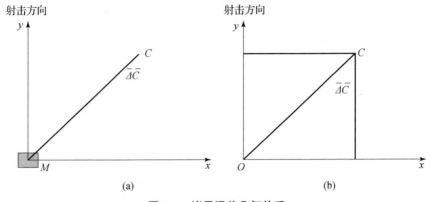

图6.1 诸元误差几何关系

射击准确度是指散布中心对瞄准点的偏离程度,它是由决定诸元误差的大小来衡量的,因此射击准确度也称为诸元精度。

射击的诸元误差是一个随机矢量,其起点在原点 O,终点在散布中心 C,根据概率论的中心极限定理可知,诸元误差是二维正态随机变量(X_C, Y_C)。我们取瞄准点为原点 O,Y 轴与射击方向一致,X 轴与射击方向垂直,在 X 轴的投影为 X_C,在 Y 轴的投影为 Y_C,分别称为决定诸元方向误差和距离误差,再设 σ_{x_c}、σ_{y_c} 为 X_C、Y_C 的均方差,$r_{x_c y_c}$ 为相关系数,则 (X_C, Y_C) 的协方差矩阵为

$$\mathrm{Cov}(X_C, Y_C) = \begin{pmatrix} \sigma_{x_c}^2 & r_{x_c y_c} \sigma_{x_c} \sigma_{y_c} \\ r_{x_c y_c} \sigma_{x_c} \sigma_{y_c} & \sigma_{y_c}^2 \end{pmatrix}.$$

协方差矩阵的行列式的根为

$$\sigma_{x_c} \sigma_{y_c} \sqrt{1 - r_{x_c y_c}^2}.$$

协方差矩阵的逆矩阵为

$$\frac{1}{\sigma_{x_c}^2 \sigma_{y_c}^2 - r_{x_c y_c}^2 \sigma_{x_c}^2 \sigma_{y_c}^2} \begin{pmatrix} \sigma_{y_c}^2 & -r_{x_c y_c} \sigma_{x_c} \sigma_{y_c} \\ -r_{x_c y_c} \sigma_{x_c} \sigma_{y_c} & \sigma_{x_c}^2 \end{pmatrix} = \frac{1}{1 - r_{x_c y_c}^2} \begin{pmatrix} \dfrac{1}{\sigma_{x_c}^2} & \dfrac{-r_{x_c y_c}}{\sigma_{x_c} \sigma_{y_c}} \\ \dfrac{-r_{x_c y_c}}{\sigma_{x_c} \sigma_{y_c}} & \dfrac{1}{\sigma_{y_c}^2} \end{pmatrix}$$

根据上述计算,可得(X_C, Y_C)的密度函数为

$$\phi(x_c, y_c) = \frac{1}{2\pi \sigma_{x_c} \sigma_{y_c} \sqrt{1 - r_{x_c y_c}^2}} e^{-\frac{1}{2(1 - r_{x_c y_c}^2)} \left(\frac{x_c^2}{\sigma_{x_c}^2} - \frac{2 r_{x_c y_c}}{\sigma_{x_c} \sigma_{y_c}} x_c y_c + \frac{y_c^2}{\sigma_{y_c}^2} \right)}.$$

X_C、Y_C 的期望值为 0。

对于上述的密度函数,X_C 的边缘分布为

$$\phi(x_c) = \frac{1}{\sqrt{2\pi}\sigma_{x_c}} e^{-\frac{x_c^2}{2\sigma_{x_c}^2}}.$$

同理对于 Y_C 的边缘分布为

$$\phi(y_c) = \frac{1}{\sqrt{2\pi}\sigma_{y_c}} e^{-\frac{y_c^2}{2\sigma_{y_c}^2}}.$$

定义 6.1 假设 X_C 如上所述，称 E_d 为 X_C 的中间误差，如果满足

$$p(|X_C - 0| \leq E_d) = 0.5.$$

根据定义有

$$\int_{-E_d}^{E_d} \frac{1}{\sqrt{2\pi}\sigma_{x_c}} e^{-\frac{x_c^2}{2\sigma_{x_c}^2}} dx_c = 1/2.$$

经过简单的积分变换可得

$$\frac{1}{\sqrt{2\pi}\sigma_{x_c}} \int_0^{E_d} e^{-\frac{x_c^2}{2\sigma_{x_c}^2}} dx_c = \frac{1}{4}$$

$$\frac{1}{\sqrt{\pi}} \int_0^{\frac{E_d}{\sqrt{2}\sigma_{x_c}}} e^{-t^2} dt = \frac{1}{4}$$

$$\int_0^{\frac{E_d}{\sqrt{2}\sigma_{x_c}}} e^{-t^2} dt = \frac{\sqrt{\pi}}{4}.$$

令 $\rho = \frac{E_d}{\sqrt{2}\sigma_{x_c}}$ 可得

$$E_d = \sqrt{2}\rho\sigma_{x_c}, \quad \int_0^{\rho} e^{-t^2} dt = \frac{\sqrt{\pi}}{4}.$$

通过查表，我们可以得到

$$\rho = 0.4769$$

那么

$$E_d = 0.6745\sigma_{x_c}.$$

同样地，我们可以设 E_f 为 Y_C 的中间误差，那么一定有

$$E_f = \sqrt{2}\rho\sigma_{y_c}, \quad \int_0^{\rho} e^{-t^2} = \frac{\sqrt{\pi}}{4}.$$

因为

$$\sigma_{x_c} = \frac{E_d}{\sqrt{2}\rho}, \quad \sigma_{y_c} = \frac{E_f}{\sqrt{2}\rho}$$

代入密度函数，可得 (X_C, Y_C) 密度的另一种表达式

$$\phi(x_c, y_c) = \frac{\rho^2}{\pi E_d E_f \sqrt{1 - r_{x_c y_c}^2}} e^{-\frac{\rho^2}{(1 - r_{x_c y_c}^2)} \left(\frac{x_c^2}{E_d^2} - \frac{2 r_{x_c y_c} x_c y_c}{E_d E_f} + \frac{y_c^2}{E_f^2} \right)}.$$

一般情况下,可设 X_c 和 Y_c 是相互独立的,那么密度函数可以表述为

$$\phi(x_c, y_c) = \frac{1}{2\pi\sigma_{x_c}\sigma_{y_c}} e^{-\frac{1}{2}\left(\frac{x_c^2}{\sigma_{x_c}^2} + \frac{y_c^2}{\sigma_{y_c}^2}\right)}$$

或者

$$\phi(x_c, y_c) = \frac{\rho^2}{\pi E_d E_f} e^{-\rho^2\left(\frac{x_c^2}{E_d^2} + \frac{y_c^2}{E_f^2}\right)}$$

其中 ρ 是一个参数,满足方程

$$\int_0^\rho e^{-t^2} = \frac{\sqrt{\pi}}{4}.$$

2. 散布误差和射击密集度

由于每次发射时很多随机因素的影响,如火炮的炮身温度、清洁程度,弹药的弹头重量、形状,火药的重量、质量等因素的影响,还有操作、气象条件的随机影响等,使得用相同的射击诸元(同样的瞄准条件下)进行的连续多次发射,各发弹的落点并不重合于一个点上,而是分布在散布中心周围的一定区域内,形成一种射弹散布现象,它使每枚弹的落点偏离散布中心,弹落点偏离散布中心的距离为 $\overline{\Delta S}$,称为散布误差或散布偏差,如图 6.2 所示。

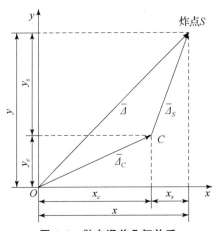

图 6.2　散布误差几何关系

将 $\overline{\Delta S}$ 在 X 轴上投影后得到 x_s,称为散布的方向误差,在 Y 轴上的投影 y_s 称为距离误差,一般认为散布的方向误差 X_s 与距离误差 Y_s 是相互独立的正态分布,则 X_s 与 Y_s 的联合分布密度为

$$\phi(x_s, y_s) = \frac{1}{2\pi\sigma_{x_s}\sigma_{y_s}} e^{-\frac{1}{2}\left(\frac{x_s^2}{\sigma_{x_s}^2} + \frac{y_s^2}{\sigma_{y_s}^2}\right)}$$

式中：σ_{x_s} 和 σ_{y_s} 分别为 X_S 和 Y_S 的均方误差。

如设 B_d 和 B_f 分别为 X_S 和 Y_S 的中间误差，则其密度可表示为

$$\phi(x_s, y_s) = \frac{\rho^2}{\pi B_d B_f} e^{-\rho^2 \left(\frac{x_s^2}{B_d^2} + \frac{y_s^2}{B_f^2}\right)}$$

式中：ρ 为一个参数，满足方程

$$\int_0^\rho e^{-t^2} = \frac{\sqrt{\pi}}{4}.$$

射击密集度是指弹落点对散布中心的偏离程度，它是用散布误差的大小来衡量的，所以射击密集度也称为散布程度，它反映了在同样的瞄准条件下射击各发弹药对散布中心的离散程度。

3. 射击误差和射击精度

任意一发弹的弹落点对瞄准点的偏差 $\overline{\Delta}$ 称作该发弹的射击误差（或发射误差）。$\overline{\Delta}$ 在 X 轴的投影 x 为射击的方向误差，在 Y 轴的投影 y 为距离误差，显然有

$$x = x_s + x_c, y = y_s + y_c.$$

则由前面所知的分布密度 $\phi(x_c, y_c), \phi(x_s, y_s)$ 可知射击误差的随机变量 (X, Y) 的分布密度为

$$\phi(x_c, y_c) = \frac{1}{2\pi \sigma_x \sigma_y \sqrt{1 - r_{xy}^2}} e^{-\frac{1}{2(1 - r_{xy}^2)}\left(\frac{x^2}{\sigma_x^2} - \frac{2 r_{xy} xy}{\sigma_x \sigma_y} + \frac{y^2}{\sigma_y^2}\right)}$$

式中：

$$\sigma_x = \sqrt{\sigma_{x_s}^2 + \sigma_{x_c}^2}$$

$$\sigma_y = \sqrt{\sigma_{y_s}^2 + \sigma_{y_c}^2}$$

$$r_{xy} = \frac{K_{xy}}{\sigma_x \sigma_y}$$

其中，K_{xy} 是 X、Y 的协方差。

根据协方差的定义可知

$$\begin{aligned}
K_{xy} &= E(XY) - E(X)E(Y) = E(XY) \\
&= E[(X_S + X_C)(Y_S + Y_C)] \\
&= E[X_S Y_S + X_C Y_S + X_S Y_C + X_C Y_C] \\
&= E(X_C Y_C) = E(X_C Y_C) - E(X_C) E(Y_C) \\
&= K_{x_c y_c}.
\end{aligned}$$

所以

$$r_{xy} = \frac{K_{xy}}{\sigma_x \sigma_y} = \frac{\sigma_{x_c}\sigma_{y_c}r_{x_cy_c}}{\sqrt{\sigma_{x_s}^2+\sigma_{x_c}^2}\sqrt{\sigma_{y_s}^2+\sigma_{x_s}^2}}.$$

现在设 E_x, E_y 分别表示 X 与 Y 的中间误差,则有

$$E_x = \sqrt{2}\rho\sigma_x = \sqrt{2}\rho\sqrt{\sigma_{x_s}^2+\sigma_{x_c}^2} = \sqrt{E_d^2+B_d^2}$$

$$E_y = \sqrt{2}\rho\sigma_y = \sqrt{2}\rho\sqrt{\sigma_{y_s}^2+\sigma_{y_c}^2} = \sqrt{E_f^2+B_f^2}.$$

所以 (X,Y) 的联合密度也可以表示为

$$\phi(x,y) = \frac{\rho^2}{\pi E_x E_y \sqrt{1-r_{xy}^2}} e^{-\frac{\rho^2}{1-r_{xy}^2}\left(\frac{x^2}{E_x^2} - \frac{2r_{xy}}{E_x E_y}xy + \frac{y^2}{E_y^2}\right)}.$$

需注意的是,上述随机变量 (X,Y) 描述的并不是同一瞄准条件下的多发弹的弹落点对瞄准点的散布,而是描述在相同的条件下多次独立射击(独立地决定每次发射的射击诸元),每次射击只发射一发弹的落点对瞄准点的散布特征。

在一般情况下,可假设 $r_{xy} = r_{x_cy_c} = 0$,此时射击误差的分布密度具有标准形式

$$\phi(x,y) = \frac{1}{2\pi\sigma_{x_s}\sigma_{y_s}} e^{-\frac{1}{2}\left(\frac{(x-x_s)^2}{\sigma_{x_s}^2} + \frac{(y-y_s)^2}{\sigma_{y_s}^2}\right)}.$$

和

$$\phi(x,y) = \frac{\rho^2}{\pi E_x E_y} e^{-\rho^2\left(\frac{x^2}{E_x^2} + \frac{y^2}{E_y^2}\right)}.$$

射击精度表示弹落点对瞄准点的偏离程度,其大小就是用射击误差的大小表示的,所以射击精确度是射击准确度和射击密集度的总和。它是衡量武器装备的一个客观特征,在每一种型武器投入使用前都要通过试验等方法确定武器的射击精确度。

单门火炮(火器)一次射击发射数发弹,则诸元误差(瞄准误差)是相同的,此时弹落点的分布可表示为

$$\phi(x,y) = \frac{1}{2\pi\sigma_{x_s}\sigma_{y_s}} e^{-\frac{1}{2}\left(\frac{(x-x_c)^2}{\sigma_{x_s}^2} + \frac{(y-y_c)^2}{\sigma_{y_s}^2}\right)}$$

其中,期望值 (x_c, y_c) 为散布中心。

6.2.2 圆概率误差与概率误差

在实际应用中广泛使用的关于射击精度的描述指标是圆概率误差(circular probable error, CPE),它表示的是一个圆的半径 $R_{0.5}$,该圆以期望弹落点(或瞄准点)为圆心,弹落点有一半的可能落入该圆内。

在用圆概率误差 CPE 为描述射击精度的尺度时,通常都认为弹落点是满足

"圆形"正态分布的($\sigma = \sigma_x = \sigma_y$)。假设弹落点的分布密度有如下的标准形式:

$$\phi(x,y) = \frac{1}{2\pi\sigma^2}e^{-\frac{x^2+y^2}{2\sigma^2}}.$$

由圆概率误差的定义,有

$$\int_{x^2+y^2 \leq R_{0.5}^2} \phi(x,y) \mathrm{d}x\mathrm{d}y = 0.5$$

作变量替换

$$x = r\cos\theta, y = r\sin\theta(0 \leq \theta \leq 2\pi, 0 \leq r \leq R_{0.5}).$$

那么积分等式变为

$$1 - e^{-\frac{R_{0.5}^2}{2\sigma^2}} = 0.5$$

故得到圆概率误差 CPE 为

$$\mathrm{CPE} = R_{0.5} = \sqrt{2\log 2}\sigma = 1.1774\sigma$$

或者

$$R_{0.5} = \frac{\sqrt{\log 2}}{\rho}E = 1.7456E$$

其中,$E = E_x = E_y$。

概率误差 PE 指的是随机变量 X 或 Y 的中间误差 E,其实际含义是将弹落点投影到 X 轴(或 Y 轴)上时,有 50% 的投影坐标位于区间 $[-E,E]$ 中,所以 $\mathrm{PE} = E = 0.6746\sigma$ 表示弹落点在一个方向上的散布量度。如果弹落点不是圆正态分布,即 $\sigma_x \neq \sigma_y$,有时也使用圆概率误差来表示射击的精度。

6.2.3 射击的相关性与误差分组

1. 炮兵连的射击误差

设一个炮兵连有 n 门火炮,对同一个不能观察的目标进行集中火力的射击,此时各门炮的散布中心将分布在瞄准点周围。一般来说,这样的射击误差可分成两部分。

(1)连共同误差,即连射击时,对全部弹落点都重复出现的误差,它是由于决定目标位置、气象条件产生偏差时弹落所造成的共同影响。

(2)炮单独(非重复)误差,即对本炮的弹落点为重复而对其他炮的弹落点为非重复的误差,它是由各炮在自行规正瞄准装置、测定药室长度时产生的偏差对本炮发射的弹落点位置造成的影响。

连共同误差使各炮的散布中心以相同的偏差量 $\overline{\Delta}_{lg}$ 瞄准点 O 而位于 C_1 点,

第 k 门炮的单独误差 $\overline{\Delta}_{pdk}$ 使第 k 门炮的散布中心偏离 C_l 而位于 C_k 点,而散布误差又使行 k 门炮的第 i 次发射的弹落点偏差散布中心 C_k 而落在 S_{k_i} 点,所以第 k 门炮的第 i 发弹的射击误差 $\overline{\Delta}_{ki}$ 在坐标轴上的投影为

$$x_{k_i} = x_{lg} + x_{pdk} + x_{s_{k_i}}$$
$$y_{k_i} = y_{lg} + y_{pdk} + y_{s_{k_i}}$$

式中:x_{k_i}、y_{k_i} 为第 k 门炮第 i 发弹的射击误差;x_{lg}、y_{lg} 为连共同的方向和距离误差;x_{pdk},y_{pdk} 为第 k 门炮的单独方向和距离误差;$x_{s_{k_i}}$、$y_{s_{k_i}}$ 为第 k 门炮的第 i 次发射的散布方向和距离误差。

连共同误差、炮单独误差和散布误差是相互独立的,而且都服从正态分布,所以射击误差也服从正态分布,如图 6.3 所示。对于炮兵营的射击,作类似的分析可知对每门炮的误差可分为营共同误差、连共同误差和炮单独误差等。

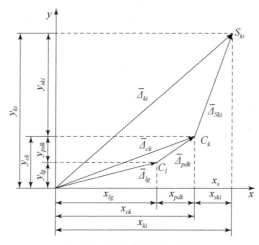

图 6.3 射击误差几何关系

2. 发射的相关性

由上面讨论炮兵连的射击误差中可看出,在一次发射多发弹的射击中,其误差基本上可作两部分。

(1)重复误差,对弹落点重复或按一定规律重复起作用的误差。
(2)非重复误差,对弹落点不重复起作用的误差。

如果两发弹的落点由于重复误差或其他原因使它们的位置具有相关性,则称为具有发射或射击的相关性。

相关性的两种极端情况是不相关和完全相关,如果 N 发中任一发落点的射

击误差与其他落点的射击误差无关,则称此 N 次发射是不相关或相互独立。这种情况只有在每次发射时都独立地决定诸元时才会出现;如果 N 发弹的全部落点都重合在一个点或按某一种规律出现,就称这 N 次发射是完全相关的,这只有在设有单独误差(散布误差)时才会出现,这样两种极端情况在实际中都不会出现。

3. 射击误差分组

为了准确地估计射击误差,研究各种射击情况下的相关性,将根据误差产生的原因对误差进行分组,如何进行这种分组应根据武器的性能、射击和瞄准的方法、目标运动的规律、参加射击的武器数量、误差源的特点和评定射击效率的问题的特点而确定,下面我们给出三种分组的例子。

步兵武器的射击误差分组如下。

(1)一组误差型。如果只发射一发弹,或每次发射均独立地进行瞄准,此时射击误差就不再分组,作为一组误差型处理。

(2)两组误差型。单件武器一次决定诸元(瞄准)后发射若干发弹或进行一次连射(点射)或数件武器统一决定诸元后各发射一发,此时误差将分为两组,第一组误差是对每发弹均为非重复的误差,第二组误差是对每发弹均为重复的误差。

(3)三组误差型。单件武器进行几次连射,或数个武器各进行一次连射,此时误差分为三组,第一组误差是对每发弹均为非重复的误差,第二组误差是对同一连射的各发弹均为重复的、对不同连射的各发弹均为非重复的误差,第三组误差是对每发弹均为重复的误差。

(4)四组误差型。用数件武器对同一目标射击,每件武器进行数次连射,此时的误差可分为四组,第一组误差是对每发弹均为非重复的误差,第二组误差是对同一武器同一连射均为重复的误差,第三组误差是对同一武器各发弹均为重复、对不同武器各发弹均为非重复的误差,第四组误差是对所有武器的每发弹均为重复的误差。

地面炮兵的射击误差分组通常根据参加射击的炮兵数量来定,其误差类型可分为如下几种。

(1)一组误差型。单件武器对目标发射一发或每次发射后重新决定诸元(重新瞄准)时,射击误差不分组,为一组误差型。

(2)两组误差型。此时为单炮射击一次决定诸元后发射若干发弹,其误差分组为诸元误差、散布误差。

(3) 三组误差型。此时为炮兵连的射击,其射击误差分为连共同误差、炮单独误差和散布误差。

(4) 四组误差型。此时炮兵营进行的射击,其误差分为营共同误差、连共同误差、炮单独误差和散布误差。

(5) 五组误差型。此时为炮兵群进行的射击,误差分组为群共同误差、营共同误差、连共同误差、炮单独误差和散布误差。

防空火炮对空中目标进行射击时,一般将误差分为二组误差型或三组误差型。

(1) 两组误差型。如果用单独一门带有独立射击指挥仪的火炮进行射击,将其误差分为两组。第一组误差为单独误差,对各发弹均为非重复的误差,它由炮弹的随机因素决定,第二组误差是指挥仪在弹道准备和气象准备时产生的重复误差。

(2) 三组误差型。此时是用防空火炮群进行射击,其误差分为三组。第一组误差是单独误差,由炮群的技术状况的随机影响及火炮阵地配置所引出的误差。第二组误差是射击指挥仪的输出误差(动态误差)所造成的,它使各门炮一次齐射(连射)时的所有炮弹都产生同样的偏差。第三组误差是由弹道准备和气象准备时的误差引起的,它使射击中的所有炮弹产生同样的偏差。

6.3 对目标的毁伤律

6.3.1 毁伤律的基本概念

1. 毁伤的含义

对地面炮兵来说,毁伤是压制、歼灭、破坏、妨碍的总称,它是一个笼统的概念,其含义在不同的场合是不同的。

例如,用榴弹对坦克进行间瞄射击,毁伤可能指的是削弱坦克战斗力(降低了坦克的运动速度、使乘员受伤,或使坦克的某些部件受损等),而用甲弹对坦克进行直瞄射击,则毁伤一般是要使坦克失去战斗力(如击毁坦克、使坦克着火或使乘员死亡等)。对集群目标进行射击,毁伤可能是指使其中50%或60%的单位目标被击毁。

由于毁伤一词的通用性,故在研究射击效率的具体问题时,要先明确"毁伤"的实际含义。

2. 毁伤的标准

毁伤标准指的是在不同的战术背景下不同的火器对各种目标进行射击时,认为目标被毁伤时所应出现的状态和基本要求。

例如,对一辆坦克来说,其毁伤指的是什么?其受到破坏时应出现什么状况?

制定毁伤标准是一件复杂且困难的事情,有些可以用定量方法描述,但需用定性的标准。

武器射击效率的大小不能单纯依据射击效率指标的大小来评定,而应同时考虑计算射击效率时是以什么样的毁伤标准作依据的。

武器装备及工程设施的毁伤标准,通常根据作战目的和研究需要分为若干等级来描述,一般分为轻度毁伤、中等毁伤和严重毁伤,其具体标准如下。

轻度毁伤:不妨碍装备设施立即使用的毁伤,使用人员稍加修理就可以使装备或设施恢复到正常使用状态。

中等毁伤:不对装备或设施进行大修就不能使用的毁伤。

严重毁伤:使装备或设施永远不能使用的毁伤。

受到中等程度毁伤的装备,通常都要停止使用,所以在一般作战条件下,使敌方的武器装备遭受中等毁伤也就满足要求了,但在某些情况下,如在进攻构筑了防御工事的敌人阵地时,需要严重毁伤目标才能达到要求。

人员的伤亡(战斗减员)不同于装备的毁伤,一般不能按毁伤程度来区分,凡是不能履行其职责的人员都可以认为是伤亡,当然在某些情况也对重伤和轻伤进行区分,在很多情况下,最好把人员的伤亡作为目标毁伤分析的基础,而不把装备毁伤作为基础。对于一些重要的目标,如导弹武器系统、桥梁和其他关键设施,则应该主要讨论装备的损伤。

3. 弹头的效力(威力)

弹头的效力(或称作威力)指的是弹头毁伤一定目标的难易程度或效果的好坏,它主要与武器弹头的性能和种类有关,对射击武器来说,应分别考虑与讨论各种武器的弹头效力。

炮兵的常规炮弹可分为榴弹、甲弹和特种弹,各类弹的效力是不同的。

榴弹的效力按其对目标的作用不同,可分为破片效力、冲击波效力、侵彻效力和爆破效力。

利用弹丸炸裂后形成的大量破片毁伤目标的效力,称为破片效力。

弹丸在空气中爆炸时产生的高温、高压,使周围空气的压力密度迅速上升,形成一个空气压缩层向四周扩散,这种高速运动的空气压缩层称为冲击波。利用冲击波毁伤目标的效力,称为冲击波效力。装定短延期或延期引信的榴弹对目标射击,依靠其重量和速度侵入目标一定深度再爆炸,这种侵入目标的能力称为侵彻效力。

弹丸爆炸时形成高温高压气体,猛烈地冲击目标或目标的介质,使目标破坏,这种效力称为爆破效力。榴弹破坏目标主要依靠爆破效力,侵彻效力有助于发挥更大的爆破效力。

榴弹配合一定的引信,可以发挥不同的效力,通过正确地选择炮种、弹种、引信、装药号数和弹道种类(如低射界射击和高射界射击),可以较充分地发挥炮弹的效力。

甲弹的种类有穿甲弹、破甲弹和碎甲弹,对应甲弹的效力也可分为三类。穿甲弹是具有穿透装甲能力的一种主要炮弹,用于摧毁坦克、自行火炮、步兵战斗车、装甲输送车和舰艇等装甲目标,也可用于摧毁敌永备防御工事。穿甲弹是以其自身的重量和速度形成较高的动能撞击目标,穿透装甲,再以爆炸、燃烧和破片来毁伤目标。破甲弹是聚能金属射流贯穿装甲的一种主要炮弹,用于摧毁坦克、装甲输送车、步兵战斗车等装甲目标,也可用于毁伤钢筋混凝土工事。其作用特点是利用锥形装药聚能的作用,将弹丸碰击目标爆炸后产生的炸药气体集中为高温、高压、高速的金属射流,穿透目标的装甲并毁伤内部设备和乘员。碎甲弹也称为爆破穿甲弹、穿甲爆破弹,是靠塑性炸药爆炸的冲击波毁坏装甲目标的一种炮弹。其既可作碎甲弹使用,用于摧毁坦克和其他装甲目标,也可作爆破弹使用,用于破坏钢质结构的防御工事。

导弹是用弹头(亦称为战斗部)来摧毁、破坏目标,杀伤有生力量的武器。由于现代战争中目标的多样性,故导弹的战斗部种类也很多,根据战斗部对目标的破坏作用,可将导弹的效力分为物理(机械)破坏效力(效应)、化学毁伤效力(效应)、光辐射效力、放射杀伤效力以及其他毁伤效力(如细菌、微生物等)。

核弹爆炸时产生冲击波起破坏作用,产生光辐射起燃烧作用,产生贯穿核辐射和放射性沾染起杀伤作用,所以它具有综合性的杀伤和破坏作用。核弹头的威力取决于爆炸时所释放的能量,通常以梯恩梯当量来表示,目前可达几十吨到几百万吨梯恩梯当量。

冲击波是核爆炸的主要破坏源,它约占核弹头释放能量的50%,核爆炸冲击波的性质与炸药爆炸的冲击波相同,只是剧烈程度更大,其反应区的压力可达到 20 亿 MPa,之后形成的火球压力也有几十万兆帕。

光辐射由核爆炸所形成的超高温生成,这是因为核爆中心的温度可达数千万摄氏度,火球表面温度也有上万摄氏度,它约占总能量的 35%。光辐射是通过烧灼和火灼来杀伤和破坏目标的,其作用时间很短(只有 2~3s),如果有屏障,则能很有效地阻挡光辐射杀伤。除非距爆炸中心很近,一般光辐射通常只对物体表面有破坏作用。

贯穿辐射是一种看不见也感觉不到的放射线,约占总能量的 5%,其中主要是射线和中子线,它们在空气中能传播很远,并且贯穿能力很强。但其强度随距离的增大而减弱,并且在穿透物体时迅速减弱。穿透人体的情况与 X 射线相似,强大时能破坏细胞引起射线病。射线的作用时间为几秒到几十秒,中子流的作用时间只有十分之几秒,有较厚的屏蔽物可以防护贯穿辐射。

放射性沾染来源于核爆炸后所形成的各种放射性物质,约占总能量的 10%,它们是未经反应的核装料、核裂"碎片",爆炸地各种物质如土壤、水、空气、建筑物,以及其他材料的原子在吸收中子以后所产生的放射性同位素,它们放出的各种射线对人体有杀伤作用。放射性沾染持续时间可达数小时至几天。

核爆炸瞬间还产生强大的电磁辐射,称为核电磁脉冲,它的作用时间很短,只有几十微秒,但电场强度很高,频谱很宽,作用范围很大,对电气、电子设备等能产生干扰和破坏。

步兵武器是常用的枪械,其主要任务是杀伤近距离内暴露的和有一般防护(如钢盔、防弹衣和轻型掩蔽部等)的敌方有生目标,此外步兵伴随和加强的火器(如手榴弹、枪榴弹、轻型火箭筒和迫击炮等),还可以压制、击毁敌人的坦克和其他轻型装甲目标和掩体。

武器的弹药类型及目标的性质决定了弹丸对目标的作用方式和规律,一般步兵武器的弹丸对目标的作用大致可分为:弹丸对有生目标的杀伤作用;弹丸对硬目标的侵彻和穿甲作用;弹丸对坦克车辆及其他硬目标的聚能破甲作用;特种弹丸对目标的杀伤破坏作用。

4. 目标的易毁性(易损性)

易毁性是目标结构或武器装备在遭受特定武器攻击时毁伤的难易程度的定量量度。易毁性高(大)意味着目标容易被毁伤,易毁性低(小),则表示目标较难毁伤,目标的易毁性与目标的结构、坚固性、幅员、形状、关键部分的数量及位置有关。

目标易毁性和炮弹(弹头)的效力是两个有区别又联系在一起的概念。目标的易毁性是指在固定的某种武器的条件下,各种目标被毁伤的难易程度;而炮弹效力是对一种目标而言,不同武器的弹头对目标的毁伤效果的大小。因此,经常用一个数值来表示易毁性和炮弹(弹头)的效力,如平均必需命中弹数、毁伤面积等。

5. 易毁面积

目标实际形体在某一个我们关心的平面或曲面上(如地平面与射击方向垂直的平面上等)的投影面积称为受弹面积。

对有些目标,以其实际幅员或受弹面积,可明显地分离出一部分来,弹头命中这一部分后目标必然被毁伤,称这部分面积为易毁面积,而另外部分面积则是非致命的,弹头命中后不能毁伤目标。通常,易毁面积以其所占实际幅员或受弹面积的百分数来表示,记作 a。

对于有些目标,不能清楚地划分为致命和非致命的两部分时,可以用某些理论方法求出折算的易毁面积。

目标的易毁性常常用易毁面积表示。

6. 毁伤律

各种弹头毁伤目标基本上可分为两种情况,一种情况是只有当弹头直接命中目标时才能毁伤目标,如步枪子弹对坐标的毁伤、反坦克导弹对坦克的毁伤等,都属于这类情况,此时毁伤目标的概率与命中的弹数有关。

另一种情况是弹头虽然没有命中目标,却能毁伤目标,毁伤目标的概率与弹落点相对于目标的位置有关。例如,有关炮兵发射的榴弹对人员或工程设施的毁伤就属这种情况。

所谓毁伤律就是这种毁伤目标的概率与命中弹数的关系,或与弹落点坐标位置的关系,也称为毁伤目标的条件概率,即毁伤律实质上是当命中弹数为 k 时,或弹落点坐标为 (x,y) 时的毁伤目标的条件概率 $p(k)$ 或者 $p(x,y)$。

7. 毁伤半径

对于不击中目标也可毁伤目标的情况,通常使用一个简便的参数来估计目标的毁伤情况,这个参数就是毁伤半径 r。r 是从弹落点起的一个距离,在这个距离上(内)目标遭受规定等级的毁伤概率为 50%。

由定义可看出,毁伤半径与目标的特性和弹头的类型两者都有关系,例如,对于一个特定的目标和毁伤等级来说,某弹头的毁伤半径 r 为一个值,而对另一个目标和毁伤等级,该弹头的毁伤半径可能是另一个值。

8. 毁伤幅员

毁伤幅员的中心是目标的中心,只要一发弹落入该幅员内,目标必然被毁伤,若弹落在该幅员外,则目标肯定不被毁伤。在不同的情况下,毁伤幅员有不同的含义,如果弹落在目标幅员内一定毁伤目标,落在目标幅员外一定不毁伤目标,则毁伤幅员等于目标幅员;如果弹落在包含目标幅员在内的离目标幅员一定距离的区域内都必然毁伤目标,则毁伤幅员等于目标幅员再向四周扩大毁伤半径的区域面积,对于依赖弹落点坐标的毁伤律的情况,毁伤幅员等于毁伤目标的条件概率 $p(x,y)$ 在全平面上的积分。

6.3.2 毁伤律的基本类型

毁伤律的类型可分成两类,数量毁伤律和坐标毁伤律,前者是依赖于命中弹数的毁伤律,后者是依赖于弹落点相对目标坐标的毁伤律。下面来简单讨论一下这两类毁伤律的一般性质。

1. 数量毁伤律

此时毁伤目标的概率为 $p(k)$,其中 k 表示命中目标的弹数。$p(k)$ 具有如下简单性质。

(1) 当 $k=0$ 时,$p(k)=0$。

(2) 对任意 k,$p(k) \geqslant p(k-1)$。

(3) 当 $k \to +\infty$ 时,$p(k) \to 1$。

数量毁伤律又可分成零壹毁伤律(0-1 毁伤律)、等阶梯毁伤律和指数毁伤律。

2. 坐标毁伤律

坐标毁伤律可以分为平面的和空间的两种形式,现在讨论用炮弹攻击地面目标时的毁伤规律。假定目标位于原点 O,如发射一发弹,其落点在 (x_1,y_1),则我们用 $p(x_1,y_1)$ 表示毁伤目标的条件概率,如发射两发弹,弹落点的位置分别为 (x_1,y_1) 和 (x_2,y_2),则毁伤目标的条件概率记为 $p(x_1,y_1;x_2,y_2)$。

一般地,当发射 N 发弹时,N 发弹的落点分别为 (x_1,y_1),(x_2,y_2),$\cdots$,(x_N,y_N),则毁伤目标的概率为

$$p(x_1,y_1;x_2,y_2;\cdots;x_N,y_N).$$

如果拟定各发弹毁伤目标的事件是互相独立的,也就是说不存在损伤积累,那么 N 发弹的毁伤目标概率为

$$\begin{aligned}&p(x_1,y_1;x_2,y_2;\cdots;x_N,y_N)\\&=1-(1-p(x_1,y_1))(1-p(x_2,y_2))\cdots(1-p(x_N,y_N))\\&=1-\prod_{i=1}^{N}(1-p(x_i,y_i)).\end{aligned}$$

在此情形下,只要讨论单发弹对目标的毁伤概率即可。

与上述无损伤积累情况对应的是目标具有"损伤积累"的情况。所谓损伤积累,是指一发弹毁伤目标的概率与它前面发射的各发弹对该目标所形成的毁伤程度有关。此时可能会出现这样的情况,尽管任一发弹都没有单独毁伤目标,但二发弹或若干发弹的联合作用就有可能毁伤目标。所以此时各发弹毁伤目标不是互相独立的事件,对于实际问题来说,完全无损伤积累的情况是不存在的。

坐标毁伤律具有如下性质。

(1) $p(0,0)=1$。即当弹头击中目标时,必定能毁伤目标,若考虑冲击波的作用,则还可能存在一个距离 R,使得当 $x^2+y^2 \leqslant R^2$ 时,有 $p(x,y)=1$。

(2) 令 $p(x,y)=p(r\cos\theta,r\sin\theta)$,则对任一 θ,$0 \leqslant \theta \leqslant 2\pi$,有

$$p(r\cos\theta,r\sin\theta) \leqslant p(r'\cos\theta,r'\sin\theta), r \leqslant r'.$$

它表示在以目标为中心的任一方向上,随着弹落点距目标距离增大,毁伤目标的概率 $p(x,y)$ 单调下降。

(3) $|x| \to \infty$,$|y| \to \infty$,$p(x,y) \to 0$,表示当弹落点离目标很远时,毁伤目标的可能性将很小。

(4) 设 y 轴方向与射击方向一致,则

$$p(x,y)=p(-x,y)$$

即 $p(x,y)$ 关于 y 轴是对称的,但 $p(0,y)$ 关于 y 一般不是对称的。

坐标毁伤律 $p(x,y)$ 的类型很多,常见的有如下两类。

(1) 高斯毁伤律(椭圆毁伤律)。

$$p(x,y)=\frac{1}{2\pi\sigma_x\sigma_y}e^{-\frac{1}{2}\left(\frac{x^2}{\sigma_x^2}+\frac{y^2}{\sigma_y^2}\right)}$$

或者

$$p(x,y)=\frac{p^2}{\pi\eta_x\eta_y}e^{-p^2\left(\frac{x^2}{\eta_x^2}+\frac{y^2}{\eta_y^2}\right)}.$$

(2)区域毁伤律。

$$p(x,y) = \begin{cases} 1 & ((x,y) \in A) \\ 0 & ((x,y) \notin A) \end{cases}.$$

式中:A 为某一区域。

上面讨论坐标毁伤律 $p(x,y)$ 时,都假设目标在原点 O,弹落点在 (x,y),我们也可以把弹落点设在原点 O,则 $p(x,y)$ 就可表示为目标在 (x,y) 时该弹对其的毁伤概率,形式与前面讨论的一样,所以一般也可根据讨论问题的方便来确定以哪个为坐标原点的毁伤律表示。

6.3.3 零壹毁伤律

零壹毁伤律的一般形式为

$$p(k) = \begin{cases} 0 & (k < m) \\ 1 & (k \geq m) \end{cases}.$$

它表示当命中弹数少于 m 时,肯定不能毁伤目标,而当命中弹数等于或大于 m 时,必然毁伤目标。

一般来说,$m>1$ 的毁伤在实际中很少出现,也较少使用,仅有个别目标接近于 $m=2$ 时的零壹毁伤律。例如,对某种较坚固的工事进行射击,命中一发不能破坏目标,再命中一发就很可能破坏目标,故后面我们讨论的零壹毁伤律,一般都是指 $m=1$ 的情况。

对 $m=1$ 的毁伤律,表示命中目标一发弹便可毁伤目标,而对于有的目标来说,如轻型工事、掩体、车辆等,不直接命中目标时,也可毁伤目标,此时只要命中目标的毁伤幅员即可。

毁伤幅员 A 指的是目标的幅员加上目标附近的一个区域,使得一发弹命中此幅员 A 便能毁伤目标。目标毁伤幅员的大小与弹种(炮弹效力)、目标的易毁性有关,通常根据试验确定。现设目标的毁伤幅员为 A,则 $m=1$ 时的零壹毁伤律也可写成如下形式:

$$p(k) = p(x,y) = \begin{cases} 1 & ((x,y) \in A) \\ 0 & ((x,y) \notin A) \end{cases}.$$

式中:$(x,y) \in A$ 为至少有一发弹落点位于 A 中;$(x,y) \notin A$ 为各发弹均落于 A 之外。

6.3.4 阶梯毁伤律

阶梯毁伤律的表示形式

$$p(k) = \begin{cases} 0 & (k<1) \\ \dfrac{k}{m} & (1 \leqslant k < m) \\ 1 & (k \geqslant m) \end{cases}$$

式中：m 为参数。

当 $m=1$ 时，阶梯毁伤律与零壹毁伤律是相同的，均表示命中一发便能毁伤目标。

阶梯毁伤律的优点是体现了"毁伤积累"这一现象，因为前面命中的弹总会给目标造成一些损伤，从而使后面命中的弹更容易毁伤目标，即毁伤目标的可能性随着命中弹数的增加而提高。

阶梯毁伤律的缺点是很难通过实验确定 m，在试验中我们通常只能获得平均所需弹数才能毁伤目标，而很难获得一个绝对准确的毁伤目标所需的命中弹数。

关于阶梯毁伤律，有如下性质：当毁伤目标满足阶梯毁伤律时，第 k 发命中弹毁伤目标的概率 p_k 大于第 $(k-1)$ 发命中弹毁伤目标的概率 p_{k-1}。

实际上，由于毁伤满足阶梯律，目标被命中 $(k-1)$ 发毁伤的概率为

$$p(k-1) = \frac{k-1}{m}.$$

则命中 $(k-1)$ 发不毁伤目标的概率为

$$\bar{p}(k-1) = 1 - \frac{k-1}{m} = \frac{m+1-k}{m}.$$

所以

$$p(k) = p(k-1) + \bar{p}(k-1)p_k$$

将 $p(k) = \dfrac{k}{m}$ 代入，可得

$$\frac{k}{m} = \frac{k-1}{m} + \frac{m-k+1}{m}p_k$$

推出

$$p_k = \frac{1}{m-k+1}, \quad 1 \leqslant k \leqslant m.$$

同理

$$p_{k-1} = \frac{1}{m-k+2}.$$

所以

$$p_k > p_{k-1}.$$

即第 k 发命中弹毁伤目标的概率要大于第 $(k-1)$ 发命中弹的毁伤概率。特别要注意的是，p_k 和 $p(k)$ 是两个不同的符号，代表不同的意义。

6.3.5 指数毁伤律

假设命中目标的各弹没有损伤积累作用，从而各次命中后毁伤目标的事件是相互独立的，即表示命中目标的各弹毁伤目标的概率是相等的。

再设命中目标的各弹在目标的幅员内是均匀分布的，目标的相对易毁面积为 a，可知一发命中目标的弹毁伤目标的概率 p_1 即为该弹落入目标易毁面积内的概率，故

$$p_1 = a.$$

如上假设，当目标被命中 k 发时，其毁伤的概率为

$$p(k) = 1 - (1-a)^k, \quad k \in \mathbb{N}.$$

假设 p_k 表示命中目标 k 发弹，恰好在第 k 发命中弹毁伤目标的概率，则有

$$p_k = (1 - p(k-1))a = (1-a)^{k-1}a.$$

设 w 为毁伤目标所需的平均命中弹数，则

$$w = \sum_k k p_k = \sum_k k(1-a)^{k-1}a = \frac{1}{a}.$$

所以

$$p(k) = 1 - (1-a)^k = 1 - \left(1 - \frac{1}{w}\right)^k = 1 - e^{k \log\left(1 - \frac{1}{w}\right)} \approx 1 - e^{-\frac{k}{w}}.$$

称这样的毁伤律 $p(k)$ 为指数毁伤律。

当 $w = 1$ 时，指数毁伤律即为 $m = 1$ 时的零壹毁伤律，此时应理解成命中一发即可毁伤目标，而不应理解成平均需要一发命中弹能毁伤目标。

指数毁伤律是建立在无损伤积累的假设基础上的，而且当 k 取有限值时，都有 $p(k) < 1$，但实际中的目标总有些毁伤积累作用，在命中的弹足够多时，总会将目标毁伤，所以在这方面指数毁伤律与事实有不太符合的地方。由于指数毁伤律在计算射击效率指标时很方便，也比较准确，故得到广泛的使用。

寻求 w 的方法可用如下 3 种。

(1) 如果能由理论方法或试验的方法求得命中弹与毁伤概率的关系 $Q^*(k)$，则由

$$p(k) = 1 - \left(1 - \frac{1}{w}\right)^k$$

可得
$$1 - p(k) = \left(1 - \frac{1}{w}\right)^k$$
推得
$$\sum_{k \geq 0}(1 - p(k)) = \sum_{k \geq 0}\left(1 - \frac{1}{w}\right)^k = w.$$
于是
$$w = \sum_{k \geq 0}(1 - Q^*(k)).$$

(2) 当目标可以分成易毁性不同的 l 个部分,它们的面积分别为 $S_1, S_2, \cdots, S_l$,目标的总面积为 S,又设命中弹在目标总面积上分布是均匀的,命中第 i 部分的概率是
$$p_i = \frac{S_i}{S}.$$

对第 i 个部分进行瞄准射击或模拟试验,得到命中该部分导致目标毁伤所需的平均弹数为 t_i,然后按下式计算毁伤目标所需的命中弹数的数学期望
$$w = \frac{1}{\sum_{i=1}^{l} \frac{p_i}{t_i}}.$$

(3) 各种口径炮弹对某一种目标的 w 值,往往是弹内炸药量或全弹重的函数
$$w = f(q)$$
式中:q 为炸药重量或全弹重;f 的典型形状如图 6.4 所示。

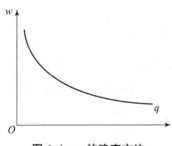

图 6.4 w 的确定方法

以往的证据表明,在获得一种目标的关系式后,可以找出另一种同类型目标的相似关系式
$$w = cf(q)$$

式中:c 为参数,可用试验方法来确定,这种方法可适用于坦克、装甲车、舰艇、飞机等目标。

6.3.6 杀伤面积与矩形毁伤律

设弹头的炸点位于$(0,0)$,高度$z=H$,则弹的杀伤面积定义为

$$A_L = \int_{-\infty}^{+\infty}\int_{-\infty}^{+\infty} p(x,y\mid H)\mathrm{d}x\mathrm{d}y$$

其中

$$p(x,y\mid H) = p(x,y,H)$$

表示弹头在给定高度H爆炸时,对位于地面上(x,y)点的目标单元的毁伤概率。A_L称为弹头的毁伤幅员或毁伤面积。

如$f(H)$表示炸点在高度为H的概率,则有平均杀伤面积

$$\overline{A}_L = \int f(H) p(x,y\mid H) \mathrm{d}x\mathrm{d}y\mathrm{d}H.$$

杀伤面积有面积的量纲,但在物理意义上,它并不是一个有明确定义的面积,而是以目标被毁伤的概率作为"面积"。即这个面积基本是一个"平均"面积,在这个面积内,只要目标单元恰好位于其中,它们就会被毁伤。

虽然弹丸在爆炸时显现出完全不同的性质,弹片会明显偏向一边,但为了实际应用的方便,我们通常把A_L化成规则图形来看,如矩形、圆形、椭圆形区域的面积等。

例如,最常见的是把A_L看成其边平行x轴与y轴的矩形,且

$$A = 2l_x \times 2l_y.$$

式中:$2l_x$为矩形杀伤面积的正面宽;$2l_y$为纵深。于是可定义矩形毁伤律

$$p_l(x,y\mid H) = \begin{cases} 1 & (\mid x\mid \leq l_x \text{ 且 } \mid y\mid \leq l_y) \\ 0 & (\mid x\mid > l_x \text{ 或 } \mid y\mid > l_y). \end{cases}$$

由此便知,$p_l(x,y,\mid H)$所得到的毁伤面积与$p(x,y\mid H)$所得到的毁伤面积是相等的,而它们分别得到的射击效率也很接近,因此可以用$p_l(x,y\mid H)$近似代替$p(x,y\mid H)$。

为了求得l_x、l_y,假设

$$\frac{l_x}{l_y} = \frac{A_x}{A_y}$$

其中

$$A_x = \int p(x,0\mid H)\mathrm{d}x;\ A_y = \int p(0,y\mid H)\mathrm{d}y.$$

于是便有

$$l_x = \frac{1}{2}\sqrt{\frac{A_L A_x}{A_y}}; \quad l_y = \frac{1}{2}\sqrt{\frac{A_L A_y}{A_x}}.$$

6.3.7 椭圆毁伤律

对于坐标毁伤律 $p(x,y)$ 可以用椭圆毁伤律

$$p_\eta(x,y) = e^{-\rho^2\left(\frac{x^2}{\eta_x^2}+\frac{y^2}{\eta_y^2}\right)} \quad (-\infty < x < +\infty, -\infty < y < +\infty).$$

来近似表示,为了使 p_η 与 $p(x,y)$ 较大程度上一致,需要确定 η_x、η_y,故令

$$\int_{-\infty}^{+\infty} k p_\eta(x,0)\,\mathrm{d}x = \int_{-\infty}^{+\infty} p(x,0)\,\mathrm{d}x = A_x$$

$$\int_{-\infty}^{+\infty} k p_\eta(0,y)\,\mathrm{d}y = \int_{-\infty}^{+\infty} p(0,y)\,\mathrm{d}y = A_y$$

$$\int_{-\infty}^{+\infty}\int_{-\infty}^{+\infty} p_\eta(x,y)\,\mathrm{d}x\mathrm{d}y = \int_{-\infty}^{+\infty}\int_{-\infty}^{+\infty} p(x,y)\,\mathrm{d}x\mathrm{d}y = A_L.$$

故有

$$k\frac{\eta_x}{\rho}\sqrt{\pi} = A_x$$

$$k\frac{\eta_y}{\rho}\sqrt{\pi} = A_y$$

$$\eta_x \eta_y \frac{\pi}{\rho^2} = A_L.$$

计算得到

$$\eta_x = \frac{\rho}{\sqrt{\pi}}\sqrt{\frac{A_L A_x}{A_y}}$$

$$\eta_y = \frac{\rho}{\sqrt{\pi}}\sqrt{\frac{A_L A_y}{A_x}}.$$

6.4 单发命中概率

6.4.1 一般表达式

单发命中概率是计算各种射击效率指标的基础,所以认真研究对各种目标的单发命中概率和计算法是很有意义的。一般来说,命中目标的概率依赖的因

素包括目标的定位误差、气象条件、武器的倾斜和定位角、目标的大小和形状、射程、瞄准误差、散布误差等。

1. 发射一发的条件命中概率

如图 6.5 所示,设目标中心在坐标原点 O,瞄准点为 O,散布中心在 C 点,目标的幅员为 S。

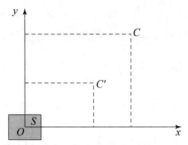

图 6.5　命中概率几何关系

射弹的散布服务从正态分布,其分布密度为

$$\phi_s(x-a_x-x_c, y-a_y-y_c) = \frac{1}{2\pi\sigma_{x_s}\sigma_{y_s}} e^{-\frac{1}{2}\left(\frac{(x-a_x-x_c)^2}{\sigma_{x_s}^2} + \frac{(y-a_y-y_c)^2}{\sigma_{y_s}^2}\right)}$$

式中:a_x, a_y 为瞄准点对坐标原点的距离和方向误差(系统误差);x_c, y_c 为决定诸元误差;x, y 为弹落点对坐标原点的方向和距离偏差。

发射一发弹命中目标的概率也就是随机变量 (Z, Y) 落入区域 S 的概率,即

$$p_1(a_x+x_c, a_y+y_c) = p((Z,Y) \in S)$$
$$= \int_S \phi_s(x-a_x-x_c, y-a_y-y_c) \mathrm{d}x\mathrm{d}y.$$

令

$$x_s = x-a_x-x_c, \quad y_s = y-a_y-y_c$$

则单发条件命中概率为

$$p_1(a_x+x_c, a_y+y_c) = p((Z,Y) \in S)$$
$$= \int_S \phi_s(x-a_x-x_c, y-a_y-y_c) \mathrm{d}x\mathrm{d}y$$
$$= \int_S \frac{1}{2\pi\sigma_{x_s}\sigma_{y_s}} e^{-\frac{1}{2}\left(\frac{x_s^2}{\sigma_{x_s}^2} + \frac{y_s^2}{\sigma_{y_s}^2}\right)} \mathrm{d}x_s \mathrm{d}y_s.$$

显然,这里 x_s, y_s 表示的是弹落点对散布中心的方向与距离,即为散布误差。以后为讨论问题方便,一般均假设没有系统误差,则 $a_x = a_{y=0}$,从而瞄准点与目标中心是同一个点,单发命中条件概率表示为 $p_1(x_c, y_c)$。

2. 发射一发的毁伤条件概率

这里要结合毁伤律的不同情况分别讨论。

(1) 毁伤服从数量毁伤律的情况。这时毁伤目标的条件概率为

$$R_1 = p(1) \times p_1(x_c, y_1).$$

如 $p(k)$ 是服从 $m=1$ 的零壹毁伤律,则 $p(1) = 1$,从而

$$R_1 = p_1(x_c, y_1).$$

即命中的概率即为毁伤条件概率。

如毁伤律是阶梯律,则

$$R_1 = \frac{1}{M} p_1(x_c, y_1).$$

如毁伤律为指数律时,则

$$R_1 = \frac{1}{w} p_1(x_c, y_1).$$

(2) 毁伤服从坐标毁伤律时。设发射的一发弹的弹落点为 $(x, y) = (x_c + x_s, y_c + y_s)$,其毁伤目标的规律服从椭圆坐标律为

$$p(x, y) = p(x_c + x_s, y_c + y_s) = e^{-\frac{1}{2}\left(\frac{(x_c+x_s)^2}{\sigma_{k_x}^2} + \frac{(y_c+y_s)^2}{\sigma_{k_y}^2}\right)}.$$

其中,(x_c, y_c) 是诸元误差,则发射一发的毁伤条件概率为

$$\begin{aligned}
R_1(x_c, y_c) &= \int_{\mathbb{R}^2} \phi(x_s, y_s) p(x_c + x_s, y_c + y_s) \, dx_s dy_s \\
&= \int_{\mathbb{R}^2} \frac{1}{2\pi\sigma_{x_s}\sigma_{y_s}} e^{-\frac{1}{2}\left(\frac{x_s^2}{\sigma_{x_s}^2} + \frac{y_s^2}{\sigma_{y_s}^2}\right)} e^{-\frac{1}{2}\left(\frac{(x_c+x_s)^2}{\sigma_{k_x}^2} + \frac{(y_c+y_s)^2}{\sigma_{k_y}^2}\right)} dx_s dy_s \\
&= \frac{\sigma_{k_x}\sigma_{k_y}}{\sqrt{\sigma_{k_x}^2 + \sigma_{x_s}^2}\sqrt{\sigma_{k_y}^2 + \sigma_{y_s}^2}} e^{-\frac{1}{2}\left(\frac{x_c^2}{\sigma_{k_x}^2+\sigma_{x_c}^2} + \frac{y_c^2}{\sigma_{k_y}^2+\sigma_{y_s}^2}\right)}.
\end{aligned}$$

3. 发射一发的命中全概率

考虑决定诸元误差所有可能值而得到的命中概率,称为命中全概率。若设有系统误差且射击误差为 a_x 和 a_y,则

$$\phi(x-a_x, y-a_y) = \frac{1}{2\pi\sigma_x\sigma_y} e^{-\frac{1}{2}\left(\frac{(x-a_x)^2}{\sigma_x^2} + \frac{(y-a_y)^2}{\sigma_y^2}\right)}$$

所以单发弹的全命中的概率为

$$\bar{p}(a_x, a_y) = \int_S \phi(x-a_x, y-a_y) \, dx dy.$$

命中全概率的表达式也可以用如下方法得到。对任一个可能的诸元误差 (x_c, y_c)，单发弹的命中概率为 $p_1(a_x+x_c, a_y+y_c)$，而诸元误差的分布为

$$\phi_c(x_c, y_c) = \frac{1}{2\pi\sigma_{x_c}\sigma_{y_c}} e^{-\frac{1}{2}\left(\frac{x_c^2}{\sigma_{x_c}^2}+\frac{y_c^2}{\sigma_{y_c}^2}\right)}$$

则全命中概率为

$$\bar{p}(a_x, a_y) = \int_{\mathbb{R}^2} \phi_c(x_c, y_c) p_1(a_x+x_c, a_y+y_c) \mathrm{d}x_c \mathrm{d}y_c$$

$$= \int_{\mathbb{R}^2} \phi_c(x_c, y_c) \int_S \phi(x-a_x-x_c, y-a_y-y_c) \mathrm{d}x \mathrm{d}y \mathrm{d}x_c \mathrm{d}y_c$$

$$= \int_S \phi(x-a_x, y-a_y) \mathrm{d}x \mathrm{d}y$$

其中，$\sigma_x^1 = \sigma_{x_c}^2 + \sigma_{x_s}^2$，$\sigma_y^2 = \sigma_{y_c}^2 + \sigma_{y_s}^2$。

当无系统误差时，$\bar{p}_1(a_x, a_y) = \bar{p}_1 = \mathrm{const}$。

4. 发射一发的毁伤全概率

(1) 毁伤为数量毁伤律。当毁伤律为零壹毁伤律时 $m=1$ 命中概率即为毁伤全概率，当毁伤律为指数律时，单发弹的毁伤全概率为

$$\bar{R}_1(a_x, a_y) = \frac{1}{w}\bar{p}(a_x, a_y).$$

如无系统误差，则

$$\bar{R}_1(a_x, a_y) = R_1 = \frac{\bar{p}_1}{w}.$$

(2) 毁伤为坐标律。设诸元误差为 (x_c, y_c)，毁伤目标的条件概率为

$$R_1(a_x+x_c, a_y+y_c)$$

$$= \frac{\sigma_{k_x}\sigma_{k_y}}{\sqrt{\sigma_{k_x}^2+\sigma_{x_s}^2}\sqrt{\sigma_{k_y}^2+\sigma_{y_s}^2}} e^{-\frac{1}{2}\left(\frac{(x_c+a_x)^2}{\sigma_{k_x}^2+\sigma_{x_s}^2}+\frac{(y_c+a_y)^2}{\sigma_{k_y}^2+\sigma_{y_s}^2}\right)}.$$

则毁伤全概率为

$$\bar{R}_1(a_x, a_y) = \int_{\mathbb{R}^2} \phi(x_c, y_c) R_1(a_x+x_c, a_y+y_c) \mathrm{d}x_c \mathrm{d}y_c$$

$$= \frac{\sigma_{k_x}\sigma_{k_y}}{\sqrt{\sigma_{k_x}^2+\sigma_{x_s}^2+\sigma_{x_c}^2}\sqrt{\sigma_{k_y}^2+\sigma_{y_s}^2+\sigma_{y_c}^2}} e^{-\frac{1}{2}\left(\frac{a_x^2}{\sigma_{k_x}^2+\sigma_{x_s}^2+\sigma_{x_c}^2}+\frac{a_y^2}{\sigma_{k_y}^2+\sigma_{y_s}^2+\sigma_{y_c}^2}\right)}.$$

如无系统误差，则

$$\bar{R}_1(a_x, a_y) = \bar{R}_1 = \frac{\sigma_{k_x}\sigma_{k_y}}{\sqrt{\sigma_{k_x}^2+\sigma_{x_s}^2+\sigma_{x_c}^2}\sqrt{\sigma_{k_y}^2+\sigma_{y_s}^2+\sigma_{y_c}^2}}.$$

$\bar{R}_1(a_x, a_y)$ 也可从以下公式得到

$$\bar{R}_1(a_x, a_y) = \int_{\mathbb{R}^2} \phi(x-a_x, y-a_y) p(x,y) \mathrm{d}x \mathrm{d}y$$

$$= \frac{\sigma_{k_x}\sigma_{k_y}}{\sqrt{\sigma_{k_x}^2+\sigma_x^2}\sqrt{\sigma_{k_y}^2+\sigma_y^2}} \mathrm{e}^{-\frac{1}{2}\left(\frac{a_x^2}{\sigma_{k_x}^2+\sigma_x^2}+\frac{a_y^2}{\sigma_{k_y}^2+\sigma_y^2}\right)}.$$

6.4.2 精确公式

这里我们将讨论对几类特殊的常见目标的命中概率公式。

1. 命中带状目标的概率

设目标为一个宽度为 $2L$，长为无限的带状目标，其位置如图 6.6 所示。

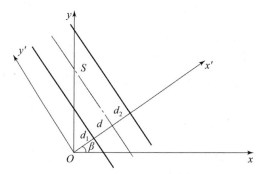

图 6.6 带状目标命中概率几何关系

其中取坐标原点为散布中心，射击时无系统误差，则弹落点的分布密度为

$$\phi(x,y) = \frac{1}{2\pi\sigma_x\sigma_y} \mathrm{e}^{-\frac{1}{2}\left(\frac{x^2}{\sigma_x^2}+\frac{y^2}{\sigma_y^2}\right)}.$$

设此带状目标的区域为 S，则单发命中的概率为（条件概率）

$$p_S = \int_S \phi(x,y) \mathrm{d}x \mathrm{d}y.$$

现在进行坐标旋转变换

$$x = x'\cos\beta - y'\sin\beta; \quad y = x'\sin\beta + y'\cos\beta.$$

使得新坐标系的 OX' 轴与目标垂直，设 d_1、d_2 分别为 O 到目标边缘近距离和远距离，d 是目标的中间点，称为 O 到目标的距离，从而

$$p_S = \int_{d_1}^{d_2} \int_{-\infty}^{+\infty} \phi(x'\cos\beta - y'\sin\beta, x'\sin\beta + y'\cos\beta) \mathrm{d}x' \mathrm{d}y'$$

$$= \int_{d_1}^{d_2} \frac{1}{2\pi\sigma_{x_s}\sigma_{y_s}} \exp\left(-\frac{1}{2}\left(\frac{x'^2}{\sigma_{x_s}^2\cos^2\beta + \sigma_{y_s}^2\sin^2\beta}\right)\right) \mathrm{d}x' \times$$

$$\int_{-\infty}^{+\infty} \exp\left(-\frac{1}{2}\left(\frac{(\sigma_{x_s}^2\cos^2\beta + \sigma_{y_s}^2\sin^2\beta)\left(y' + \frac{\cos\beta\sin\beta(\sigma_{x_s}^2 - \sigma_{y_s}^2)^2}{\sigma_{x_s}^2\cos^2\beta + \sigma_{y_s}^2\sin^2\beta}\right)^2}{\sigma_{x_s}^2\sigma_{y_s}^2}\right)\right)dy'$$

记 $\sigma_\beta^2 = \sigma_{x_s}^2\cos^2\beta + \sigma_{y_s}^2\sin^2\beta$，则命中条件概率为

$$p_S = \frac{1}{\sqrt{2\pi}\sigma_\beta}\int_{d_1}^{d_2}\exp\left(-\frac{1}{2}\frac{x'^2}{\sigma_\beta^2}\right)dx'$$

$$= \frac{1}{\sqrt{2\pi}\sigma_\beta}\int_{d-l}^{d+l}\exp\left(-\frac{1}{2}\frac{x'^2}{\sigma_\beta^2}\right)dx'.$$

记函数 $\Phi(x) = \frac{2}{\sqrt{2\pi}}\int_0^x \exp\left(-\frac{t^2}{2}\right)dt$，那么

$$p_S = p(d) = \frac{1}{2}\left(\Phi\left(\frac{d+l}{\sigma_\beta}\right) - \Phi\left(\frac{d-l}{\sigma_\beta}\right)\right) = \frac{1}{2}\left(\Phi\left(\frac{d_2}{\sigma_\beta}\right) - \Phi\left(\frac{d_1}{\sigma_\beta}\right)\right).$$

这里的 p_S 只与目标的宽度和距离 d 有关。

类似地，我们可得到命中带状目标的全概率公式

$$\bar{p}(d) = \frac{1}{2}\left(\Phi\left(\frac{d+l}{\bar{\sigma}_\beta}\right) - \Phi\left(\frac{d-l}{\bar{\sigma}_\beta}\right)\right) = \frac{1}{2}\left(\Phi\left(\frac{d_2}{\bar{\sigma}_\beta}\right) - \Phi\left(\frac{d_1}{\bar{\sigma}_\beta}\right)\right)$$

其中，$\bar{\sigma}_\beta^2 = \sigma_x^2\cos^2\beta + \sigma_y^2\sin^2\beta$。需注意的是，当坐标原点不在目标区域中时，$d_1$、$d_2$ 均取正号，当原点位于目标区域中时，d_1 取负号，d_2 取正号。

对于目标的特殊形状有如下讨论。

(1) 目标是半平面，取 $d_2 = +\infty$，故

$$\Phi\left(\frac{d_2}{\sigma_\beta}\right) = 1$$

所以

$$p_S = \frac{1}{2} - \frac{1}{2}\Phi\left(\frac{d_1}{\sigma_\beta}\right).$$

(2) 散布中心(原点)位于带状目标的中心线时，即 $d = 0$，则 $\|d_1\| = \|d_2\| = l$，故

$$p_S = \frac{1}{2}\left(\Phi\left(\frac{l}{\sigma_\beta}\right) - \Phi\left(\frac{-l}{\sigma_\beta}\right)\right) = \Phi\left(\frac{l}{\sigma_\beta}\right).$$

(3) 目标的边线与 x 轴平行时，则 $\beta = 90°$，故 $\sigma_\beta = \sigma_{y_s}$，从而

$$p_S = \frac{1}{2}\left(\Phi\left(\frac{y_2}{\sigma_{y_s}}\right) - \Phi\left(\frac{y_1}{\sigma_{y_s}}\right)\right).$$

(4) 目标的边线与 y 轴平行时，有

$$p_S = \frac{1}{2}\left(\Phi\left(\frac{x_2}{\sigma_{y_s}}\right) - \Phi\left(\frac{x_1}{\sigma_{y_s}}\right)\right).$$

2. 命中平行于射击方向的矩形的概率

设矩形目标的边长为 $2l_x$、$2l_y$，目标中心距坐标原点的距离分别为 a_x、a_y，如图 6.7 所示。

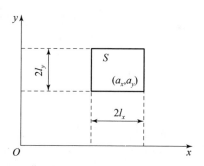

图 6.7　矩形目标命中概率几何关系

设弹落点的分布为
$$\phi(x,y) = \frac{1}{2\pi\sigma_x\sigma_y}\exp\left(-\frac{1}{2}\left(\frac{x^2}{\sigma_x^2} + \frac{y^2}{\sigma_y^2}\right)\right)$$
则发射一发的命中全概率为
$$\begin{aligned}
p &= \int_S \phi(x,y)\,\mathrm{d}x\mathrm{d}y \\
&= \left(\int_{a_x-l_x}^{a_x+l_x}\frac{1}{\sqrt{2\pi}\sigma_x}\exp\left(-\frac{1}{2}\frac{x^2}{\sigma_x^2}\right)\mathrm{d}x\right)\left(\int_{a_y-l_y}^{a_y+l_y}\frac{1}{\sqrt{2\pi}\sigma_y}\exp\left(-\frac{1}{2}\frac{y^2}{\sigma_y^2}\right)\mathrm{d}y\right) \\
&= \frac{1}{4}\left(\Phi\left(\frac{a_x+l_x}{\sigma_x}\right) - \Phi\left(\frac{a_x-l_x}{\sigma_x}\right)\right)\left(\Phi\left(\frac{a_y+l_y}{\sigma_y}\right) - \Phi\left(\frac{a_y-l_y}{\sigma_y}\right)\right).
\end{aligned}$$
当目标中心与坐标原点重合时，即 $a_x = a_y = 0$ 时
$$p = \Phi\left(\frac{l_x}{\sigma_x}\right)\Phi\left(\frac{l_y}{\sigma_y}\right).$$

3. 命中等概率椭圆的概率

设弹落点的散布为
$$\phi(x,y) = \frac{1}{2\pi\sigma_x\sigma_y}\exp\left(-\frac{1}{2}\left(\frac{x^2}{\sigma_x^2} + \frac{y^2}{\sigma_y^2}\right)\right)$$
参数 a、b 满足

$$\frac{a}{\sigma_x} = \frac{b}{\sigma_y} = k$$

则等概率椭圆为

$$\frac{x^2}{a^2} + \frac{y^2}{b^2} = 1.$$

命中该椭圆的概率为

$$p = \int_{\frac{x^2}{a^2} + \frac{y^2}{b^2} \leq 1} \frac{1}{2\pi\sigma_x\sigma_y} \exp\left(-\frac{1}{2}\left(\frac{x^2}{\sigma_x^2} + \frac{y^2}{\sigma_y^2}\right)\right) \mathrm{d}x\mathrm{d}y$$

假设

$$x = \sigma_x r\cos\theta, \quad y = \sigma_y r\sin\theta$$

则积分转变为

$$p = \frac{1}{2\pi} \int_0^k \int_0^{2\pi} e^{-\frac{1}{2}r^2} r \mathrm{d}r\mathrm{d}\theta = 1 - e^{-\frac{k^2}{2}}$$

或者可以写为

$$p = 1 - e^{-\frac{S}{2A}}$$

式中:$S = \pi ab$ 为目标的幅员;$A = \sigma_x\sigma_y$ 为均方差为主半轴的单位散布椭圆的面积。

作为特殊情况,当散布为圆分布 $\sigma = \sigma_x = \sigma_y$,目标是圆心在坐标原点的圆,其半径为 R,则命中概率为

$$p = 1 - \exp\left(-\frac{\pi R^2}{2\pi\sigma^2}\right) = 1 - \exp\left(-\frac{R^2}{2\sigma^2}\right).$$

假设 CPE $= R_{0.5}$,那么

$$2\sigma^2 = \frac{R_{0.5}^2}{\log 2}$$

故得到

$$p = 1 - \exp\left(-\frac{R^2}{R_{0.5}^2}\log 2\right) = 1 - \left(\frac{1}{2}\right)^{\left(\frac{R}{R_{0.5}}\right)^2}.$$

4. 圆形覆盖函数

设射击误差服从圆正态分布,且散布中心在坐标原点,即其分布密度为

$$\phi(x,y) = \frac{1}{2\pi\sigma^2}\exp\left(-\frac{1}{2}\left(\frac{x^2 + y^2}{\sigma^2}\right)\right)$$

设目标是圆心在 C 的圆,其半径为 R,发射一发命中目标的概率为

$$p = \int_S \phi(x,y)\,dxdy = \int_{|x-\bar{x}|^2 + |y-\bar{y}|^2 \leq R^2} \phi(x,y)\,dxdy$$

式中:$(\bar{x},\bar{y})$为 C 点的坐标。

令

$$x = \bar{x} + r\cos\theta, \quad y = \bar{y} + r\sin\theta$$

积分可以转化为

$$p = \int_0^R dr \int_0^{2\pi} \frac{r}{2\pi\sigma^2}\exp\left(-\frac{1}{2\sigma^2}(\bar{x}^2 + \bar{y}^2 + r^2 + 2r(\bar{x}\cos\theta + \bar{y}\sin\theta))\right)d\theta$$

令

$$r_c = \sqrt{\bar{x}^2 + \bar{y}^2}, \quad \cos t = \frac{\bar{x}}{r_c}$$

得到

$$p = \int_0^R dr \int_0^{2\pi} \frac{r}{2\pi\sigma^2}\exp\left(-\frac{1}{2\sigma^2}(\bar{x}^2 + \bar{y}^2 + r^2 + 2r(\bar{x}\cos\theta + \bar{y}\sin\theta))\right)d\theta$$

$$= \frac{1}{2\pi\sigma^2}\int_0^R dr \int_0^{2\pi} r\exp\left(-\frac{1}{2\sigma^2}(\bar{x}^2 + \bar{y}^2 + r^2 + 2r \times r_c(\cos t\cos\theta + \sin t\sin\theta))\right)d\theta$$

$$= \frac{1}{2\pi\sigma^2}\int_0^R dr \int_0^{2\pi} r\exp\left(-\frac{1}{2\sigma^2}(r_c^2 + r^2 + 2r \times r_c\cos(\theta - t))\right)d\theta$$

$$= \frac{1}{2\pi\sigma^2}\int_0^R r\exp\left(-\frac{1}{2\sigma^2}(r_c^2 + r^2)\right)dr \int_0^{2\pi} \exp\left(-\frac{r \times r_c}{\sigma^2}(\cos(\theta - t))\right)d\theta.$$

考察积分

$$\int_0^{2\pi} \exp\left(-\frac{r \times r_c}{\sigma^2}(\cos(\theta - t))\right)d\theta.$$

根据简单的数学性质可得

$$\int_0^{2\pi} \exp\left(-\frac{r \times r_c}{\sigma^2}(\cos(\theta - t))\right)d\theta$$

$$= \int_0^{2\pi} \exp\left(-\frac{r \times r_c}{\sigma^2}(\cos\theta)\right)d\theta$$

$$= \int_0^{2\pi} \exp\left(-\frac{r \times r_c}{\sigma^2}(\sin\theta)\right)d\theta$$

$$= 2\int_{-\frac{\pi}{2}}^{\frac{\pi}{2}} \exp\left(-\frac{r \times r_c}{\sigma^2}(\sin\theta)\right)d\theta.$$

因此

$$p = p(R, r_c) = \exp\left(-\frac{r_c^2}{2\sigma^2}\right)\left(\int_0^{\frac{R}{\sigma}} r \exp\left(-\frac{r^2}{2}I_\nu\left(\frac{r_c r}{\sigma}\right)\mathrm{d}r\right)\right) = p\left(\frac{R}{\sigma}, \frac{r_c}{\sigma}\right)$$

其中

$$I_\nu\left(\frac{r_c r}{\sigma}\right) = \frac{1}{\pi}\int_{-\frac{\pi}{2}}^{\frac{\pi}{2}} \exp\left(-\frac{r_c r \sin\theta}{\sigma^2}\right)\mathrm{d}\theta = \frac{1}{\pi}\int_0^1 (1-t^2)^{-\frac{1}{2}\frac{r_c}{\sigma}t}\mathrm{d}t$$

称为零阶的第一类贝塞尔函数的变形。$p\left(\frac{R}{\sigma}, \frac{r_c}{\sigma}\right)$ 为圆形覆盖函数,有关文献中给出的圆形覆盖函数 $p(R_0, d)$ 中,R_0、d 为以 σ 为单位的目标半径和距离。

如果是位于距原点 d 的点目标,弹头的毁伤半径为 R_0,则单弹毁伤该目标的概率便可用圆形覆盖函数 $p(R_0, d)$ 来表示,如图 6.8 所示。

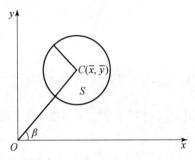

图 6.8 圆形覆盖几何关系

5. 椭圆形覆盖函数

设弹落点的散布误差为圆正态分布,均方差为 σ,目标为一个椭圆,其中心位于散布中心(坐标原点),椭圆的长短轴分别为 $2c$ 和 $2d$,且平行于 x 轴和 y 轴,如图 6.9 所示。

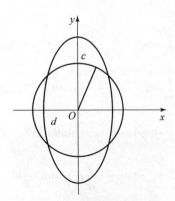

图 6.9 椭圆覆盖几何关系

单发弹命中目标的概率为

$$q = \frac{1}{2\pi\sigma^2}\int_{\frac{x^2}{c^2}+\frac{y^2}{d^2}\leq 1}\exp\left(-\frac{1}{2}\left(\frac{x^2+y^2}{\sigma^2}\right)\right)\mathrm{d}x\mathrm{d}y$$

由此，可得到椭圆覆盖函数

$$q\left(\frac{c}{\sigma},\frac{d}{\sigma}\right) = \frac{1}{2\pi}\int_{\frac{u^2}{c^2}+\frac{v^2}{d^2}\leq\frac{1}{\sigma^2}}\exp\left(-\frac{1}{2}(u^2+v^2)\right)\mathrm{d}u\mathrm{d}v.$$

椭圆形覆盖函数也可表示成弹落点为椭圆散布误差时，命中圆目标的概率。

6.5 对单个目标的射击效率

6.5.1 独立发射（一组误差型）的毁伤概率

一组误差型是指只有非重复误差而无重复误差的射击，故是独立的发射，讨论时只要考虑每弹的落点分布即可，单发弹的命中概率应看作全命中概率。

1. 发射 N 发命中 k 发的概率

设第 i 次发射的命中概率为 p_i，则不命中的概率为 $q_i = 1 - p_i$，现在假设各发命中目标的事件是相互独立的，则发射 N 发命中 k 发的概率已知是如下的母函数

$$\phi_N(z) = \prod_{i=1}^{N}(q_i + p_i z)$$

的展开式中 z^k 的系数。

当每次发射的命中概率 $p_i = p$ 时，$q_i = 1 - p$，从而发射 N 发命中 k 发的概率是二项分布，其值为

$$p_{N,k} = p_k = C_N^k p^k q^{N-k}.$$

2. 至少命中 k 发的概率

仍如上所设，各发命中概率都等于 p，独立发射 N 发至少命中 k 发的概率为

$$p_{N,k} = \sum_{i=k}^{N} C_N^i p^i q^{N-i} = 1 - \sum_{i=1}^{k-1} C_N^i p^i q^{N-i}.$$

设 $k = 1$，得到至少命中一发的概率

$$p_{N,1} = 1 - (1-p)^N.$$

若各发命中概率不同，则发射 N 发至少命中一发的概率为

$$p_{N,1} = 1 - \prod_{i=1}^{N}(1-p_i).$$

反之,如要求至少命中一发的概率达到 p_α,根据上面的关系式,可得到必需的发射弹数为

$$N_\alpha = \frac{\log(1-p_\alpha)}{\log(1-p)}.$$

3. 命中一发所需的平均发射弹数

假设对目标进行一系列的互相独立的发射,每次发射的命中概率为 p,假设在每次发射之前都能观察到前一次的发射结果,并且一旦命中一次即停止射击,这样,命中之前的发射次数 N 是一个随机变量,$N=n$ 的概率为

$$p(n) = (1-p)^{n-1}p, n = 1(2,\cdots)$$

它表示的就是发射 n 发恰好在第 n 发命中目标的概率。

设命中目标一发所需的平均发射弹数为 $E(N)$,其值为

$$\begin{aligned}E(N) &= \sum_{n\geq 1} np(n)\\ &= \sum_{n\geq 1} n(1-p)^{n-1}p\\ &= \sum_{n\geq 1} -p((1-p)^n)'\\ &= -p\left(\sum_{n\geq 1}(1-p)^n\right)'\\ &= -p\times\left(\frac{1-p}{p}\right)'\\ &= \frac{1}{p}.\end{aligned}$$

即 $E(N)$ 是单发命中概率的倒数分之一。

4. 毁伤目标的概率

(1)数量毁伤律的情况。记数量毁伤律为 $G(k)$,对目标进行 N 次发射,由全概率公式,可知毁伤目标的概率为

$$R_N = \sum_{k=1}^{N} p_k G(k)$$

式中:p_k 为发射 N 发命中 k 发的概率。

由于 $G(0)=0$,故上式也可表示为

$$R_N = \sum_{k=0}^{N} G(k)$$

又因为
$$\sum_{k=0}^{N} p_k = 1$$

可得
$$1 - R_N = \sum_{k=0}^{N} p_k(1 - G(k)) = \sum_{k=0}^{N} p_k \overline{G}(k) = p_0 + \sum_{k=1}^{N} p_k \overline{G}(k)$$

其中,$\overline{G}(k) = 1 - G(k)$。上式中右端项随 k 的增大而减小,从而允许在计算时可以取为数不多的几项,这样为人工计算 R_N 带来方便。

如各弹对目标的毁伤是互相独立的,则第 i 发弹毁伤目标的概率为
$$\overline{p}_i' = p_i G(1).$$

故 N 发弹毁伤目标的概率 R_N 也可表示为
$$R_N = 1 - \prod_{i=1}^{N}(1 - p_i G(1)).$$

如 $G(k)$ 服从指数律,即 $G(1) = \dfrac{1}{w}$,则有
$$R_N = 1 - \prod_{i=1}^{N}\left(1 - \dfrac{p_i}{w}\right)$$

如各弹的命中概率相等,设 $p_i = p$,则
$$R_N = 1 - \prod_{i=1}^{N}\left(1 - \dfrac{p}{w}\right)$$

此时 R_N 的计算变得很简单。

(2)毁伤律为坐标律。设弹落点的分布为二维正态分布,其密度为
$$\phi(x - a_x, y - a_y) = \dfrac{1}{2\pi\sigma_x\sigma_y}\exp\left(-\dfrac{1}{2}\left(\dfrac{(x-a_x)^2}{\sigma_x^2} + \dfrac{(y-a_y)^2}{\sigma_y^2}\right)\right)$$

式中:a_x、a_y 为系统误差。

弹头的坐标毁伤律为
$$G(x, y) = \exp\left(-\dfrac{1}{2}\left(\dfrac{x^2}{\sigma_x^2} + \dfrac{y^2}{\sigma_y^2}\right)\right)$$

则单枚弹毁伤目标的概率为
$$\overline{R}_1 = \dfrac{\sigma_{k_x}\sigma_{k_y}}{\sqrt{\sigma_x^2 + \sigma_{k_x}^2}\sqrt{\sigma_y^2 + \sigma_{k_y}^2}}\exp\left(-\dfrac{1}{2}\left(\dfrac{a_x^2}{\sigma_{k_x}^2 + \sigma_x^2} + \dfrac{a_y^2}{\sigma_y^2 + \sigma_{k_y}^2}\right)\right).$$

若 N 发弹的毁伤是互相独立的,则 N 枚弹的毁伤概率为
$$R_N = 1 - (1 - \overline{R}_1)^N.$$

若还知道系统误差的分布密度为

$$\phi(a_x, a_y) = \frac{1}{2\pi\sigma_{a_x}\sigma_{a_y}}\exp\left(-\frac{1}{2}\left(\frac{a_x^2}{\sigma_{a_x}^2} + \frac{a_y^2}{\sigma_{a_y}^2}\right)\right)$$

则 N 枚弹毁伤目标的平均概率为

$$\begin{aligned}\overline{R}_N &= \int_{\mathbf{R}^2} \phi(a_x, a_y) R_N(a_x, a_y) \mathrm{d}a_x \mathrm{d}a_y \\ &= \int_{\mathbf{R}^2} (1 - (1 - \overline{R}_1)^N) \phi(a_x, a_y) \mathrm{d}a_x \mathrm{d}a_y \\ &= \sum_{i=1}^{N} C_N^i (-1)^{i+1} \left(\frac{\sigma_{k_x}\sigma_{k_y}}{\sqrt{\sigma_x^2 + \sigma_{k_x}^2}\sqrt{\sigma_y^2 + \sigma_{k_y}^2}}\right)^i \frac{\sqrt{(\sigma_{k_x}^2 + \sigma_x^2)(\sigma_{k_y}^2 + \sigma_y^2)}}{\sqrt{(\sigma_{k_x}^2 + \sigma_x^2 + \sigma_{a_x}^2)(\sigma_{k_y}^2 + \sigma_y^2 + \sigma_{a_y}^2)}}.\end{aligned}$$

5. 毁伤目标所需的平均发射弹数

设 $R_0(k)$ 表示发射 k 发弹,恰好在第 k 发毁伤目标的概率,则毁伤目标所需的平均发射弹数为

$$E(N) = \sum_{k \geq 1} k R_0(k)$$

如已知 k 发弹毁伤目标的概率为 R_k,显然有

$$R_0(k) = R_k - R_{k-1}$$

从而

$$E(N) = \sum_{k \geq 1} k(R_k - R_{k-1})$$

如设上述 $E(N)$ 为有限数(右端项极限存在),且因

$$R_N \to 1, N(1 - R_N) \to 0, N \to +\infty$$

则

$$E(N) = \sum_{k \geq 0} (1 - R_k)$$

其中,$R_0 = 0$。

当毁伤律为指数律且 $p_i = p$ 时,有

$$R_k = 1 - \left(1 - \frac{p}{w}\right)^k$$

从而

$$E(N) = \sum_{k \geq 0} \left(1 - \frac{p}{w}\right)^k = \frac{w}{p}.$$

6. 命中弹数的数学期望的方差

(1)命中弹数的数学期望。对单个目标发射 N 发弹,第 i 发弹命中目标的

概率为 p_i。设随机变量 K_i 为

$$K_i = \begin{cases} 1 & (\text{第 i 发弹命中目标}) \\ 0 & (\text{第 i 发弹未命中目标}) \end{cases}.$$

则随机变量

$$K = \sum_{i=1}^{N} K_i$$

表示发射 N 发弹命中弹数的随机变量,其数学期望为

$$E(K) = \sum_{i=1}^{N} E(K_i) = \sum_{i=1}^{N} (1 \times p_i + 0 \times (1-p_i)) = \sum_{i=1}^{N} p_i.$$

若 $p_i = p$,即每发弹的命中概率均相等,则

$$E(K) == \sum_{i=1}^{N} p = Np.$$

(2)命中弹数的方差。假设各弹射击是互相独立的,即 K_i、K_j 互相独立,从而发射 N 发的命中弹数的方差为

$$V(K) = \sigma^2(K) = \sum_{i=1}^{N} V(K_i) = \sum_{i=1}^{N} p_i q_i.$$

如果 $p_i = p, \forall i$,那么

$$V(K) = Npq.$$

6.5.2 非独立发射(两组误差型)的射击效率

设单炮对目标进行 K 组射击,目标中心位于坐标原点,第 k 组射击的瞄准点的位置为 $a_{x_k}、a_{y_k}$(系统误差),射击误差是两组型的,重复(决定诸元)误差为 $x_c、y_c$,非重复误差为散布 $x_s、y_s$,第 k 组射击共进行 N_k 次发射,且

$$N = \sum_{k=1}^{K} N_k$$

所以对第 k 组射击的各弹,其弹落点对目标中心的偏差为

$$x = a_{x_k} + x_c + x_s; y = a_{y_k} + y_c + y_s.$$

其分布密度为

$$\phi(x - x_c - a_{x_k}, y - y_c - a_{y_k}) = \frac{1}{2\pi\sigma_{x_s}\sigma_{y_s}} \exp\left(-\frac{1}{2}\left(\frac{(x - x_c - a_{x_k})^2}{\sigma_{x_s}^2} + \frac{(y - y_c - a_y)^2}{\sigma_{y_s}^2}\right)\right)$$

$x_c、y_c$ 的分布密度为

$$\phi(x_c, y_c) = \frac{1}{2\pi\sigma_{x_c}\sigma_{y_c}} \exp\left(-\frac{1}{2}\left(\frac{x_c^2}{\sigma_{x_c}^2} + \frac{y_c^2}{\sigma_{y_c}^2}\right)\right).$$

1. 毁伤目标的概率

(1) 毁伤为坐标律。在当决定诸元为 (x_c, y_c) 的条件下,第 k 次射击时发射的一发弹毁伤目标的概率为

$$R_1(x_c + a_{x_k}, y_c + a_{y_k}) = \int_S \phi(x - x_c - a_{x_k}, y - y_c - a_{y_k}) \times G(x, y) \mathrm{d}x\mathrm{d}y$$

N_k 发弹未毁伤的全概率为

$$\int_{\mathbb{R}^2} \phi(x_c, y_c)(1 - R_1(x_c + a_{x_k}, y_c + a_{y_k}))^{N_k} \mathrm{d}x_c \mathrm{d}y_c.$$

从而可得全部 N 枚弹毁伤目标的概率为

$$\bar{R}_N = 1 - \prod_{k=1}^K \left(\int_{\mathbb{R}^2} \phi(x_c, y_c)(1 - R_1(x_c + a_{x_k}, y_c + a_{y_k}))^{N_k} \mathrm{d}x_c \mathrm{d}y_c \right)$$

(2) 毁伤为指数律。设单发弹的命中概率为 p,则

$$p = p(x_c + a_{x_k}, y_c + a_{y_k}) = \int_S \phi(x - x_c - a_{x_k}, y - y_c - a_{y_k}) \mathrm{d}x\mathrm{d}y.$$

而 $R_1 = \dfrac{p}{w}$,从而

$$\bar{R}_N = 1 - \prod_{k=1}^K \left(\int_{\mathbb{R}^2} \phi(x_c, y_c) \left(1 - \frac{p(x_c, y_c)}{w} \right)^N \mathrm{d}x_c \mathrm{d}y_c \right).$$

只进行一组射击,且瞄准点与目标重心重合时,$a_{x_k} = a_{y_k} = 0, k = 1$,则

$$\bar{R}_N = 1 - \int_{\mathbb{R}^2} \phi(x_c, y_c) \left(1 - \frac{p(x_c, y_c)}{w} \right)^N \mathrm{d}x_c \mathrm{d}y_c.$$

2. 发射 N 发命中 k 发的概率

设发射为两组误差型,只进行一组射击,瞄准点与目标重心重合,均在坐标原点。重复误差为 (x_c, y_c) 时,单发弹的命中条件概率设为 $p(x_c, y_c)$,从而发射 N 发命中 k 发的全概率为

$$p_{R|N} = \int_{\mathbb{R}^2} \phi(x_c, y_c) C_N^k (p(x_c, y_c))^k (1 - p(x_c, y_c))^{N-k} \mathrm{d}x_c \mathrm{d}y_c.$$

3. 命中弹数的数学期望与方差

若已知第 i 发弹的命中概率为 p_i,则此时命中弹数的数学期望为

$$E(K) = \sum_{i=1}^N p_i.$$

如果单发命中概率相等,均为 p,那么其发射 N 发的命中弹数的方差为

$$V(K) = \sum_{k=0}^{N} (k - E(K))^2 p_k$$

式中：p_k 为命中 k 发的概率。由于是两组误差型，则有

$$\begin{aligned}V(K) &= -E^2(K) + \sum_{k \geq 0} k^2 p_k \\ &= -E^2(K) + \sum_{k=0}^{N} k^2 C_N^k \int_{\mathbf{R}^2} \phi(x_c, y_c) (p(x_c, y_c))^k (1 - p(x_c, y_c))^{N-k} \mathrm{d}x_c \mathrm{d}y_c \\ &= -E^2(K) + \int_{\mathbf{R}^2} \phi(x_c, y_c) (1 - p(x_c, y_c))^N \sum_{k=0}^{N} k^2 C_N^k \left(\frac{p(x_c, y_c)}{1 - p(x_c, y_c)}\right)^k \mathrm{d}x_c \mathrm{d}y_c.\end{aligned}$$

由二项式定理

$$(1 + r)^N = \sum_{k=0}^{N} C_N^k r^k.$$

上式对 r 求导，并乘 r，得

$$N(1 + r)^{N-1} r = \sum_{k=0}^{N} k C_N^k r^k$$

上式再对 r 求导并乘 r，得

$$Nr(1 + Nr)(1 + r)^{N-2} = \sum_{k=0}^{N} k^2 C_N^k r^k.$$

令

$$r = \frac{p(x_c, y_c)}{1 - p(x_c, y_c)}$$

则

$$V(K) = -E^2(K) + \int_{\mathbf{R}^2} (Np(x_c, y_c) + N(N-1)p^2(x_c, y_c)) \phi(x_c, y_c) \mathrm{d}x_c \mathrm{d}y_c.$$

单发命中的全概率为

$$p_{22} = \int_{\mathbf{R}^2} p^2(x_c, y_c) \phi(x_c, y_c) \mathrm{d}x_c \mathrm{d}y_c.$$

从而

$$\begin{aligned}V(K) &= Np + N(N-1)p_{22} - E^2(K) = Np + N(N-1)p_{22} - (Np)^2 \\ &= N(p - p_{22}) + N^2(p_{22} - p^2).\end{aligned}$$

6.6 对集群目标的射击效率

集群目标是由一群配置在一定地域内的相同的或不同类型的单个目标（称为单位目标）所构成的，这群同类目标联合发挥作用，以便完成共同的战

斗任务。炮兵对集群目标的射击任务通常是压制或歼灭,任务的完成程度主要取决于集群目标内被毁伤的单位目标数,不过有的集群目标由功能不同的且相互有关联的单位目标组成,完成任务并不一定以毁伤单位目标数来衡量。

6.6.1 射击效率指标

1. 同类目标的情况

设集群目标由 n 个同类单位目标构成,通常取毁伤单位目标数或相对数的数学期望作为射击效率的主要指标,取它的均方差作为辅助指标。毁伤相对数常以百分数表示,故也称为毁伤百分数,记作 Mu。

根据毁伤百分数的数学期望一般大体可以评定完成任务的程度。我们可以从过去的战争资料,来统计出所需的毁伤百分数,即统计出相关的完成射击任务条件下毁伤百分数的平均值,用此经验数字作为我们的标准。

例如,根据以往的经验,对暴露有生力量、集结的装甲车辆、支撑点等集群目标射击,完成压制任务的毁伤百分数平均为 25%,完成歼灭任务时的毁伤百分数平均为 50%,所以一般可以认为毁伤百分数的数学期望达到 25%,可完成压制任务,如达到 50% 则可完成歼灭任务。

如果已确定了完成任务所需的最少的毁伤目标数或相对数,也可取毁伤不少于单位目标数或相对数的概率作为主要的效率指标。

2. 非同类目标的情况

设集群目标由 K 类不同的单位目标所构成,第 k 类单位目标数为 n_k,如对第 k 类目标的毁伤百分数为 $M_{u,k}$,则毁伤集群目标的相对数的数学期望为

$$M_u = \sum_{k=1}^{K} \frac{n_k M_{u,k}}{\sum_{k=1}^{K} n_k} =: \sum_{k=1}^{K} \delta_k M_{u,k}.$$

其中

$$\delta_k = \frac{n_k}{\sum_{k=1}^{K} n_k}$$

表示第 k 类目标的相对数。

6.6.2 根据单位目标的毁伤概率进行计算

1. 毁伤目标数的数学期望

该集群目标由 n 个同类型的单位目标构成，射击中毁伤第 i 个单位目标的概率为 R_i，设

$$K_i = \begin{cases} 1 & （目标 i 被毁伤） \\ 0 & （目标 i 未被毁伤） \end{cases}.$$

再作

$$K = \sum_{k=1}^{n} K_i$$

则 K 表示的是射击中毁伤的目标数，其数学期望为

$$E(K) = \sum_{i=1}^{n} E(K_i) = \sum_{i=1}^{n} R_i.$$

再作

$$U = \frac{\sum_{i=1}^{n} K_i}{n}$$

其表示毁伤目标的相对数，期望值为

$$E(U) = \frac{1}{n}\sum_{i=1}^{n} E(K_i) = \frac{\sum_{i=1}^{n} R_i}{n}.$$

2. 毁伤目标数的方差

毁伤单位目标数的方差为

$$\begin{aligned}
V(K) &= V\Big(\sum_i K_i\Big) = E((K - E(K))^2) \\
&= E\Big(\big(\sum_i (K_i - R_i)\big)^2\Big) = \sum_i E((K_i - R_i)^2) + 2\sum_{i<j} E((K_i - R_i)(K_j - R_j)) \\
&= \sum_i (R_i - R_i^2) + 2\sum_{i<j}(R_{ij} - R_i R_j) \\
&= \sum_{i=1}^{n} R_i - \Big(\sum_i R_i^2 + 2\sum_{i<j} R_i R_j\Big) + 2\sum_{i<j} R_{ij} \\
&= E(K) - E^2(K) + 2\sum_{i<j} R_{ij}
\end{aligned}$$

其中，R_{ij} 表示射击中同时毁伤第 i 个目标和第 j 个目标的概率。设

$$K_{ij} = K_i K_j = \begin{cases} 1 & (i,j \text{ 同时被毁伤}) \\ 0 & (\text{其他}) \end{cases}.$$

则
$$R_{ij} = p(K_{ij} = 1)$$

故
$$E(K_i K_j) = E(K_{ij}) = 1 \times R_{ij} + 0 \times (1 - R_{ij}) = R_{ij}.$$

而毁伤目标相对数的方差等于

$$V(U) = V\left(\frac{\sum_i K_i}{n}\right) = \frac{1}{n^2} V\left(\sum_i K_i\right) = \frac{1}{n^2} E(K)(1 - E(K)) + \frac{2}{n^2} \sum_{i<j} R_{ij}.$$

当毁伤各单位目标是互相独立时,有

$$R_{ij} = R_i \times R_j$$

从而

$$V(K) = \sum_i R_i (1 - R_i); \quad V(U) = \frac{\sum_i R_i (1 - R_i)}{n^2}.$$

如果还有 $R_i = R_1, \forall i$,则有

$$V(K) = n R_1 (1 - R_1); \quad V(U) = \frac{R_1 (1 - R_1)}{n}.$$

6.6.3 根据毁伤目标数的分布律来进行计算

设集群目标由 n 个单位目标组成,K 表示毁伤目标数的随机变量,其分布为 $p(k), k = 0, 1, \cdots, n$,则毁伤目标数的数学期望和方差分别为

$$E(K) = \sum_{k=0}^n k p(k)$$

$$V(K) = \sum_{k=0}^n (k - E(K))^2 p(k) = \sum_{k=0}^n k^2 p(k) - E^2(K).$$

毁伤单位目标数不少于 v 的概率为

$$p(K \geq v) = \sum_{k=v}^n p(k) = 1 - \sum_{k=0}^{v-1} p(k).$$

1. 对疏散目标的射击(不转移火力)

疏散目标是一类集群目标,其中相邻两单位目标之间的距离都较远,大于弹头的散布区域和毁伤区域,对其中某一目标射击的弹头不可能毁伤其余目标。

(1) 毁伤给定单位目标数的概率。如果向一个目标射击的火力不再向另一个目标转移,则毁伤各单位目标是互相独立的事件,设 R_i 为毁伤第 i 个单位目标的概率,$p(k)$ 为正好毁伤 k 个目标的概率,已知 $p(k)$ 是如下函数 $\phi_n(z)$ 展开式中 z^k 的系数,则

$$\phi_n(z) = \prod_{i=1}^{n}(\overline{R}_i + R_i z) = \sum_{k=0}^{n} p(k) z^k$$

其中,$\overline{R}_i = 1 - R_i$。如果 $R_i = R_1, \forall i$,那么有

$$p(k) = C_n^k R_1^k \overline{R}_1^{n-k}.$$

(2) 毁伤目标数的数学期望和方差。毁伤目标数的数学期望和方差一般可按定义计算,如 $R_i = R_1, \forall i$,则有

$$E(K) = nR_1, \quad V(K) = nR_1(1 - R_1).$$

2. 对疏散目标的射击(转移火力)

假设对 n 个单位目标逐个进行射击,对一个目标射击的弹头不可能毁伤另一个目标,每次发射后可观察射击效果,如果毁伤了目标,即将火力转移到另一目标,如果未毁伤目标,则继续发射直至毁伤目标为止,并规定在给定的时间内最多只能发射 N 发弹,各次发射是独立的,每次毁伤单位目标的概率等于 p。

如果 $N \leq n$,则恰好毁伤 $k(k \leq N)$ 个目标的概率为

$$p(k) = C_N^k p^k q^{N-k}, \quad q = 1 - p.$$

毁伤目标数的数学期望和方差为

$$E(K) = Np; \quad V(K) = Np(1 - p).$$

如果 $N > n$,则可按定义来计算。

3. 对疏散目标的射击(转移火力)

如果弹落点的散布较大或弹头毁伤区域较大,而且单位目标相隔距离较近,以致对一个目标射击的弹头可能毁伤其他目标,或者一发弹头可能同时毁伤两个以上的目标,称这样的集群目标为密集目标。

现假设目标是不能观察的,所以不能对其中的一个单位目标进行瞄准,而是将集群目标作为整体进行射击。另外假定弹落点的散布较大,而弹头的毁伤区域较小,因而一次发射只能毁伤其中的一个单位目标,设共有 n 个单位目标,一次发射毁伤第 i 个目标的概率为 p_i,令

$$p_0 = 1 - \sum_{i=1}^{n} p_i$$

表示一个单位目标也未毁伤的概率,如果独立地发射 N 发,恰好毁伤 k 个单位目标的概率 $p(k)$ 是下述函数

$$\phi_N(z_1,z_2,\cdots,z_n) = \left(p_0 + \sum_{i=1}^{n} p_i z_i\right)^N$$

的展开项 $z_1,z_2,\cdots,z_n$ 中 k 个元素的各项(不考虑幂次)系数之和。

现在考虑一弹可能毁伤两个以上目标的情况,设第 i 个单位目标位于原点,向目标发射的 N 发弹,弹落点的分布密度为

$$\phi(x,y) = \frac{1}{2\pi\sigma_x\sigma_y}\exp\left(-\frac{1}{2}\left(\frac{x^2}{\sigma_x^2} + \frac{y^2}{\sigma_y^2}\right)\right)$$

导弹毁伤半径为 R,从而单发弹对目标 i 的毁伤概率为

$$p_1(x_i,y_i) = \int_{|x-x_i|^2+|y-y_i|^2 \leq R^2} \phi(x,y)\mathrm{d}x\mathrm{d}y$$

N 发弹对目标 i 的毁伤概率为

$$p_N(x_i,y_i) = 1 - (1-p_1(x_i,y_i))^N \quad (i=0,1,\cdots,n)$$

此处假设各弹对目标的毁伤互相独立,由此可知,毁伤目标数的期望值为

$$E(K) = \sum_{i=1}^{n} p_N(x_i,y_i).$$

第7章

格斗理论

7.1 基本概念

克劳塞维茨在著名的军事著作《战争论》中曾给战争下了如下定义:"战争无非是扩大了的格斗。如果我们想要把构成战争的无数个格斗作为一个统一体来考虑,那么最好想象一下两个人格斗的情况。"虽然现代战争的形式更为复杂,但在某一时间区间,某一空间区域,则处处出现飞机与飞机,坦克与坦克,战舰与战舰,火炮与坦克等的一对一或者若干件兵器对若干件兵器之间的格斗。集群武装力量之间的战斗胜负有赖于单件兵器(当然包括操纵兵器的人员)之间格斗的胜负,在作战定量分析方法上,除研究描述大规模战争的方法之外,也有相当的人在研究描述小规模战斗的方法。本章介绍的随机格斗理论,精细地分析武器的射速、精度、威力、射弹飞行时间及武器系统可靠性等对格斗胜负的影响,并且讨论抢先攻击、集火和分火、对异类目标射击顺序的选择策略等战术问题。随机格斗理论、兰彻斯特作战理论以及计算机作战模拟,是当前用于分析直接交战的理论和方法中互有联系又互有区别的3个方面。

格斗中靠武器毁伤对方,我们在全书用"武器"作为飞机、坦克等的代替词。我们称单件武器对单件武器的格斗为 1∶1 格斗,称多件武器对多件武器,如 M 件武器对 N 件武器的格斗为 $M∶N$ 格斗。当然可以将某一火力单位(一个火力小组或一个班,甚至一个排、一个连)作为一个格斗者,套用 1∶1 或 $M∶N$ 格斗的公式,但这时必须进行有关参数的等效研究。目前,对 1∶1 格斗研究得比较细致。由于 $M∶N$ 格斗涉及火力分配及转移火力的准则,使问题变得复杂些。

格斗双方发射的时间间隔可以是固定的常数,也可以是连续随机变量。前者称为离散情形,后者称为连续情形。若一方的发射时间间隔为常数,另一方的发射时间间隔为连续随机变量,则称为混合情形。

随即格斗理论要求的主要效果指标是格斗双方(A 方或者 B 方)获胜的概率 $P(A)$ 和 $P(B)$。在 1∶1 格斗中,某一方获胜是指它毁伤了对方而自身未被对方毁伤。在 $M∶N$ 格斗中,某一方获胜是指它毁伤了对方所有武器而自身尚有生存的武器。

在有的格斗中,可能出现格斗者同时毁伤对方的情况,也可能由于弹药数量或者格斗持续时间受到限制,出现耗尽弹药或超过时间限而双方均未被毁伤的情况。这时,除求出 $P(A)$ 或 $P(B)$ 之外,尚需求出双方未分胜负的概率 $P(AB)$。显然,关系式

$$P(A) + P(B) + P(AB) = 1.$$

必成立。

除获胜概率和双方不分胜负的概率之外,随即格斗理论还探讨毁伤对方所需弹数或所需时间的概率分布,并由此求取平均弹药消耗量、平均所需时间以及相应的方差等特征值。

7.2 主要方法

我们先粗略介绍 1∶1 格斗解决问题的主要方法。

无论是离散情形,还是连续情形,我们都假设格斗中双方的发射是相互独立进行的。实际战斗中,武器的性能能否充分发挥,肯定受到对方回击与否的影响,因而在输入数据上应加以适当修正。

对离散格斗,我们要求的是一方(例如 A 方)正好在第 j 发射弹上毁伤对方,而在 A 方发射 j 发弹期间,B 方发射的所有射弹均未毁伤 A 方的概率 $P_j(A)$。显然,A 方获胜概率 $P(A) = \sum_j P_j(A)$。

对连续格斗,A 方获胜这一事件,就是"A 方在被对方毁伤之前将其毁伤之"事件,也就是 A 方毁伤 B 方所需时间 T_A 小于 B 方毁伤 A 方所需时间 T_B,所以

$$P(A) = P\{T_A < T_B\} = \int_0^\infty \int_{\tau=t}^\infty h_A(t) h_B(\tau) \mathrm{d}\tau \mathrm{d}t$$

式中:h_A 和 h_B 分别为随机变量 T_A 和 T_B 的分布密度函数。简单地说,连续的

1∶1格斗理论就是计算上述积分公式。遗憾的是,只有在少数情况下,$h_i(t)$ $(i=A,B)$的形式比较简单,可以直接由积分公式得到结果。一般情况下,$h_i(t)$是发射间隔$X_i(t)(i=A,B)$的分布密度函数多重卷积组成的无穷级数。为了将卷积转化为乘积形式,我们可以应用特征函数,或者拉普拉斯变换,或者各种母函数方法。本章以特征函数方法作为基本方法,因为:①有的情况下,拉普拉斯变换或者母函数可能不存在,而特征函数往往存在;②特征函数就是一种傅里叶变换。傅里叶变换的数值积分方法受到广泛的注意,因而有许多有效的计算方法。但有时候也用拉普拉斯变换或母函数方法。

我们可以通过关于特征函数的等式,将上述积分公式转化为h_i的特征函数$\Phi_i(i=A,B)$的积分形式:

$$P(A) = \frac{1}{2\pi}\int_{-\infty}^{\infty}\Phi_A(-u)\frac{\Phi_B(u)-1}{\sqrt{-1}u}du$$

问题转化为如何求得特征函数$\Phi_i(u)(i=A,B)$,以及如何计算上述积分公式。

下面我们抽去格斗的具体背景,介绍本章中用到的三种求解(略去足标A或B)的方法。为叙述方便,这里假设需2发命中弹毁伤目标。

7.2.1 概率分析方法

设X_1为发射出的第1发射弹所需时间,X_2为发射出第1发至发射出第2发所经过的时间间隔……X_i为发射出第$(i-1)$发至发射出第i发所经过的时间间隔。所有X_i都是相互独立的同分布(分布密度函数为$f(t)$)的随机变量。这样,发射出n发弹的时间$T=X_1+X_2+\cdots+X_n$的分布密度函数为$f(t)$的$(n-1)$重卷积$f^{n*}(t)=\underbrace{f(t)*\cdots*f(t)}_{n}$。

由于我们考虑的是2发命中毁伤对方的情况,因此发射1发是不会毁伤对方的。若发射2发毁伤对方,则此2发必须都是命中弹。所以发射2发毁伤对方的概率为p^2(p为单发命中概率),发射2发所需时间的分布密度函数为$f*f$;若发射3发毁伤对方,则第2发命中弹必为第3发射弹,第1发命中弹可以是第1发射弹,也可以是第2发射弹,所以3发射弹毁伤对方的概率是$(pqp+qpp)$(其中$q=1-p$),毁伤对方所需时间的分布密度函数为$f*f*f$;照此分析

毁伤对方所需时间	分布密度函数	概 率
$T = X_1 + X_2$	$f*f$	p^2
$\quad = X_1 + X_2 + X_3$	$f*f*f$	$pqp + qpp$
$\quad = X_1 + X_2 + X_3 + X_4$	f^{4*}	$pqqp + qpqp + qqpp$
$\vdots$	$\vdots$	$\vdots$
$\quad = X_1 + X_2 + \cdots + X_n$	f^{n*}	$C_{n-1}^1 p^2 q^{n-2}$

n 发射弹毁伤对方时，第 2 发命中弹必在第 n 发射弹上，而第 1 发命中弹则可能在前 $n-1$ 发射弹的任一发上，故相应概率乘上 C_{n-1}^1。

因此，毁伤对方所需时间 T 的分布密度函数 $h(t)$ 为

$$h(t)\mathrm{d}t = P\{t < T < t + \mathrm{d}t\} = p^2 f^{2*}(t)\mathrm{d}t + \cdots + C_{n-1}^1 p^2 q^{n-2} f^{n*}(t)\mathrm{d}t + \cdots$$

即

$$h(t) = \sum_{n=2}^{\infty} C_{n-1}^1 p^2 q^{n-2} f^{n*}(t) = \sum_{n=2}^{\infty} C_{n-1}^{n-2} p^2 q^{n-2} f^{n*}(t).$$

两边取特征函数，某一函数 n 重卷积的特征函数等于该函数特征函数的 n 次乘积，故 $h(t)$ 的特征函数

$$\Phi(u) = \int_0^{\infty} \exp(\sqrt{-1}ut) h(t) \mathrm{d}t$$

$$= [p\varphi(u)]^2 \sum_{n=2}^{\infty} C_{n-1}^{n-2} [q\varphi(u)]^{n-2}$$

$$= [p\varphi(u)]^2 \sum_{n=0}^{\infty} C_{n+1}^n [q\varphi(u)]^n$$

式中：$\varphi(u)$ 为 $f(t)$ 的特征函数，即 $\varphi(u) = \int_0^{\infty} \exp(\sqrt{-1}ut) f(t) \mathrm{d}t$。因 $q\varphi(u) < 1$，由二项式级数展开式，得到

$$\Phi(u) = p^2 \varphi(u)^2 [1 - q\varphi(u)]^{-2} = \left[\frac{p\varphi(u)}{1 - q\varphi(u)}\right]^2.$$

7.2.2 马尔科夫链方法

首先建立状态空间。在我们考虑的情况下，共有三个状态：①未出现命中 ($\bar{H}$)；②命中，但未毁伤 ($H\bar{K}$)，即只出现 1 发命中弹；③命中且毁伤，简称毁伤态 (K)，即出现 2 发命中弹。

用马尔科夫链的术语，两个态 ($H\bar{K}$) 和 ($\bar{H}$) 是转移态，另一个态是吸收态（一旦进入此态，永远不再离开，即格斗过程终止）。初始状态概率矢量 I_0 和状态空间上的转移概率矩阵 S 分别为

$$\begin{pmatrix} 初始概率 & K & \bar{H} & H\bar{K} \\ I_0 & 0 & 1 & 0 \end{pmatrix}$$

和

$$S = \begin{pmatrix} 转移概率 & K & \bar{H} & H\bar{K} \\ K & 1 & 0 & 0 \\ \bar{H} & 0 & q & p \\ H\bar{K} & p & 0 & q \end{pmatrix}$$

为了下面推导方便,将 I_0 和 S 分割成子矢量和子矩阵:

$$I_0 = (0,1,0) = (0,M), M = (1,0)$$

$$S = \begin{pmatrix} 1 & 0 & 0 \\ 0 & q & p \\ p & 0 & q \end{pmatrix} = \begin{pmatrix} 1 & 0 \\ T & P \end{pmatrix}$$

$$T = (0,p)^{\mathrm{T}}, P = \begin{pmatrix} q & p \\ 0 & q \end{pmatrix}.$$

子矢量 M 排除了吸收态 K,子矩阵 P 包含所有留在非吸收态中的转移概率,T 包含所有从转移态($H\bar{K}$ 或 $\bar{H}$)到吸收态(K)的转移概率。由马尔可夫链的基本理论,经过 n 步进入吸收态,即发射 n 发弹毁伤对方的概率

$$P(n) = M \times P^{n-1} \times T.$$

用归纳法容易证明

$$P^n = \begin{pmatrix} q^n & npq^{n-1} \\ 0 & q^n \end{pmatrix}.$$

这样

$$\begin{aligned} M \times P^{n-1} \times T &= (1,0) \begin{pmatrix} q^{n-1} & (n-1)pq^{n-2} \\ 0 & q^{n-1} \end{pmatrix} \begin{pmatrix} 0 \\ p \end{pmatrix} \\ &= (n-1)p^2 q^{n-2} \\ &= C_{n-1}^1 p^2 q^{n-2} \end{aligned}$$

以下的推导步骤与前一节相同,不再重复。由于事件发生的时间间隔是一个随机变量,这类随机过程亦称半马尔科夫链。

状态空间可以取得很大,可以有许多个转移概率,这时 P、M 和 T 为多阶矩阵。实际问题中的吸收态只有很少几个,譬如 1 发命中弹即毁伤,或者第 1 发命中弹未毁伤,第 2 发命中弹即毁伤(如本节描述的情形)等。所以这种方法对

于分析较大的状态空间的情形十分有用。

7.2.3 更新理论方法

设 $N(t)$ 为直至时刻 t 所射击的弹数。显然,对每一固定的 t,这是一个离散的随机变量。我们所考虑的过程是终止的半马尔可夫更新过程。大多数更新理论文献讨论非终止更新过程,但仍然可以用这种方法解决问题。

在非终止更新过程的理论中,一个重要结果就是 $N(t)$ 的数学期望 $E[N(t)]$ 可以表示为一个简单的积分方程(更新方程)。我们更感兴趣的是函数 $h(t)$ (或者它的特征函数),它也可以用类似的方法表示为一组积分方程。为此,先定义下列函数。

如前所述,随机变量 $T_n = \sum_{i=1}^{n} X_i$ (发射 n 发弹所需时间)的分布密度函数为 $f^{n*}(t)$,因此

$$h_n^0(t)dt = P\{t < T_n < t + dt, 在 n 次射击中 0 发命中\}$$
$$= P\{t < T_n < t + dt \mid 在 n 次射击中 0 发命中\} \cdot P\{在 n 次射击中 0 发命中\}$$
$$= f^{n*}(t)q^n dt \quad (n = 1, 2, \cdots).$$

进一步

$$h_n^1(t)dt = P\{t < T_n < t + dt, 在 n 次射击中 1 发命中\}$$
$$= P\{t < T_n < t + dt \mid 在 n 次射击中 1 发命中\} \cdot P\{在 n 次射击中 1 发命中\}$$
$$= f^{n*}(t)C_n^1 pq^{n-1} dt \quad (n = 1, 2, \cdots).$$

其中,C_n^1 是考虑到这发命中弹可能出现于任一发射弹上。此外

$$h_n(t)dt = P\{t < T_n < t + dt, 在前 (n-1) 发射击中 1 发命中且第 n 发射弹得第 2 次命中弹\}$$
$$= P\{t < T_n < t + dt \mid 在前 (n-1) 发射击中 1 发命中且第 n 发射弹命中\} \cdot$$
$$P\{前 n-1 发射击中 1 发命中且第 n 发射弹命中\}$$
$$= f^{n*}(t)\binom{n-1}{1} p^2 q^{n-2} dt \quad (n = 2, 3, \cdots).$$

需要注意,若将上述三式分别对 n 求和,则前两个公式并非真正分布密度函数,而第三个公式则是。

对 $N(t)$ 的所有可能的现实 $N = n$,每个时刻 t,出现于 $(t, t+dt)$ 的事件不外乎三类:①未出现过命中弹;②只出现过 1 发命中弹;③出现 2 发命中弹,即过程终止。这样,我们可以导出 3 个相互联系的积分方程。首先

$$h_n^0(t)dt = \left(q \int_0^t f(x) h_{n-1}^0(t-x) dx\right)dt.$$

等式左边表示任一时刻 t,$(t, t+dt)$ 内发射第 n 发射弹,所有射弹都未命中的概

率;等式右边表示下述事件的概率:前$(n-1)$发射弹都未命中,第$(n-1)$发射弹在$(t-x)$发射,经过x,发射第n发弹未命中(概率为$qf(x)dx$)。所以在$(t,t+dt)$发射第n发弹,所有射弹都未命中的概率等于h_{n-1}^0和qf的卷积。若$n=1$,$h_1^0(t)dt$为在$(t,t+dt)$发射1发而未命中的概率,故$h_1^0(t)dt = qf(t)dt$。现在我们定义

$$h^0(t) = \sum_{n=1}^{\infty} h_n^0(t)$$
$$= qf(t) + q\int_0^t f(x)\left[\sum_{n=2}^{\infty} h_{n-1}^0(t-x)\right]dx$$
$$= qf(t) + q\int_0^t f(x)h^0(t-x)dx$$

类似地,有两种可能的途径得到n发射弹命中1发的状态:前$n-1$发连续未命中,第n发命中;在前$(n-1)$发中命中1发,第n发未命中。这两种途径互不包含,故有

$$h_n^1(t)dt = \left(p\int_0^t f(x)h_{n-1}^0(t-x)dx + q\int_0^t f(x)h_{n-1}^1(t-x)dx\right)dt$$

对n相加,且注意到$h_{n-1}^1(t) = 0$,我们得到

$$h^1(t) = \sum_{n=1}^{\infty} h_n^1(t)$$
$$= pf(t) + p\int_0^t f(x)h^0(t-x)dx +$$
$$q\int_0^t f(x)h^1(t-x)dx.$$

最后,我们还有

$$h_n(t)dt = \left(p\int_0^t f(x)h_{n-1}^1(t-x)dx\right)dt.$$

对n求和,得到

$$h(t) = p\int_0^t f(x)h^1(t-x)dx.$$

求解以上相互依赖的3个方程,即能得到$h(t)$,$\Phi^i(u)$记为h^i的特征函数($i=0,1$),对下式等号两边取特征函数

$$h^0(t) = \sum_{n=1}^{\infty} h_n^0(t)$$
$$= qf(t) + q\int_0^t f(x)\left[\sum_{n=2}^{\infty} h_{n-1}^0(t-x)\right]dx$$

$$= qf(t) + q\int_0^t f(x)h^0(t-x)\,\mathrm{d}x$$

可得到

$$\Phi^0(u) = q\varphi(u) + q\varphi(u)\Phi^0(u)$$

解得

$$\Phi^0(u) = \frac{q\varphi(u)}{1 - q\varphi(u)}.$$

对下式等号两边取特征函数

$$h^1(t) = \sum_{n=1}^{\infty} h_n^1(t)$$
$$= pf(t) + p\int_0^t f(x)h^0(t-x)\,\mathrm{d}x$$
$$+ q\int_0^t f(x)h^1(t-x)\,\mathrm{d}x.$$

可得到特征函数 $\Phi^1(u)$

$$\Phi^1(u) = p\varphi(u) + p\varphi(u)\Phi^0(u) + q\varphi(u)\Phi^1(u)$$

将上述求得的 $\Phi^0(u)$ 代入 $\Phi^1(u)$,可以得到

$$\Phi^1(u) = \frac{p\varphi(u)}{[1 - q\varphi(u)]^2}.$$

最后,对下式等号两边取特征函数

$$h(t) = p\int_0^t f(x)h^1(t-x)\,\mathrm{d}x.$$

并将 $\Phi^1(u)$ 代入所求特征函数结果,可得

$$\Phi(u) = p\varphi(u)\Phi^1(u) = \left(\frac{p\varphi(u)}{1 - q\varphi(u)}\right)^2.$$

这也是概率分析方法所求得的结果。

应用更新理论方法可以得到有关过程中,未得到命中弹的时间(非真正的)分布密度函数,得 1 发命中弹得时间分布密度函数等;有的格斗问题,用这方法可以很简单地推出结论。

7.3 基本格斗类型

本节讨论基本型格斗,即下述的 1∶1 格斗:格斗开始之后,双方互相射击,命中 1 发即毁伤,谁先命中对方即为获胜者,此时格斗结束。格斗双方的发射

时间间隔既可以都是某一个固定常数(双方可以不同);还可以都是某一个连续随机变量(双方可以不同);还可以一方为固定常数,另一方为随机变量。单发命中概率(在基本型格斗中即毁伤概率)为常数(双方可以不同)。发射时间间隔和单发命中概率与发射弹数无关。格斗开始时,双方都需装填、瞄准(经过后面各发射弹同样的过程),才发射出首发弹。双方携弹量及格斗持续时间均不受限制。

7.3.1 离散情形的基本型格斗

若格斗双方 A 和 B 的发射时间间隔分别为 $X_A = a_1$ 和 $X_B = b_1$(a_1 和 b_1 均为常数),则称此种格斗为离散情形。本节讨论离散的基本型格斗。

我们不妨假设 a_1/b_1 为有理数。假若 a_1 和 b_1 有公因子,我们可以约分成为 a/b,使 a 和 b 互为质数。将 a 表示成

$$a = mb + f$$

式中:m 为 a/b 的最大整数商,即 $m = \left[\dfrac{a}{b}\right]$($[x]$ 表示不超过 x 的最大整数),$f = a - b\left[\dfrac{a}{b}\right]$,$0 \leqslant f < b$。

分别以 p_A 和 p_B 记 A 方和 B 方的单发命中概率。我们来推导这种格斗中 A 方获胜的概率。显然

$$\begin{aligned}P_j(A) &= P\{A\text{ 方发射 }j\text{ 发弹毁伤 }B\text{ 方}\} \\ &= P\{A\text{ 方前 }j-1\text{ 发弹未毁伤 }B\text{ 方}\} \times \\ &\quad P\{A\text{ 方发射 }j\text{ 发弹毁伤 }B\text{ 方}\} \times \\ &\quad P\{\text{在 }A\text{ 方发射 }j\text{ 发弹期间},B\text{ 方未毁伤 }A\text{ 方}\} \\ &= q_A^{j-1} p_A q_B^k \end{aligned}$$

式中:k 为 A 方发射 j 发弹(化去时间 ja_1)期间,B 方共发射的弹数;$k = [ja_1/b_1] = [ja/b]$;$q_A = 1 - p_A$;$q_B = 1 - p_B$。

这样,A 方获胜概率

$$\begin{aligned}P(A) &= \sum_{j=1}^{\infty} P_j(A) = \sum_{j=1}^{\infty} q_A^{j-1} p_A q_B^k \\ &= p_A \sum_{j=1}^{\infty} q_A^{j-1} q_B^{jm+[j(f/b)]} \\ &= p_A q_B^m \sum_{j=1}^{\infty} q_A^j q_B^{jm+[(j+1)(f/b)]}. \end{aligned}$$

记

$$[(j+1)(f/b)] = [x_j].$$

将$[x_j]$ $(j=0,1,\cdots)$按顺序分组,每组b项。容易明白,每组里的任一个数正好是前一组对应的数加上f。逐一写出就是$\{[x_0]=0,[x_1],[x_2],\cdots,[x_{b-1}]=f\}$,$\{f,[x_1]+f,[x_2]+f,\cdots,[x_{b-1}]+f=2f\}$,$\{2f,[x_1]+2f,\cdots,3f\}$。因此,上述公式可以表示为

$$P(A) = p_A q_B^m \sum_{k=0}^{\infty} \sum_{j=kb}^{kb+b-1} q_A^j q_B^{jm+[x_j]}$$

$$= p_A q_B^m \sum_{k=0}^{\infty} \sum_{j=0}^{b-1} q_A^{j+kb} q_B^{(j+kb)m+[x_{j+kb}]}.$$

由$[x_j]$的性质,我们有$[x_{j+kb}]=[x_j+kf]=[x_j]+kf$。改变上式求和顺序,还可以写成下面形式

$$P(A) = p_A q_B^m \sum_{j=0}^{b-1} q_A^j q_B^{jm+[x_j]} \sum_{k=0}^{\infty} q_A^{bk} q_B^{(bm+f)k}.$$

又因为$a=mb+f$,应用等比级数求和公式,上式可简化为

$$P(A) = \{p_A q_B^m/(1-q_A^b q_B^a)\} \sum_{j=0}^{b-1} q_A^j q_B^{jm+[x_j]}$$

$$= \{p_A/(1-q_A^b q_B^a)\} \sum_{j=0}^{b-1} q_B^{[(j+1)(a/b)]}$$

$$= \{p_A q_B^m/(1-q_A^b q_B^a)\} [1 + q_A q_B^{m+[x]_1} + q_A^2 q_B^{2m+[x]_2} + \cdots + q_A^{b-1} q_B^{a-m}]$$

$$= \{p_A/(1-q_A^b q_B^a)\} [q_B^{[a/b]} + q_A q_B^{[2a/b]} + q_A^2 q_B^{[3a/b]} + \cdots + q_A^{b-1} q_B^a]$$

式中:$m=[a/b]$;$f=a-mb$;$[x_j]=[(j+1)f/b]$。

完全类似,我们有

$$P(B) = \{p_B q_A^n/(1-q_A^b q_B^a)\} \sum_{i=0}^{a-1} q_B^i q_A^{in+[y_i]}$$

$$= \{p_B/(1-q_A^b q_B^a)\} \sum_{i=0}^{a-1} q_B^i q_A^{[(i+1)(b/a)]}$$

式中:$n=[b/a]$;$g=b-na$;$[y_i]=[(i+1)g/a]$。

在离散的基本型格斗中,有可能出现双方同时发射,因而可能同时命中(毁伤),最后两败俱伤的结局。这种情况只有当A方的发射弹数j和B方发射弹数i满足$ja=ib$时才有可能出现。因为a和b互质,故j和i分别为lb和la ($l=0,1,2,\cdots$)时,此条件才能满足。因此,用前面同样的方法,我们得到A和B都被毁伤的概率

$$P(AB) = p_A p_B \sum_{l=1}^{\infty} q_A^{lb-1} q_B^{la-1} = p_A p_B \sum_{l=1}^{\infty} q_A^{(l+1)b-1} q_B^{(l+1)a-1}$$

$$= p_A p_B q_A^{b-1} q_B^{a-1} / (1 - q_A^b q_B^a).$$

例 7.1 设 a_1 是 b_1 的整数倍，即 $a_1 = cb_1$，c 为正整数。此时 $b = 1, m = a = c, f = 0$，代入 $P(A)$、$P(B)$ 和 $P(AB)$ 3 个公式，可得

$$P(A) = p_A q_B^c / (1 - q_A q_B^c)$$

$$P(B) = 1 - q_B^{c-1} p_A / (1 - q_A q_B^c)$$

$$P(AB) = p_A p_B q_B^{c-1} / (1 - q_A q_B^c).$$

对于这种特殊情况，容易验证等式 $P(A) + P(B) + P(AB) = 1$ 成立。

7.3.2 连续情形的基本型格斗

连续情形与离散情形只有一点不同：格斗双方 A 和 B 的发射时间间隔 X_A 和 X_B 并非固定的常数，而是连续随机变量。设 X_A 和 X_B 的分布密度函数分别为 $f_A t$ 和 $f_B t$。

首先考虑格斗中的任意方对被动目标（不还击的目标）射击的情况。有可能在第 1 发就命中（毁伤）目标，这种情况下的毁伤概率即单发命中概率 p；也有可能在第 2 发毁伤目标，这只有在第 1 发未命中目标，再发射 1 发且命中时才发生，其概率为 $qp (q = 1 - p)$。当然，对任意 n，都有可能在第 n 发射弹上命中（毁伤）目标，概率为 $q^{n-1} p$。

设 X_1 为发射出第 1 发射弹所需的时间，X_2 为发射出第 1 发至发射出第 2 发所经过的时间间隔……X_i 为发射出第 $i-1$ 发至发射出第 i 发所经过的时间间隔……所有 X_i 都是相互独立的同分布（分布密度函数为 $f(t)$）的随机变量。我们知道，若干个独立随机变量之和的分布密度函数为它们的分布密度函数的卷积。这样，发射出 n 发弹的时间 $T = X_1 + X_2 + \cdots + X_n$ 的分布密度函数为 $f(t)$ 的 $(n-1)$ 重卷积 $f^{n*}(t) = \underbrace{f(t) * \cdots * f(t)}_{n}$。归纳上述分析

毁伤对方所需时间	分布密度函数	概率
$T = X_1$	f	p
$= X_1 + X_2$	$f * f$	pq
$= X_1 + X_2 + X_3$	$f * f * f$	pq^2
$\vdots$	$\vdots$	$\vdots$
$= X_1 + X_2 + \cdots + X_n$	f^{n*}	pq^{n-1}
$\vdots$	$\vdots$	$\vdots$

设 $h(t)$ 为毁伤对方所需时间 T 的分布密度函数

$$h(t)dt = P\{t < T < t+dt\} = pf(t)dt + pqf^{2*}(t)dt + \cdots + pq^{n-1}f^{n*}(t)dt + \cdots$$

即

$$h(t) = \sum_{n=1}^{\infty} pq^{n-1}f^{n*}(t).$$

设 $\varphi(u)$ 和 $\Phi(u)$ 分别为 $f(t)$ 和 $h(t)$ 的特征函数,即

$$\varphi(u) = \int_0^{\infty} \exp(\sqrt{-1}ut)f(t)dt$$

$$\Phi(u) = \int_0^{\infty} \exp(\sqrt{-1}ut)h(t)dt.$$

某一函数自身 n 重卷积的特征函数等于该函数特征函数的 n 次乘积,故

$$\Phi(u) = p\sum_{n=1}^{\infty} q^{n-1}\varphi^n(u) = p\varphi(u)\sum_{n=1}^{\infty}[q\varphi(u)]^{n-1} = \frac{p\varphi(u)}{1-p\varphi(u)}$$

因为对所有 u, $|q\varphi(u)| < 1$,所以最后的等式成立。

作一逆变换,有

$$h(t) = \frac{1}{2\pi}\int_{-\infty}^{\infty}\exp(\sqrt{-1}ut)\Phi(u)du = \frac{p}{2\pi}\int_{-\infty}^{\infty}\frac{e^{iut}\phi(u)}{1-q\phi(u)}du$$

由此容易推出命中(毁伤)对方所需时间 T 的分布函数(至时刻 t,毁伤对方的概率)

$$H(t) = \int_0^t h(\tau)d\tau = \frac{p}{2\pi\sqrt{-1}}\int_{-\infty}^{\infty}\frac{\varphi(u)(1-\exp(\sqrt{-1}ut))}{[1-q\varphi(u)]}du.$$

例 7.2 发射时间间隔为负指数分布:$f(t) = \gamma e^{-\mu t}, t \geq 0$,其中 γ 为平均射速。

解答 已知

$$\varphi(u) = \int_0^{\infty}\exp(\sqrt{-1}ut)f(t)dt = \frac{\gamma}{\gamma - iu}.$$

由式

$$\Phi(u) = \frac{p\varphi(u)}{1-p\varphi(u)}.$$

可得

$$\Phi(u) = \frac{p\gamma}{p\gamma - \sqrt{-1}u}.$$

又由式

$$h(t) = \sum_{n=1}^{\infty}pq^{n-1}f^{n*}(t).$$

可得

$$h(t) = p\gamma e^{-p\gamma t}, \; H(t) = \int_0^t h(\tau)\mathrm{d}\tau = 1 - e^{-p\gamma t}.$$

7.3.3 毁伤时间和发射间隔

本节回到单方射击的问题上,毁伤目标所需时间 T 和发射时间间隔 X 都是连续随机变量,它们之间存在什么关系?具体来讲,它们的各阶矩阵之间存在什么样的关系,这当然是我们感兴趣的问题。本节仅讨论基本型格斗中的情况,即命中一发即毁伤,单发命中概率 p 也是单发毁伤概率。对这种简单的射击,所得的结果并不复杂,但我们可以用类似的方法分析更加复杂的情况。

我们首先找出 T 和 X 的半不变量之间的关系,半不变量和各矩阵之间的关系是已知的,这样也就找到了所要求的 T 的各阶矩阵和 X 的各阶矩阵之间的关系式。

仍记 $\varphi(u)$ 为 X 的特征函数,我们可以将 $\varphi(u)$ 在 $u=0$ 的邻域内展成无穷级数

$$\varphi(u) = 1 + \sum_{k=1}^{\infty} \frac{m_k}{k!}(\sqrt{-1}u)^k.$$

式中: m_k 为 X 的 k 阶矩。另外,我们形式上将特征函数的对数 $\theta(u) = \ln\varphi(u)$ 展成级数

$$\theta(u) = \sum_{k=1}^{\infty} \frac{\kappa_k}{k!}(\sqrt{-1}u)^k.$$

式中:系数 κ_k 为半不变量。(若随机变量 X 作平移变换,除 κ_1 之外,所有的 κ_k ($k=2,3,\cdots$) 都保持不变,"半不变量"的名字由此而来。)由上面两个公式,可得

$$\begin{aligned}\varphi(u) &= 1 + \sum_{k=1}^{\infty} \frac{m_k}{k!}(\sqrt{-1}u)^k = \exp\left[\sum_{k=1}^{\infty} \frac{\kappa_k}{k!}(\sqrt{-1}u)^k\right] \\ &= 1 + \sum_{k=1}^{\infty} \frac{\kappa_k}{k!}(\sqrt{-1}u)^k + \frac{1}{2!}\left[\sum_{k=1}^{\infty} \frac{\kappa_k}{k!}(\sqrt{-1}u)^k\right]^2 + \\ &\quad \frac{1}{3!}\left[\sum_{k=1}^{\infty} \frac{\kappa_k}{k!}(\sqrt{-1}u)^k\right]^3 + \cdots.\end{aligned}$$

比较上式两边 $(\sqrt{-1}u)^k$ 的系数,我们就有用矩阵表示半不变量的关系式:

$$\kappa_1 = m_1$$
$$\kappa_2 = m_2 - m_1^2$$
$$\kappa_3 = m_3 - 3m_1 m_2 + 2m_1^3$$

$$\kappa_4 = m_4 - 3m_2^2 - 4m_1 m_3 + 12_1^2 m_2 - 6m_1^4$$
$$\cdots$$

或者用半不变量表示矩阵的关系式：
$$m_1 = \kappa_1$$
$$m_2 = \kappa_2 + \kappa_2^2$$
$$m_3 = \kappa_3 + 3\kappa_1\kappa_2 + \kappa_1^3$$
$$m_4 = \kappa_4 + 3\kappa_2^2 + 4\kappa_1\kappa_3 + 6\kappa_1^2\kappa_2 + \kappa_1^4$$
$$\cdots$$

毁伤目标所需时间 T 的特征函数 $\Phi(u)$ 的对数记为 $\Theta(u) = \log \Phi(u)$。记 $q = 1 - p, t = q/p$，由式

$$\begin{aligned}\Phi(u) &= p \sum_{n=1}^{\infty} q^{n-1} \varphi^n(u) \\ &= p\varphi(u) \sum_{n=1}^{\infty} [q\varphi(u)]^{n-1} \\ &= \frac{p\varphi(u)}{1 - p\varphi(u)}.\end{aligned}$$

可得

$$\begin{aligned}\Theta(u) &= \log \frac{p\varphi}{1 - q\varphi} = \log \frac{p\mathrm{e}^\theta}{1 - q\mathrm{e}^\theta} \\ &= \theta - \ln[1 - t(\mathrm{e}^\theta - 1)] \\ &= \theta + \sum_{v=1}^{\infty} \frac{t^v}{v} (\mathrm{e}^{\theta-1})^v \\ &= \theta + \sum_{v=1}^{\infty} \frac{t^v}{v} \sum_{\mu=0}^{v} (-1)^{v-\mu} \binom{v}{\mu} \mathrm{e}^{\mu\theta} \\ &= \theta + \sum_{v=1}^{\infty} \frac{t^v}{v} \sum_{\mu=0}^{v} (-1)^{v-\mu} \binom{v}{\mu} \sum_{n=0}^{\infty} \frac{\mu^n \theta^n}{n!} \\ &= \theta + \sum_{n=0}^{\infty} \frac{\theta^n}{n!} \sum_{v=1}^{\infty} \frac{t^v}{v} \sum_{\mu=0}^{v} (-1)^{v-\mu} \binom{v}{\mu} \mu^n.\end{aligned}$$

定义

$$\Delta u_k = u_{k+1} - u_k, \Delta u_k^v = \Delta(\Delta^{v-1} u_k), \quad (v = 2, 3, \cdots)$$

容易推出

$$\Delta u_k^v = \sum_{\mu=0}^{v} (-1)^{v-\mu} \binom{v}{\mu} u_{k+\mu}.$$

当取 $u_k = k^n$ 时，有

$$\Delta^v k^n \mid_{k=0} = \sum_{\mu=0}^{v} (-1)^{v-\mu} \binom{v}{\mu} \mu^n.$$

为简单起见,记 $\Delta^v 0^n = \Delta^v k^n \mid_{k=0}$. 显然,当 $v > n$ 时,$\Delta^v 0^n = 0$. 将公式

$$\Delta^v k^n \mid_{k=0} = \sum_{\mu=0}^{v} (-1)^{v-\mu} \binom{v}{\mu} \mu^n.$$

代入式

$$\Theta(u) = \theta + \sum_{n=0}^{\infty} \frac{\theta^n}{n!} \sum_{v=1}^{\infty} \frac{t^v}{v} \sum_{\mu=0}^{v} (-1)^{v-\mu} \binom{v}{\mu} \mu^n.$$

得到

$$\Theta = \theta + \sum_{n=0}^{\infty} \frac{\theta^n}{n!} \sum_{v=1}^{n} \frac{t^v}{v} \Delta^v 0^n.$$

不难证明,等式

$$\Delta^v 0^{n-1} = \frac{1}{v} v \Delta^v 0^n - \Delta^{v-1} 0^{n-1}.$$

成立,将其代入式

$$\Theta = \theta + \sum_{n=0}^{\infty} \frac{\theta^n}{n!} \sum_{v=1}^{n} \frac{t^v}{v} \Delta^v 0^n.$$

中,并且注意到 $n = 0$ 时,求和项为 0,我们有

$$\Theta = \theta + \sum_{n=1}^{\infty} \frac{\theta^n}{n!} \sum_{v=1}^{n} t^v (\Delta^v 0^n + \Delta^{v-1} 0^{n-1})$$

$$= \theta + \sum_{n=1}^{\infty} \frac{\theta^n}{n!} \left(\sum_{v=1}^{n} t^v \Delta^v 0^{n-1} + \sum_{v=0}^{n-1} t^{v+1} \Delta^v 0^{n-1} \right).$$

括号中,前面和式增加 $v = 0$ 项,后面和式增加 $v = n$ 项,所增加的实际上都为 0,这样,得到

$$\Theta = \theta + \theta t \sum_{n=2}^{\infty} \frac{\theta^n}{n!} (1 + t) \sum_{v=0}^{n} t^v \Delta^v 0^{n-1}$$

$$= (1 + t) \sum_{n=1}^{\infty} \frac{\theta^n}{n!} \sum_{v=0}^{n} t^v \Delta^v 0^{n-1}.$$

将 $1 + t = \frac{1}{p}$ 代回去,并将上式写开

$$\Theta = \frac{1}{p}\theta + \frac{q}{p^2}\frac{\theta}{2!} + \frac{q}{p^2}\left(1 + \frac{2q}{p}\right)\frac{\theta^3}{3!} +$$

$$\frac{q}{p^2}\left(1 + \frac{6q}{p} + \frac{6q^2}{p^2}\right)\frac{\theta^4}{4!} + \cdots$$

若以大写的 K_k 表示 T 的半不变量,由上述公式,我们可以得到半不变量 $\{K_k\}$ 和

之间 $\{\kappa_k\}$ 的关系：

$$K_1 = \frac{1}{p}\kappa_1$$

$$K_2 = \frac{1}{p^2}(p\kappa_2 + q\kappa_1^2)$$

$$K_3 = \frac{1}{p^3}\left[p^2\kappa_3 + \frac{3}{2}pq\kappa_1\kappa_2 + q(1+q)\kappa_1^3\right]$$

$$K_4 = \frac{1}{p^4}[p^3\kappa_4 + p^2q(4\kappa_1\kappa_3 + 3\kappa_2^2) + 2pq(1+q)\kappa_1^2\kappa_2 + q(p^2 + 6pq + q^2\kappa_1^4)]$$

$$\cdots$$

由上式和式

$$\kappa_1 = m_1$$

$$\kappa_2 = m_2 - m_1^2$$

$$\kappa_3 = m_3 - 3m_1m_2 + 2m_1^3$$

$$\kappa_4 = m_4 - 3m_2^2 - 4m_1m_3 + 12_1^2m_2 - 6m_1^4$$

$$\cdots$$

有

$$E(T) = \frac{1}{p}E(X)$$

$$V(T) = \frac{1}{p^2}(pV(X) + qE(X)^2).$$

继续写出高阶矩阵之间的关系式并不存在实质性的困难，这里不加赘述。

7.3.4 混合情形的基本型格斗

设 A 方发射时间间隔固定，$X_A = a_1$，B 方发射时间间隔 X_B 为连续随机变量。这时 X_A 的特征函数

$$\varphi_A(u) = \sum p_k \exp(\sqrt{-1}utk) = \exp(\sqrt{-1}a_1u).$$

毁伤对方所需时间的特征函数

$$\Phi_A(u) = \frac{p_A\exp(\sqrt{-1}a_1u)}{1 - q_A\exp(\sqrt{-1}a_1u)}.$$

将上式和下面公式

$$\Phi(u) = p\sum_{n=1}^{\infty}q^{n-1}\varphi^n(u)$$

$$= p\varphi(u) \sum_{n=1}^{\infty} [q\varphi(u)]^{n-1}$$
$$= \frac{p\varphi(u)}{1 - p\varphi(u)}.$$

共同代入到公式

$$P(A) = \frac{1}{2\pi\sqrt{-1}} \int_L \Phi_A(-u) \Phi_B(u) \frac{\mathrm{d}u}{u}$$

中,我们得到混合格斗中 A 方获胜的概率.

$$P(A) = \frac{1}{2\pi\sqrt{-1}} \int_L \frac{p_A \exp(-\sqrt{-1}a_1 u) p_B \varphi_B(u)}{[1 - q_A \exp(-\sqrt{-1}a_1 u)][1 - q_B \varphi_B(u)]} \frac{\mathrm{d}u}{u}.$$

因为 B 方发射间隔为连续随机变量,不分胜负的概率为 0,所以 $P(B) = 1 - P(A)$.

7.3.5 格斗开始条件的影响

前几节假设格斗双方在格斗开始时都处于无准备状态,因而发射首发弹与发射后面各发弹所经过的过程及所耗费的时间是相同的;而且双方都处于通视的状态,都处于对方武器射程之内。实际上,由于战场地形、武器射程等原因,格斗双方往往处于不同的情况,致使其中一方能够首先向对方发射数发弹,或者具有较大的首先开火的机会,然后再进入格斗。本节讨论不同的格斗开始条件对格斗带来的影响。

在格斗的任一时刻,双方共同处于 4 种状态:

(1) A 方和 B 方都没有被毁,双方共同处于 4 种状态;
(2) B 方被毁, A 方生存(A 方获胜);
(3) A 方被毁, B 方生存(B 方获胜);
(4) A 方和 B 方都被毁。

第(4)种状态是在 A、B 双方同时发射时才可能出现。格斗总是以第(1)种状态(双方都生存)下开始,所以初始状态向量为

$$S_0 = (1, 0, 0, 0).$$

式中:第 i 个分量为处于第 i 种状态的概率, $i = 1, 2, 3, 4$。双方中任一方发射一次,就发生一次状态转移,转移概率矩阵视哪一方发射而定。若 A 方发射一次,转移概率矩阵为

$$T_A = (t_{ij}) = \begin{pmatrix} 1-p_A & p_A & 0 & 0 \\ 0 & 1 & 0 & 0 \\ 0 & 0 & 1 & 0 \\ 0 & 0 & 0 & 1 \end{pmatrix}.$$

式中:矩阵元素 t_{ij} 为从第 i 种状态转移到第 j 种状态的概率,T_A 中表示 A 方发射 1 发,双方都仍旧生存的概率,显然 $t_{11} = 1 - p_A$;t_{12} 为这一发使状态转到 B 毁 A 存状态的概率,这只有 A 方命中 B 方才有可能,所以 t_{12} 即为 A 方的单发命中概率 p_A;因为 A 发射,状态不可能从(1)转到(3)或(4),故 $t_{13} = t_{14} = 0$。其余 t_{ij} 也可同样分析得出。类似地,B 方发射 1 发或 A、B 双方同时发射 1 发时,相应的转移概率矩阵分别为

$$T_B = \begin{pmatrix} 1-p_B & 0 & p_B & 0 \\ 0 & 1 & 0 & 0 \\ 0 & 0 & 1 & 0 \\ 0 & 0 & 0 & 1 \end{pmatrix}.$$

和

$$T_{AB} = \begin{pmatrix} (1-p_A)(1-p_B) & p_A(1-p_B) & p_B(1-p_A) & p_A p_B \\ 0 & 1 & 0 & 0 \\ 0 & 0 & 1 & 0 \\ 0 & 0 & 0 & 1 \end{pmatrix}.$$

这样,双方各发射若干发,状态经过次转移之后,就成为

$$S_n = S_0 \times T_1 \times T_2 \times T_3 \cdots \times T_n$$

其中 $T_l (l = 1, 2, \cdots, n)$ 或为 T_A,或为 T_B,或为 T_{AB},取决于格斗过程中双方发射的时刻。

设 A 方先于 B 方开火,即 A 方在 $t = 0$ 发出第 1 发,经过 t_s 个时间单位,B 方发射出第 1 发。和 7.3.1 节一样,设 A、B 的发射时间间隔固定,分别为 a_1 和 b_1,经过约分之后的 a 和 b 互质。在 B 方开火之前,A 方先发射了 $y = [t_s/a_1 + 1]$ 发($[x]$ 表示不超过的最大整数)。因此上式应为

$$S_n = \begin{cases} S_0 \times T_A^n, & n \leq y \\ S_0 \times T_A^y \times T_{y+1} \times T_{y+2} \cdots \times T_n, & n > y. \end{cases}$$

若 n 较小,就可以用上式计算我们要求的结果。若 n 较大时,计算将是十分冗长的。但是,一般情况下,当 n 较大时,从 T_{y+1} 开始,以后的发射次序将是循环出现的。

事实上，取 $\lambda = a_1 b = ab_1$，A 方发射第 $y+1$ 发的时刻为 $t_{y+1,A} = a_1 y$，B 方发射第 1 发的时刻为 $t_{1,B} = t_s$，两者之差为 $t_{y+1,A} - t_{1,B} = a_1 y - t_s$，每经过 $m\lambda$ ($m = 1, 2, \cdots$) 之后，这时 A 方发射了 $(y + 1 + mb)$ 发，B 方发射了 $(1 + ma)$ 发，所以即为循环周期。在一个周期内，A 方发射了 b 发，B 方发射了 a 发。记 $M = a + b$，经过 m 个循环周期后，状态向量为

$$S_{mM+y} = S_0 \times T_A^y \times T^m$$

其中

$$T = \begin{cases} T_{y+1} \times T_{y+2} \cdots \times T_{y+i} \cdots \times T_{y+M} & (A \text{ 方和 } B \text{ 方从没有同时发射}) \\ T_{y+1} \times T_{y+2} \cdots \times T_{y+i} \cdots \times T_{y+M-1} & (\text{出现一次同时发射}) \end{cases}$$

可得

$$T = \begin{pmatrix} t_1 & t_2 & t_3 & t_4 \\ 0 & 1 & 0 & 0 \\ 0 & 0 & 1 & 0 \\ 0 & 0 & 0 & 1 \end{pmatrix}.$$

T_{y+i} 或为 T_A，或为 T_B，或为 T_{AB}，依据双方在一个循环中发射次序决定。通常矩阵相乘不能交换。可以用归纳法证明

$$T_A^y = \begin{pmatrix} q_A^y & p_A \sum_{i=0}^{y-1} q_A^i & 0 & 0 \\ 0 & 1 & 0 & 0 \\ 0 & 0 & 1 & 0 \\ 0 & 0 & 0 & 1 \end{pmatrix}.$$

因此

$$V = S_0 \times T_A^y = \left(q_A^y, p_A \sum_{i=0}^{y-1} q_A^i, 0, 0 \right).$$

为了简单，记

$$V = (v_1, v_2, 0, 0)$$

其中

$$v_1 = q_A^y$$

$$v_2 = p_A \sum_{i=0}^{y-1} qA^i.$$

这样一来，公式 $S_{mM+y} = S_0 \times T_A^y \times T^m$，就成为

$$S_{mM+y} = V \times T^m = (s_{1m}, s_{2m}, s_{3m}, s_{4m}).$$

下面我们要求出 s_{im}（经过 m 个循环周期之后，双方处于各种状态的概率，还要求出 $\lim_{m\to\infty} = s_i (i=1,2,3,4)$（发射弹数不受限制，一直格斗下去，双方处于各种状态的概率）。

记 $S'_m = S_{mM+y}(m=0,1,\cdots)$，我们有递推关系：

$$S'_1 = VT = S'_0 \times T$$
$$S'_2 = VT^2 = S'_1 \times T$$
$$S'_3 = VT^3 = S'_2 \times T$$
$$\cdots$$

设 $F(z)$ 为 $S'_n(n=0,1,\cdots)$ 的母函数，由母函数的性质，我们有

$$z^{-1}(F(z) - V) = F(z) \times T.$$

解得

$$F(z) = V \times (I - z \times T)^{-1}$$

其中，I 为单位矩阵。由上述公式，得到

$$I - z \times T = \begin{pmatrix} 1-zt_1 & -zt_2 & -zt_3 & -zt_4 \\ 0 & 1-z & 0 & 0 \\ 0 & 0 & 1-z & 0 \\ 0 & 0 & 0 & 1-z \end{pmatrix}.$$

它的逆矩阵

$$(I - z \times T)^{-1} = \begin{pmatrix} \dfrac{1}{1-zt_1} & \dfrac{zt_2}{(1-z)(1-zt_1)} & \dfrac{zt_3}{(1-z)(1-zt_1)} & \dfrac{zt_4}{(1-z)(1-zt_1)} \\ 0 & \dfrac{1}{1-z} & 0 & 0 \\ 0 & 0 & \dfrac{1}{1-z} & 0 \\ 0 & 0 & 0 & \dfrac{1}{1-z} \end{pmatrix}$$

$$= \dfrac{1}{1-z}\begin{pmatrix} 0 & \dfrac{t_2}{1-t_1} & \dfrac{t_3}{1-t_1} & \dfrac{t_4}{1-t_1} \\ 0 & 1 & 0 & 0 \\ 0 & 0 & 1 & 0 \\ 0 & 0 & 0 & 1 \end{pmatrix} +$$

$$\frac{1}{1-zt_1}\begin{pmatrix} 1 & \dfrac{-t_2}{1-t_1} & \dfrac{-t_3}{1-t_1} & \dfrac{-t_4}{1-t_1} \\ 0 & 0 & 0 & 0 \\ 0 & 0 & 0 & 0 \\ 0 & 0 & 0 & 0 \end{pmatrix}.$$

代入公式

$$F(z) = V \times (I - z \times T)^{-1}$$

有

$$f(z) = \frac{1}{1-z}\left(0, \frac{v_1 t_2}{1-t_1} + v_2, \frac{v_1 t_3}{1-t_1}, \frac{v_1 t_4}{1-t_1}\right) + \frac{1}{1-t_1 z}\left(v_1, \frac{-v_1 t_2}{1-t_1}, \frac{-v_1 t_3}{1-t_1}, \frac{-v_1 t_4}{1-t_1}\right).$$

由母函数的定义，反求得

$$S'_m = \left(0, \frac{v_1 t_2}{1-t_1} + v_2, \frac{v_1 t_3}{1-t_1}, \frac{v_1 t_4}{1-t_1}\right) + t_1^m\left(v_1, \frac{-v_1 t_2}{1-t_1}, \frac{-v_1 t_3}{1-t_1}, \frac{-v_1 t_4}{1-t_1}\right).$$

由于 T_A、T_B 和 T_{AB} 中第一列下面 3 个元素为 0，无论它们在 T 中的排列次序如何，t_1 将是 $q_A^i q_B^j$ 的形式。除非 $p_A = p_B = 0$（这种无意义的情形），一般情况下，$0 \leq t_1 < 1$。故当 $m \to \infty$ 时 $t_1^m \to 0$。

总结以上，可得如下结论。

(1) 当 A 和 B 都存在时，m 个周期之后的概率为

$$s_{1,m} = v_1 t_1^m$$

格斗终止之时，也就是 $m \to +\infty$ 时，概率为

$$s_1 = 0.$$

(2) 当 A 方胜时，m 个周期之后的概率为

$$s_{2,m} = v_2 + \frac{v_1 t_2}{1-t_1}(1 - t_1^m)$$

格斗终止之时，也就是 $m \to +\infty$ 时，概率为

$$s_2 = \frac{v_1 t_2}{1-t_1} + v_2.$$

(3) 当 B 方胜时，m 个周期之后的概率为

$$s_{3,m} = \frac{v_1 t_3}{1-t_1}(1 - t_1^m)$$

格斗终止之时，也就是 $m \to +\infty$ 时，概率为

$$s_3 = \frac{v_1 t_3}{1-t_1}.$$

(4) 当 A、B 方都胜利时，m 个周期之后的概率为

$$s_{4,m} = \frac{v_1 t_4}{1 - t_1}(1 - t_1^m)$$

格斗终止之时,也就是 $m \to +\infty$ 时,概率为

$$s_4 = \frac{v_1 t_4}{1 - t_1}.$$

当 A 方先于 B 方发射很多弹时,计算 $V = (v_1, v_2, 0, 0)$ 比较复杂;当循环周期 λ 较长时,计算 T 比较复杂。最后,我们应注意到,若 a_1 或 b_1 是无理数时,就不会出现上述循环的情况,但在实际应用中,这种情况完全可以排除。

第8章

损耗理论

8.1 概述

人们对于战争和作战的认识和研究,也许从中国古代的孙子就开始了,从那以来到20世纪初,人们一直把战争和作战的问题当作一种计谋或权术来研究,并称为战争艺术。那时论述战争的著作,虽然也提到了诸如运筹学方法的数学物理方法的应用,但主要还是把战争当作一种社会现象,用历史的方法和逻辑的方法加以研究和推断。到了20世纪初,有4位学者提出了公式化的作战理论。他们研究战斗中的毁伤过程的出发点虽然不尽相同,得出的作战毁伤理论却惊人的一致,这就是现在成为兰彻斯特－奥西普夫方程的作战毁伤理论。

古语云:"运筹于帷幄之中,决胜于千里之外。""运筹帷幄"就是对军事对抗局势预先的智力推演。古代军事首领常用小石块或其他标记把己方和敌方的军队布置在地面上或粗糙原始的地图上,用符号表示军队的运动,然后针对敌人可能的对抗行动画出战术轮廓,以此来推断战事的进程并考虑其结果。这种辅助军事首领进行智力推演的活动程序,成为设计战术的最初的模型。

在人类认识客观世界的过程中,由于种种限制,许多现象人们很难用直接观察的方式进行研究,或者,即使能直接观察,但由于这些现象不常发生或难以复现,因而也不容易抓住研究的机会。对于这些不能或难于直接进行观察与研究的事物,人们早已应用模拟方法先构造一个与该事物相似的模型,然后通过模型间接研究这个事物。这种间接认识事物的方式极大地增强了人们认识客观事物的能力。美国科学家贝塔郎菲曾指出每门科学在广泛的含义上都可以看作建立模型。事实上,天文学和物理学可以说一直都在努力探寻关于宇宙起源和物质结构的更好的模型。

从历史上看,军事人员早就应用模拟方法研究军事了。指挥员根据所拥有的情报资料,凭借自己的经验和观察力,在参谋人员帮助下,利用沙盘、地图和简单计算,设想双方行动的可能方案,制订可以获胜的战斗计划,这就是作战模拟。然而,传统的作战模拟难以在短时间内周密考虑各种因素对现代作战的影响,预测比较不同作战方案的结果。这种要求只有在把军事运筹学理论与电子计算机技术紧密结合,应用于作战模拟后,才有可能达到。

现代作战模拟应用的模型,主要有3种基本形式。包括实物模型、类比模型、符号模型。符号模型又分为数字模型和文字模型。数学模型是通过一组数学关系、逻辑规则和数据描述战斗中军事对象的相互关系和演变过程;军事运筹学中,作为基本实验手段的作战模拟主要应用数学模型。与其他类型的模型相比,数学模型能给出明确的定量结果,可在计算机上简单容易地实现,并通过利用计算机在有限时间内,在不同原始数据和初始条件下,研究大量方案。当然,数学模型不能像物理模型那样形象地反映客观现实。利用数学模型进行模拟的前提是相去甚远的各类现象在某些方面由于自然规律的统一性而互相联系,以及描述这些现象的数学方程的一致性。在这些数学模型中,当属兰彻斯特(Lanchester)方程最为经典。

8.2 兰彻斯特和损耗理论

兰彻斯特是著名的英国汽车工程师、流体力学家和运筹学家。他是第一个对战斗过程中对双方的力量关系进行系统数学分析的科学家。他分析了:在什么环境下一支数量居于劣势的军队能击败一支数量居于优势的军队;能否给予兵力或火力集中的效应一个数学测度;如果能的话,是否可以建立包含这一测度的数学方程是以描述和预测战斗过程的发展趋势。他用简明而优美的兰彻斯特方程回答了这些问题。但其意义还不止于此。后来投身运筹学和作战模拟研究的科学家,从兰彻斯特方程引出了更多的结论。到了20世纪50年代末,这一理论有被应用于经济贸易领域,成为一个非常有用的商品市场策略方面的风险决策工具。

兰彻斯特研究分析了历史上的战争,发现原始时代的防御方法与近代战争的防御方法有重要差别。

在冷兵器时代,战斗的主要形式是士兵与士兵面对面的格斗,他们用剑和盾挡开对方剑和战斧的攻击,防御行动是直接的。一般情况下,一个士兵会发现自己是在与对方的一个士兵对阵。如果假设每个士兵的战斗力相等,其他条件也相等,那么在平均意义上,作为组成整个战斗的许多格斗,将按一种方式进行。即使一个部落首领在特定的战场上集中比敌人数量多2倍的士兵来对付敌人。但在给定时刻,双方实际挥动手中武器进行战斗的士兵数量是大体相当的,双方被杀伤的士兵数量也大体相当。这就是说,一方的指挥员不可能通过任何形式的战略计划或战术机动,把多余对方数量的更多的兵力投入实际战斗。

在一次对阵战中,问一支1000人的蓝军能否对付得了一支1000人的红军,或者问蓝军能否集中全部兵力先对付红军中的500人,在歼灭他们之后再转过来对付红军的另一半,这样的问题是没有多大意义的。因为如果红军坚守阵地至最后,那么,在第一场格斗中,歼灭了头一半红军的蓝军也将损失一半兵力,在第二场格斗战中,双方以同等兵力开始战斗,即500人对抗500人。

在近代战争的情况下,所有这些都改变了。这时是用步枪火力抵抗步兵火力的攻击,用大炮防御大炮。防御行动不是直接的,本质上是集中合作的,一方通过合作方式首先杀伤敌人来阻止敌人对己方的攻击。因此,在使用远射程火器的近代战争情况下,集中优势兵力会带来直接的好处,而数量居于劣势的一方军队处于远远比自己可以回击的火力更强的攻击之下,从而限制了火力的发挥。

兰彻斯特抓住了这种差别,提出了著名的集中原则:在其他因素相同的情况下,兵较强的一方将引起对方较大的毁伤。

因此,在近代战争条件下,战略的一个最大问题是"集中",即集中交战一方的所有手段与一个单独的目的或目标。"集中"并不仅仅是战略原则,其也在战术行动中起着重要作用。兰彻斯特用数学方法分析了近代战争中集中原则的重要性,并找出在对抗过程中可以支配的一些因素。需要指出的是,在上面的分析中,兰彻斯特是以极端的形式来对原始战争方式与近代战争方式进行比较的。实际上,在原始条件下集中兵力也还是会有些效果的,只是不是研究会上的主要因素。例如,胜利者的任何数量优势,无疑在交战开始时能施加极大的心理影响;在敌人被打败兵逃散时能得到有利的结果。弓、箭以及石头在较小程度上也具有火器的一些特性,因为它们也能集中一定的数量供给少数方。

兰彻斯特战斗理论主要内容是基于古代冷兵器战斗和近代运用枪炮进行战斗的不同特点,在一些简化假设的前提下,建立的一系列描述交战过程中双方兵力变化数量关系的微分方程组(一般简称兰彻斯特方程),以及由此得到关于兵力运用的一些原则。兰彻斯特战斗模型被公认为现代战争理论的经典基础，引起人们普遍重视。

但兰彻斯特方程是在高技术武器系统出现前的时代提出的，它所基于的假设条件是①双方兵力互相暴露，瞄准目标不成问题；②双方兵力都可完全利用他们的数量优势；③只考虑可量化的因素，忽略了不可量化的因素，如心理素质等。注意到兰彻斯特方程讨论的是较理想的，而现代实战却是千变万化的，并且现代战争又出现了许多新特点，所以要利用兰彻斯特方程来描述现代战争的动态特性，必须结合现代战争出现的许多新特点，对传统兰彻斯特方程进行补充和扩展。第二次世界大战后，许多专家学者根据现代战争的实际情况，从不同角度对兰彻斯特方程进行了改进和扩展。其中包括多兵种多武器协调作战的战斗模型、斯赖伯模型和 Moose 模型。

就兰彻斯特的战斗数学理论来说，读了他的文章就会知道，他的主要兴趣是在集中兵力打赢战斗的重要意义上。我们在这里引述兰彻斯特的几段话，用作研究集中兵力的重要意义的某些背景材料："……古时候，兵器和兵器直接对打，防御的动作是积极而直接的，剑和盾遮挡刺来之剑或劈来之斧。在现代条件下，防御则是枪对枪，炮对炮。用现代武器所进行的防御是间接的。简单地讲，你要想不被敌人杀死，就要首先杀死敌人，而且，战斗实际上是集体进行的。……过去，不可能通过战略计划和战术机动把数量不等的人员运到实际战线上，通常是一个人对一个人。即使是一个将军在战场上任何特定的地方集中了 2 倍于敌人的兵力，但是，只要战线没有被突破，在任何特定时刻，双方实际使用武器去作战的人数仍然是大致相同的。"

于是，就会出现这样一种形势，即假定战斗是一对一的，胜兵继续打败兵。单兵战斗的结局，取决于交战双方的武艺，而且每一方都有着对另一方的有效平均消耗率。不存在一方集中相当大的兵力去对付另一方相当小的兵力这样一种情况，即只要集中兵力的原则无效，战线就仍然不能被突破。

8.3 兰彻斯特第一线性定律

在这种情况下，蓝军与红军的战斗是单兵战斗，或人对人、武器对武器的交战，每一方的消耗率都平均为常值。在这里，我们以"霍雷肖桥上战敌"进行类推，或者以"三兵"对付大量敌人，但都是单兵交战，一次一个人，例如，在狭窄的桥上交战，或者在楼梯上交战，或者在走廊上交战等。我们将兰彻斯特第一线性定律的参数定义如下：

$B = B(t)$ 为蓝军部队、武器或系统等的数量，即在任意时间 t 时蓝军的兵力；

$R = R(t)$ 为红军部队、武器或系统等的数量，即在任意时间 t 时红军的兵力；

$B_0 = B(0)$ 为蓝军的初始兵力，即在时间 $t = 0$ 时蓝军战斗人员（或武器）的数量；

$R_0 = R(0)$ 为红军的初始兵力，即在时间 $t = 0$ 时红军战斗人员（或武器）的数量。

β 表示蓝军被红军消耗的不变速率，或蓝军在单位时间内损失的数量；如果要进一步解释，则 β 为红军对蓝军的毁伤率。例如，β 可取作乘积，即

$$\beta = p_r(h) \times p_r(k|h) \times v_r$$

式中：$p_r(h)$ 为红军命中蓝军的概率；$p_r(k|h)$ 为在红军命中蓝军的条件下，红军毁伤蓝军的概率；v_r 为红军武器的射速。

$\dfrac{1}{\beta}$ 是红军毁伤蓝军的平均时间，因此，在模拟或军事演习中，可以用蓝军的平均毁伤时间估算出来。

最后，我们把 α 定义为红军被蓝军消耗的不变速率。

值得注意的是，在战斗过程中的任何时间，当一名蓝军与一名红军交战时，毁伤率或消耗率 β 和 α 都保持不变。兰彻斯特以这样一个假设为研究的出发点：双方战斗单位数量损失的速率，正比于对方战斗单位数量的乘积。

兰彻斯特第一线性定律的微分方程为

$$\frac{\mathrm{d}B}{\mathrm{d}t} = -\beta$$

$$\frac{\mathrm{d}R}{\mathrm{d}t} = -\alpha$$

$$B(0) = B_0$$

$$R(0) = R_0$$

在这种情况下，方程的解法非常简单，而且我们可以对任何时间，进行积分，直接得

$$B(t) = B_0 - \beta t; R(t) = R_0 - \alpha t.$$

这些方程主要用来描述一方仅使用非常相似的武器的情况，即"同兵种"的作战情况。

我们还注意到这样的情况，即通过消去方程中的 t，从而得出 B 和 R 的解，

均可以容易得到不随时间 t 变化的解。因此,显而易见

$$\frac{dB}{dR} = \frac{\beta}{\alpha}$$

可以写成

$$\alpha dB = \beta dR$$

解上述方程,最终得

$$\alpha(B_0 - B) = \beta(R_0 - R)$$

这个方程叫作"状态"方程。

如果令

$$u = \frac{B}{R}$$

u 是在任何时间 t 时蓝军与红军的兵力之比。于是,可以从中容易得出"兵力比"方程为

$$u(t) = \frac{B_0 - \beta t}{R_0 - \alpha t}.$$

αB_0 等于红军的消耗率乘蓝军的初始兵力,它被称为蓝军的"战斗力"或总的(最初的)毁伤力,同样,βR_0 是红军的战斗力或毁伤力。当蓝军的最初战斗力大于红军的最初战斗力时,就有

$$\alpha B_0 > \beta R_0$$

这就意味着永远是

$$\alpha B(t) > \beta R(t).$$

因此,蓝军获胜。在这种情况下,如果红军损失了他们的所有部队,就可用方程得出蓝军的剩余兵力 B_e

$$B_e = \frac{\alpha B_0 - \beta R_0}{\alpha}.$$

另外,如果

$$\beta R_0 > \alpha B_0$$

则红军就在战斗力上占优势,从而取胜。他们保存下来的战斗单位(武器)为

$$R_e = \frac{\beta R_0 - \alpha B_0}{\beta}.$$

最后,若 $\alpha B_0 = \beta R_0$,则双方势均力敌,同归于尽。倘若如此,又为什么要战斗呢?

兰彻斯特把这个线性定律称为"古代条件"。他指出,如果集中兵力不能生效,那么战斗就只能是一对一的交战,战线不会被突破,包围也形不成。实际上,在某些战斗形势下,这种情况是很可能出现的。为了说明这个线性定律和

消耗系数相等的情况,兰彻斯特举了一个例子,现将其引述如下:"首先,假定战斗是在人对人的古代条件下进行的,再假定各个战斗单位的战斗能力是相等的,而且,其他条件显然也相同。这样,平均说来,整个战斗就仿佛是由以同样方式进行的许许多多小战斗构成的,而且参战部队的伤亡也几乎相等。如果战斗是1000人对1000人的话,那么,不管是在一次酣战中拿1000名蓝军去对付1000名红军,还是集中整个蓝军去对付500名红军,消灭他们之后再去对付另一半红军,其意义都不大,或者可以说没有什么意义。假如红军一直坚持在阵地上,那么,蓝军在第一次战斗中消灭一半红军的同时,也将有一半蓝军被红军所消灭。于是在第二次战斗开始时,双方的兵力仍然是相等的,即500名蓝军对500名红军。"

然而,从下面的叙述中我们将会看到,集中兵力的原则必然会导致令人吃惊的结果,因为在集中兵力的情况下,消耗就不再是常数,而是取决于敌对双方的兵力。

为了确定这样一种战斗要打多久,我们必须确定任何一方被消灭的时间,如果蓝军胜,则战斗的持续时间为

$$t = \frac{R_0}{\alpha}.$$

如果红军胜,那就可以预计

$$t = \frac{B_0}{\beta}.$$

兰彻斯特线性定律共有两个模型,一个是直接瞄准射击模型,或者说一对一战斗模型,即上面介绍的兰彻斯特第一线性定律,另一个是面积射击模型,亦称为兰彻斯特第二线性定律。第二个模型对炮兵比较适用。在此不作详细介绍。第二线性定律亦称间接瞄准射击,这时假设进行远距离的间接瞄准射击,火力集中射向已知的敌人战斗集结地区,而且这个集结地区的大小几乎与敌人的数量无关,此时甲方的损耗率(单位时间内兵力的损耗数)就与y(甲方射击的乙方的部队数量)成正比,同时也与甲方自己的分布密度有关,而其密度可看作与x(甲方部队数量)成正比,同样乙方情况也是如此,则双方战斗的损耗方程为

$$\frac{\mathrm{d}x}{\mathrm{d}t} = -\beta xy$$

$$\frac{\mathrm{d}y}{\mathrm{d}t} = -\alpha xy$$

$$x(0) = x_0$$

$$y(0) = y_0.$$

由上式也可得到一个线性的状态方程
$$\alpha(x_0 - x) = \beta(y_0 - y)$$
双方作战的胜负也与双方的兵力数量有线性关系。

8.4 兰彻斯特平方律

与线性定律相比,兰彻斯特平方定律似乎更符合"现代"战斗条件。兰彻斯特曾这样说过:"在使用现代远射程武器(简单讲就是火炮)的条件下,集中数量上占优势的火炮,就会以主动进攻的战斗形式造成直接优势,使数量上占劣势的部队处于猛烈炮火压制之下,而不能还击。这种差别的重要意义比随意假定的意义还要大。因为这是整个问题的核心,所以要进行详细研究。"

兰彻斯特的确是对这个问题进行了非常详细的研究。就现代战争而言,兰彻斯特说:"按平均数计算,每一个人在特定时间内都会有效地命中一定数量的目标,因此,在单位时间内消灭敌人的数目就与我军人数成正比,反之亦然。"这就是"平方"定律的含义。

这里描述的作战是双方直接瞄准射击的作战。我们假设一方兵力的消耗率取决于某一时刻对方参加战斗的人数和武器数,这样的假设更符合"现代"战争集中兵力的原则。依此假设我们可得到如下的方程。

α:蓝军单兵单位时间内消灭的红军数量,可以认定为蓝军的单兵作战效率。

β:红军单兵单位时间内消灭的蓝军数量,可以认定为红军的单兵作战效率。

B_0:蓝军的初始兵力;$B(t)$:t时刻蓝军的兵力。

R_0:红军的初始兵力;$R(t)$:t时刻红军的兵力。

蓝军的数量在减少,所以
$$B(t + \Delta t) \leq B(t).$$
并且根据兰彻斯特假设,可知蓝军减少的数量即为红军所消灭
$$B(t + \Delta t) - B(t) = -\Delta t \beta R(t).$$
变换形式可得
$$\frac{B(t + \Delta t) - B(t)}{\Delta t} = -\beta R(t).$$

取极限即为微分方程

$$\frac{\mathrm{d}B(t)}{\mathrm{d}t} = -\beta R(t).$$

对于红军的数量变化同理可得

$$\frac{\mathrm{d}R(t)}{\mathrm{d}t} = -\alpha B(t).$$

至此,我们可以建立常微分方程组模型

$$红军的数量变化:\frac{\mathrm{d}R(t)}{\mathrm{d}t} = -\alpha B(t)$$

$$蓝军的数量变化:\frac{\mathrm{d}B(t)}{\mathrm{d}t} = -\beta R(t)$$

$$红军的初始数量:R(t)\big|_{t=0} = R_0$$

$$蓝军的初始数量:B(t)\big|_{t=0} = B_0.$$

经过简单变换可得

$$\frac{\mathrm{d}R(t)}{\mathrm{d}B(t)} = \frac{\alpha B(t)}{\beta R(t)}, R(0) = R_0, B(0) = B_0.$$

将公式

$$\frac{\mathrm{d}R(t)}{\mathrm{d}B(t)} = \frac{\alpha B(t)}{\beta R(t)}, R(0) = R_0, B(0) = B_0$$

转化为

$$\beta R(t)\mathrm{d}R(t) = \alpha B(t)\mathrm{d}B(t), R(0) = R_0, B(0) = B_0$$

积分得到

$$\beta(R_0^2 - R(t)^2) = \alpha(B_0^2 - B(t)^2).$$

这就是兰彻斯特平律方程。这是兰彻斯特方程谱系中最重要的方程。

蓝军和红军最初的"战斗力"现在都取决于蓝军和红军兵力数量的"平方"。蓝军的战斗力是 αB_0^2,红军的战斗力为 βR_0^2,同线性定律相比,双方的战斗力都有一个相当大的增量。

如果蓝军占优势,就是说 $\beta B_0^2 > \alpha R_0^2$,蓝军胜时,那么,为求出蓝军在战斗结束时剩余的兵力 B_e,可以得到

$$\alpha B_0^2 - \alpha B_e^2 = \beta R_0^2$$

也就是

$$B_2 = \sqrt{\frac{\alpha B_0^2 - \beta R_0^2}{\alpha}}$$

得出战斗结束时蓝军剩余的兵力。

同样,若 $\beta B_0^2 < \alpha R_0^2$,则红军占优势,而且可以算出战斗结束时红军的剩

余兵力 R_2

$$\alpha B_0^2 = \beta R_0^2 - \beta R_e^2$$

得出战斗结束时红军剩余的兵力

$$R_e = \sqrt{\frac{\beta R_0^2 - \alpha B_0^2}{\beta}}.$$

当 $\beta B_0^2 = \alpha R_0^2$ 时,双方一开始就是势均力敌的,随着战斗的进行也是势均力敌的,满足

$$\alpha B(t)^2 = \beta R(t)^2.$$

所以把

$$\sqrt{\alpha} B = \sqrt{\beta} R$$

称为均势线如图 8.1 所示。

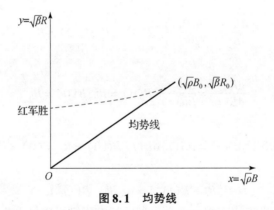

图 8.1 均势线

如果战斗一开始就偏离均势线,则一方具有较大的战斗力,将要取胜,于是战斗就顺着双曲线的一条曲线进行。如果战斗在均势线上方的一点上开始,则红军占优势;如果开始战斗时战斗力条件是在均势线下方,则蓝军取胜。而且,一方所占的优势越大,消灭另一方就越快。

$\alpha = \beta$ 也许是一个合理的假定。根据这个假定,就可以说,双方的兵力在技术上是相等的,战斗仅取决于双方的兵力,即

$$B_0^2 - B(t)^2 = R_0^2 - R(t)^2$$

或者总是

$$B(t)^2 - R(t)^2 = B_0^2 - R_0^2.$$

8.5 兰彻斯特方程谱系

除了第一线性定律和平方律,我们还将介绍兰彻斯特方程的不同形式,包括兰彻斯特第二线性定律、混合律、威斯和彼得森对数律和一般形式。

兰彻斯特方程第二线性定律:

红军的数量变化:$\dfrac{\mathrm{d}R(t)}{\mathrm{d}t} = -\alpha B(t)R(t)$

蓝军的数量变化:$\dfrac{\mathrm{d}B(t)}{\mathrm{d}t} = -\beta R(t)B(t)$

红军的初始数量:$R(t)\big|_{t=0} = R_0$

蓝军的初始数量:$B(t)\big|_{t=0} = B_0$.

上式描述概瞄作战兵力变化,假定发射后不能获得目标是否被毁的情报,不进行火力的转移,各方向着敌方驻兵区域进行盲目或概瞄射击,此式暗含双方兵力配置比较密集的假定。

兰彻斯特方程混合律:

红军的数量变化:$\dfrac{\mathrm{d}R(t)}{\mathrm{d}t} = -\alpha B(t)R(t)$

蓝军的数量变化:$\dfrac{\mathrm{d}B(t)}{\mathrm{d}t} = -\beta R(t)$

红军的初始数量:$R(t)\big|_{t=0} = R_0$

蓝军的初始数量:$B(t)\big|_{t=0} = B_0$.

上式称为梯曲曼游击战模型或混合律模型,描述一方直瞄而另一方概瞄时兵力变化。游击队的损失可以第二线性定律描述,而正规军的损失可用平方律描述。当一方进行瞄准射击,另一方主要用炮火向对方区域进行盲目射击时的兵力变化接近此式。

兰彻斯特方程威斯和彼得森对数律:

红军的数量变化:$\dfrac{\mathrm{d}R(t)}{\mathrm{d}t} = -\alpha R(t)\log B(t)$

蓝军的数量变化:$\dfrac{\mathrm{d}B(t)}{\mathrm{d}t} = -\beta B(t)\log R(t)$

红军的初始数量:$R(t)\big|_{t=0} = R_0$

蓝军的初始数量:$B(t)\big|_{t=0} = B_0$.

上式称为威斯和彼得森对数定律。他们对战史资料研究时发现,对于大规模作战,一方兵力消耗对对方的兵力依赖程度较小,而与己方兵力的相关性很大,用平方律或第二线性定律模拟都不理想而提出对数定律,这反映了现实作战中兵力配置不理想的情况。可能兵力较多的一方较不重视战术,因而平方律失灵。

兰彻斯特方程一般形式:

红军的数量变化:$\dfrac{\mathrm{d}R(t)}{\mathrm{d}t} = -\alpha R^c(t)B^d(t)$

蓝军的数量变化:$\dfrac{\mathrm{d}B(t)}{\mathrm{d}t} = -\beta R^e(t)B^f(t)$

红军的初始数量:$R(t)|_{t=0} = R_0$

蓝军的初始数量:$B(t)|_{t=0} = B_0$.

上式是一般形式,c,d,e,f 介于 $[0,1]$,当 $c=d=e=f=0$ 时,一般形式成为第一线性定律;当 $c=f=0, e=d=1$ 时,一般形式成为平方律;当 $c=d=e=f=1$ 时,一般形式成为第二线性定律;当 $c=d=e=1, f=0$ 时,一般形式成为混合律。一般来说,平方律是基本形式,但在不同作战环境中有多种变形。

为了区分精确制导武器作战与传统热兵器作战有何不同,我们考虑一下兰彻斯特平方律的假定。兰彻斯特假定:各方的每个战斗单位具有一个平均发射率的(常数的)泊松射击流;各方的每个战斗单位可以向对方任何战斗单位进行瞄准射击,一次瞄准射击至多击毁一个战斗单位,被击毁的战斗单位不再参战;发射后可立即获得有关目标是否被击毁的情报,击毁目标后可瞬时转移射击目标;武器飞达的时间很短,与战斗总的持续时间相比可以忽略不计;任何时候各方的战斗力与战斗单位留存数的平均值(或数学期望值)成比例而不是与一个随机的实际幸存数成比例。

精确制导武器的发展使军事对抗规律有了新变化:一是武器的射击精度极大提高;二是射击距离延伸,使弹药飞达的时间不再能够忽略不计;三是平方律分析射击消耗规律时假定各方的弹药是充足的,除非战斗单位被消灭,否则可持续射击。但在信息化装备发展的初级阶段,可能某一方或双方的精确制导弹药不充足。

8.6 多兵种的兰彻斯特理论

实际的作战一般都是多兵种之间的作战,所谓多兵种,指的是某一方"综合"使用不同类型的武器去完成各种不同的射击任务。由于每种武器都有自己所适合的攻击目标,故现代战争的结局很大程度上取决于是否能最广泛地使用诸兵种合成部队或不同兵种的部队,在战斗中夺取并保持对敌人的优势。

在由多兵种联合作战的情况下,双方显然都有一个给武器分配目标的问题,即在给定的限制条件下,"最佳"地进行武器—目标分配,使作战的效果最好。在这里我们是假定已给出双方目标分配的情况下,来建立作战损耗方程的。

设交战的甲、乙方各有 m 和 n 类武器装备(作战单位),分别用矢量 x 和 y 表示:

$$x = (x_1, x_2, \cdots, x_m)^T; y = (y_1, y_2, \cdots, y_n)^T$$

式中:x_i 为甲方第 i 类作战单位的数量;y_j 为乙方第 j 类作战单位的数量。

设 α_{ji} 为 x_i 对 y_j 的损耗系数,β_{ij} 是 y_j 对 x_i 的损耗系数,通常有

$$\alpha_{ji} > 0, \beta_{ij} > 0, \forall i,j.$$

设 ϕ_{ji} 为 x_i 用于攻击 y_j 的比例(或 x_i 攻击 y_j 的概率),ψ_{ij} 为 y_j 用于攻击 x_i 的比例。

此时 m 对 n 的多兵种作战的兰彻斯特方程为

$$\frac{dx_i}{dt} = -\sum_j \beta_{ij} \psi_{ij} y_j$$

$$\frac{dy_j}{dt} = -\sum_j \alpha_{ji} \phi_{ji} x_i.$$

我们记

$$A = (\alpha_{ji})_{n \times m}, B = (\beta_{ij})_{m \times n}, \Phi = (\phi_{ji})_{m \times n}, \Psi = (\psi_{ij})_{m \times n}$$

并且定义一种特殊的矩阵运算

$$F =: A * \Phi = (\alpha_{ji} \phi_{ji})_{m \times n}, G =: (B * \Psi) = (\beta_{ij} \psi_{ij})_{n \times m}.$$

则多兵种兰彻斯特方程可表示为

$$\frac{dx}{dt} = -Gy$$

$$\frac{dy}{dt} = -Fx.$$

若在多兵种多武器协调作战的条件下,再考虑兵力补充因素,则兰彻斯特方程可表示为

$$\frac{dB_i(t)}{dt} = -\sum_j K_{rji} \gamma_{ji} R_j + Q_i$$

$$\frac{dR_j(t)}{dt} = -\sum_i K_{bij} \delta_{ij} B_i + W_j.$$

式中：$B_i(R_j)$ 为蓝（红）方第 $i(j)$ 种参战单位在 t 时刻的剩存战斗单位；K_{rji} 为红方第 j 种战斗单位对蓝方第 i 种战斗单位的平均战力或损耗系数；K_{bij} 为蓝方第 i 种战斗单位对红方第 j 种战斗单位的平均战力或损耗系数；γ_{ji} 为红方第 j 种战斗单位分配用于对付蓝方第 i 种战斗单位的概率；δ_{ij} 为蓝方第 i 种战斗单位分配用于对付红方第 j 种战斗单位的概率；Q_i 为蓝方兵力补充系数；W_j 为红方兵力补充系数。该模型考虑了现代战争的多兵种、多武器协调作战的特点，但忽略了有关现代战争中的 C^3I 对抗、电子战等因素对作战效能的影响。

从以上所有兰彻斯特方程战斗律中可以看出，战斗效能指标取决于多个效能参数，其中主要是：

(1) 战斗成员的数量 R, B；

(2) 平均数量利用效能 γ_{ji} 和 δ_{ij}。这里 δ_{ji} 和 δ_{ij} 分别度量红、蓝方可利用其数量并集中火力于对方兵力的程度，它们分别表示了红、蓝方的战术和指挥效能；

(3) 每个战斗成员的平均效能 K_{rji} 和 K_{bij}，它们只能相对对方来评估，而且都与一对一格斗中战斗成员的平均效能有关。

有理由认为，如果是一对一格斗，则不存在火力分配问题，此时所有战术和指挥的优势在武器系统的平均效能中考虑。在多兵种、多武器协调作战的条件下，战术和指挥的优势在火力分配问题上就完全显示出来。虽然现代战争所包含的各种复杂因素远远超出建立兰彻斯特方程所作的简化假设，但在考虑各种主要实际战斗条件下，我们仍可利用兰彻斯特方程的基本结构，对作战效能指标进行基本分析。

兰彻斯特方程，成为广泛用于研究战争、分析战争的重要的定量工具，成为现代作战模拟建模的基本工具之一。兰彻斯特方程本身也有了许多新的发展。混合律便是兰彻斯特方程的改进之一。混合律考虑的条件是红军不知道蓝军的战斗单位的准确位置，而红军自己却在蓝军的视线内。对红军来说，如果在给定的时间对每个战斗单位计分，平均起来，一定数量的射击是有效的，而蓝军的每个战斗单位的射击均是有效的。开阔地带的阵地防御是混合律的典型的例子。红军从开阔地带向在掩体里的蓝军发动攻击。红军的战斗单位暴露在蓝军的火力下，而红军的火力射击只有一部分是有效的。1967 年，彼得森提出了另一种形式的兰彻斯特方程。假设在战斗中各方的损耗仅与本身的数量有关，那么得到的方程被称为对数律。服从对数律的参战双方在作战过程中的数量比例保持不变。

8.7 兰彻斯特方程的应用

8.7.1 兰彻斯特方程的状态解

实际上,我们往往关心的是一场战斗的结果。或者说,想知道战斗进行到某一个阶段交战双方的力量对比,即战场的"状态"。这个状态对应兰彻斯特方程的状态解。

(1)线性律的状态解。前面我们已经讨论了第一线性方程的状态方程的问题。第一线性定律的状态方程为

$$\alpha(B_0 - B(t)) = \beta(R_0 - R(t)).$$

这个方程我们当时把它称为状态方程,此方程是由奥西普夫得到的公式。

(2)平方律的状态解。前面我们已经讨论了第二线性定律的状态方程。第二线性定律的状态方程为

$$\alpha(B_0^2 - B(t)^2) = \beta(R_0^2 - R(t)^2)$$

这也是奥西普夫得到的公式,是平方律的状态解。

兰彻斯特方程的状态解的公式,有明显的军事意义。它直接表达了战斗进行了一段时间后,交战双方所处的态势。特别到战斗结束时的双方态势,决定了战斗的结果。因此,兰彻斯特方程的状态解,往往被指挥员用来估计战斗的结局和为此结局所需要付出的代价。反过来,也用来作为要实现既定作战目标所需要投入的兵力和作战部署的重要依据。

特别地,如果让战斗进行到一方彻底被消灭,并以此作为战斗的胜负,那么战斗的胜负取决于双方投入的作战能力。

8.7.2 兰彻斯特方程的时间解

在现代作战模拟中,特别是在先进的交互式作战模拟中,人们往往需要描述作战过程中每个瞬间的作战态势。这就需要研究作战毁伤的动态过程,这时,仅有状态是不够的。

(1)兰彻斯特线性定律的时间解。对于线性律

$$\frac{dB}{dt} = -\beta$$

$$\frac{dR}{dt} = -\alpha$$

$$B(0) = B_0$$
$$R(0) = R_0.$$

可以得到

$$B(t) = B_0 - \beta t; R(t) = R_0 - \alpha t.$$

（2）兰彻斯特平方定律的时间解。早在1915年，奥西普夫用差分和技术等数学工具，给出了兰彻斯特平方定律的时间解。奥西普夫将战斗时间分割为登场的时间间隔，然后写出每过这个时间间隔后参战双方的败伤。这里我们只给出结果：

$$B(t) = B_0 \cosh(\sqrt{\alpha\beta}t) - \left(\sqrt{\frac{\beta}{\alpha}}R_0\right)\sinh(\sqrt{\alpha\beta}t)$$

$$R(t) = R_0 \cosh(\sqrt{\alpha\beta}t) - \left(\sqrt{\frac{\alpha}{\beta}}B_0\right)\sinh(\sqrt{\alpha\beta}t).$$

也可以直接从平方定律的兰彻斯特方程求出它的精确解。1943年，库普曼用变量替代法求出了上面的精确解。我们知道，双曲线函数解的性质是在趋于结束时过程的作用加快。这表明失败一方在后一半战斗单位被歼灭的时间比前一半被歼灭的时间短。这是由于胜利一方能将战斗单位的全部火力集中到失败一方的残余部分，因此加快了歼灭的速度。

8.7.3 战斗分区的兰彻斯特定律

一些研究者对兰彻斯特方程采用广泛的历史数据进行过统计处理，所得批评性意见是：①对持续时间长的大战役，兰彻斯特方程很少有预测价值；②对持续时间很短的小规模战斗，兰彻斯特平方律具有一定适用性；③在空战和海战中，平方律具有某些相关性；④受指挥决策因素影响很大的陆战，已远远超出了用过于简单的兰彻斯特方程表达的可能性。事实上，兰彻斯特在他的论述中已提出了类似的看法。

出现这些问题的一个原因是：实际上，交战双方在战场上投入的兵力并不是同时进入战斗状态的。一般说来，在攻防的主攻方向和辅攻方向上首先发生战斗，然后扩展到其他区域。指挥决策的因素也是在这里起着决定战斗结果的作用。因此，有必要考虑将战场划分为更小的单位。通过作战模型分解和集合来解决这类问题。

这里我们主要来讨论战场分解的各战斗分区的作战模型，为了简化和易于分析，假定一些级别上的战斗只有兰彻斯特平方定律决定。通过这些简单情况的讨论，引出有关战略、指挥和控制及时间跨度的更广泛的原则如图8.2所示。

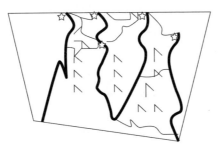

图 8.2　战斗分区

为便于分析,假定在总宽度为 W 的正面上,有 n 个宽度为 L 的战斗分区。地面作战发生在独立的战斗分区,这些战斗分区可能不是直线,但没有交点,战斗分区之间互相没有直接影响。战斗分区之中的进攻方和防御方的兵力由 x_i、y_i 表示。攻方和守方总作战能力为 x、y,其中作为预备队的比例为 f_x、f_y,实际投入作战的兵力为 $(1-f_x)$、$(1-f_y)$。主要战斗实施在主要交通线和主要战斗分区上。各分区之间尽管有次要通路相连,但可用少量兵力防止翼侧作战,而且在战斗过程中,参战双方尽量避免暴露翼侧。这个简单的叙述忽略了部队的结构,以纯量计算处理作战能力,不能明确地处理任何一种地形影响、防御准备影响,忽略了空军和炮兵,但仍然说明了重要的原则。在这种情况下,可以假定战场上的各战斗分区是相对独立的。

进一步,在每个给定的战斗分区 i,"细化"的战斗模型由兰彻斯特平方律公式给出,即

$$\frac{dy_i}{dt} = -\alpha x_i$$

$$\frac{dx_i}{dt} = -\beta y_i.$$

定义相对毁伤率 LR_{x_i}、LR_{y_i}

$$LR_{x_i} = \frac{dx_i}{x_i dt}$$

$$LR_{y_i} = \frac{dy_i}{y_i dt}.$$

在第 i 战斗分区的相对毁伤率的比为

$$RLR_i = \frac{LR_{y_i}}{LR_{x_i}} = \frac{x_i dy_i}{y_i dx_i} = \frac{\alpha}{\beta} \times \frac{1}{F_i^2}$$

其中,$F_i = \dfrac{x_i}{y_i}$ 为双方投入的兵力比。

我们可以用毁伤率的比值衡量哪一方赢得战斗。若比值为1,则双方兵力以相同比例减少,这是我们称战斗处于平衡点。

对整个战区,有

$$\frac{dy}{dt} = \sum_i \frac{dy_i}{dt}$$

$$\frac{dx}{dt} = \sum_i \frac{dx_i}{dt}.$$

为了表达各个不同的战斗分区之间作战激烈程度的差异,引进因子 m_i:

$$\frac{dy}{dt} = \sum_i m_i \frac{dy_i}{dt}$$

$$\frac{dx}{dt} = \sum_i m_i \frac{dx_i}{dt}.$$

假定激烈程度仅有两极:$m_i = 1$ 或 $m_i < 1$。当 $m_i = 1$ 时为激烈的战斗分区,$m < 1$ 时为其他的战斗分区。

在兰彻斯特平方律的应用中,有一个地面作战中著名的3:1规则:假定有完备的阵地和良好的防御地形(如阵地上连接的战壕),这可以降低守方的弱点和增加攻方的弱点。这是一般认为,守方具有潜在的优势(大致因数为3),即在攻守方兵力对比为3:1时,毁伤率比值为1。

第9章

效能理论

9.1 效能分析的基本概念

军事运筹研究问题基本上可分为两大类:第一类问题(直接问题或分析问题),就是对给定的备选运筹方案或军事系统(武器系统或军事组织)的效能和/或作战效能进行评估。第二类问题(逆问题或综合问题),就是找出保证获得规定(或最大可能)效能或使效能获得最大改进的运筹方案或条件。

解决上述两类问题都离不开效能概念及其评价。从一定意义上说,效能是军事运筹研究的出发点和归宿,而效能评价则是军事运筹学的一个基本研究内容。在讨论具体的军事运筹研究问题前,对效能概念及其评价的理论和方法进行讨论是十分必要的。

9.1.1 效能概念

系统效能:是预计系统满足一组特定任务要求的程度的量度,是有效性、可信赖性和能力的函数。

有效性:是在开始执行任务时系统状态的量度,是装备、人员、程序三者间的关系的函数。

可信赖性:是在已知开始执行任务时系统状态的情况下,在执行任务过程中的某一个或某几个时刻系统状态的量度,可以表示为系统在完成某项特定任务时将进入和(或)处于它的任一有效状态,且完成与这些状态有关的各项任务的概率,也可表示为其他适当的任务量度。

能力:在已知执行任务期间的系统状态的情况下,系统完成任务能力的量度。能力是系统各种性能的集中表现。

在军事运筹学中效能是指作战行动的效能或武器系统的效能。

1. 作战行动的效能

所谓作战行动的效能就是指执行作战行动任务所能达到的预期可能目标的程度,即执行作战行动任务的有效程度。

作战行动是由一定军事力量(包括人员或武器系统)在一定环境条件下按一定行动方案进行的,所以作战行动的效能在一定条件下可表示军事力量或行动方案的效能。

2. 武器系统的效能

武器系统的效能是指在特定条件下,武器系统被用来执行规定任务所能达到预期可能目标的程度。按照武器系统运筹研究的需要,其效能可分为3类。

(1) 单项效能,指运用武器系统时,就单项功能(单一使用目标)而言,所能达到的程度,如防空武器系统的射击效能、探测效能、指挥控制通信效能等。单项效能对应的作战行动是目标单一的作战行动,如侦察、干扰、布雷、射击等火力运用与火力保障中的各个基本环节。

(2) 系统效能,又称为综合效能,指武器系统在一定条件下,满足一组特定任务要求的可能程度,是对武器系统效能的综合评价。

(3) 作战效能,关于武器系统的作战效能,目前尚缺乏统一定义。本书中是指在规定条件下,运用武器系统的作战兵力执行作战任务所能达到预期目标的程度,故亦称为兵力效能。这里,执行作战任务应覆盖武器系统在实际作战中可能承担的各种主要作战任务,且涉及整个作战过程,因此,作战效能是任何武器系统的最终效能和根本质量特征。

需要指出,武器系统的作战效能在一些参考文献上,有的局限于武器系统的人力毁伤效能,有的则把综合效能看成作战效能。笔者认为,武器系统的作战效能,不但基于武器系统的综合效能,而且与运用武器系统的作战环境、作战兵力、作战指挥、目标特性以及目标的防御能力有十分密切的关系。因而在讨论武器系统的作战效能时,必须指出是在什么样的作战环境下,打击什么样的目标(目标特性以及目标的防御能力),以及作战原则是什么。

3. "效能""效益""效率"

最后,需要说明武器系统的"效能"与相近概念"效益""效率"的区别。

效益(又称收益)是指由于实现特定武器系统而使用户得到的好处,一般包括直接效益、间接效益和无形效益。直接效益主要表现为在武器系统应用性能方面得到的好处,如提高机动性、提高生存能力等。间接效益是对于非武器系统用户而言的好处,如销售利润等。无形效益是由于拥有武器系统可在其他方面得到的好处,如拥有核武器就具备核威慑力量等。

效率是用给定量的资源所能得到的系统输出的量度,隐含有单位资源所得到的效能的意思。例如,单发命中概率既可表示武器的射击效能,也可表示武器的射击效率,效率和效能的区别在于效率明确规定了系统运用的资源消耗约束,而效能则没有这个规定。

综上所述,效能、效益、效率都是对武器系统使用价值的评价,但在概念内容上,彼此有一定的区别。

9.1.2 效能的量度

为了评价、比较不同武器系统或行动方案的优劣,必须采用某种定量尺度去度量武器系统或作战行动的效能,这种定量尺度称为效能指标(准则)或效能量度。例如,用单发毁伤概率去度量导弹的射击效能,则效能指标是单发毁伤概率。由于作战情况的复杂性和作战任务要求的多重性,效能评价常常不可能用单个明确定义的效能指标来表示,而需要用一组效能指标来刻画。这些效能指标分别表示武器系统功能的各个重要属性(如毁伤能力、机动性、生存能力等)或作战行动的多重目的(如对敌毁伤数、推进距离等)。

由于效能概念的复杂性,效能量度不像物理量的量度那样直接,在定义效能指标时,一般应考虑以下特点。

(1) 由于作战行动的随机性,效能指标必须用具有概率性质的数字特征来表示。例如,当作战行动的目的在于获得某个预定结果时,可取"获得预定结果的概率"为效能指标;当作战行动的目的是对敌方造成尽可能多的毁伤时,可定义敌方毁伤数平均值或数学期望值为效能指标。

(2) 效能的量度可取多种尺度,不同尺度体现决策者不同的主观价值判断。选择哪种尺度取决于决策者要求的作战行动目的。因而,同一作战行动,随着其目的不同,可有不同的效能指标。例如,第二次世界大战期间英国商船安装高炮,若用高炮击落敌机概率为效能指标,则效能几乎等于零。但若用商船损失概率来评价,则损失概率由25%降至10%,说明安装高炮效能相当高。

(3) 某些效能参数由于作战行动目标不明确或与人的行为因素关系密切而难以量化。例如指挥行动的效能。这种情况下的效能量度可应用定性评价的定量表示法,即选用表示相对效能主观评价的百分数作为效能指标。

(4)效能指标可能并不包含相应效能特性的全部信息。对作战行动效能起重要影响的许多因素如人员的士气、能力等从根本上讲是难以量化的。因此,在根据效能指标做出像武器战斗运用方法选择那样的决定时,必须考虑到效能指标的局限性。

对系统进行评价,都不可避免地存在确定目标函数或指标的问题。研究系统的指标体系是系统使用总体中的一项基础性的工作。例如,目前人们把评价 C^3I 系统的评价指标分为四大类。

第一类是 C^3I 系统的尺度参数(dimensional parameter,DP),用来表征物理实体固有的特性和系统部件所应有的特性,如尺寸、重量等在系统范围内确定的量。

第二类是 C^3I 系统的性能指标(measure of performance,MOP),用来度量系统的物理和结构上的行为参数和任务要求参数,它描述了 C^3I 系统中各子系统的功能,如发现概率、信噪比等。它是建立指标体系的基本元素之一。

第三类是 C^3I 系统的效能度量(measure of effectiveness,MOE),它是对系统达到规定目标程度的定量表示,是对系统进行分析比较的一种基本标准。MOE描述了 C^3I 系统在作战环境下实现其总体功能的情况。

第四类是 C^3I 系统的作战效能(measure of force effectiveness,MOFE),它度量 C^3I 系统与作战效果之间的关系。

在这些指标中,尺度参数和性能指标一般与环境无关,取决于系统部件或子系统本身的特性,它们属于技术指标的范畴。而 C^3I 系统的效能和作战效能则必须在作战环境下考虑,它们是系统预期满足一组特定任务要求程度的度量,是综合性的指标,它们表示系统的整体属性。一般系统设计者强调 C^3I 系统的尺度参数和性能,用户则更强调系统效能和作战效能。

在评估 C^3I 系统时,人们主要考虑系统的两类指标,一类是系统的性能指标,另一类是系统的作战效能指标。性能指标主要包括业务性能指标、系统反应时间、系统有效度(可靠性)以及系统生存能力等。作战效能主要包括 C^3I 系统的单项作战效能(战术系统的作战效能)、C^3I 系统的综合作战效能以及效能/费用比等。

系统的性能指标是指系统为完成一定功能所必须具备的、呈现给用户的外部特性,它是系统功能描述的量化。系统性能是系统的单项指标,反映的是系统的某一属性。与效能相比,系统性能是绝对的,是针对产品的,而效能则比较抽象,是针对用户的。

9.1.3 层次结构

从系统论观点看,无论是作战行动的效能还是武器系统的效能其实都不过是一个复杂的大系统——战争系统中不同层次子系统的效能。系统的层次结构决定了不同层次之间子系统效能参数的相互联系。了解并运用这个联系是效能分析方法学的基础。

1. 战争系统的层次结构

根据功能、结构以及在战争中所处的地位,战争系统可划分成如图9.1所示的6个层次:

(1) 战略层:表示战争的性质、目的;
(2) 战役层:为达到战争目的所组织的作战行动;
(3) 战斗层:为达到战役目的所组织的作战行动;
(4) 格斗层:为达到战斗目的,敌对兵力或战斗单位之间的对抗;
(5) 武器装备层:为保存自己,消灭敌人所采用的作战工具;
(6) 工程技术层:构成武器装备的工程技术基础。

例如海湾战争如图9.1所示。

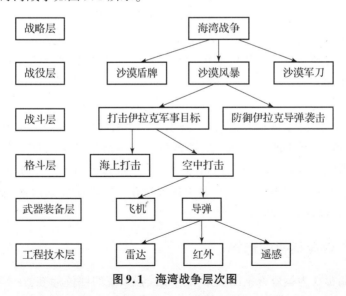

图 9.1　海湾战争层次图

上面4层表示不同层次的作战行动,第4层是格斗,格斗是敌对兵力或作战单位之间的对抗。格斗由一系列顺序事件组成,即投入战斗、捕捉目标、发射、拦截、命中、成功或失败等。在战争中格斗是你死我活、全力进行的作战行动,其过程主要取决于武器系统的使用规则,格斗者几乎无选择余地。而武器系统的效能取决于它完成作战任务的程度,因此,格斗分析是对比武器系统 A 相对武器系统 B 的效能的合适方法。第 5 层是武器装备层。武器装备系统一般由若干个子系统组成,例如,一个导弹系统由导弹运载平台、导弹发射装置、导弹、弹载雷达等若干相互作用的子系统组成。武器装备系统的效能反映了它所含子系统的集合属性。第 6 层是工程技术层,其技术性能直接影响到武器装备的综合效能。

层次结构中每层系统的功能依赖于其下属子系统的功能。因而在某一个层次系统功能的变化将影响其上属层次的功能。层次越高的功能,包含的其他低层次功能的多重影响越多。

2. 效能的层次结构

系统效能描述系统完成其任务的总体能力,效能指标是系统完成给定任务所达到程度的度量。在层次结构中,各层次系统功能不同,因而应当有与其功能目标相一致的不同效能属性和不同效能指标,显现出效能的层次结构特性。各层次系统功能之间的联系决定了各层次系统效能参数之间的联系。层次结构中每层的效能参数依赖于其下属各层的参数。各层次效能参数之间存在着链状关系作用,因此,某一个层次参数的变化将影响其上层各层次的参数。

但这种影响是逐层减弱的,在战争系统中,武器系统层是技术和作战各层次之间的连接环节。这一层的效能参数是单发命中概率之类的指标。格斗属于武器系统的上一层次,对格斗的分析提供了战斗效能参数(如损耗率或交换比)与武器系统效能参数之间的连接,格斗公式的基本输入是单发命中概率和射击规则(齐射、点射或单发连射)。技术层次是有效作战武器的基础。

新技术或子系统改进对战斗效能的影响由于战争结构的复杂和涉及参数的众多,不可能直接量化。然而,新技术或子系统改善对作战层次的影响可以通过评价它们对武器系统层次的影响加以量化。这说明战争层次结构和等级组织结构有直接的相互关系。

9.1.4 效能指标的选择

效能指标作为运筹方案的决策依据或武器系统的评价标准,在军事运筹研究中占有特别重要的地位。选择合适的效能指标体系并使其量化,是做好系统效能评估的关键,也是很难做到的一件事情。在选择系统评价指标体系时,应该把握以下原则。

(1) 针对性。评价指标要面向任务,对于系统的不同任务应采用不同的评价指标。

(2) 一致性。评价指标与选用目标和分析目的相一致。

(3) 方案的可鉴别性。选用的效能评价指标应具有区分不同作战方案的能力。

(4) 可测性。所选的指标能够定量表示,定量值能够通过数学计算、平台测试、经验统计等方法得到。

(5) 完备性。各指标不能重复出现,且任何一个影响效能值的指标都应出现在指标属性集中,选择的指标应能覆盖分析目标所涉及的范围。

(6) 客观性。所选的指标能客观地反映系统内部状态的变化,正确反映 C^3I 系统与系统有关不确定性,不应因人而异。

(7) 敏感性。当系统的变量改变时,指标应明显地变化。

(8) 独立性。选择的指标应尽可能地相互独立。

(9) 简明性。选择的指标应是易于用户理解和接受的,这样便于形成共同语言。

在选择评价指标时要注意,评价指标并不是越多越好,关键在于指标在评价中所起作用的大小。如果评价时指标太多,不仅增加了结果的复杂性,甚至会影响评价的客观性。所以应筛选除去对评价目标不产生影响的指标。在确定系统性能指标时,要重点考虑那些反映系统本质特征的指标,而不是囊括系统所应具备的全部指标,同时也不包括系统支撑技术方面的指标;只考虑各类系统的共性指标,但不排除对专用系统提出的特殊指标要求。所确定的指标项目应是面向系统整体性能的,不囊括单项设备和分系统的指标。当然还要考虑指标之间尽量减少交叉,各项指标应相互独立,不应互相包容,指标应便于准确理解和实际度量。

指标的确定需要在动态过程中反复综合平衡,有些指标可能要分解,有些却要综合或删除。随着时间、任务的改变,有的指标应相应地变化。量化指标所需的数据可通过下面几个途径得来:①从系统实际应用中,②军事演习数据,③计算机模拟,④通过实验。

确定指标的途径主要有以下几种。

(1) 一般方法。一般方法确定指标是先由专门的小组拟定草案,然后广泛征询各方面专家、用户及上级领导的意见,经反复修改而定。

(2) 自顶向下法。自顶向下法确定评价指标的过程如图9.2所示。自顶向下的过程也是一个动态的、需要不断完善的过程。

(3)自适应渐进法。自适应渐进法确定指标的步骤是:首先,由系统分析与评价人员制定指标草案;其次,请子系统的设计、使用单位的专家提出修改意见;再次,参照国外同类型系统,请有关部门提出任务要求或任务假设,在整理收集有关指标的基础上,建立评价模型(包括指标体系的层次结构),对系统进行评价,并提出改进意见,参照过去的战例或试验进行比较后,再反复修改;最后,确定指标体系结构。

9.1.5 武器系统的效能指标

武器系统的效能指标是衡量武器系统在特定的一组条件下完成规定任务的尺度。由于武器系统本身的复杂性以及在作战过程中运用的多样性,其效能往往也是由多项指标来评价的。一般来说,在武器系统分析中常用的效能指标可分为概率、期望值和速率三类。概率类指标用于表示完成特定任务的

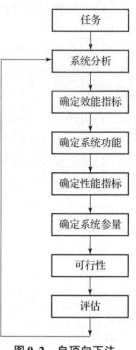

图9.2 自顶向下法

能力(概率),期望值类指标表示系统毁伤目标的平均数量,速率类指标表示系统消灭目标的速度或武器发射、运动的速度等。

当作战任务为摧毁特定目标的武器系统,运用概率类效能指标比较适当。例如,以毁伤某舰为目标的导弹系统,可以选用摧毁目标的概率或完成任务的概率作为效能指标。作战任务为消灭多种目标或非特定目标的武器系统,选用期望值类效能指标比较适当。例如,以消灭某个地域内的有生力量、防御工事和武器装备等为目标的野战火炮,可以选用破坏面积的期望值为效能指标。对于要求连续重复某种作战行动的武器系统,选用速率类效能指标比较适当。例如,在不能辨别目标的具体情况下,为防止敌人通过或渗入某地域,而向该地域实施连续射击的火炮或火箭系统,就属于此类武器系统。

总之,无论选用哪一类效能指标,所建立的效能模型都必须与所选定的效能指标相匹配。能够按照所选定的效能指标给出定量的答案。在武器系统的效能分析中,可供选用的效能指标如下所示。

(1)摧毁目标数的期望值:多用于射击集群目标(如飞机编队、坦克编队、舰队等),射击的目的是尽可能击毁大量目标,表达式为

$$M = E(X_i)$$

式中:X_i 为目标群中被击毁的目标数。

(2)破坏面积的期望值:多用于射击面目标(如部队集结区、防御工事地带等),射击的目的是造成尽可能大的毁伤面积,表达式为

$$M = E(u)$$

式中:u 为目标毁伤面积 S_p 与目标总面积 S 之比 $u = \dfrac{S_p}{S}$。

(3)面积破坏率。

(4)毁伤率。

(5)单发毁伤概率。

(6)完成任务的概率。

(7)平均无故障工作时间。

(8)平均无故障行驶里程。

(9)平均无故障发射发数。

上述这几个指标仅仅是效能指标的几个典型例子。此外还有许多效能指标,可供武器系统分析人员选择。

在研究系统的效能指标时,根据系统可能的使用环境来分析系统的任务,还要考虑分析的目的,并给出可行的详细的分析方法,此时分析人员往往要研究几个或多个效能指标,这时一般应分"主要的"和"次要的"指标,作为分析问题时的权衡依据。

9.1.6 效能指标评估的方法

效能指标是效能参数的量化表示。在简单情况下,它可以是一个可测的物理量(如射程、飞行速度)或根据测量结果可直接计算出来的数值(如平均修复时间)。然而在多数情况下,它是要根据测量或仿真结果进行评估计算的量,甚至需要对多项评估的结果进行综合分析评估。例如对射击效能、生存能力等就需要进行评估计算,因为在进行射击或受到对方进攻时,作战条件和环境的了解方面存在着很大的不确定性。

效能指标评估的方法多种多样,基本上可归为 4 类,即解析法、统计法、计算机作战模拟法和多指标综合评价法,选择哪种方法取决于效能参数特性、给定条件及评估目的和精度要求。这 4 种方法的主要特点如下。

(1)解析法。解析法的特点是根据描述效能指标与给定条件之间的函数关系的解析表达式来计算效能指标值。在这里给定条件常常是低层次系统的效能指标及作战环境条件。解析表达式的建立方法多样,可以根据现成的军事运

筹理论建立,也可以用数学方法求解所建立的效能方程而得到。例如,用兰彻斯特战斗理论可以建立在对抗条件下的射击效能评估公式。解析法的优点是公式透明度好,易于了解和计算,而且能够进行变量间关系的分析,便于应用。缺点是考虑因素少,并且有严格的条件限制。因而,比较适用于不考虑对抗条件下的武器系统效能评估和简化情况下的常规作战效能评估。

(2)统计法。统计法的特点是应用数理统计方法,依据实战、演习、试验获得的大量统计资料来评估作战效能。常用的统计评估方法有抽样调查、参数估计、假设检验、回归分析与相关分析等。统计法不但能给出效能指标的评估值,还能显示武器系统性能、作战规则等因素的变化对效能指标的影响,从而为改进武器系统性能和作战使用规则提供定量分析基础。对许多武器系统来说,统计法是评估其效能参数特别是射击效能的基本方法。

(3)计算机作战模拟法(仿真法)。计算机作战模拟法的实质是以计算机模拟为实验手段,通过在给定数值条件下运行模型来进行作战仿真实验,由实验得到的结果数据直接或经过统计处理后给出效能指标估计值。武器系统的作战效能评价要求全面考虑对抗条件和交战对象,考虑各种武器装备的协同作用、武器系统的作战效能诸因素的作战过程的体现以及在不同规模作战中效能的差别。而计算机作战模拟法能较为详细地考虑影响实际作战过程的诸多因素,因而特别适合于进行武器系统作战效能指标的预测评估。

(4)多指标综合评价法。对于一般武器系统来说,采用前面 3 类效能指标评估方法就已经可以评估其效能了。但是对于某些复杂的武器系统(如战略导弹等),其效能呈现出较为复杂的层次结构,有些较高层次的效能指标与其下层指标之间只有相互影响,而无确定函数关系,这时只有通过对其下指标进行综合才能评价其效能指标。常用的综合评价方法有线性加权和法、概率综合法、模糊评判法、层次分析法以及多属性效用分析法等。多指标综合评价方法的优点是使用简单、评价范围广、适用性强。缺点是受人的主观因素影响较大。

9.2 武器系统的效能分析

9.2.1 武器系统效能分析的步骤

在进行系统效能的评价中,最重要的是建立系统的效能模型,在武器系统的样机研制出来之前,系统效能模型的主要用途如下。

(1) 计算各方案的系统效能值,帮助决策者选择最能满足规定要求的方案。

(2) 在系统的性能、可靠性、可维修等参数之间进行权衡,保证在这些参数之间得到最理想的平衡,从而得到最大的系统效能。

(3) 依次改变每个参数值,进行参数灵敏度分析,确定参数值的变化对模型数值输出的影响。对模型输出没有影响或几乎没有的参数可以略去,从而使模型得以简化。对模型输出影响较大的参数要认真研究,这类参数称为高灵敏度参数。对此类参数,只增加少量有的费用,使参数值得到有限的变化,就能使系统效能得到相当大的提高。

(4) 在设计过程中发现严重限制设计能力,妨碍达到所规定的系统效能的问题。

武器系统效能分析,是一个迭代过程。在系统寿命周期的各个阶段,都要运用系统效能模型,反复进行系统效能分析,在初步设计阶段,要预测各方案的系统效能。在用实验模型进行的初步试验中,得到关于系统性能、可靠性、可维修性等的最初实际值。此时,要把这些数值输入系统效能模型中去。根据模型的输出,修改原来得到的预测值,改进初步设计。这样,一直进行到武器系统投产为止,保证有效地进行系统设计,保证在全面研制、定型生产或装备部队之前,弄清楚需要作出的其他改进。武器系统在装备部队之后,将受到野外环境影响,其中包括在野外进行的后勤支援和维修工作的影响。与此同时,将源源不断地得到野外试验数据。此时,还要运行系统效能模型去确定受野外环境影响的系统作战效能,以便揭示需要改进的地方。

武器系统效能分析过程如图 9.3 所示,主要由 8 个步骤组成。

9.2.2 武器系统效能 ADC 模型

现在,国外已经建立了许多综合性的武器系统效能模型。下面介绍美国工业界武器系统效能咨询委员会(WSEIAC)于 20 世纪 60 年代中期为美国空军建立的效能模型。这个模型被公认为是最有效的模型,已为美国陆军一些研究单位用于武器系统分析中。

按照咨询委员会的模型,系统效能是有效度矢量 $\bar{A}$、可信赖度矩阵 D 和能力矩阵 C 的乘积,系统效能量 $\bar{E}$ 的表达式为

$$\bar{E} = \bar{A} \times D \times C$$

式中:$\bar{A}$ 为有效度,当要求系统在任意时间工作时,表示系统在开始执行任务时

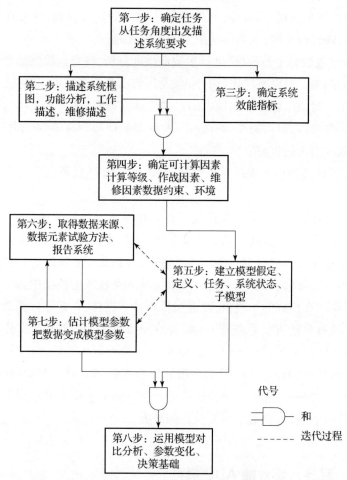

图 9.3 武器系统效能分析过程

所处状态的指标,是系统在执行任务开始时刻可用程度的量度,反映武器系统的使用准备程度;D 为可信赖度,已知系统在开始工作时所处的状态(有效度),表示系统在执行任务过程中的一个或几个时间内所处状态的指标,表示系统在使用过程中完成规定功能的概率;C 为能力,已知系统在执行任务过程中所处的状态,表示系统完成规定任务之能力的指标,表示系统处于可用及可信状态下,系统能达到任务目标的概率。如图 9.4 所示。

这 3 个指标通常都表示为下述 3 个概率:

(1) $\overline{A}$ 为系统在开始执行任务时所处状态的概率的行向量;

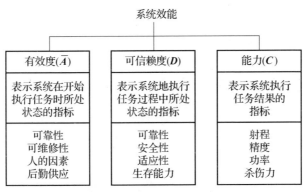

图 9.4 ADC 模型要素

(2) D 以系统在前一个时间段中处于有效状态为条件,是系统在一个时间段上的条件概率矩阵;

(3) C 在已知任务和系统状态的前提下,代表系统性能范围的概率矩阵。

该式还可以写成

$$\bar{E} = (e_1, e_2, \cdots, e_n)$$

其中的任何一个元素都可以用下式计算:

$$e_k = \sum_i \sum_j a_i d_{ij} c_{jk}$$

式中: e_k 为第 k 个效能指标或品质因数; a_i 为开始执行任务时系统处在 i 状态中的概率; d_{ij} 为已知系统在 i 状态中开始执行任务,该系统在执行任务过程中处于 j 状态(有效状态)的概率; c_{jk} 为已知系统在执行任务过程中处理 j 状态中,该系统的第 k 个效能指标或品质因数。

1. 有效度向量

有效度矢量是一个行矢量

$$\bar{A} = (a_1, a_2, \cdots, a_n)$$

其中的每个元素都是系统在开始执行任务时处于不同状态的概率。由于在开始执行任务时,系统只能处于几个可能状态中的一个状态中,故行矢量的全部概率值之和一定等于 1,即

$$\sum_{i=1}^{n} a_i = 1.$$

在实际应用中可能是一个多元向量。为简单起见,假定系统只有两个状态,即有效状态和故障状态(维修状态)。这样,有效度向量就只有两个元素即

$$\bar{A} = (a_1, a_2)$$

式中：a_1 为系统任何时候都处于有效状态的概率；a_2 为系统在任何时候都处于故障状态的概率。

系统处于有效状态（状态1）的概率

$$a_1 = \frac{\text{MTBF}}{\text{MTBF} + \text{MTTR}} = \frac{1/\lambda}{1/\lambda + 1/\mu}$$

式中：MTBF 为平均无故障工作时间；MTTR 为平均修理时间；$1/\lambda$ 为故障率；$1/\mu$ 为修理率。

在讨论系统数据这类问题时，单参数的负指数分布获得了广泛的应用，它基于这样的假设：故障率相同，即在产品的整个生命周期内故障率是个常数，其概率密度函数 $f(t)$ 为

$$f(t) = \lambda \exp(-\lambda t)$$

其均值为 $E(t) = 1/\lambda$，即平均无故障工作时间，λ 为一个尺度参数。

系统处于故障（状态2）的概率

$$a_2 = \frac{\text{MTTR}}{\text{MTBF} + \text{MTTR}} = \frac{1/\mu}{1/\lambda + 1/\mu}.$$

在计算有效度矢量的各个元素所使用的模型中，必须考虑故障时间和修理时间分布，考虑预防性维修时间和其他无效状态时间，考虑维修程序、维修人员、备件、工具、运输等因素。

2. 可信赖度矩阵

在求出有效度矢量之后，下一步便是建立可信赖度矩阵。这就要描述系统在执行任务过程中的各个主要状态。

可信赖度矩阵是一个 $n \times n$ 方阵

$$\boldsymbol{D} = (d_{ij})_n \times n.$$

前面把 d_{ij} 定义为："已知系统在 i 状态中开始执行任务，该系统在执行任务过程中处在 j 状态中的概率。"假定在执行任务过程中系统中的输出不连续，而是只在特定的地点（如在目标地域上）有输出，则 d_{ij} 定义为："已知系统在 i 状态中开始执行任务，当要求有输出时，系统处在 j 状态的概率。"

如果在执行任务过程中不可能或者不允许进行修理，则发生故障的系统在执行任务过程不可能恢复到它的初始状态，最多只能保持在它在开始执行任务时所处的 i 状态中，也可能下降到更低的状态，还可能处于完全故障状态。这样，矩阵的有些元素就可能变成零。若把状态1定义为最佳状态（每个部件都

能正常工作的状态)或最劣状态(完全故障状态),可信赖度矩阵就变成三角形,对角线以下的各个值都等于零,即

$$D = \begin{pmatrix} d_{11} & d_{12} & \cdots & d_{1n} \\ 0 & d_{22} & \cdots & d_{2n} \\ \vdots & \vdots & & \vdots \\ 0 & 0 & \cdots & d_{nn} \end{pmatrix}.$$

若这个矩阵是正确的,则每行的各个值之和一定等于 1,即

$$\sum_j d_{ij} = 1, \forall i.$$

在建立可信赖度矩阵时,这是一种很好的检查方法。

为简单起见,假定系统在开始执行任务时和任务完成时都只有两种状态:有效状态和故障状态,则可信赖度矩阵就只有 4 个元素构成

$$D = \begin{pmatrix} d_{11} & d_{12} \\ d_{21} & d_{22} \end{pmatrix}$$

式中:d_{11} 为已知在开始执行任务时系统处于有效状态,在任务完成时该系统仍能正常工作的概率;d_{12} 为已知在开始执行任务时系统处于有效状态,在任务完成时系统处于故障状态的概率;d_{21} 为已知在开始执行任务时系统处于故障状态,在任务完成时系统能正常工作的概率;d_{22} 为已知在开始执行任务时系统处于故障状态,在任务完成时系统仍然处于故障状态的概率。

如果在执行任务过程中系统不能修理,而且系统的故障服从指数定律,则

$$D = \begin{pmatrix} \exp(-\lambda T) & 1 - \exp(-\lambda T) \\ 0 & 1 \end{pmatrix}$$

式中:λ 为系统故障率;T 为任务持续时间。

如果系统在执行任务中可以修理,则指数故障时间定律和指数修理时间定律适用于许多系统。在这种情况下,2×2 的可信赖度矩阵的 4 个元素就变为

$$d_{11} = \frac{\mu}{\lambda + \mu} + \frac{\lambda}{\lambda + \mu}\exp(-(\lambda + \mu)T)$$

$$d_{12} = \frac{\lambda}{\lambda + \mu} - \frac{\lambda}{\lambda + \mu}\exp(-(\lambda + \mu)T)$$

$$d_{21} = \frac{\mu}{\lambda + \mu} - \frac{\mu}{\lambda + \mu}\exp(-(\lambda + \mu)T)$$

$$d_{22} = \frac{\lambda}{\lambda + \mu} + \frac{\mu}{\lambda + \mu}\exp(-(\lambda + \mu)T).$$

3. 能力矩阵或能力矢量

建立咨询委员会的系统效能模型的最后一步,是建立能力矩阵或能力矢量。能力矩阵的元素 c_{jk} 是第 k 个效能指标,k 是与系统在有效状态 j 中的系统性能有关的下标,鉴于元素 c_{jk} 在很大程度决定于所评价的系统,故应根据特定的应用问题来建立能力矩阵。

9.2.3 武器系统效能 SEA 方法

SEA(system effectiveness analysis)方法是由美国麻省理工学院信息与决策系统实验室的 A. H. Levis 与 Vincent Bouthonnier 于 20 世纪 80 年代中期提出的。该方法通过把系统的运行与系统要完成的使命联系起来,观察系统的运行轨迹和使命要求的轨迹在同一公共属性空间相符合的程度,根据轨迹重合率的高低,来判断系统的效能高低。

SEA 方法作为一类武器系统效能评估的经典方法,本身提供了一套基本概念和操作流程,SEA 方法提供的概念语言共包括 6 个基本概念,分别为系统(system)、使命(mission)、域(context)、属性(attributes)、本原(primitives)和效能指标(measure of effectiveness),它们共同构成了支撑 SEA 方法进行效能分析的概念体系。

(1)系统。系统是由部件、部件的互联和操作方法组成的。高炮武器系统、计算机网络等都是典型的系统。

(2)使命。使命由一组目标和任务组成,对使命描述应尽量明确,以便能构造出细致模型。但对于一个需要承担多种使命,并且环境多变的系统,如指控系统,并不一定能够保证完成预定的使命,可能有时完成的好一点,有时完成得差一点,有时甚至不能完成。这除系统本身所能达到的技术(或战术)指标水平的影响外,还受一些不确定因素的影响。比如:①由于系统设备运行的随机漂移而产生的系统运行状态的多值性和随机性;②系统运行状态与系统所处的环境密切相关,而系统的环境又是多变的。因此,系统在一定环境下完成其使命的程度表明了系统的"整体"能力,对这种能力的度量即为系统效能。

(3)域。域表示一组条件或假设,是系统和环境存在的条件和假设。域可以影响系统,但系统不能影响域。域和环境是不同的,环境是由与系统有关但不属于系统的资源组成,系统可以影响环境,反过来,环境也能影响系统。

(4)属性。属性是描述系统特性或使命要求的量。例如,通信系统的属性包括可靠性、平均时延和生存能力等。使命属性可表示为对系统属性的要求,如在通信系统中的最高可靠性、最大生存能力和平均时延。

（5）本原。本原是描述系统及其使命的变量和参数。例如，在通信网中，本原可以包括链路数、节点数、链路故障等，使命的本原可以是源—目的节点对的名称、各点之间数据流的速率等。设集合$\{X_i\}$表示系统的本原，集合$\{Y_i\}$表示使命的本原，本原表现为系统属性的要素，或者说系统属性是函数，那么本原就是属性函数的自变量。

（6）效能指标。效能指标是系统属性与使命属性比较得到的量，它是系统效能的量化表示，反映系统与使命的匹配程度。系统效能是系统、域以及使命的结合体。系统、域和使命中的任何一个要素的变化都会引起系统效能的变化。在实际的效能评价的过程中，确定了任务之后，系统效能就表现为系统和使命的函数，SEA方法的方法论基础也就是将系统和使命的轨迹进行比较而得到效能量度。

在这6个概念中，其中系统、域和使命描述了要研究的问题，本原、属性和效能指标则定义了分析该问题所需的关键量。从一般系统论的角度来看，其中对于要评价的系统，"域"定义了系统的"界"，使命规定系统的"目的"性，本原描述了系统的元素以及相应度量，属性则反映了系统的功能。这样我们就有了一套完整的系统描述方法，SEA方法就是使用这样的一套方法来完成自己的任务的。

利用SEA方法分析武器系统的效能，一般分为7个步骤来实施。

第一步，确定评价对象。定义系统、域和背景，并确定系统的本原。这些本原应该是互为独立的。

第二步，确定分析中所需的系统属性。属性表示为本原的函数，属性的值可以通过函数的计算，或通过模型、计算机仿真或实验数据得到。一个属性是由本原的一个子集确定的，即

$$A_s = f_s(X_1, X_2, \cdots, X_k).$$

属性可以是独立的，也可以是相关的。若属性间有公共本原，那么它们相关。系统的一种实现也就是对于取得特定值的本原集合$\{X_i\}$，由本原的值进而得到属性集合$\{A_s\}$的值。因此，系统任何特定的实现可用属性空间的一个点来表示。

第三步和第四步对使命执行类似第一、第二步的分析，选择描述使命的本原并确定它的要求。使命属性为

$$A_m = f_m(Y_1, Y_2, \cdots, Y_n)$$

使命本原的值对应使命属性空间上的一个点或一个区域。

第五步将系统属性空间和使命属性空间变换成一组由公共属性空间规定的公共等量属性。因为根据前面四步计算得到两个空间:系统属性空间 A_s 和使命属性空间 A_m。它们是用不同属性或不同比例的属性定义的。这一步就是将系统属性和使命属性变换到一个公共属性空间,使它们成为有相同单位的属性。例如,一个系统的属性是易毁性,与之对应的使命属性是生存能力,这两个属性反映的是同一个概念,所以选择其中的一个作为公共属性,比如选择生存能力作为公共属性,那么只需将作为系统属性的易毁性映射为生存能力。公共属性定义后,将集合 A_s 和 A_m 变成具有相同单位的集合。在更多的时候这种映射还需要通过建模来完成。

第六步对武器系统进行效能分析。其核心是通过比较系统属性和使命属性,评价系统完成使命的情况。根据系统在特定情况下本原的取值范围,计算属性空间 A_s 和 A_m 的两条轨迹 L_s 和 L_m。最后利用得到的这两条轨迹来评价系统的有效性。

考虑系统的任意状态 s 下完成使命的情况,状态 s 就意味着作为系统原始参数的本原的一组值,设为 $l_x \in L_s$,轨迹点 l_x 是否落在使命轨迹 L_m 内,即当 $l_x \in L_m$ 时,系统在 s 状态下可完成使命;当 $l_x \notin L_m$ 时,系统在 s 状态下不能完成使命。由于系统原始参数 s 的取值是随机的,因此,反映在公共空间上的系统轨迹表现一定的随机分布特征,而系统轨迹中落入使命轨迹内的点(集)出现的"概率"大小就反映了系统完成使命的可能性。因此,可引出一个描述系统效能的指标。

令系统状态 s 呈随机分布密度 $\alpha(s)$,同时有 $\int_s \alpha(s)\mathrm{d}s = 1$,那么 L_s 上的点也有相应的随机概率密度函数:

$$\beta(m_s) = \beta(f_s(X)), m_s \in L_s$$

其中 s 服从分布 $\alpha(s)$,且有 $\int_s \beta(m_s)\mathrm{d}m_s = 1$,则系统效能指标可取为

$$E = \int_{L_s \cap L_m} \beta(m_s)\mathrm{d}m_s$$

如果已知 L_s 上的点呈均匀分布规律,即

$$\beta(m_s) = \frac{1}{V(L_s)}$$

则

$$E = \frac{V(L_s) \cap L_m}{V(L_s)}$$

对应设
$$E' = \frac{V(L_s) \cap L_m}{V(L_m)}$$

其中,V 为公共属性空间中的某种测度,若公共属性空间可取为欧氏空间,则一般取这种测度为体积;E 也就为系统与使命的匹配程度。

L_s 和 L_m 两条轨迹有以下几种几何关系。

(1) 两轨迹无交点,即
$$L_s \cap L_m = \varnothing$$
这种情况下,系统的有效性为 0,因为系统属性不满足使命属性。

(2) 两轨迹有公共点,但不互相包含,即
$$L_s \cap L_m \neq \varnothing, L_s \cap L_m \cap L_s, L_s \cap L_m \subset L_m.$$

(3) 使命轨迹包含在系统轨迹内,即
$$L_m \subseteq L_s, E < 1, E' = 1$$
这意味着系统属性满足使命属性,但系统本身的能力要超过使命属性的要求,在给定的使命属性中,只利用了系统的部分资源,这说明系统是低效率的。

(4) 系统轨迹包含于使命轨迹之中,即
$$L_s \subseteq L_m, E = 1, E' < 1$$
这说明系统属性满足使命属性,但仅满足其中的一部分。

(5) 若系统轨迹和使命轨迹完全重合,即
$$L_s = L_m, E = 1, E' = 1$$
则系统的有效性为 1。

第七步,计算系统总的效能指标。根据前面得到的有效性分指标,设使用 k 个分指标 $E_1, E_2, \cdots, E_k$ 来度量系统的有效性,若 u 为效能函数,则系统设计者可以通过选择不同的分指标和效用函数,最后得到总体效能指标
$$E = u(E_1, E_2, \cdots, E_k).$$

SEA 方法作为武器系统效能评价的重要方法,其优点在于方法的综合性,综合地反映了内部各因素对效能的影响。另外,SEA 方法可灵活地应用于武器系统建设的各个阶段和各种作战系统环境中,故有很大的普遍性。它的缺点也比较明显,在具体评价过程中关于属性选取和映射建立都是主观性很大的工作,需要建模者对系统环境和建模方法有着深刻的理解,这就限制了方法使用的广泛性。

第10章

统筹理论

10.1 统筹法基础

10.1.1 统筹法概述

1. 统筹法概述

统筹法是对一项任务的全过程进行全面的、系统的、科学的、统筹兼顾的计划安排和管理指挥的一种方法。

任何工作都有一个统筹安排的问题。同样的工作、同样的条件,安排得合理,工作就做得快一些,做得好一些;安排得不合理,就做得慢一些,做得差一些。比如,日常生活中的烧水泡茶,要喝茶,通常要做这样几件事:烧开水、洗茶具、拿茶叶、泡茶、凉茶。这样几件事,先干什么,后干什么,所用的时间是不同的。这里分析三种方法。

第一种:先灌凉水,放在炉子上烧,在等水开的时间里,洗茶具、拿茶叶,水开了就泡茶、凉茶,如图 10.1 所示。

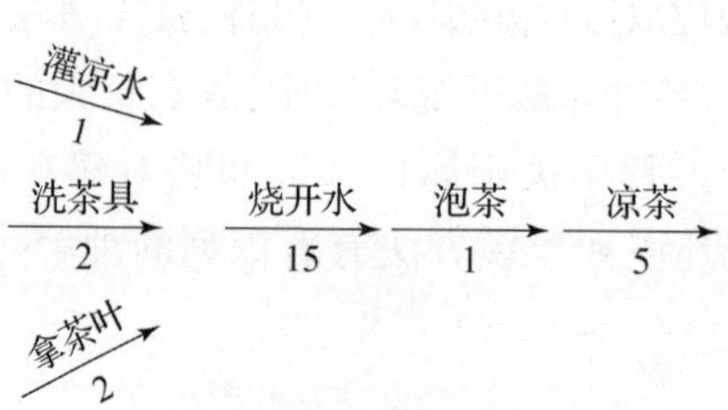

图 10.1 流程图

第二种:先洗茶具、拿茶叶,然后再灌凉水,烧开水,坐等水开再泡茶、凉茶,如图10.2所示。

$$\xrightarrow{\text{洗茶具}}_{1} \xrightarrow{\text{拿茶叶}}_{2} \xrightarrow{\text{灌凉水}}_{1} \xrightarrow{\text{烧开水}}_{15} \xrightarrow{\text{泡茶}}_{1} \xrightarrow{\text{凉茶}}_{5}$$

图10.2 流程图

第三种:灌上凉水,放在炉子上烧,等水开以后,再急急忙忙去洗茶具、拿茶叶,再去泡茶、凉茶,如图10.3所示。

$$\xrightarrow{\text{灌凉水}}_{1} \xrightarrow{\text{烧开水}}_{15} \xrightarrow{\text{洗茶具}}_{1} \xrightarrow{\text{拿茶叶}}_{2} \xrightarrow{\text{泡茶}}_{1} \xrightarrow{\text{凉茶}}_{5}$$

图10.3 流程图

上述三种安排方法,第一种方法比较好。因为,用统筹法进行数量分析得知:第一种方法用22min,第二、第三种方法均需26min,第一种方法比后两种方法均节省4min。由此可见,同样完成一件事,由于安排不同,会带来不同的结果。尤其是在军事指挥工作上,更是如此,如果安排不当,就会失去战机,甚至招致失败。

统筹法的中心内容,是通过统筹图的形式,在头绪众多的工作项目中,进行定量分析、分清主次缓急、调整优化,以便对整个工作进行控制和掌握。

运用统筹法处理问题,有两个重要的特点:一是从全局的观点出发;二是通过建立统筹图模型(绘制统筹图),对于要解决的问题得到最合理的决策,以取得在一定客观条件下的最大效益。它既适用于日常工作,也适用于技术修理;既适用于工、农业生产和科学试验,也适用于军事领域中的组织指挥;既适用于大兵团,也适用于部(分)队。

统筹法是在1940年前后才发展起来的一门新兴的应用性学科,它是运筹学的一个分支,已在工农业生产、科学试验、军事指挥上得到较为广泛的应用,并且显示出很大的优越性。

统筹法一般也称作"计划评审(估)法"(PERT)或者"关键线路法"(CPM),国际上是从20世纪40年代中期开始研究的,美国海军武器局20世纪50年代在研制"北极星"导弹计划时使用了这种方法,使"北极星"导弹的研制任务比预定计划提前了2年完成。从1963年起得到了推广和发展,并陆续出现了运用这种方法的最低成本和估算计划法、产品分析控制法、计划评价法、人力分配法、物资分配法和多种项目计划制定法等。

苏联从20世纪60年代起开始研究运用统筹法,并称其为"网络法"。苏联军事专家认为"网络法可使人们在军事活动的许多领域里作出最佳决策",在指挥实践中推广网络法、计划与指挥法,是质量上的一个新飞跃,是指挥发展的一个新阶段。

我国是由著名数学家华罗庚从1964年开始推广统筹法的。1970年在全国推广应用优选法和统筹法活动,对我国的社会主义建设起到了积极作用。

我军从20世纪70年代初开始,在《外国军事学术》杂志上陆续介绍了苏、美军应用这种方法指挥战斗和进行作战演习的情况。1979年上半年南京军区司令部举办了第一期统筹法集训。通过多年来的不断摸索和实践,部队已将统筹法应用到计划组织各种作战演习、组织后勤物资保障、进行车辆技术维修、安排训练和教学等工作中,取得了较好的效果。

2. 统筹法的主要术语

统筹法的基础是统筹图。任何统筹图都是由3个要素组成的,即工作、事件(节点)、线路。

任何一种劳动过程或消耗时间和资源的行动,在统筹图中都称为工作。它包括主动工作、被动工作和虚工作三种。

(1)主动工作:消耗时间又消耗人力(资源)的工作。例如行军、构筑工事、火力准备、步坦冲击等。

(2)被动工作:只消耗时间、不消耗人力(资源)的工作。例如行军中的休息。因为它是整个过程中不可缺少的部分,所以也是一项工作。

上述两项工作,在统筹图上都是用实线箭头表示的。通常把工作的名称或具体的内容写在箭杆上方,把工作所消耗的时间或消耗的物资数量(如 t、kg等)注记在箭杆下方。

(3)虚工作(零工作):它不是过程,不占用时间,没有任何消耗。它的表示方法有两种,如图10.4所示。

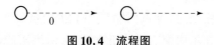

图10.4 流程图

虚工作在统筹图中的作用是:单独表示各项工作之间的先后顺序和相互之间的逻辑关系,如图10.5所示。工作⑤→⑦是在工作②→⑤和虚工作③→⑤(实际上是工作①→③)结束之后,才能开始。

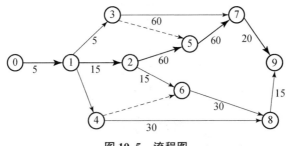

图 10.5　流程图

事件(节点)表示一个过程向另一个过程转换的交接点,它本身不是过程,没有任何消耗。这是与"工作"的根本区别,它只是起到承上启下,把一项工作与另一项工作连接起来成为一个整体的作用。

"事件"在统筹图中的表示方法是个圆圈。也就是说,统筹图中的每个圆圈都是一个事件。用两个事件编号可以表示一项工作。如图 10.6 中"开作战会议"这项工作,可以用开头的事件⑤和收尾事件⑥来表示,写成工作(5,6)。

事件可以分为 5 种:最初事件(开始事件)是整个统筹图开始的第一个事件,如图 10.6 中的事件①;最终事件是整个统筹图的结束事件,如图 10.6 中的事件⑬;紧前事件是引出箭杆的事件;紧后事件是箭头进入的事件;中间事件是除最初事件和最终事件外其他的事件,它既是紧前事件又是紧后事件,如图 10.6 中的事件③,既是工作(2,3)的紧后事件,又是工作(3,7)和工作(3,5)的紧前事件。

我们通过图 10.6,可以看出以下几个问题。

(1)先做的工作在前面,后做的工作在后面。

(2)一个事件可以引出一项工作,也可以引出几项工作。凡是可以同时开始的工作,都可以由同一个事件引出。

(3)多项工作可以进入一个事件。如图 10.6 中的事件⑦由两项工作进入。也就是说,两项工作(3,7)和(6,7)全部结束后,才能开始工作(7,11)。凡是可以同时结束的工作或者是对后面的工作有直接影响的都可以进入同一个事件。

(4)箭头总是朝着一个方向,没有回路闭合的现象,如图 10.7 所示。

(5)箭杆的长短,不代表量值的大小或多少,代表量值的是数字注记。

(6)箭头的方向总是朝前的,以示工作的流程和顺序。

(7)事件的编号,没有严格的统一视定。从我们平常使用的习惯看,大都是从左到右,从前向后,从小到大,从最初事件到最终事件。编号通常不重复,如有必要重复时,应在后一个事件的数目字右上方加一撇,如图 10.8 所示。

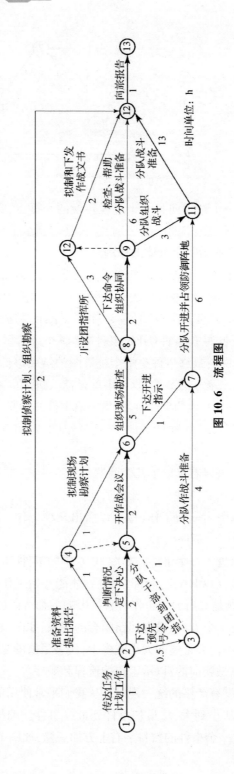

图 10.6 流程图

甲——不正确　　　　乙——正确

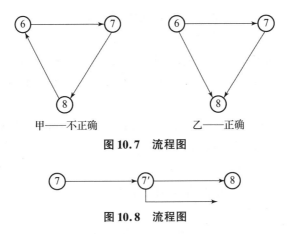

图 10.7　流程图

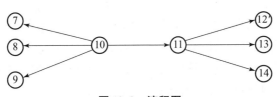

图 10.8　流程图

根据事件的区分,工作也可以区分为紧前(紧后)工作。紧前工作是紧接在该工作之前的工作。紧后工作是紧接在该工作之后的工作。一个事件,可以引进(引出)一项或几项紧前(后)工作,如图 10.9 所示。事件⑩有 3 项紧前工作,即工作(7,10),(8,10),(9,10);事件⑪有 3 项紧后工作,即工作(11,12),(11,13),(11,14)。

图 10.9　流程图

线路就是工作线路,或者称为工作流程。一条线路不能通过同一事件两次(如若两次通过同一事件,即出现了闭合线路);几条线路可以通过同一事件;任何线路都可以通过虚工作。在图 10.5 中,从最初事件开始到最终事件结束,可以找出 6 条完整的线路。每条线路上各项工作持续时间的和是

$$L_1=(0,1,3,7,9);\ t(L_1)=(5+5+60+20)=90(\text{min})$$

$$L_2=(0,1,3,5,7,9);\ t(L_2)=(5+5+0+60+20)=90(\text{min})$$

$$L_3=(0,1,2,5,7,9);\ t(L_3)=(5+15+60+60+20)=160(\text{min})$$

$$L_4=(0,1,2,6,8,9);\ t(L_4)=(5+15+15+30+15)=80(\text{min})$$

$$L_5=(0,1,4,6,8,9);\ t(L_5)=(5+5+0+30+15)=55(\text{min})$$

$$L_6=(0,1,4,8,9);\ t(L_6)=(5+5+30+15)=55(\text{min})$$

在上面 6 条线路中,有一条最长的线路(线路 3)为 160(min),我们把这条持续时间最长的线路叫作关键线路。关键线路上的时间的和叫作关键时间,可以用

"t 关"或"特关"表示。关键线路的时间决定着整个工作所需要的时间。关键时间的提前(或推迟)决定着整个工作的提前(或推迟)。关键线路的时间,是由关键线路上各项工作所需要的时间决定的,所以关键线路上的各项工作,又叫作关键性工作。为了便于区分与其他条线路上的工作,通常用双箭头或彩色箭头表示关键线路。

次关键线路是在时间上接近关键线路的线路。如本例中的 L_1、L_2,都是 90min。这些线路上虽然有潜力,但是不大。有必要时,也可用不同线条或色彩加以区别。

非关键线路(不紧张线路)是在时间上大大少于关键线路的线路。如 L_5、L_6 都是 55min,这些线路上潜力较大。

除完整线路外,统筹图中还有如下一些线路:紧前线路——从最初事件到该事件的线路;紧后线路——从该事件到最终事件的线路;两事件之间的线路——除最初事件和最终事件外任何两个事件之间的线路。

例如,在图 10.5 中,事件②的紧前线路是线路(0,1,2),紧后线路是线路(2,5,7,9)和(2,6,8,9)。两事件之间的线路如事件①和⑤之间的线路是线路(1,3,5)和(1,2,5)。

在一个统筹图上,有时关键线路可能不止一条,关键线路越多,说明工作安排得越紧凑,然而这种统筹图机动的余地就越小。任何非关键线路都有机动时间,找出机动时间,在机动时间范围内,机动内部资源,加快关键工作的完成。这正是统筹法计划与指挥的要旨所在。

10.1.2 统筹图的级别、类型和拟制方法

1. 统筹图的级别和类型

(1)统筹图的级别与用途。统筹图的级别分为 3 种。

第一种,战略统筹图(第一详细级统筹图),是一种综合性统筹图,这种统筹图的工作项目分得粗,是用于研究总的结构和工作进程的,它能够提纲挈领看到全面情况,便于掌握重点。供高级领导、机关使用。

第二种,战役统筹图(第二详细级统筹图),是一种局部统筹图,工作项目分得比较细,每条箭杆上可能反映一项或数项工作。供中级领导、机关使用。

第三种,战斗统筹图(基层统筹图),该图的详细程度取决于执行者的职责范围。基层统筹图需要反映大量的相互联系和依赖关系,因此,这种统筹图拥有大量的事件和虚工作。适用于基层或具体执行单位。

（2）统筹图的类型。统筹图的类型分三种。

第一种类型是以工作为主的统筹图。在这种统筹图中箭杆的上方标有工作名称,而事件仅标上编号。它可以直接反映各项工作的相互关系,便于我们做计划如图10.10所示。

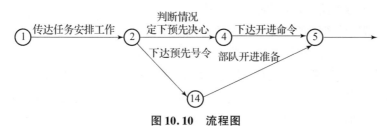

图 10.10　流程图

第二种类型是以事件为主的统筹图。在这种统筹图中,不标工作的名称,只标事件编号,反映它们之间的相互关系。大都是为节省时间、优化统筹图或制订大型的综合性计划时使用,如图10.11所示。

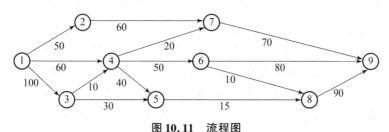

图 10.11　流程图

第三种类型是混合型统筹图。这种统筹图既标工作名称,也标事件编号。

根据问题的不确定性统筹图又可分为肯定型统筹图和非肯定型统筹图。肯定型统筹图是指没有不确定因素的模型。在这种统筹图中,一切都是很清楚的。非肯定型统筹图是指存在着不确定因素的模型。例如,有些工作所需要时间的长短、消耗物质的多少尚未确定。在这种情况下就要使用概率方法判定时间、资源的消耗。

2. 拟制统筹图的方法步骤

（1）拟制统筹图的方法。拟制统筹图,通常有以下4种方法。

一是由前向后(由左向右)。就是按一项任务的进展顺序,从第一项工作开始,直到任务全部结束。

二是由后向前(由右向左)。就是首先确定完成该任务或计划等最终目的,从最后一项工作起逆箭头方向拟制。

三是由中间向两边拟制。就是首先将统筹图中间部分确定好,再以它为基准,一边向最初事件拟制,另一边向最终事件拟制。

四是由分到合。就是将整个任务根据中间目的分为若干阶段,分别负责拟制,最后依照它们之间的先后、逻辑、制约关系合并起来。

以上4种方法,最常用的是第一种。

(2) 拟制统筹图的步骤。拟制统筹图通常分以下4个步骤。

第一,调查。调查的内容主要有以下三个方面:调查这项任务所需做的工作;调查每项工作所需的时间、人力、物力;调查各项工作之间的衔接关系。通过调查,做到四确定:确定哪些工作应在该工作之前结束;确定该工作结束后,又可以开始那些工作;确定哪些工作可以与该工作同时进行;确定哪些工作可以与该工作同时结束。如果这些问题弄不清楚,就无法拟制统筹图。调查结束,将调查结果归结在一张箭头图上或列出工作清单。

第二,揭露矛盾。对于一项任务,经过调查研究,给出箭头图之后,就要找出主要矛盾线,分析关键何在,找准问题,并研究解决的办法,达到多快好省地完成任务的目的。

第三,注意矛盾转化。揭露矛盾时,要深入地分析主要矛盾线的各个环节。不断促使矛盾转化,不断修改统筹图,同时又要防止在时间上过松过紧、在物资消耗上过多过少、在逻辑关系上颠倒、在工作重点上抓次丢主。

第四,及时总结交流经验。在贯彻执行计划中,要及时发现问题,纠正解决。在工作结束后要及时总结经验教训,积累资料、数据,作为下次拟制计划时的参考。

3. 几种不同关系的拟制方法

(1) 先后关系。后一项工作是受前一项工作制约的。即该工作的前一项工作没有结束,后一项工作就不能开始。其表示方法如图 10.12 所示。图 10.12 表示工作甲完成之后,工作乙才能开始。如果工作甲没有完成,工作乙就不能开始。再一种情况是当一项工作部分完成之后,另一项即可开始。其方法表示如图 10.13 所示。图 10.13 表示工作(1,2)开始 2h 后,工作(1′,3)即可开始。为了区分清楚,引入补充事件 1′,也可以把补充事件画得小一些。

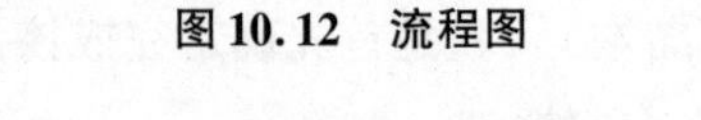

图 10.12 流程图

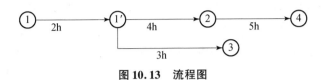

图 10.13　流程图

(2)平行关系。由一个事件引出数项工作,或者一项任务分为几项工作同时进行。如图 10.14 所示。图 10.14 甲不正确,是因为两个事件编号只能表示一项工作,不能表示两项工作。例如,工作(4,5)无法区分表示的是工作甲还是工作乙。所以应当画成图 10.14 乙。再如,一个工兵分队挖一条坑道,共需 100 天,如图 10.15 所示。为了提前完成任务,现确定从两头同时进行挖掘,如图 10.16 所示。为了使图形对称,也可以画成图 10.17。

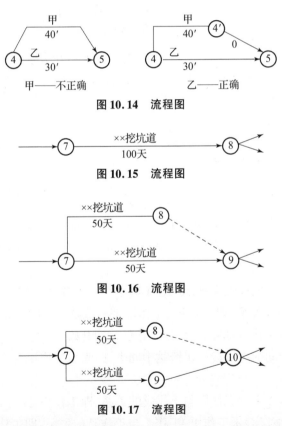

图 10.14　流程图

图 10.15　流程图

图 10.16　流程图

图 10.17　流程图

(3)相互关系是指不同线路和单位之间各项工作的制约关系。这种关系通常有以下几种情况。

第一种情况,在拟制统筹图时,会遇到如图 10.18 甲所示的情况,工作(5,

6) 必须预先完成三项工作[工作(2,5),(3,5),(4,5)]才能开始;而工作(5,7)只需工作(4,5)完成之后,即可开始,这样表示就不正确。要正确地表达它们之间的关系,需要引入补充事件和虚工作,应画为图10.18乙。

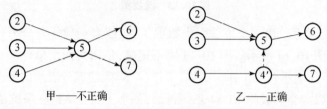

图 10.18　流程图

第二种情况。如图10.19所示,表示工作甲、工作乙全部完成之后,工作丁才能开始。反过来讲,就是工作丁要开始进行,必须等工作甲、工作乙全部结束。

第三种情况,在构作统筹图时,为了反映相互之间的关系,会出现箭杆与箭杆、箭杆与事件之间的交叉现象。为了处理这种交叉和表示交叉箭杆(或事件)之间没有相互关系,通常画"暗桥"跨过。箭杆与箭杆交叉时"暗桥"的画法,如图10.20所示。

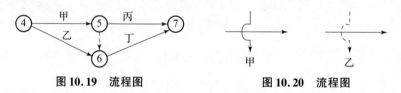

图 10.19　流程图　　　　　　图 10.20　流程图

图10.21左1的虚线箭杆完全跨越过中间事件。它表示工作甲与工作乙的相互关系,即工作甲、工作丙都完成之后,才能开始工作乙,而工作甲与工作戊之间没有相互关系。

图10.21左2的虚线箭杆半跨越中间事件。它反映工作甲与工作戊,工作甲与工作乙有相互关系,即工作甲、工作乙都完成之后,工作戊才能开始;同时也表示工作甲与工作丙都完成之后,工作己才能开始。

图10.21中间的虚线箭杆半跨越中间事件,表示工作甲与工作戊之间没有相互关系。

图10.21右2表示工作甲与工作戊的关系,即工作甲、工作乙都完成之后,才能开始工作戊;又表示工作甲、工作乙与工作己的关系,即工作甲、工作乙、工作丙都完成后,才能开始工作己。

图10.21右1表示工作甲、工作乙全部完成之后,工作丁才能开始;工作甲、工作丙全部完成之后,工作己才能开始。

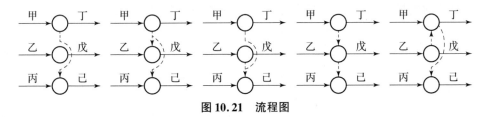

图 10.21 流程图

(4)交叉关系即交叉作业,就是将相连接的每道工序分解交叉进行。这种作业方法的特点,就是把属于流水作业的工作逐项分细,无须等待紧前工作全部结束,紧后工作便可适时展开,从而达到在不增加设备的前提下,合理利用人力,有效地缩短工期。

例如:有一个单位,要同时修理两辆坦克,每辆坦克均需处理三个部分(行动部分、发动机部分、武器部分),第一小组负责修理行动部分,第二小组负责修理发动机部分,第三小组负责修理武器部分。修理开始时,只有第一小组可以开始工作,如图 10.22 所示。

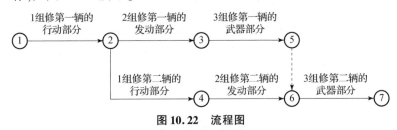

图 10.22 流程图

(5)外加条件的画法。在军事行动中,部队经常得到上级(或友邻)在人员、物资、技术等方面的补充和加强,我们将这些补充、加强称为"外加条件"。在统筹图中,外加条件用符号"@→"表示,并将箭头指向受到补充或加强的工作的开始事件,在箭杆上注记补充或加强的内容。外加条件的符号,其圆圈不表示事件,其箭杆不表示工作,只说明外加条件的内容。在图 10.23 中 2 营在攻占 100 高地时得到一个坦克连的加强。

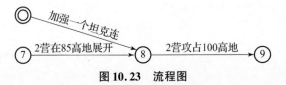

图 10.23 流程图

如需要标画外加条件的那个事件引出数项工作,为了便于区分,应从该工作的开始事件引进一个补充事件,使补充事件与外加条件的箭头相连接。然后画入接受外加条件的那项工作。在图 10.24 中 2 营在攻占 100 高地时得到一个坦克连的加强,而不是1营在攻占90高地时得到一个坦克连的加强。

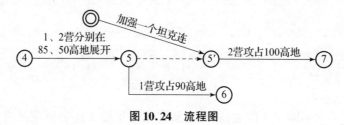

图 10.24　流程图

如果在一张统筹图中外加条件较多,可以编号区分。

4. 简化、合并统筹图

(1)简化统筹图,在拟制统筹图时,有时将某项工作分得太细,而实际又无必要时,最好用一个工作"组合"来代替它们,这就叫简化。简化后的统筹图不应该变更原图的基本关系。如图 10.25 甲可以简化为图 10.25 乙。

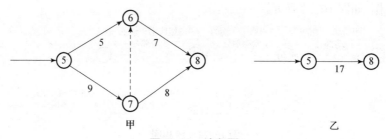

图 10.25　流程图

另一种情况是,在一组有共同开始事件和结束事件的工作中,有其他工作通过中间事件与统筹图的其他部分有联系时,这组工作就不能用一个工作组合来代替。在这种情况下,通常只能简化内部的事件和工作使之组合成一个整体,对于不能简化的部分,仍需保留原图与外部有联系的事件和工作。如图 10.26 甲可以简化为图 10.26 乙。

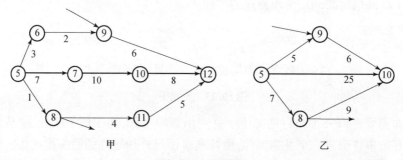

图 10.26　流程图

图 10.26 甲事件⑨之前的两项工作(5,6)和(6,9)与事件⑧之后的两项工作(8,11)和(11,12)均可简化。事件⑧引出的另一项工作和进入事件⑨的另一项工作都与外部有联系,则应保留。简化后工作组合的消耗量等于所组合的各项工作中最长线路的消耗量。

(2) 合并统筹图。把局部的统筹图综合为总的统筹图,即谓合并。合并统筹图时,不能改变各项工作的相互关系。在合并过程中,为便于统筹图的合并,避免综合统筹图时工作编号的重复,可分给每个执行分队、部门相当数量的号码,并规定他们拟制统筹图的进入交界事件和引出交界事件。交界事件可用符号"□"表示。所谓交界事件,就是指通过工作与其他分队(部门)主要执行者联系的事件。因此,交界事件是两个以上统筹图的共同事件。

统筹图是通过交界事件合并的,进入事件表示该执行者应从其他主要执行者处获得工作结果,引出事件则表示该执行者本身应交给其他执行者的工作结果。然后,画出统筹图,并补充引入假定的最初事件和最终事件。这对于根据综合统筹图进行计算具有重大意义,应给事件标上贯穿全图的新编号,同时保留原来的事件编号,以便看出某项工作是由哪个单位负责的。图 10.27 中的甲、乙可合并为丙。

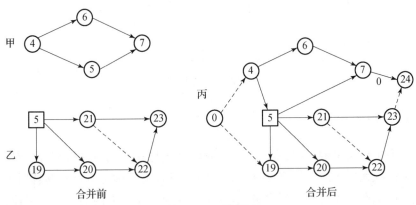

图 10.27 流程图

10.1.3 统筹图的构作

统筹图的构作通常包括 6 个步骤:明确计划目标;开列工作清单;构作统筹图草图;检查调整布局;进行编号注记;确定关键线路。下面对 6 个步骤的过程加以介绍。

1. 明确计划目标

目标是指完成某项任务所要达到的预期目的。用以反映进度计划的统筹图,其目标的确定,常围绕完成任务的期限(总工期)、费用(成本)和资源(人力、物力)的有效利用等进行综合考虑。

在实际工作中,由于所处理的问题性质不同,侧重点也有所区别。例如:军事行动计划,侧重考虑时间;施工和商品生产,侧重强调成本和利润;后勤管理则侧重考虑资源的合理利用问题等。但无论从哪个角度考虑,它总是和完成任务的时间有着直接或间接的关系。对统筹图草图来说,一般不会进行全面的权衡。因此,通常把最终事件的实现时间作为统筹图的目标。如图10.28所示的目标,就是在175min内完成战斗准备。

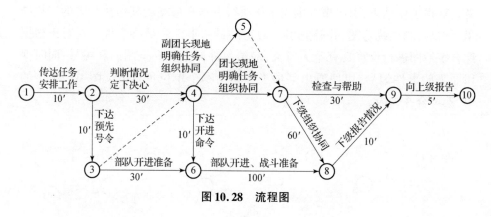

图10.28 流程图

2. 开列工作清单

开列工作清单的过程,实际上就是对已确定目标的任务进行细分。对不熟悉的工作或无把握的工作要进行调查,做到"三确定":确定所要做的各项工作;确定各项工作的先后顺序和逻辑关系;确定各项工作所需的消耗。为了便于构图,避免差错,可列出工作清单,工作清单的格式如下表所列。

工作名称	工作代号	承办单位	时间	紧后工作代号

清单中的"工作名称",根据使用对象的需要可粗可细,但不应有遗漏。

工作代号——是为了便于构作统筹图而设置的,它可以周一、周二、周三、周四、周五等中文数码填写,也可用英文字母 A、B、C、D 等填写,这样可以减少许多构图时注记的工作量。

承办单位——填写承办单位,主要是为了把任务落实到人,当工作发生冲突时,便于进调整。

完成时限——确定完成时限,主要是为了推算总工期,必须认真准确地计算。

紧后工作代号——填写紧后工作代号,是正确构作统筹图的关键一步,必须在弄清各项工作逻辑关系的基础上进行。

下面我们结合示例进行逐项填写讲解。

例 10.1 某师在执行防御战斗任务时,师首长根据本师的任务和上级意图,确定师后指及所属单位配置的新庄、赵庄、150 高地地域。要求在一天内完成勘察任务,确定具体部署。师后首长根据师首长的意图,在图上研究确定:师后指及其所属各仓库配置在 150 高地附近;汽车连、司训队及修理所配置在新庄;师医院、担架连配置在赵庄,见图 10.29 所示。根据已确定任务(目标),可以列出工作清单。

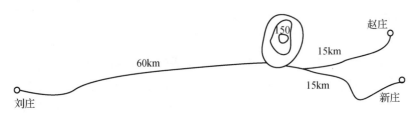

图 10.29 流程图

(1)确定各项工作并列出工作清单。执行现地勘察任务,是由许许多多细小工作组成的,我们对它进行分细时,若分得粗一些,工作项目就少些,若分得细一些,工作项目就多些。分解得细,统筹图就复杂,分解得粗,统筹图就简单。任务分解粗细,应当根据使用者的需要而定。

(2)确定各项工作的先后顺序和逻辑关系。列出工作清单后,要认真分析各项工作之间的关系,主要分析各项工作的前后关系,这是构作统筹图的重要准备。在例 10.1 中,首先要到达 150 高地,到达 150 高地后,才能勘察师后指(工作代号二)及所属仓库和野炊。将这些可以开始的工作代号(二、四)填写在开往 150 高地的"紧后工作代号"一栏内,并依次填写其他各项工作的紧后工作代号一栏。

工作名称	工作代号	承办单位	时间	紧后工作代号
开往150高地	一		120	二、四
勘察师后指	二		30	三、五、九
勘察各仓库	三		70	十三
野炊	四		60	十三
开往新庄	五		30	六、七
勘察汽车连、司训队	六		50	八
勘察修理所	七		30	八
由新庄返回150高地	八		30	十三
开往赵庄	九		30	十、十一
勘察师医院	十		50	十二
勘察担架连	十一		30	十二
由赵庄返回150高地	十二		30	十三
午餐	十三		30	十四
研究勘察情况	十四		60	十五
返回刘庄(师驻地)	十五		120	无

(3) 确定各项工作所需的消耗。凡是有明确消耗标准的工作,可以直接填入其所需的消耗。凡是无定额可查的工作,可根据平常积累的经验,参考类似的工作,结合当时的情况,适当确定。例如,由驻地开往150高地为60km,按30km/h计算,需2h,填入该工作时间一栏内即可。依次填写其他各项工作所需的时间。

3. 构作统筹图草图

构作草图是根据工作清单列出的内容编排出来的。构图的顺序通常按照工作流程,即从头到尾,从左到右,从最初事件到最终事件。根据工作清单中各项工作的紧后工作关系,可以画出图10.30。

4. 检查调整布局

草图构作完毕,通常进行检查调整,使图面清晰明了。其内容通常包括如下内容。

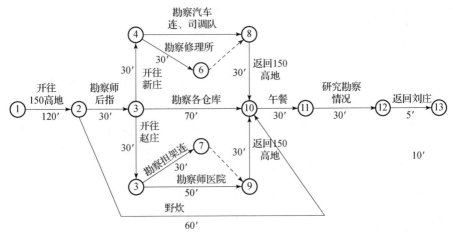

图 10.30 流程图

(1) 避免线路交叉。线路发生交叉大部分是由于事件的位置安排不当产生的。遇有这种情况，可以通过挪动事件的位置，改变箭头的走向或者设置"暗桥"解决。如图 10.31 甲是一个存在线路交叉的草图，不便于注记。但只要变动事件④的位置，即可避免。调整后的草图见图 10.31 乙。

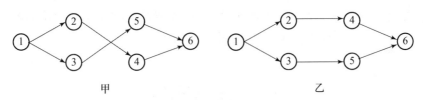

图 10.31 流程图

用折线代替直线改变线路方向也是常用方法之一。如图 10.32 甲可以调整为图 10.32 乙。

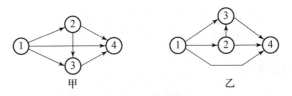

图 10.32 流程图

无法消除线路交叉时，可以通过设置"暗桥"或跨越事件的方法解决。

(2) 检查修订。检查的目的是发现和纠正草图中可能存在的错误。检查的内容有：各项工作逻辑关系有无错误；是否存在回环线路；工作有无遗漏或重复；有无多余的事件和虚工作；草图是否能满足使用的要求，是否符合上级的意图和指挥员的决心,关键线路的时间是否超过规定的指标等。

5. 进行编号注记

(1)事件编号。为了便于叙述和计算,要对事件进行编号。编号的方法按照工作先后顺序由小到大编排,号码允许不连接,但不能重复,有必要重复时可引入补充事件。总原则是每项工作箭头事件的号码大于箭尾事件的号码。

(2)给工作注记。给工作注记时,统一把工作名称注记在箭杆的上方,把时间注记在箭杆的下方。当工作名称太多时,可使用缩略语简写,也可以使用字母(如英文字母、汉语拼音字母或代字)代替,另加附注说明。

6. 确定关键线路

找出关键线路后,采用醒目的箭杆(双线或彩色线)标画出来,用以反映完成任务的重点工作的总时间。从图 10.30 中可找出两条关键线路,分别为

$L_1 = (1,2,3,4,8,10,11,12,13)$; $L_2 = (1,2,3,5,9,10,11,12,13)$

它们的长度都是 470min(7h 50min)。

经过以上 6 个步骤绘制的统筹图草图,如果已满足使用的要求,再无调整的必要,整个构作便告结束。为了便于实施,有时还把它绘成带时间比例尺的统筹图,并标有日历日期,可使计划的进度一目了然。

10.2 统筹图计算

10.2.1 确定工时

工时是指一项工作从开始至结束所需要的时间。能否科学地估计各项工作的工时,是编制进度计划的重要步骤,它反映着办事的效益,必须认真估计。

1. 肯定型统筹图

肯定型统筹图,就是在统筹图中没有不确定的因素,工作的完成时间或物资消耗量只估计一个数值。估计的方法如下。

(1)有标准可查的工作或有数据能进行计算的工作,按定额推算。当技术水平低于实际要求时,加上适当的完成系数。

(2)有经验可供借鉴的工作,参照以往的实践经验,结合当时的具体情况进

行推算。

(3) 没有经验,但有条件进行试验的工作,通过局部试验推算。

(4) 条例、条令中和上级有明确规定时,按规定办。

2. 非肯定型统筹图

非肯定型统筹图,就是统筹图上存在着不确定的因素。由于军队行动受到各种随机因素的影响,在组织计划战斗时,对各项工作的完成时间具有多种估计。只有将多种估计数值化为一个最接近工作持续时间的平均数,才便于计算。求平均数的方法有如下3种。

(1) 算术平均值法。使用经验统计数据求出算术平均值,作为该项工作的所需时间。

求某项工作时间的公式是

$$\bar{t} = \frac{\sum_{i=1}^{n} t_i}{n}.$$

式中:$\bar{t}$ 为算术平均值;$t_1, t_2, \cdots, t_n$ 分别为第一次、第二次……第 n 次的统计数据。

例如:某团司令部在三次演习中,拟制预先号令,第一次用 21min,第二次用 26min,第三次用 22min。求算术平均值。代入公式得

$$\bar{t} = \frac{21 + 26 + 22}{3} = 23\text{min}.$$

就此例来说,如果下次再进行该项工作时,在条件基本相同的情况下,就可以 23min 作为拟制预先号令所需的时间。这就要求我们在实际工作中注意积累这方面的数据。只要多次进行某项工作就会产生一个经验数据,必要时可以将这个数据作为计算时间的依据。当然,确定某项工作的时间,对于不同单位其数据也不尽相同。即使同一单位,若条件不同,人员不同,其时间也会有差别。

(2) 加权平均值法。使用概率论方法求出加权平均值,作为该项工作的所得时间。

当对某项工作缺少经验或根本没有经验时,可使用概率论方法作出时间估计。具体做法可让担任这项工作的单位作出三个估计时间。即最乐观的估计、最可能的估计、最保守的估计。

最乐观的估计就是考虑到在一切条件都比较顺利的情况下,完成某项工作所需的最短时间。

最可能的估计就是在不产生意外困难的条件下完成某项工作最可能的时间。

最保守的估计就是考虑到在最困难的情况下,完成某项工作所需要的最长时间。

三种时间估计,在统筹图中可标记为图 10.33。

图 10.33 流程图

根据上述三种估计,求出平均值。其公式是

$$\bar{t}=\frac{a+4m+b}{6}.$$

式中:$\bar{t}$ 为平均值;a 为最乐观的估计;b 为最保守的估计;m 为最可能的估计。就是最乐观的估计加上最保守估计,再加上最可能的估计的 4 倍,然后除以 6,就得到了平均时间。

例如:某连由甲地至乙地为 16km,每小时行进 4km,在一切顺利的情说下,4h 可以到达(最乐观的估计),因天雨路滑或排除障碍等因素,需 6h 进才能到达(最保守的估计),但只要不产生意外困难,最可能 4.5h 到达(最可能的估计)。将其代入公式得

$$\bar{t}=\frac{4+4\times 4.5+6}{6}=4\frac{2}{3}(\mathrm{h})=4\mathrm{h}40\min.$$

(3)估计法。在许多情况下,只能估计出某项工作时间的最乐观和最保守的估计,这时的计算公式是:最乐观估计的 3 倍与最保守估计的 2 倍的和除以 5。即

$$\bar{t}=\frac{3a+2b}{5}.$$

例如:某连由甲地至乙地为 16km,每小时行进 4km,在一切顺利的情况下,4h 可以到达(最乐观的估计),因天雨路滑或排除障碍等因素,需 6h 行进才能到达(最保守的估计),但只要不产生意外困难,最可能 4.5h 到达(最可能的估计)。将其代入公式得

$$\bar{t}=\frac{3\times 4+2\times 6}{5}=4.8(\mathrm{h})=4\mathrm{h}48\min.$$

用第二、第三种方法计算所得的数值相近。使用第三种方法比较简便,通

常采用第三种方法,求出每项工作所需时间后,将其填写在箭头图上。

10.2.2 图解计算法

图解计算法,也称为扇形格计算法。就是将统筹图中的每个事件都画成对称的4个扇形格,然后将事件的编号、最早可能实现的时间、最迟必须实现的时间和事件的机动时间分别填入上、左、右、下扇形格内,如图10.34所示。它的特点是,全部参数都直接在图上求出,计算简捷、直观、方便,容易掌握,适用于比较简单的统筹图。

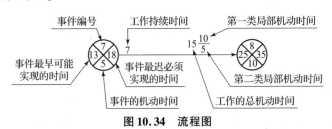

图 10.34　流程图

下面以某学习计划统筹图(图10.35)为例,给出进行计算过程。

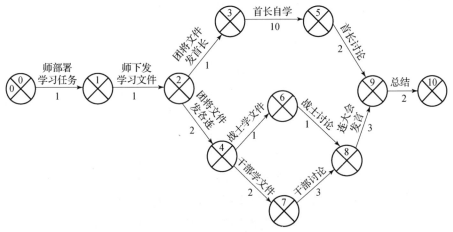

图 10.35　流程图

1. 求事件的最早、最迟必须实现时间和机动时间

(1)求事件的最早实现时间。

首先看图10.35的最初事件,师一开始布置学习任务,事件就实现了。所以通常将最早实现最初事件的时间定为0,把0写在最初事件的左扇格内。

再看事件②,它的实现要在工作(0,1)、(1,2)全部结束。也就是工作(0,

1)所需要的时间加上工作(1,2)所需的时间,即 2h 后才能实现。由此可以看出,事件的最早实现时间等于该事件之前的各项工作持续时间的和。

如果有两项以上的工作同时进入同一个事件,出现两个以上的数值时,应当怎样填写如图 10.37,进入事件⑧有两条线路,即(0,1,2,4,6,8)和(0,1,2,4,7,8)。按(0,1,2,4,6,8)计算需 6h,按(0,1,2,4,7,8)计算需 9h,这两个数值应当填写哪一个呢?应当填写较大的数值(9h)。这是因为,只有事件⑧之前的需要时间最长的这条线路上的各项工作全部完成后,才能实现事件⑧。如果取小的数值(6h),那么工作(7,8)"干部讨论"才刚开始,事件⑧还没有实现,工作(8,9)就无法进行,所以取大值。

通过上面的计算,我们可以看出,最早实现事件的时间,在统筹图中表示的实际意义是,某事件之前的工作最少需要多少时间才能全部完成,其紧后工作在一切顺利的情况下,最早可以开始的时间。

计算的方法是,从最初事件开始(为0),顺箭头向右进行,将箭尾事件的最早实现时间加上工作持续时间,就等于箭头进入事件的最早实现时间。在有数项工作同时进入同一个事件时,应比较其数值,选取最大的数值,填入该事件的左扇格。

据此,可以求出图 10.35 的每个事件的最早实现时间:

事件 0 的最早实现时间为:0;

事件①的最早实现时间为:$0+1=1$;

事件②的最早实现时间为:$1+1=2$;

事件③的最早实现时间为:$2+1=3$;

事件④的最早实现时间为:$2+2=4$;

事件⑤的最早实现时间为:$3+10=13$;

事件⑥的最早实现时间为:$4+1=5$;

事件⑦的最早实现时间为:$4+2=6$;

事件⑧的最早实现时间应为:$6+3=9$;

事件⑨的最早实现时间应为:$13+2=15$;

事件⑩的最早实现时间为:$15+2=17$。

将求得的数值填入规定的位置,如图 10.36 所示。

如果用 $t_{早}(i)$ 表示事件 i 最早实现时间,用 $t[L 前(i)]$ 表示事件 i 之前的最长线路持续时间。则可写成

$$t_{早}(i) = t[L 前(i)].$$

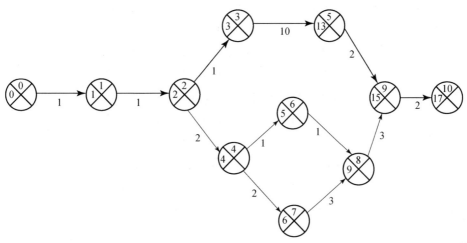

图 10.36　流程图

（2）求事件的最迟必须实现时间。现在研究怎样求取最迟必须实现事件的时间。统筹图中每个事件都必须在恰当的时间实现,以便给后面的各项工作留下足够的时间,保证整个任务的按期完成。

在图 10.35 中,为了保证事件⑩按时实现,事件⑨就必须在一个适当的时间内实现,以便给"总结"工作(9,10)留下完成时间(2h),为了求出这个适当的时间,必须从实现最终事件的时间(特关时间 17h)中减去事件⑨的紧后工作(9,10)的持续时间(2h)。即 17 − 2 = 15h。就是说事件⑨之前的各项工作必须在开始后 15h 全部完成。其紧后工作,必须在这个时间开始,才能实现计划。如果事件⑨实现的时间推迟,那么整个计划就不能如期(在 17h 内)完成。

再看图 10.35 中事件④,其后有两条线路,一条是(4,6,8,9,10)需 7h,另一条是(4,7,8,9,10)需 10h,那么,事件④最迟必须实现的时间应当取小值(7h)。这是因为,只有给其后面最长线路上的各项工作留出足够时间(10h),才能保证其按时完成。

由此看出,事件最迟必须实现的时间在统筹图中表示的是:该事件的紧前工作必须在这个时间之前全部结束,其紧后工作必须在这个时间开始,否则就会推迟总任务的完成时间。

计算的方法是:从最终事件开始,逆箭头的方向进行,将右一事件(箭头进入的事件)的最迟必须实现时间减去该事件紧前工作的持续时间,就等于左一事件(引出箭杆的事件)的最迟必须实现的时间,当一个事件引出两项以上的工作时,应比较其数值,选取最小的数值,填入左一个事件的右扇格内。

据此可以求出图 10.37 中每个事件最迟必须实现的时间:

事件⑩的最迟必须实现时间为:17;
事件⑨的最迟必须实现时间为:17 - 2 = 15;
事件⑧的最迟必须实现时间为:15 - 3 = 12;
事件⑦的最迟必须实现时间为:12 - 3 = 9;
事件⑥的最迟必须实现时间为:12 - 1 = 11;
事件⑤的最迟必须实现时间为:15 - 2 = 13;
事件④的最迟必须实现时间为:9 - 2 = 7;
事件③的最迟必须实现时间为:13 - 10 = 3;
事件②的最迟必须实现时间为:3 - 1 = 2;
事件①的最迟必须实现时间为:2 - 1 = 1;
事件 0 的最迟必须实现时间为:1 - 1 = 0。

将求出的数值填入各事件的右扇格内,如图 10.37 所示。

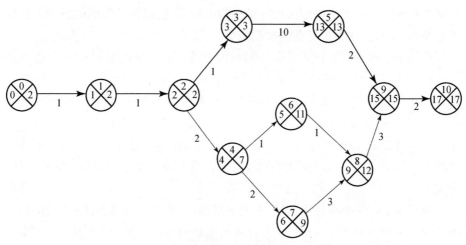

图 10.37 流程图

如果用 $t_{迟}(i)$ 表示任意事件 i 的最迟必须实现时间,用 $t[L 后(i)]$ 表示该事件 i 之后最长路线持续时间,用 $t_{关}$ 表示关键路线持续时间则可写成

$$t_{迟}(i) = t_{关} - t[L 后(i)].$$

(3)求事件的机动时间。事件的机动时间是表示在不影响整个任务完成总时间的前提下,每个事件有多少可机动的时间。

计算事件机动时间的方法:是用本事件的最迟必须实现时间减去最早实现时间。填写时只需用本事件右扇格的数值减去左扇格数值,即为该事件的机动时间。可简化为本右 - 本左 = 本下,如图 10.38 所示。

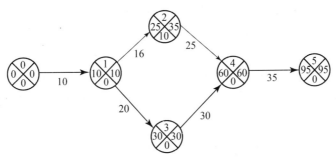

图10.38 流程图

图 10.38 事件②的机动时间为 10min,如果把它给紧前工作(1,2)使用,则工作(1,2)可以推迟 10min 完成;如果把它给紧后工作(2,4)使用,则工作(2,4)可以提前 10min 开始,对于事件①的紧前工作和事件④的紧后工作均无影响。

通过计算看出:事件机动时间为 0 的线路,即为关键线路,关键线路上的事件没有机动时间。把事件机动时间为 0 的线路用双线或其他颜色标出来,即是关键线路。

2. 求最早、最迟开始和最早、最迟结束工作的时间

(1) 求最早开始工作的时间。统筹图上的每个事件(除最初、最终事件),既是某项工作的结束事件,又是其紧后工作的开始事件。各项工作最早开始时间,有赖于该工作紧前工作的结束,也就是该工作紧前事件的实现。前面讲过,事件没有持续时间,某项工作的结束,就可认为其紧后事件已实现,根据这个规则,可以确定:某项工作最早开始时间,就等于该项工作紧前事件的最早实现时间。

在图 10.35 中,最早开始工作(2,3)的时间就等于最早实现事件②的时间,即 $1+1=2(h)$。再如工作(8,9)的最早开始时间,就是事件⑧的最早实现时间,即 $6+3=9(h)$(为事件⑧之前最长线路的时间)。也就是说,工作(8,9)的最早开始时间是在最初工作开始之后 9h 就可开始。

如果采用 $t_{早始}(i,j)$ 表示任意一项工作 (i,j) 的最早开始时间,即可写成
$$t_{早始}(i,j) = t_{早}(i).$$

(2) 求最早结束工作的时间。从求最早开始工作的时间中,我们可以看出,最早结束工作的时间,就等于最早开始工作的时间再加上该工作的持续时间。可以写成:早结 = 前左 + 工持。如工作(2,3)的最早结束时间为 $2+1=3(h)$,

这就是说,最早结束工作(2,3)的时间是在最初工作开始后的3h到来。

(3)求最迟结束工作的时间。求最迟结束工作的时间也是从右向左求出的。工作最迟结束时间必须以不影响后面的工作的时间为限度。

如图10.37中的工作(5,9)的最迟结束时间,不应当影响其紧后工作(9,10)的时间(2h),最迟也要在过程开始后的15h结束,否则就将影响整个计划按时实现。那么,事件⑨的最迟实现时间也是15h,这就是说,某项工作的最迟结束时间等于该工作紧后事件的最迟实现时间。如果不是这样就将影响其紧后工作的时间。

如果用$t_{迟结}(i,j)$表示工作(i,j)的最迟结束时间,用$t_{迟}(j)$表示该工作紧后事件j的最迟实现时间。则可写成

$$t_{迟结}(i,j) = t_{迟}(j).$$

(4)求最迟开始工作的时间。我们根据最迟结束工作的时间,可以求出最迟开始工作的时间就是用该工作紧后事件的最迟实现时间(该工作最迟结束的时间)减去该工作的持续时间。可以写成:工作最迟开始时间 = 该工作紧后事件的最迟实现时间 – 该工作的持续时间。又可简化为迟始 = 后右 – 工持。如图10.39所示。

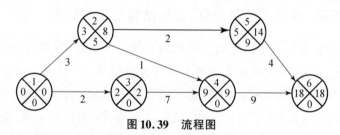

图10.39 流程图

求各项工作最迟开始时间:

工作(5,6)的最迟开始时间为:$18 - 4 = 14$;

工作(4,6)的最迟开始时间为:$18 - 9 = 9$;

工作(2,5)的最迟开始时间为:$14 - 2 = 12$;

工作(2,4)的最迟开始时间为:$9 - 1 = 8$;

工作(3,4)的最迟开始时间为:$9 - 7 = 2$;

工作(1,3)的最迟开始时间为:$2 - 2 = 0$;

工作(1,2)的最迟开始时间为:$8 - 3 = 5$。

3. 求工作的机动时间

机动时间,是指某项工作的持续时间可以在一定的范围内延长多少,而不

影响整个任务的完成时间。有了机动时间就有了人力、物力或者兵力、兵器等。我们知道,在一个统筹图中,每条非关键线路上的工作和事件都有机动时间,找出并利用这些时间,是统筹图的基本思想。

线路上的总机动时间,并不是随意挪用的。如图10.40所示,有两条完整的线路,即线路(1,2,3,5)和线路(1,2,4,5),将它们的持续时间相比,线路(1,2,3,5)有3h的机动时间。从图上可以看出,这3h的机动时间,并不是这条线路上所有的工作都能使用,它只能给工作(2,3)和工作(3,5)使用,而工作(1,2)不能使用。因此,需要求出具体的时间。

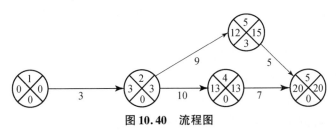

图10.40 流程图

工作的机动时间可分为工作的总机动时间、工作的局部机动时间和工作自由机动时间三种。这里只介绍求前两种时间的方法。

(1)求工作的总机动时间。工作的总机动时间是:通过这一工作的最长线路与关键线路持续时间的差。它所表示的实际意义是:某项工作如果按最早时间开始,最迟时间结束,它还拥有的机动时间。计算公式是:工作的总机动时间 = 该工作结束事件的最迟实现时间 − 该工作开始事件的最早实现时间 − 该工作持续时间。即工作总机动时间 = 后右 − 前左 − 工持。

根据上述公式,结合图10.41求得,工作(2,3)的总机动时间为15 − 3 − 9 = 3,工作(3,5)的总机动时间为20 − 12 − 5 = 3。通过计算可看出,工作的总机动时间是本工作所在线路上各项非关键工作共有的机动时间。如工作(2,3)延长3h,工作(3,5)就没有任何机动时间了。

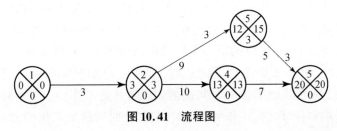

图10.41 流程图

(2)求工作的局部机动时间。在两条或两条以上不同长度的线路相交事件之间的较短线路上的所有非关键工作,都存在着局部机动时间。由于使用时对前相交事件之前的工作和后相交事件以后的工作影响不同，又可分为两类：第一类局部机动时间和第二类局部机动时间。

①求工作第一类局部机动时间如果一个事件引出两项以上的工作时，那么，较短线路上的工作便存在着第一类局部机动时间。第一类局部机动时间表示的意义是：用这个时间来增加两个相交事件之间短线路上所有工作的持续时间，而不影响相交事件之前任何一项工作的机动时间。计算的公式是：工作的第一类局部机动时间＝该工作结束事件的最迟实现时间－该工作开始事件的最迟实现时间－工作持续时间。即第一类局部机动时间＝后右－前右－工持。

根据上述公式，可在图10.42中求出事件①和事件②紧后工作的第一类局部机动时间：

工作(1,5)的第一类局部机动时间为12－0－12＝0；
工作(1,2)的第一类局部机动时间为7－0－3＝4；
工作(2,3)的第一类局部机动时间为12－7－2＝3；
工作(2,4)的第一类局部机动时间为12－7－5＝0。

将求得的结果写在规定的位置。

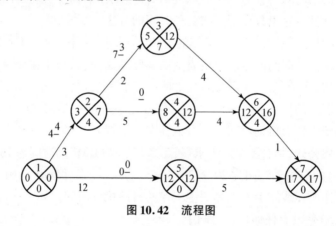

图10.42　流程图

通过计算看出，在同一个事件引出的工作中，工作持续时间短的有第一类局部机动时间，而工作持续时间长的和一个事件只引出一项工作的没有第一类局部机动时间。工作(2,3)的第一类局部机动时间是3h，就是将工作(2,3)的持续时间延长3h，不影响事件②之前的工作(1,2)的机动时间。或者说工作(2,3)比自已最迟开始工作的时间提前3h[刚好是工作(1,2)的最迟结束时间]，也不影响事件②之前工作的机动时间，这个时间就是工作(2,3)的第一类局部机动时间。

②求工作的第二类局部机动时间。在有共同结束事件的工作中，在较短线

路上的工作中存在第二类局部机动时间。它表示,用这个时间增加两个相交事件之间较短线路上所有非关键工作的持续时间,不影响相交事件之后任何一项工作的机动时间。计算的公式是:工作的第二类局部机动时间 = 该工作结束事件的最早实现时间 – 该工作开始事件的最早实现时间 – 工作持续时间。即第二类局部机动时间 = 后左 – 前左 – 工持。

如图 10.43 所示,第二类局部机动时间可在事件⑤与事件⑧紧前工作中求出。计算事件⑤紧前工作的第二类局部机动时间:工作(3,5)的第二类局部机动时间为 15 – 9 – 6 = 0;工作(4,5)的第二类局部机动时间为 15 – 7 – 3 = 5;将求出的数值写在规定的位置。工作(4,5)的第二类局部机动时间为 5h,它表示工作(4,5)可以向后推迟 5h 结束,完全不影响相交事件⑤的紧后工作的任何机动时间。

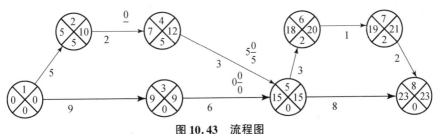

图 10.43　流程图

通过计算,我们可以从图 10.43 中发现,工作(1,2)的第一类局部机动时间也是 5h,如果工作(1,2)先用了这 5h,那么,工作(4,5)的第二类局部机动时间是不存在的。虽然第一、第二类局部机动时间,只是在局部的第一项和最后一项工作上算出,但它是两相交事件之间较短线路上的各项非关键工作所共有的。

局部机动时间的使用只对本局部中其他工作有影响,而对本局部以外的其他任何工作均无影响。

在实际工作和统筹图优化时,为便于计划安排,调解工作中的矛盾,大都使用第二类局部机动时间。

10.2.3　表格计算法

表格计算法适于计算比较复杂的统筹图,它的优点是较严密细致,不易错漏。这种计算法中使用一种专门的表格。下面结合图 10.44 来介绍计算的步骤。

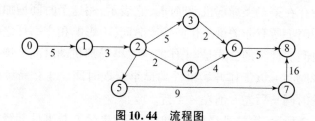

图 10.44　流程图

(1) 计算表并填写编号。填写工作开始事件和结束事件由上而下，由小到大。开始和结束事件(第1、第2栏)编号相同，应相对集中。

开始事件	结束事件	最早开始	持续时间	最早结束	最迟开始	持续时间	最迟结束	总机动	第一类局部机动	第二类局部机动
0	1	0	5	5	0	5	5	0	0	0
1	2	5	3	8	5	3	8	0	0	0
2	3	8	5	13	23	5	28	15	15	0
2	4	8	6	14	20	6	26	12	12	0
2	5	8	2	10	8	2	10	0	0	0
3	6	13	2	15	28	2	30	15	0	3
4	6	14	4	18	26	4	30	12	0	0
5	7	10	9	19	10	9	19	0	0	0
6	8	18	5	23	30	5	35	12	0	12
7	8	19	16	35	19	16	35	0	0	0

(2) 填写各项工作的持续时间。同一项工作的持续时间要填写两栏(第4、第7栏)。填写第4栏是为了便于计算最早结束工作的时间(第5栏)，填写第7栏是为了便于计算最迟开始工作的时间(第6栏)。

(3) 计算工作最早开始、最早结束时间。计算这个时间，就是计算并填写第3栏和第5栏。应从上到下逐行填写，先填写第3栏，再填写第5栏。其方法如下。

首先，在以最初事件为起点的各项工作的第3栏(最早开始工作时间)填写上0(因为最初事件在这里作为计算时间的开始，所以第一项工作(0,1)的开始时间等于0。

其次，将工作(0,1)的最早开始时间与该工作的持续时间相加，得出工作(0,1)的最早结束时间为 $0+5=5$，将得出的数字 5 填入工作(0,1)的第 5 栏。以下各项工作的第 5 栏，均为 3 栏 + 4 栏 = 5 栏。

我们知道，紧前工作的最早结束时间就是紧后工作的最早开始时间。因此，工作(1,2)的最早开始时间就是紧前工作(0,1)的最早结束时间，这个时间就在工作(0,1)的第 5 栏(5)。将这个时间 5 填入工作(1,2)时第 3 栏中。这就是工作(0,1)的紧后工作的最早开始时间。

如果某项工作有几项紧后工作时，那么这几项紧后工作的最早开始时间都填写共同的紧前工作的最早结束时间。如工作(1,2)有三项紧后工作，即工作(2,3)、(2,4)、(2,5)，这三项工作(就是第 1 栏中数字相同的工作)的第 3 栏填写共同的紧前工作(1,2)的第 5 栏的数值 8。

如果某项工作有几项前工作时，这项工作的第 3 栏填写几项紧前工作的第 5 栏中的最大值。如工作(6,8)有两项紧前工作，即工作(3,6)、(4,6)(就是第 2 栏中数字相同的工作)，在这两项工作的第 5 栏中选取最大值(18)，将其填入工作(6,8)的第 3 栏。

根据上述计算方法，可以作出如下结论：以最初事件为起点的各项工作的第 3 栏都填 0，3 栏 + 4 栏 = 5 栏。要求出其他工作的最早开始时间，须在第 2 栏中找出与该工作第 1 栏数字相同的所有工作，并在这些工作的第 5 栏中选取最大数值，填入该工作的第 3 栏。

(4) 计算工作最迟开始、最迟结束时间。计算工作最迟开始、最迟结束时间的程序与计算最早开始、最早结束时间相反，即由下而上地求出。先填写最后一项工作的第 8 栏，再填写第 6 栏，逐行向上填写。其方法如下。

首先，找出以最终事件为结束事件的所有工作，并在这些工作的第 5 栏中选取最大数值，填写在以最终事件为结束的各项工作的第 8 栏。例如，在图 10.46 中，以最终事件⑧为结束的工作要填项，即工作(6,8)、(7,8)，在它们的第 5 栏中取最大数值为 35，将 35 填写在工作(6,8)、(7,8)的第 8 栏。因为，最终事件最早实现时间和最迟实现时间是一样的。

其次，用 8 栏 - 7 栏 = 6 栏。比如表中工作(7,8)的第 6 栏 = 35 - 16 = 19，工作(6,8)的第 6 栏 = 35 - 5 = 30(此时运用的公式为最迟开始工作的时间 = 最迟结束工作的时间 - 工作持续时间)。

在图 10.44 中，工作(5,7)的最迟结束时间就是工作(7,8)的最迟开始时间，所以可以在计算表中找到工作(7,8)的最迟开始时间(第 6 栏)为 19，并将这个数字填写在工作(5,7)的第 8 栏。再如工作(3,6)、(4,6)的第 8 栏，必须查出工作(6,8)的第6栏的数值(30),将30分别填写在工作(3,6)、(4,6)的第8栏。这就是说,凡是结束事件(第2栏数字)相同的工作与第8栏的数字应一样。

如果某项工作有几项紧后工作时,那么,这项工作的第8栏,应当填写这几项紧后工作的第6栏中的最小数值。如工作(1,2)有三项紧后工作,即工作(2,3)、(2,4)、(2,5)(第1栏数字相同的),这三项工作的第6栏中的最小数值为8,将8填写在工作(1,2)的第8栏即可。

根据以上计算可知:以最终事件为结束事件的各项工作的第8栏都填写关键时间,8栏-7栏=6栏,要求出其他工作的最迟结束时间,须在第1栏中找出与该工作第2栏数字相同的所有工作,并在这些工作的第6栏中先取最小值,填入该工作的第8栏。

(5)计算工作总机动时间和局部机动时间。

①计算工作总机动时间。最迟结束工作的时间减去该工作最早结束的时间,或者将最迟开始工作的时间减去最早开始工作的时间,就可求得工作的总机动时间。在表格计算时,这种机动时间就是第8栏减第5栏或者第6栏减第3栏数值之差。例如,需要求出工作(7,8)的总机动时间,须从工作(7,8)的第8栏查到35,用这个数减去第5栏的数字35,计算结果得0,将这个数填入该工作的第9栏。再如,工作(3,6)的总机动时间,该工作的第8栏减第5栏为15,即30-15=15,将15填入工作(3,6)的第9栏即可。

②计算第一类局部机动时间。为了求出第一类局部机动时间,需要查出开始事件(第1栏数字)相同的那些工作,从这些工作的第6栏中选出最小值,然后用这些工作的第6栏中的数分别减去这个最小值,所得的差填入该工作的第10栏。如表中工作(2,3)、(2,4)、(2,5)这三项工作的开始事件(第1栏内的数字)相同,它们第6栏的数值分别为23、20、8,然后分别减去8,即得各项工作的第一类局部机动时间:

工作(2,3)的第一类局部机动时间为23-8=15;

工作(2,4)的第一类局部机动时间为20-8=12;

工作(2,4)的第一类局部机动时间为8-8=0。

将其分别填入各项工作的第10栏。如果某个事件只引出一项工作,这项工作的第10栏就等于0。通过计算可以看出,第6栏内的数字越大,第一类局部机动时间就越多。

③计算第二类局部机动时间。工作的第二类局部机动时间是在有共同结束事件的工作中求出。为了求出某一项工作的第二类局部机动时间,需要查出

结束事件(第2栏数字)相同的那些工作。从这些工作的第5栏选出最大值,然后从中分别减去这些工作的最早结束时间。将所得的差填入该工作的第11栏。如果一个事件只是一项工作的结束,那么,这项工作的第二类局部机动时间就是0。如表中工作(3,6)、(4,6)的结束事件相同,它们第5栏中的最大值为18,然后分别减去其他工作的第5栏的数字,即为该工作的第二类局部机动时间:

工作(3,6)的第二类局部机动时间为 18 − 15 = 3;

工作(4,6)的第二类局部机动时间为 18 − 18 = 0。

将求出的数分别填入各工作的第11栏。

同样可以找出工作(6,8)、(7,8)的第5栏内最大值为35,计算出:

工作(6,8)的第二类局部机动时间为 35 − 23 = 12;

工作(7,8)的第二类局部机动时间为 35 − 35 = 0。

通过计算可以看出,第5栏(最早结束工作的时间)内的数字越小,第二类局部机动时间就越多。

10.3 统筹图的优化

统筹图的优化(调优),它是在参数计算和分析的基础上,根据一定的约束条件,对统筹图进行的调整改进,以达到科学安排工作,合理分配人力、物力、财力,提高使用效率的目的。在军事上,通过对统筹图的优化,可以在组织战斗、训练、演习、科研、国防工程与后勤保障等方面赢得时间,节约兵力、兵器,提高战场效益。

根据优化的内容,统筹图的优化可以分为时间、资源(人力、物力、财力等)、流程三类。军队使用的统筹图,大都是以时间消耗和资源消耗为指标。所以这里只介绍在时间、资源方面的优化。

10.3.1 统筹图的时间优化

统筹图的时间优化,就是在一定的人力、物力、财力条件下,采取措施缩短完成任务的时间,当统筹图的关键线路超过了预定的期限,以及客观情况要求提前完成任务时,就需要对统筹图进行时间的优化。时间优化的主要方法是向关键线路要时间。具体方法如下。

(1) 进一步检查和分析各项关键工作持续时间定的是否符合实际。如有过松现象,应根据规定的标准和实践经验加以调整,使达到允许的最小值。

(2)改进工作方法。就是改变统筹图的结构,以平行作业和交叉作业代替顺序作业。

①以平行作业代替顺序作业。所谓平行作业,是指一项工作可以分为几项互相独立的工作,可以同时进行。比如,"团首长赴1、2、3营传达任务"这项工作,如果按顺序作业,可以画成图10.45(甲、乙)。

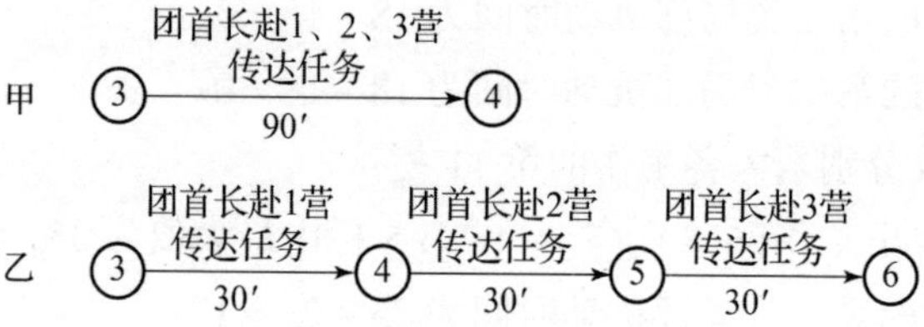

甲 ③ ——团首长赴1、2、3营传达任务 90′—— ④

乙 ③ ——团首长赴1营传达任务 30′—— ④ ——团首长赴2营传达任务 30′—— ⑤ ——团首长赴3营传达任务 30′—— ⑥

图10.45 流程图

这项工作如果改为同时分别到1、2、3营传达任务,时间就可以缩短为30min,可以画成图10.46。

有些工作虽然是顺序作业,但它是不可分的。比如,"某工兵连在张庄修造一座公路桥"这项任务,可分为"筑造桥基"和"铺设桥面"两部分,但这两部分的工作不能同时进行。如果画成图10.47甲,就不正确了。因为这座桥的桥基不完工,就无法铺设桥面,这两项工作不能同时进行。应当画成图10.47乙。

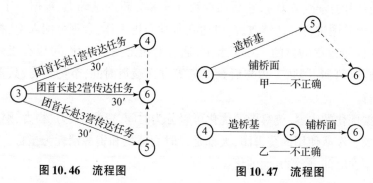

图10.46 流程图   图10.47 流程图

②以交叉作业代替顺序作业。交叉作业,就是将相连接的每道工序分解交叉进而达到缩短关键线路持续时间的目的。例如,某司令部进行作、通、机合练演习,作训拟制一份电报需要30min,首长审稿需10min,机要译电需18min,拍发需16min。如果按顺序作业,可画成图10.48,共需74min。

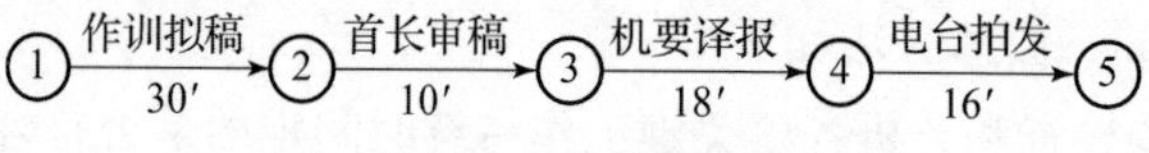

① ——作训拟稿 30′—— ② ——首长审稿 10′—— ③ ——机要译报 18′—— ④ ——电台拍发 16′—— ⑤

图10.48 流程图

如果把上述过程限制在 55min 以内完成,应当怎样进行优化呢? 可以采取边拟稿、边审批、边译电、边拍发的方法进行。可以画成图 10.49。

通过对图 10.49 计算,找出关键线路为 (1,2,4,6,7,8),持续时间为 52min。比顺序作业(图 10.48)缩短了 22min,符合在 55min 内完成的要求。

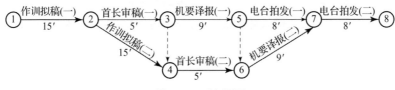

图 10.49　流程图

在进行交叉作业时,一定要注意,有些工作不宜分得过细。如若分得太细,就会增加执行者的难度,有时甚至会降低质量。

(3) 利用机动时间。就是利用非关键线路上的人力、物力支援关键线路上的工作,从而缩短关键线路的时间。

例如:某工兵排(30 人)架设一座浮桥 3h(需 90 人时),保障汽车排(30 人)向兵站运送物资 2h。

从图 10.50 中可以看出,汽车排到达河岸后有 2h 的机动时间。为了加快工作进程,我们决定利用这个机动时间。汽车排到达河岸后,立即帮助工兵排架桥。假设汽车排每 3 人等于 2 名工兵的作业力。这样工兵架桥时间可以缩短为 2.2h(计算的方法是:待汽车排到达河岸时,工兵排已完成 30 人时,尚需 60 人时;汽车排 30 人参加作业实际上等于增加 20 名工兵作业,现参加架桥作业的有 50 名。60 人除以 50 人等于 1.2h,再加已干过的 1h,计 2.2h 即可完成)。调整后统筹图为图 10.51。

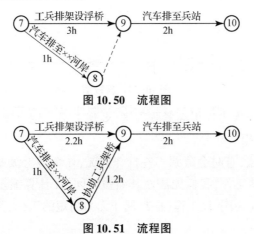

图 10.50　流程图

图 10.51　流程图

(4)按比例缩短各项工作的时间。在拟制统筹图时,有时会超过上级规定的时限。这样就需要一个恰当的比例缩短各项工作的时间。确定缩短时间的比例,可用下面的公式。

$$缩短百分比 = \frac{关键路线时间 - 规定时间}{关键路线时间}.$$

如图 10.52 所示,关键线路长 55h,假设规定时间为 44h,需缩短 11h。

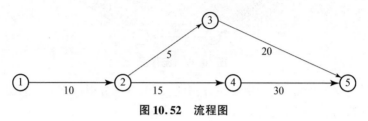

图 10.52　流程图

按上述公式,首先求出缩短的百分比。为

$$缩短百分比 = \frac{55-44}{55} = 20\%.$$

然后,根据缩短的百分比计算出各项工作缩短后的时间:

工作$(1,2) = 10 - (10 \times 20\%) = 8$;

工作$(2,4) = 15 - (15 \times 20\%) = 12$;

工作$(2,3) = 5 - (5 \times 20\%) = 4$;

工作$(3,5) = 20 - (20 \times 20\%) = 16$;

工作$(4,5) = 30 - (30 \times 20\%) = 24$。

将缩短后的时间填入统筹图 10.53。

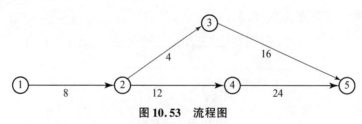

图 10.53　流程图

这种方法由于人为地提高紧张程度,客观上不一定合理,但在军事行动中经常遇到,因此也很有必要。

利用这种方法,有时会遇到一些特殊情况,如牵涉上级或友邻共同行动时的工作。对于这些工作,我们无法使其缩短时间,在计算缩短百分比时就要扣除。仍以图 10.53 为例,设工作$(1,2)$属于无力缩短的工作,其他工作缩短的百分比为

$$\frac{(55-10)-(44-10)}{55-10} \approx 24\%.$$

据此，求出各项工作缩短后的时间，如图 10.54 所示。

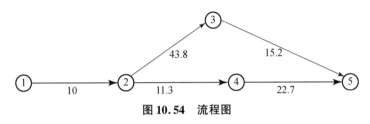

图 10.54　流程图

应当注意：缩短的百分比不宜过大。如用此种方法仍不能达到规定时间，就要如实指出原因，申请延长时间或增加人力、资源，以改变原定条件。

10.3.2　统筹图的资源优化

1. 资源优化的目的

资源优化的目的，就是正确地分配兵力、兵器和物资器材，使有限的资源发挥最大的作用，从而保障整个任务的完成。下面结合例子来研究资源优化的步骤。

假设某学校有 8 个中队，一共要进行 16 天汽车驾驶训练（需 308 台次），学校每天只能出 20 辆汽车。根据各中队训练进度的先后顺序、用车数量和时间，教务处拟制了一份用车计划统筹图，如图 10.55 所示。

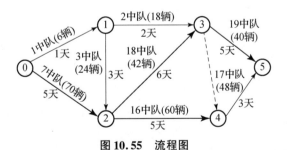

图 10.55　流程图

从图 10.55 中可以看出，关键线路上的持续时间为 16 天，没有超过规定的时限，符合要求。但是具体每天有几个中队用车、哪个中队用几辆汽车都不清楚，具体实施尚有一定困难。需要安排出每天有几中队用车，各用几辆汽车。这就需要对统筹图进行优化。

2. 优化的方法步骤

第一步,计算统筹图,求出各项工作的第二类局部机动时间(图10.56)。

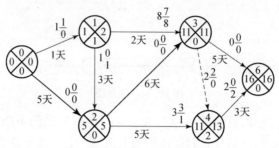

图 10.56　流程图

第二步:编制条形图(图10.57)。在条形图的第一栏中填写各单位;在第二栏中填写各中队驾驶训练的工作序号;在第三栏中填写工作持续时间;在第四栏中填写该工作的第二类局部机动时间(表示这项工作可以延续多少时间)。之后将各中队训练持续时间按统筹图的先后顺序填写在训练日一栏中。

区分 单位	工作序号	工作待续时间	二类局部机动时间	训练日																
				1	2	3	4	5	6	7	8	9	10	11	12	13	14	15	16	
1	2	3	4	5	6	7	8	9	10	11	12	13	14	15	16	17	18	19	20	
一中队	0-1	1	0	6																
七中队	0-2	5	0	14	14	14	14	14												
三中队	1-2	3	1		8/6	8/6	8/6	8/6												
二中队	1-3	2	8		9	9	…	…	3	3	3	3	3	3						
十八中队	2-3	6	0						7	7	7	7	7							
十六中队	2-4	5	1						12/10	12/10	12/10	12/10	12/10	… 10						
	3-4	0	0																	
十九中队	3-5	5	0												8	8	8	8	8	
十七中队	4-5	3	2												16/12	16/12	16/12	…	…	
最优化前每天需要的汽车数				20	31	31	22	14	19	19	19	19	19	7	24	24	24	8	8	
最优化后每天需要的汽车数				20	20	20	20	20	20	20	20	20	20	20	20	20	20	8	8	

图 10.57　编制条形图

在编制条形图时,规定原计划的工作时间用实线表示,工作的局部机动时间用连续圆点表示,最优化以后的工作持续时间用虚线表示。如一中队训练的持续时间为 1 天,在训练开始的第一天写上用车数(6 辆),并在 6 的下方画一条实线。

七中队与一中队训练同时开始,其持续时间为 5 天,在条形图训练日一栏中从第 1 天至第 5 天各画一条实线,并在每天的实线上标明所需要的车辆数为 14(辆)。二中队的训练是在一中队训练 1 天之后开始的,所以从第 2 天开始画起,用同样的方法在条形图上标出其他的全部工作。每项紧后工作必须标在紧前工件结束之后。

将各中队所得的训练日、车辆数和机动时间填写完毕以后,再求出每天所需要的汽车总数,并填写在优化前每天需要的汽车数一栏内。

从条形图中可以看出,每天需要的车辆数不等,第 1 天为 20 辆,第 5—11 天、第 15—16 天都少于 20 辆,但第 2—4 天、第 12—14 天都多于 20 辆,超过学校所能保障(20 辆)的数目,需要进行调整。

第三步:研究调整。

即研究有局部机动时间的那些工作,并适当地延长它们的练习时间,从而使每天用车数不超过 20 辆。

请看条形图,一中队没有机动时间,不能延长训练日,而七中队的训练是在关键线路上的,也不能延长训练日。

三中队的训练有 1 天的机动时间。三中队原定 3 天完成,每天 8 辆,现改为 4 天完成,每天 6 辆。新调配的方案在本栏原计划的下面填写,并在其下面画短虚线,以示区别。

二中队有 8 天机动时间,可以向后推 8 天,也就是说在 11 号之前完成都可以。由于 5 号之前每天的用车限额已经分配完毕,所以二中队的汽车驾驶训练要改在 5 号以后进行,那么,二中队究竟从哪一天开始,哪一天结束;每一天用几辆汽车,在确定这个问题时,要进行全面考虑,要考虑到十八中队和十六中队的用车。

十八中队训练是关键工作,没有机动时间。

十六中队只有 1 天的机动时间,原定 5 天完成,每天 12 辆,现可延长为 6 天完成,每天用车 10 辆。这样,十八中队和十六中队每天需 17 辆汽车,每天最多出车最为 20 辆,所以二中队每天只能用 3 辆汽车,从第 6 天开始训练,进行 6 天,至 11 号结束。

十九中队没有机动时间,不能向后推迟,按原定时间进行。

十七中队有 2 天的机动时间,从条形图上可以看出,只要延长 1 天就可以使训练计划符合要求。那么,就决定十七中队由 3 天改为 4 天完成,每天用车数改为 $48 \div 4 = 12$(辆)。

实现优化后,将每天用车数相加,把所得结果填入优化后每天需要汽车数一栏内。这时可看出,每天使用汽车数不超过 20 辆,而且各中队又能在规定的时间内完成训练任务。

第11章

模拟理论

11.1 作战模拟概况

作战模拟指运用各种手段,对作战环境、作战行动和作战过程进行模仿的技术、方法和活动,是研究军事活动中数量关系的基本方法,它揭示了军事活动中的量变过程,发现由量变到质变的界限,与定性研究相辅相成。

11.1.1 作战模拟发展简史

战争的最大特点在于它的不可重复性,过去的不可重复,未来的不能预演。因此,战争过程的模拟就成为人们研究战争的重要方法。

古今中外的军事家都非常重视战争要素量化与作战模拟,可以说自有战争以来就有了作战模拟。孙子用兵主张"十则围之,五则攻之,倍则分之"就强调了量的概念。随着时代的不同,所采用的模拟方法不同。作战模拟的发展,经历了一个由低级形式向高级形式的发展过程,有用的方法和手段也在不断完善和发展之中。

1914年,英国工程师兰彻斯特创立了兰彻斯特方程。他最先完成了地面战斗的数学模型,相当详细地考虑了战斗过程中各种可量化因素,用定量的方法来研究作战过程。1916年,他又提出了描述交战过程中双方兵力变化关系的微分方程组。

20世纪40年代,出现了M－C方法(Monte Carlo),此方法以随机变量的抽样为主要手段,来描述随机过程。20世纪50年代初,美国人约翰逊最早提出了用蒙特卡洛方法来描述作战过程。

20世纪50年代末,美国退役上校杜派等根据对大量战争历史资料的分析,提出将作战过程中所感兴趣的因素量化为可以对比的相对于同一个量的数字。它适宜于较大规模的战役战斗中作战因素的量化。

作战模拟发展中出现了思维模拟、沙盘模拟、实兵模拟、计算机作战模拟等几种形式，既有先后又有交叉，不是一种形式对另一种形式的代替，而是后一种形式对前一种形式的完善和补充。这几种形式在军事领域中相互结合、广泛应用。

11.1.2 作战模拟现状

1. 外军作战模拟发展现状

20 世纪 50 年代以来，美国、苏联、北约和以色列，都非常重视作战模拟技术的研究和应用。例如，以色列在历次中东战争中的作战计划，甚至偷袭乌干达机场的具体战斗计划，都首先经过战术模拟技术的严格检验。目前各国在作战模拟技术的研究方面，发展十分迅速。专家认为，利用作战模拟技术来研究作战问题，是军事科学研究方法划时代的重大革新。

20 世纪 70 年代，苏联曾进行关于中苏作战对策模拟，建立了弈棋式模拟模型——"东方红"，假象 20 世纪 70 年代末对中国东北和华北发动战略或战役级战争的作战模拟。在模拟中还假定在战区范围内使用了战术核武器和原子爆破地雷，模拟采用了两种基本想定：M-1 想定假设苏联较仓促地向中国发起进攻；M-30 想定假设经动员后稍晚才发起更强的进攻。"东方红"还研究了后勤补给的模拟。考虑到部队的机动和进攻能力，以及必须在部队和某个补给中心之间建立补给线，中方则通过中国铁路线得到补给。

20 世纪 50 年代到 20 世纪 70 年代，国外发展了大量训练模拟系统，如：以色列的 NS-9002 电子战模拟器，英国 D5540 舰载雷达训练系统，美国 14A12 水面舰艇反潜攻击训练设备等。20 世纪 80 年代，美国开发了 20B5 作战系统训练设备，可进行防空战、反舰战和全程电子战，可产生 1024 海里×1024 海里区域的情景，显示多达 128 个威胁目标。

美国现已有数以千计的计算机作战模拟模型，所模拟的战斗规模，从班、排直至师、集团军。在介绍有关作战模拟的编目中，1975 年有近百个，1977 年达到 138 个，1982 年有 363 个。编目介绍模拟的内容有题目、用途、输入量、输出量、研制者、使用者、使用频率等。后来未见新的编目，也许是保密，也许是太多而难以整理，但不断有有关作战模拟具体应用的报道。

20 世纪 90 年代初，海湾战争前美国多次运行各种模拟模型，分析情况，研究对策。例如,在海湾战争前,美国的 F-16 模拟系统,日夜运行训练,利用计算机储存的大量情报,自动生成任务沿线背景,训练飞行员的应急对策能力;还在计算机上进行了最初 18h 对伊拉克的空袭仿真。直到 1996 年美国陆军还进行过"爱国者"导弹的"虚拟作战"。

美国国防部还以中国为对象,在 1992 年向国会做了"中国致胜"的作战模拟,起宣传作用,以争取国防预算。1995 年 6 月事先进行了对塞族目标轰炸的仿真。20 世纪 90 年代,美国海军研制了一个高级海军作战模拟系统,利用分布式交互仿真技术,建设一个能连接各舰艇所有战斗系统及整个特混舰队基地港口的模拟系统,能演练海军作战的每种战斗(防空、突击、水面作战、水面火力支援等)功能和进行综合演练。为使训练模拟内容适应美军作战使命的新变化和高技术战争的特点,美军各军兵种都在加紧研制适于诸军兵种合同作战训练,具有多种想定灵活性的新训练模拟手段。

2. 我军作战模拟发展现状

我国 20 世纪 80 年代初、中期曾掀起过一股作战模拟"热",先后出现了上百个不同规模层次、不同用途的模拟模型。我军的这些作战模拟系统大致分为两类:一类面向作战指挥训练,另一类面向武器装备效能评估和装备规划论证。

20 世纪 90 年代初作战模拟研究与应用一度稍"冷"。20 世纪 90 年代后期,随着国外作战模拟模型的大量研制与应用,再次引起我军领导人、技术专家和研究人员的关注。特别地,21 世纪初全军各主要作战模拟研究单位加大联合协作,共同研制大的、系统性的模拟训练系统意义重大,在这方面,军事运筹学会等组织的推动也是重要因素。

11.2 作战模拟的基本概念

11.2.1 模型与模拟

1. 模型

模型是对客观事物的简化反映和抽象,是对实际原型的仿真,是了解和反映客观事物形态、结构和属性的一种形式,例如沙盘、态势图、方程式、程序框图等。

模型既反映了实际又高于实际,既具备客观实体的基本特征又不等同于客观实体,是客观实体的缩影,这是模型对客观实体的相似性;通过模型的反复试验,能正确地抽象出客观事物的变化规律,这是模型的可重复性。

研究模型是为了发现或了解客观实体的本质属性和基本规律,是为了获得客观事物原型的更多信息,模型既是研究对象又是研究手段;模型提供了一种处理或简化复杂问题的方法,每个模型的合理性都是相对的,不能期望模型能反映客观实体的一切方面。

模型的分类从实验手段的特征讲,可粗略分为物理模型和符号模型。以实物为基本背景的形象化模型,如沙盘就是物理模型;符号模型是以符号和一定的逻辑关系反映或描述客观实体的一种高度抽象模型,又可分为描述性模型和数学模型。

2. 模拟

模拟是利用物理的、数学的模型来类比、模仿现实系统及其演变过程,以寻求过程规律的一种方法。

模拟(Simulation)是选取一个物理的或抽象的系统的某些行为特征,用另一个系统来表示它们的过程;仿真(Emulation)是用另一个数据处理系统,主要使用硬件来全部或部分地模仿某一数据处理系统,以至于模仿的系统能像被模仿的系统一样接受同样的数据,执行同样的程序,获得同样的结果。

3. 模型与模拟

(1)模型是实际事物原型的一种抽象,模拟则是一个实验过程。

(2)模型是文字、符号、方程式的静态结构,模拟则是实现模型的一种动态描述。

没有模型就无所谓模拟,没有模拟模型也只能反映客观事物的表面,而不能触及实质。模型的建立是为了反映要模拟的事物,模拟就是模型试验的方法和手段。

11.2.2 作战模型和作战模拟

作战模型就是作战过程的抽象,是作战过程的一种类比表示;作战模拟就是作战模型的实验过程。在军事上用来研究以作战为目的的模型称为作战模型,用来研究以作战为目的的模拟称为作战模拟。任何军事模型都应具有通用性、灵活性、可靠性的特点。

解析模型:其特点是模型中的参数、初始条件和其他输入信息以及模拟时间和结果之间的一切关系均以公式、方程式和不等式等形式来表示。

仿真模型:其特点是把所关心的战术现象分解为一系列基本活动和事件,通过对这些活动和事件的模拟以及它们之间按逻辑关系的相互组合,从而达到表述战术现象的目的。

作战对抗模型:这是一种把定下决心的人的思维能力和战斗行动的模型化描述结合起来的模型。其结构类似于仿真模型,但在模型中,指挥行动(决策过程)由演习人员作出,基本活动和事件用定量模型(如兰彻斯特模型或火力指数模型)描述。

作战模型还可按规模、用途进行划分,基本情况与作战模拟的划分方式一致。

现代作战模拟,可按多种方法进行分类。一是按所用模型对现实的抽象程度或使用的技术可分为解析模型、计算机仿真、作战对抗模拟、军事演习。二是按它们的应用目的可分为教育与训练、战争研究、战略分析与战略规划、作战指挥、后勤保障、条令条例制定等。三是按作战模拟规模可分为"一对一"格斗模拟、集体对集体的小规模冲突、集团对集团之间的战役、战区会战和全球冲突。

从作战模拟构成来看,通常将模拟划分为三类:实兵模拟、虚拟模拟和构造模拟。20世纪90年代以来的作战模拟,往往有先进的计算机网络技术的支持,可以方便地将实兵模拟、虚拟模拟和构造模拟有机地结合到一个大的系统中,构成大规模联合作战的模拟环境,称为联合作战实验室。模拟系统的各个部分、所包含或使用的设备、人员等,在地理上可以是分布的;模拟系统中的人与模拟系统其他部分之间的交互、模拟系统与使用模拟系统的人之间的交互越来越深入、及时、充分。

各种形式的作战模拟具有以下共同特征。

(1)任何一种作战模拟都是军事行动的模拟。

(2)有两支或两支以上的对抗力量卷入所模拟的军事行动。

(3)对军事行动的模拟,必须按照与军事技术和军事经验相符合的数据、规则和程序进行。

(4)所要模拟的军事局势,是事实上已经存在,或者是在一定条件下可能存在的局势。在这里特别要强调的是,军事问题是作战模拟的出发点、依据和归宿,任何作战模型无论是大还是小,无论是复杂还是简单,无论其作用和目的如何,都一定是从军事问题开始,经过一系列技术和艺术的加工和处理之后,最后实现军事问题的新目标而结束。军事问题的提出是作战模拟的基础,军事目标的实现是作战模拟的方向。因此,军事问题是进行作战模拟的核心,任何偏离这个核心的作战模型和作战模拟都将毫无价值,在作战模拟中所有其他的工作,都是为解决军事问题所使用的方法和手段。当然,这些方法的恰当与否也直接影响着军事问题解决的质量。

(5)采用一致的计时系统。时间是军事行动的基本因素,军事行动是随时间而发展的。作战模拟必须像实战一样,战斗间隔的次数是有限的,在这个间隔中依时间形成一个连续采取行动的序列。统一计时是所有作战模拟系统的基础工作之一。

作战模拟需要4个方面的支撑条件。

(1)人员 参加作战模拟的人员有多种,其中主要的是导演和局中人。导演是整个作战模拟工作的领导,必须具有较强的军事指挥能力,熟悉部队和武器情况,掌握作战模拟的技术组成和要求。局中人是作战模拟中对抗双方的指挥员,一般由经验丰富的部队指挥官担任。另外,还需要一些辅助人员以协助导演工作并对所有设备进行管理和调试。

(2)设备是作战模拟的基本工具,简单的可以是沙盘、地图等。现代作战模拟,必须有一套现代化的相互联网的计算机硬件。

(3)规则 在作战模拟中,要按实战条件给交战各方部队的军事行动以限制和约束,规则就是这些限制和约束的体现。这些规则必须为全体参加作战模拟人员充分了解,并严格执行。

(4)想定(脚本)是作战模拟中对作战环境和作战过程的详尽描述,是作战模拟的蓝图和指南。

脚本是在特定背景下进行作战模拟的故事情节,它描述对抗局势的一般情势和专门情势,并说明局中人的使命和目标;它勾画出冲突发生的地理场所,说明冲突发生的原因,可能投入的军事力量和后勤保障,初始战斗水平,局势发展的时间序列。脚本包含两种类型的信息:一般情势的信息是提供给所有局中人和参加者的,通常包括每边部队的配置、导致敌对行动的背景事件、冲突场所和发生时间等方面的细节;专门情势的信息是提供给某一方的所有的成员或指定的成员,如某个指挥官所指挥的军队及其位置,他卷入冲突的准确时间,冲突发生时他所处的环境,通过与敌人部队发生接触或冲突以及通过情报活动获得有关对手的信息。

在计算机、网络和多媒体条件下,脚本通常含包含着对环境的形象化描述。军事常识、作战条令和军事历史知识是编写脚本的基础。

进行一次作战模拟要有3个主要阶段:准备阶段、模拟阶段和分析阶段。

一般来说,准备阶段和分析阶段所用时间远较模拟阶段要长。

(1)准备阶段是为进行模拟细致地做好所有准备工作的阶段,其中包括作战模型本身的研制。

(2)模拟阶段是模拟的具体实施阶段,是作战过程正在进行的阶段,是交战双方正在计算机上进行激烈战斗的阶段。

(3)分析阶段的主要工作是对计算机的输出数据进行全面分析,以各种形式说明数据的意义,而不仅是下一个谁胜谁负的简单结论。分析阶段是最耗时最重要的阶段。其重要性就在于所有新的作战方法、作战思想和作战规则都产生于这个阶段。最后的结果要形成一个详尽的报告。

由于数学模型在描述自然现象方面的成功,应用这一方法来研究战争就成为一种自然的选择。构造作战过程的数学模型,需要定量描述武器的效能、偶然因素的影响、策略运用是否得当,以及其他可变因素对作战过程的效应。现代科学为此发展了4种可能途径。

(1)半经验半理论的定量途径。这是一种以猜想的数学表达式为基础的描述方法,其代表是兰彻斯特方程。

(2)经验的定量途径。这是一种建立在武器杀伤能力统计比较基础上的描述方法,其代表是指数法。

(3)统计实验的定量途径。这是一种建立在用随机数来模拟随机因素基础上的描述方法,其代表是蒙特卡洛法。

(4)严格的定量途径。这是一种建立在用严格的数学推导来选择作战策略的描述方法,其代表是对策论。

在作战模拟中,一些用来表示目的达到程度的数量标准称为效率指标。效率指标通常是对作战模型达到规定目标程度的定量表示,是对模型进行分析比较的一种基本标准,模型的效率指标是衡量作战模型在特定条件下完成规定任务的尺度。

效率指标既可以用平均值表示,如平均(运动、消耗、补给)速度、平均(时间、弹药)消耗、平均毁伤目标数等;也可以用概率的形式表示,如通视概率、发现概率、命中概率、毁伤概率等;还可以用比率的形式表示,如兵员杀伤比、武器损伤比、面积毁伤比、有效射击比等。

作战模型的目的、任务不同,应用场合不同,其效率指标的选用也不同,效率指标的选用和作战目的应紧密相连。

因此,在作战模型的设计中,一个关键的环节是恰当地选择效率指标,以准确地通过效率指标反映任务完成的情况。在实际建模时,选择效率指标有时并不那么明显或意见一致,这就需要有一个论证的过程。

11.3 作战环境的定量描述

人类的一切活动都是在一定的环境中进行的,战争与作战行动亦不例外。环境条件对作战结果的影响很大,同样的部队,执行相同的作战任务,但在不同的环境条件下进行,可能会产生截然不同的效果。因此,历代军事家对作战的环境条件都十分重视。在作战模拟中,要准确掌握环境条件的特征及其在军事行动中的作用,并把影响作战行动的主要环境条件加以量化和体现。影响作战行动的环境条件是自然环境、战场环境和社会环境。

(1)自然环境。指自然界所提供的种种作战条件,主要包括地理和空间位置、地形(地貌、地物)、地表土质、地表覆盖(植被)、气象、水文等。

(2)战场环境。指在作战行动中临时形成的、影响双方行动的一些人为战场条件,主要包括烟幕、炸点弹尘、车辆运动掀起的尘土、各种爆炸性武器产生的弹坑、工事和障碍物等。

(3)社会环境。指对作战双方行动产生影响的社会、政治条件或因素,主要包括:社会制度,经济体制结构和能力;民族特点,风俗习惯;文化与科学技术水平等。这些因素虽然对战术也有影响,但更多的是属于战略学和战役学研究的范围。

以上几类环境条件及其组合,就构成了作战行动的客观环境。但在实际的作战过程中并不是所有的因素都在同等地起作用,相比之下,自然环境是形成总的作战环境的基础。因此,在研究环境因素对作战行动的影响时,首先必须抓住自然环境中的一些基本因素,如地形状态和气候条件等。

11.3.1 战场气象条件的描述

1. 气象条件对作战行动的影响

气象条件对作战行动的影响指的是作战地区的气候类型及作战时刻的季节和天气状况,主要包括温度、湿度、风力、雨量、冰雪覆盖、能见度等方面。气象条件对作战行动可影响到观察、射击、运动及通信。例如:①雨、雪、雾影响能见度,降低观察能力、射击精度,使雷达信号衰减;②严冬封冻可能影响通行;③雨季对部队机动的影响;④特殊气象对装备性能和人员的影响。

2. 气象条件量化的特征

(1)气象条件范围广、参数很多,难以一一量化。
(2)气象条件随机性很大,概率分布特性不清楚。
(3)一般采用半定量方式进行描述,即分级式描述。
(4)对作战行动(观察、射击、机动、通信)的影响复杂。

3. 气象条件的描述

(1)能见度。分为10个等级,一般能见度可直接以能见距离为指标,在气候观测中是以肉眼观察为基础的,很难做到精确测量,能见度可能影响作战过程中的光学侦察发现目标和揭露光学伪装,在现代化侦察手段下雷达、红外、视频等设备能够不受能见度影响而发现目标,可见这一因素的作用将削弱。

(2)雨。分为五级,按降水量划分:小雨、中雨、大雨、暴雨、特大暴雨。

(3)积雪。一般积雪对坦克仅影响其通行速度,当积雪深度在80cm以上时,道路辨别不清,坦克通行才受影响。对汽车来说,积雪深度在5cm以下,通行基本无影响;积雪深度达到7~8cm时一般后轮需加防滑链;积雪深度达到25cm后,通常需使用扫雪设备,机械扫雪后再通行。

(4)风。风的等级共分为13级,从0级开始,0级为静风。

气象条件对作战行动影响的分级方法描述,对不同行动的影响也不同,即同一气象条件对不同行动的影响,可能分属不同等级。有时采用影响因子或修正系数的方法来反映气象条件对作战行动的影响。

总之,在大多数作战模拟模型中,关于气象条件的描述多是半定量的、粗糙的,有的模型甚至忽略气象条件的影响。

11.3.2 地形状态的描述

地形是对作战活动影响最大的环境因素。地形是军队陆战行动的客观基础,是各级指挥员定下决心的基本依据,是组织指挥军队作战的重要因素。

地面的起伏影响部队的运动速度;除坡度外,地表植被、土质、河渠等都会影响部队通行;地形平坦开阔或起伏山丘会影响部队的观察、射击及其杀伤;在山地或平原区使用武器,其杀伤效果有很大不同。例如,同样的榴弹对平坦开阔地带的人员和对处于丘陵地或沟壕水网的人员具有明显不同效果。在山地或平原地区使用核武器的效果也太不一样。

1. 地形状态的描述参数

地形情况极其复杂,在作战模拟中,要完全详细地描述地形变化和结构特点几乎是不可能的,目前所能做到的,只是在模型中对地形进行近似的描述,抽象出其对作战行动影响最大的几个方面,如地形的起伏、植被覆盖情况、土质和水文等,用参数的形式定量化。描述地形特点的主要参数如下。

(1) 地貌标高。主要用来描述地面的起伏,它影响作战单位的机动速度和通视性。

(2) 地物标高。用来描述地面的植被及建筑物等各种固定性物体,主要影响通视性,有时可与标高合并为 1 个参数。

(3) 通行性。用来描述道路等级、土质、水文特点,以及对机动产生影响的地貌类型和植被,主要影响作战单位的机动速度。

(4) 隐蔽性。主要用来描述地面可供隐蔽和地形地物(地面的起伏、沟渠、植物等),它影响目标的可视面积大小,从而影响对目标的搜索发现和杀伤效果。讨论植被对隐蔽的影响用隐蔽系数 α 来描述,如无植被时 $\alpha=0$,矮小灌木丛 $\alpha=0.2$,高大灌木和零散树木 $\alpha=0.5$/茂密森林 $\alpha=1$。

(5) 掩蔽性。主要描述可供掩蔽目标使其不受弹丸或弹片杀伤的地形地物(地面起伏、沟壕、掩体等),它影响观察目标及目标被弹面大小,从而影响武器的杀伤效果。

最后两个参数略有区别。一般来说,能进行掩蔽的地形也可提供隐蔽性,反之则不一定。就多数的地形地物(例如地面起伏、沟渠)来说,既可提供隐蔽性也可提供掩蔽性,有时模型对两个参数不进行区分。并不是所有模型都要描述这 5 种参数,可根据模型对地形描述的详尽程度要求来选用其中的部分和全部。

2. 地形状态描述方法

(1) 定量描述。地貌标高、地物标高等采用定量的描述方法。

(2) 半定量描述。通行性、隐蔽性、掩蔽性等一般采用分级描述的半定量描述方法。

以通性行为例,某种地形对应某通行性等级,影响一定车辆、人员的运动速度。通行性由等级来表达。地形标高虽然可以详细定量描述,但是当战场区域太大(如几百、几万平方千米),则数据量太多,有时也采用半定量方法来描述地形。

11.3.3 战场地形描述的量化方法

地形量化指的是对地形起伏状态的量化。

由于模型规模大小不同,用途不同,采用的数学方法也各不相同,因而,对地形量化的精度要求也不一样。地形量化的方法大致可分为两大类:标高法和分类法。标高法是量化地形的精细微观定量描述方法,分类法是量化地形的粗略宏观半定量描述方法,这里主要介绍标高法。

1. 标高法

在地形的定量描述方法中多采用标高法。所谓标高法,就是给出战场区域各点的标高,以此来确定地形的起伏。在标高法中,通常使用三维笛卡儿坐标系 XYZ,其中 XY 轴在水平面上,Z 轴垂直该平面,指向地心相反方向。坐标 Z 可用来表示点 (X,Y) 处的海拔高度,如果 Z 能够表示成 (X,Y) 的函数,则曲面可用 $z=z(x,y)$ 来表示地面起伏。

由于地形的复杂性,要准确地确定曲面的解析表达式几乎是不可能的,多数情况下只能给出某些离散点处的标高,以近似地确定地形起伏。为此,模型设计者提出了许多有效的办法。标高法的主要方法有网格法、剖线法、参数法、型值点法。

(1)网格法。这种方法是把战场区域分成相同大小的正方形网格,对网格顶点给出标高值,利用这些数值再构造出近似表示地形的数学模型。如图 11.1 所示的网格系统,整个战场区域被划分为多个方格,分别用 X 和 Y 表示 2 个方向的分划坐标。

由于地形的复杂性,在对其进行量化时,还必须对地形作出一些简化假定。所作的假定不同,数学模型也不相同,在网格法中主要有下面几种。

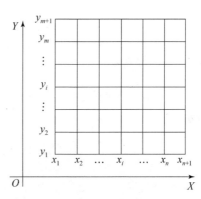

图 11.1 网络系统

① 平均标高法。假定在同一方格内的标高相同,其值一般取方格 4 个顶点标高的平均值,如图 11.2 所示。则作战区域内任一点 (x,y) 处的标高为

$$z = z(x,y) = \frac{z_{i,j} + z_{i+1,j} + z_{i,j+1} + z_{i+1,j+1}}{4}$$

其中

$$z_{i,j} = z(x_i, y_j),\ x_i \leq x \leq x_{i+1},\ y_j \leq y \leq y_{j+1}.$$

平均标高法把地面近似为阶梯状,可能不连续、凹凸不平。

②线性插值法(数字化地图法)。假定同一方格内的标高沿 X 轴和 Y 轴方向呈线性变化,如图 11.3 所示。

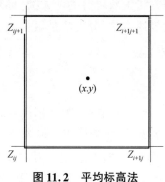

图 11.2 平均标高法

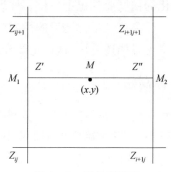

图 11.3 线性插值法

为了求方格内任一点 M 的标高 z 需要先求出 2 个过渡点 M_1、M_2 处的标高 z'、z''。首先确定点 M_1 处的标高 z'

$$z' = z_{i,j} + (z_{i,j+1} - z_{i,j})\frac{y - y_j}{a}$$

其次确定 M_2 处的标高 z''

$$z'' = z_{i+1,j} + (z_{i+1,j+1} - z_{i+1,j})\frac{y - y_j}{a}$$

从而,M 的标高有
$$z = z' + (z'' - z')\frac{x - x_i}{a}.$$

③三角形平面法。假定方格由一条对角线分成 2 个三角形,如图 11.4 所示。

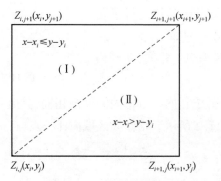

图 11.4 三角形平面法

在对角线上点的坐标 x、y 满足关系式 $x - x_i = y - y_j$。那么,对左上三角形中的任意点都有 $x - x_i < y - y_j$。对右下三角形中的任意点都有 $x - x_i > y - y_j$。这 2 个关系式可用来判定方格内的点位于哪一个三角形内。

又设,每个三角形所对应的地表面上的点在同一平面上,由于 3 个点可决定一个平面,因此平面内各点的标高可由三角形 3 个顶点的标高所决定。

对于三角形(Ⅱ)可建立如下的平面方程:

$$\det\begin{pmatrix} x & y & z & 1 \\ x_i & y_j & z_{ij} & 1 \\ x_{i+1} & y_j & z_{i+1,j} & 1 \\ x_{i+1} & y_{j+1} & z_{i+1,j+1} & 1 \end{pmatrix} = 0$$

整理后可得

$$z = z(x,y) = z_{ij} + (z_{i+1,j} - z_{ij})\frac{x - x_i}{a} + (z_{i+1,j+1} - z_{i+1,j})\frac{y - y_j}{a}$$

同理得到三角形(Ⅰ)中点的标高:

$$z = z(x,y) = z_{ij} + (z_{i+1,j+1} - z_{i,j+1})\frac{x - x_i}{a} + (z_{i+1,j+1} - z_{i,j})\frac{y - y_j}{a}$$

④四点曲面法。假定每个方格所对应的实际地形可用一个空间二次曲面近似表示,该二次曲面由该方格的 4 个顶点坐标和其对应的标高值决定,如图 11.5 所示。

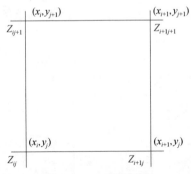

图 11.5　四点曲面法

设近似表示实际地形的空间二次曲面的形式为

$$z(x,y) = Axy + Bx + Cy + D$$

在上述假定之下,式中的 4 个系数可用方格 4 个顶点坐标和标高表示:

$$A = \frac{1}{a^2}(z_{i,j} - z_{i+1,j} - z_{i,j+1} + z_{i+1,j+1})$$

$$B = \frac{1}{a^2}(-y_{j+1}(z_{ij} - z_{i+1,j}) + y_j(z_{i,j+1} - z_{i+1,j+1}))$$

$$C = \frac{1}{a^2}(-x_{i+1}(z_{ij} - z_{i,j+1}) + x_i(z_{i+1,j} - z_{i+1,j+1}))$$

$$D = \frac{1}{a^2}(x_{i+1}(y_{j+1}z_{ij} - y_j z_{i,j+1}) - x_i(y_{j+1}z_{i+1,j} - y_j z_{i+1,j+1}))$$

用这个曲面即可近似表示该方格所对应的实际地形。对方格网中的每个方格，都要确定这样一个二次曲面来近似表示其所对应的实际地形。

对于网格法中的几种方法，平均标高法最简单，但精度低且边界不连续，线性插值法和三角平面法虽然保证了区域内的标高连续变化，但在方格交界处曲面不光滑，四点曲面法是用一系列曲面来近似表示实际地形。

在量化地形时，网格尺寸的大小要根据需要和可能而定，主要考虑的因素是：模型规模、地幅大小、模拟步长及计算机容量等。

上述公式不仅适用于矩形网格、正方形网格，显然还适用于正三角形网格和正六边形网格，并有相应的计算公式。

(2)剖线法。这种方法是在作战地域的一个方向上(如X轴方向)划分等间隔或不等间隔的点$x_1, x_2, \cdots, x_{n+1}$。过这些点作垂直于该方向的垂线，利用这些垂线同等高线的交点坐标及其标高，通过线性插值可求出作战地域内任一点$M(x,y)$的标高，如图11.6所示。

设剖线x_i同等高线的交点序列为$y_{i_1}, y_{i_2}, \cdots, y_{i_m}$，相应的标高为$z_{i_1}, z_{i_2}, \cdots, z_{i_m}$。设$M(x,y)$为量化区域中的任一给定点，其相邻的两条剖线分别为$x_i$、$x_{i+1}$，则$M$点的坐标$x$满足：$x_i \leq x < x_{i+1}$。

过M点作x轴的平行线，与剖线x_i、x_{i+1}的交点分别为M_1、M_2，为了清楚起见，画出M点所在区域的放大图，如图11.7所示。

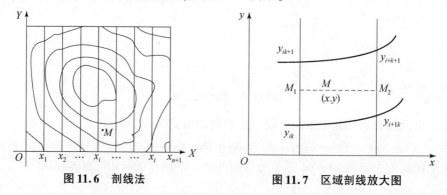

图11.6 剖线法　　　　图11.7 区域剖线放大图

可见，M_1点的x坐标为x_i，而M_1又在剖线x_i与某两等高线交点之间，不妨

设这两点的 y 坐标分别为 y_{ij} 和 $y_{i,j+1}$，则有

$$y_{ij} \leqslant y < y_{i,j+1}.$$

同样，M_2 点的 x 坐标为 x_{i+1}，而又在剖线 x_{i+1} 与某两等高线交点之间，不妨设这两点的 y 坐标分别为 y_{ik} 和 $y_{i,k+1}$，从而

$$y_{ik} \leqslant y < y_{i,k+1}.$$

在高度变化为线性的假设下，利用线性插值原理可得点 M_1 的标高

$$z_1 = z_{i,j} + \frac{z_{i,j+1} - z_{i,j}}{y_{i,j+1} - y_{i,j}}(y - y_{ij})$$

M_2 点的标高

$$z_2 = z_{i+1,k} + \frac{z_{i+1,k+1} - z_{i+1,k}}{y_{i+1,k+1} - y_{i+1,k}}(y - y_{i+1,k})$$

于是点 M 的标高为

$$z = z_1 + \frac{z_2 - z_1}{x_{i+1} - x_i}(x - x_i).$$

说明：当 $x_{i+1} - x_i$ 为常数时称为等距剖线，否则为不等距剖线。不等距剖线可依据不同区域等高线的不同疏密程度选用不同的剖线间距，使在满足相同精度的要求下把剖线数减到最少。剖线法的地形数据可以直接从计算机所存储的数字化地图中获得，利用数字化地图中等高线的拟合参数方程求得交点坐标和标高。剖线法实际上是网格法中线性插值法的变种。

（3）参量法。由于网格法和剖线法所需存储的地形数据量很大，参量法模型是为了减少数据量而设计的一种高解析度数字地形模型。对量化区域内每个山包状地形都用一个二维正态曲面进行拟合，拟合结果使每条等高线都对应于一段或几段椭圆弧，如图 11.8 和图 11.9 所示。

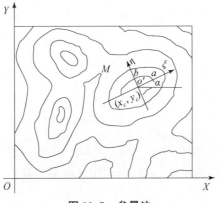

图 11.8　参量法

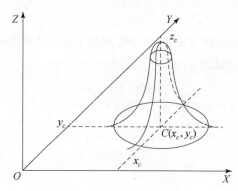

图 11.9　二维正态曲面拟合

每个二维正态分布曲面可由 6 个参数所决定：中心点坐标 (x_c, y_c)，中心点高程 z_c，均方差 σ_x、σ_y 以及相关系数 ρ。从而任一点 $p(x,y)$ 处的标高 $z(x,y)$ 有

$$z(x,y) = z_c \times \exp\left(-\frac{1}{2(1-\rho^2)}\left(\frac{(x-x_c)^2}{\sigma_x^2} - \frac{2\rho(x-x_c)(y-y_c)}{\sigma_x\sigma_y} + \frac{(y-y_c)^2}{\sigma_y^2}\right)\right).$$

此外，如果对曲面进行一定的角度变换、调整，可以得到新的坐标系 $\xi - \eta$。如果量化区域内地形的高斯曲面个数为 m，对任意点 (x,y) 的高程 z 近似值为

$$z(x,y) = \max\{z_1(x,y), z_2(x,y), \cdots, z_m(x,y)\}.$$

(4) 型值点法。型值点法的基本原理是有理函数的局部逼近，即通过一些点的拟合曲面来代替实际地形的标高。

这种方法是在作战地域内，取 1 组 N 个大致均匀分布的离散点 (x_i, y_i)，其相应的标高为 z_i，$\forall i = 1, 2, \cdots, N$，如图 11.10 所示。

设 $R > 0$ 为常数，为区域内任一点，令

$$r_i = \sqrt{(x-x_i)^2 + (y-y_i)^2}\, (i=1,2,\cdots,N).$$

为 M 点至各离散点 (x_i, y_i) 的距离，建立函数 $f(r)$：

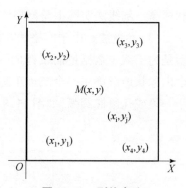

图 11.10　型值点法

$$f(x) = \begin{cases} \dfrac{1}{r} & (0 < r < R) \\ 0 & (r > R). \end{cases}$$

又设 μ 为实数，且满足 $0 < \mu < +\infty$，定义曲面方程：

$$z = F(x,y) = \begin{cases} \dfrac{\sum\limits_i z_i(f(r_i))^\mu}{\sum\limits_i (f(r_i))^\mu} & (r_i \neq 0) \\ z_i & (r_i = 0). \end{cases}$$

这样,空间曲面 $F(x,y)$ 在 (x_i,y_i) 处的标高恰好等于 z_i,而在非 (x_i,y_i) 处的值,仅依赖于那些以 M 为中心、R 为半径的圆形区域内的那一部分 r_i,而 $F(x,y)$ 的结构是1个有理多项式函数,故这个公式是1个有理函数的局部逼近公式,是在 M 点附近构造1个小曲面来近似实际地形,这是一种描述不规则多峰值地形精度较好的有效方法。

上面的公式实质是一个与距离有关的函数作为加权因子来求所有影响点标高的加权平均。其中,μ 一般选为大于1的常数,根据经验,取2较为合适。

应用此法量化地形时,为了减少计算量,提高计算速度,要将整个量化区域划分为一些其内部地貌特点基本一致的小区域。在划分区域的基础上准确地选择离散数据点。离散数据点的数量要根据地形变化特征而定,一般原则是地形起伏较小的区域较稀疏,地形起伏较大的区域较密集,对多峰值地形,每平方千米需 600~800 个数据点。一般地讲,点的密度越大,精度越高,但占据内存也多,计算量大,计算速度下降。

此外,要正确选择 R 的值,应保证有一定数量的数据点落在圆形区域中,一般以有 8~10 数据点为好,在每平方千米 600~800 个数据点的前提下,R 值为 (60 ± 5)m。

2. 分类法

在地形的半定量描述方法中多采用分类法。

当模型要模拟的作战规模很大(师以上)时,战场面积可达数百到数万平方千米。如果采用标高法量化地形,则数据量极大,给计算机实现带来很大困难,另外,这些模型中所描述的独立作战单位的疏散面积可达几十甚至几百平方千米,作战单位所在地域的标高含意已模糊不清,更不能表征其地形特点。再者,有些情况下,也不必对地形进行如此详细的描述。因此,对战役行动或对地形要求不高的战术行动,常采用半定量的分类法描述地形。

地形的分类法描述,一般是先对地形分类,再对描述参数定级,最后划分作战地域。

(1)地形的分类。地形的分类是根据地形因素的一些共同特点及其对作战行动的不同影响,重点提出几类具有代表性的地形。在一般的作战模型中,当用分类法描述地形时,通常仅考虑4种类型的地形,即平坦地、丘陵地、低山地和中山地,除此之外还有不可通行山地、沼泽地等。由于除平坦地、丘陵地、低山地和中山地4类地形以外的其他地形,在一般的作战行动中不常见,或影响面较小,大多数情况都不把它们列入地形类型中。

(2) 参数的定级 在地形分类后,还要对地形的描述参数进行定级,给出相应于地形类的参数值大小。

①不可测参数。不可测参数主要指通行性和隐蔽性等。对通行性参数,可预先将其分为若干级,再建立各种地形与等级间的对应关系,然后定出其对人员和各种车辆机动速度的影响大小。除坡度外,地貌、植物分布等也可能影响到通行性。在实际应用中,通常是按作战模拟中划定的4种地形类型,用1个参数值来修正作战单位的机动速度,以定量的方式体现出地形对通行性的综合影响。对于隐蔽性,可在最差(完全暴露无隐蔽)和最好(3m以上的隐蔽物)间分成若干个等级,然后给出相应的隐蔽系数值。

②可测参数。可测参数主要指地形的标高和植被高等。表明地面起伏状态的标高虽然是可测参数,但当战区较大或对地形量化的要求不高时,也可采用半定量法分级描述,此时,只需给出作战地域内相应的平均海拔高度和平均相对高度即可。对植被高的处理方式类似。

(3) 作战地域的划分。地形的分类和参数的定级是半定量描述地形的准备,最主要的还是划分作战地域。划分作战地域就是把整个作战地域分为若干个小的区域,使每个小区域内的地形与地形分类标准中的某一类地形基本一致,以利于用相应的参数值进行描述。作战地域的划分方法有网格法、不规则多边形法和随机矩形法。

①网格法(嵌套网格法)。网格法是把量化区域分成正方形(或正六边形)网格,使划分后的每块区域的地形类型基本一致,并给出相应的描述参数。为减少数据量,可采用嵌套网格,即在同一模型中,用尺寸不同的多种网格划分作战地域。其过程是,先把战区分成大尺寸网格,若某格地形类型已基本一致,则不再细分,否则继续细分为中小网格,直至每一格中地形类型一致为止。嵌套网格法的结构大致如图11.11所示。这种方法的优点是简便易行,不足之处是效率不高,灵活主动性不够。

②不规则多边形法。该方法用一些不规则多边形划分作战地域,使每个多边形内的地形类型基本一致,用相应的参数描述其状态。其中多边形的边可看作特征线,用两个端点坐标确定。这种方法的优点是比较灵活主动,不足之处是计算烦琐,边界不易表达,数据采集不方便,坐标点位置的判定困难。

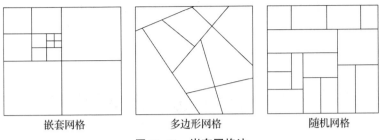

|嵌套网格　　　　　多边形网格　　　　　随机网格|

图 11.11　嵌套网格法

③随机矩形法。该方法用一系列的随机矩形划分作战地域,随机网格系统的结构是大小不等、长宽各异、边界相连的一套矩形,在保证矩形 4 边平行于坐标轴的前提下,其每边的位置可根据地形特点和需要随意划定。这种方法的优点是简单、边界易于确定、灵活主动、数据量小、采集方便、效率高、适应性强等。

地形量化除上述方法外,还有圆锥近似法、离散矩形分区法(用离散矩形表示具有特殊地形的地区)等。在地形量化中,还应考虑对不同障碍的描述。对地形的精细定量描述方法,通常要记录不同障碍的类型、位置、长度、宽度、走向等。对地形的半定量描述方法,可把障碍分成不同类型,在一定的区域内用某一参数描述其影响,对呈线性走向的障碍,也可用特征线描述。

3. 地形量化方法的使用分析

(1)地形量化方法的选用。前面介绍的几种地形量化方法,在使用时应根据模型特点、精度要求、计算机内存容量及运行速度进行选择。通常,在师、团级别的模型中,主要依据地形的类别,采用分类法反映地形的影响,或在整体上采用分类法描述,而对发生战斗对抗的局部地区进行精细量化,以体现地形对作战行动的影响;而在营以下的分队战术模型中,多采用网格法或参量法对地形进行精细描述。

为了减少数据准备的工作量,地形精细量化的范围一般都比较小,在师、团级战术模型中,要小于部队的活动范围和图形显示的地幅范围。例如,对师一级的战术模型,为了反映部队左、右邻相关的情况(前沿、结合部的部署、友邻单位番号等),图形显示的范围定为正面 20~25 千米,纵深 30~40 千米。而精细量化的区域,可取中间一块正面为 13~15 千米,纵深 20~25 千米的区域即可。对活动范围内的其他区域,可根据需要按半定量法处理,给出能够反映作战单位机动受到影响的地形类型和地形类型参数即可。

(2)地形量化时网格的选定。地形量化时应当根据作战模拟模型的特点选择网格的大小,若模型为战术级的,对作战单位描述达到单个人、单件武器,则方网格边长一般取 10m;描述一个班,边长为 50~100m;描述一个排,边长为 250m。

11.4 典型作战过程的描述

典型的作战行动包括机动、搜索、射击、战斗保障与战斗工程保障等,这里着重介绍机动,同时介绍描述作战过程的典型数学模型:蒙特卡洛法和指数法。第二次世界大战后,还发展了许多作战模拟的新方法,如马尔科夫过程、对策理论、人工智能、专家系统等。所有这些方法为作战模拟走向博弈自动化、计算机化和智能化创造了必要的基础条件。

11.4.1 战斗单位的机动

对基本战斗单位来说,主要有 3 项活动:运动、搜索与侦察、与敌交战。一般基本战斗单位的机动路线是预定的,可用折线(或曲线)形式给出;也有特殊情况,如机动路线要根据军事人员给定的一系列准则中随机产生。战斗单位的地面机动类型和方式如图 11.12 所示。

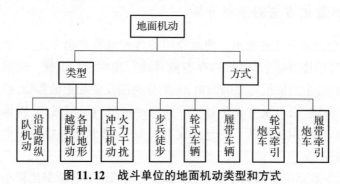

图 11.12 战斗单位的地面机动类型和方式

1. 战斗单位的机动类型

(1)沿道路纵队机动。作战单位在己方纵深内的行军、输送、开进多采取该种类型,即沿道路成纵队机动,而且多为按事先拟订好的计划有组织地进行,保障工作较充分。对这种形式,影响机动速度的因素主要有道路等级、路面性质、质量和机动工具等。

(2)各种地形越野机动。接近到距敌人前沿一定距离时,为了展开成某种战斗队形,以便执行作战任务,则要离开道路,在各种地形上采取越野机动。影响越野机动的主要因素是地形地貌、地表土质和植被情况。

(3)火力干扰冲击机动。在向敌前沿冲击时,除仍具有越野机动的特点外,通常还要受到敌火力的威胁,是一种边完成战斗动作(冲击、观察、射击、克服障碍等)边机动的形式。影响越野机动速度的因素,除了越野机动的各因素外,还有敌方火力威胁等。

作战单位的机动速度是量化作战单位机动时最主要的效率指标,是机动量化描述中的基本参数。机动单位的机动方式和能力(步行、乘车、队形、破障能力等),一般都由机动速度 v 体现。

2. 战斗单位机动的描述内容及其影响因素

(1)战斗单位机动的描述内容包括以下几个方面。

①战斗单位某一时刻 t 的坐标:地面目标为 (x,y),空中目标为 (x,y,z)。

②战斗单位在时刻 t 的运动速度,可以用速度分量来表示,即地面目标为 (v_x,v_y),空中目标为 (v_x,v_y,v_z)。

(2)影响机动的因素及修正。机动单位的机动速度是在一定条件下的标准速度(或平均速度),在使用时,还必须用环境条件予以修正,综合考虑影响机动单位机动速度的因素及其描述参数,有以下几个方面。

①机动单位机动方式和机动能力。如步行、乘车(车速)、队形、修路、架桥、渡河、破碍能力。

②地形与道路状况。如山路、丘陵地、等级公路的级别、路面破坏程度。在精细的地形量化描述中(如标高法),地形和道路对机动速度的影响可用解析项予以近似描述。在粗略的地形量化描述中(如分类法),地形和道路对机动速度的影响,可用一个系数予以修正,如 D,其中 $0 \leqslant D \leqslant 1$。地形越复杂,道路情况越不好,则其值越小,反之则越大。

③气候条件。如降水情况、气温、大风、浓雾等。气象条件(雨、雪、雾、冰、风等)对机动单位的机动速度有时能产生很大的影响,它可用修正系数表示。其中的取值要根据作战地域内气象状况而定,气象条件越恶劣,则其值就越小。在更粗糙的一些作战模拟中,有时把地形(含障碍)和气象条件的影响一并考虑,而且不再区分机动类型统一取值,比如令 $\alpha = D \times U$。

④敌方对战斗单位机动的干扰。如火力控制、临时设障、烟雾等。对方的火力干扰对机动单位机动速度的影响,可用系数 W 予以修正,其中 $0 \leqslant W \leqslant 1$,值的确定可由军事人员根据实战情况给出,火力干扰越大,则 W 取值就越小。

3. 机动单位机动的描述

假定在笛卡儿直角坐标系中，机动单位的机动路线为一条折线，有 N 个节点，如图 11.13 所示，折线的节点坐标为 (x_i, y_i)，$i = 1, 2, \cdots, N$，动点 (x, y) 到达各节点 (x_i, y_i) 的时间为 t_i，则根据不同的作战要求采用不同的公式计算机动过程。

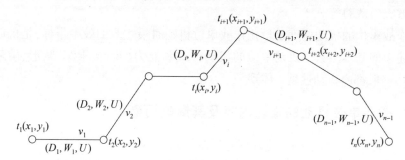

图 11.13　战斗单位机动的笛

(1) 机动速度给定时。此时，机动单位按其机动方式和能力，以通常的机动速度实施机动。

① 设机动单位在第 i 段机动路线，即 (x_i, y_i) 至 (x_{i+1}, y_{i+1}) 直线段上的机动速度为 v_i，机动开始时间为 t_1，那么机动单位到达各节点的时间分别为

$$t_{i+1} = t_i + \frac{R_i}{v_i}$$

式中：R_i 为第 i 个节点与第 $(i+1)$ 个节点之间的距离。

② 机动单位在 t 时刻 $(t_i < t < t_{i+1})$ 的坐标为

$$x = x_i + v_i(t - t_i)\cos\theta_i; y = y_i + v_i(t - t_i)\sin\theta_i.$$

式中：θ_i 为机动方向角。方向由第 i 个节点指向第 $(i+1)$ 个节点同水平向右方向的夹角。

③ 机动单位到达第 i 段机动路线上某指定位置 (x, y) 的时间为

$$t = t_i + \frac{x - x_i}{x_{i+1} - x_i}(t_{i+1} - t_i)$$

或

$$t = t_i + \frac{y - y_i}{y_{i+1} - y_i}(t_{i+1} - t_i).$$

说明：

① 考虑到地形 D_i、火力干扰 W_i 及气象 U 的影响后的速度，实际上机动单位在第 i 段的机动速度为

$$v'_i = D_i \times W_i \times U \times v_i.$$

②机动路线上节点间距离 $R_i, i=1,2,\cdots,n$ 的计算。用分类法量化地形时节点间距离的计算:设机动路线的第 i 段所对应的地形类型对机动距离影响的修正系数为 A_i。针对分类法量化地形的情形,机动路线上第 i 个节点到第 $(i+1)$ 个节点间的距离,可由其平面距离(水平面上的投影距离)近似地表示:

$$R_i = \sqrt{(x_{i+1}-x_i)^2 + (y_{i+1}-y_i)^2}$$

也可用对应的地形类型距离修正系数 A_i,修正后近似表示:

$$R_i = A_i \times \sqrt{(x_{i+1}-x_i)^2 + (y_{i+1}-y_i)^2}.$$

标高法量化地形时节点间距离的计算:设机动路线上第 i 个节点所对应的地形标高为 $z_i, i=1,2,\cdots,N$,则对标高法量化地形的情形,机动路线上第 i 个节点到第 $(i+1)$ 个节点间的距离,可由节点间的空间直线距离近似地表示:

$$R_i = \sqrt{(x_{i+1}-x_i)^2 + (y_{i+1}-y_i)^2 + (z_{i+1}-z_i)^2}$$

③机动开始时间 t_1 由上级机关指定或按下式计算:

$$t_1 = t_0 + t$$

式中:t_0 为作战单位接到机动命令的时间;t 为作战单位受命后的反应时间。

(2)到达节点时间给定时。在这种情况下,机动单位按所给定到达节点时间来确定机动速度。

①在第 i 段机动路线上的机动速度计算:

$$v_i = \frac{R_i}{t_{i+1} - t_i}$$

式中:R_i 为第 i 段机动路线的距离,根据不同地形量化方法来分别计算。

②在 t 时刻($t_i < t \leqslant t_{i+1}$)机动单位的坐标为

$$x = x_i + \frac{t-t_i}{t_{i+1}-t_i}(x_{i+1}-x_i);\ y = y_i + \frac{t-t_i}{t_{i+1}-t_i}(y_{i+1}-y_i).$$

机动方向由第 i 个节点指向第 $(i+1)$ 个节点。

③机动单位到达第 i 段机动路线上某指定位置的时间为

$$t = t_i + \frac{x-x_i}{x_{i+1}-x_i}(t_{i+1}-t_i),\ x_i \leqslant x \leqslant x_{i+1}$$

或

$$t = t_i + \frac{y-y_i}{y_{i+1}-y_i}(t_{i+1}-t_i),\ y_i \leqslant y \leqslant y_{i+1}.$$

给定节点坐标和到达节点时间时的机动计算,具有某种意义的指令性,即机动单位在机动过程中,无论遇到何种地形、道路、火力等干扰情况,都必须在指定时间到达指定地点(节点)。因此,在这种条件下的机动计算中,对地形量化情况、道路、气象、火力干扰等因素都不予考虑。

当用计算机对机动过程进行模拟计算时,程序软件模型要能计算出作战单位的机动距离、机动时间、机动速度、机动方向等数据及其他有关参数,还要记忆各作战单位的具体坐标位置,并能与显示子模型相配合,实时显示作战单位的动态情况。

(3)机动单位越过特征线机动的描述。特征线是在作战区域内,事先划定的、具有某些特定物理意义的线段,如第一线堑壕、战斗分界线、铁丝网、区域边界等。

在时刻 t 机动单位的位置坐标为 (x_1, y_1),目标坐标为 (x_2, y_2),某特征线的两端点为 (x_A, y_A)、(x_B, y_B),如果特征线与第 i 段机动路线相交,则设交点坐标为 $(\bar{x}, \bar{y})$,如图 11.14 所示。

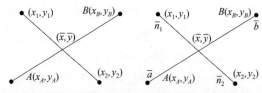

图 11.14 机动单位越过特征线机动的描述

①机动单位与特征线的相对位置。我们用矢量 $\boldsymbol{a}$、$\boldsymbol{b}$ 来表示 A、B 的位置,用矢量 $\boldsymbol{n}_1$、$\boldsymbol{n}_2$ 表示机动单位位置和目标位置。考虑到 A 的分量为 (x_A, y_A),从而

$$(\boldsymbol{a} - \boldsymbol{n}_2) \times (\boldsymbol{b} - \boldsymbol{n}_2)$$
$$= (x_A - x_2, y_A - y_2) \times (x_B - x_2, y_B - y_2)$$
$$= [(x_A - x_2)(y_B - y_2) - (x_B - x_2)(y_A - y_2)] \boldsymbol{k}$$
$$= \det \begin{pmatrix} x_A - x_2 & y_A - y_2 \\ x_B - x_2 & y_B - y_2 \end{pmatrix} \boldsymbol{k}$$
$$= d_1 \boldsymbol{k}.$$

同理有

$$(\boldsymbol{a} - \boldsymbol{n}_1) \times (\boldsymbol{b} - \boldsymbol{n}_1)$$
$$= (x_A - x_1, y_A - y_1) \times (x_B - x_1, y_B - y_1)$$
$$= [(x_A - x_1)(y_B - y_1) - (x_B - x_1)(y_A - y_1)] \boldsymbol{k}$$
$$= \det \begin{pmatrix} x_A - x_1 & y_A - y_1 \\ x_B - x_1 & y_B - y_1 \end{pmatrix} \boldsymbol{k}$$
$$= d_2 \boldsymbol{k}.$$

这样,就可以判断动点和目标点与特征线的位置关系:

若 d_1, d_2 同号,则动点与目标在特征线的同一侧;

若 d_1、d_2 异号,则动点与目标在特征线的两侧;
若 $d_1=0, d_2 \neq 0$,则目标点在特征线上,动点不在;
若 $d_1 \neq 0, d_2=0$,则动点在特征线上,目标点不在;
若 $d_1=0, d_2=0$,则动点、目标点都在特征线上。

利用同样的方法可以判断出特征线两端点 A、B 是否在机动单位运动路线的两侧,从而判断出特征线是否与运动路线相交。

②交点坐标的计算。设在时刻 t,动点尚未越过特征线,而且动点轨迹与特征线有交点,则可以求出交点坐标

$$\bar{x} = \frac{c_1 b_2 - c_2 b_1}{a_1 b_2 - a_2 b_1}; \bar{y} = \frac{a_1 c_2 - a_2 c_1}{a_1 b_2 - a_2 b_1}.$$

其中

$$a_1 = y_B - y_A; b_1 = x_A - x_B$$
$$a_2 = y_2 - y_1; b_2 = x_1 - x_2$$
$$c_1 = a_1 x_A - b_1 y_A; c_2 = a_2 x_1 - b_2 y_1.$$

③机动单位到达特征线的时间。如果特征线与第 i 段运动路线相交,那么机动单位到达特征线的时间为

$$\bar{t} = t_i + \frac{R}{v \times D \times W \times U}$$

式中:R 为机动路线第 i 节点到交点的距离;D, W, U 分别为地形、火力、气象修正系数;v 为机动单位作冲击机动时的标准速度。

④机动单位在指定时刻的坐标。设机动路线与特征线的交点为 $(\bar{x}, \bar{y})$,且在时刻 t 动点尚未越过特征线,也即

$$t_i < t \leq t_{i+1}$$

从而

$$x = x_i + v \times D \times W \times U \times (t - t_i) \times \cos\theta_i; y = y_i + v \times D \times W \times U \times (t - t_i) \times \sin\theta_i.$$

当动点通过特征线时,需要考虑特征线对动点的迟滞时间 t_c,从而

$$x = \bar{x}, y = \bar{y}, \bar{t} \leq t \leq \bar{t} + t_c.$$

当越过特征线以后,要考虑如下因素:机动速度 v 的改变;D, W, U 的影响变化;R 的变化。

⑤机动单位到达指定位置时间的计算。为了能够随时了解作战单位作冲击机动时的情况,由给定的条件,也可计算出作战单位到达冲击机动路线上任何指定位置的时刻,其计算公式可表述为

$$t = t_i + \frac{x - x_i}{\bar{x} - x_i}(\bar{t} - t_i)$$

或为

$$t = t_i + \frac{y - y_i}{\bar{y} - y_i}(\bar{t} - t_i)$$

式中：(x,y) 为指定位置的坐标，指定点必须在机动路线上，冲击机动发生在第 i 段机动路线上。

11.4.2 蒙特卡洛统计试验法

蒙特卡洛法（M-C方法）是一种统计实验的定量方法，蒙特卡洛法是用随机数来模拟作战过程中的随机因素，从数值上产生描述作战过程信息的概率分布。蒙特卡洛法的精度依赖于试验次数，只要有足够的机时，其误差可以做到尽可能的小。由于蒙特卡洛法应用起来相对简单，并能充分体现随机因素对作战过程的影响和作用，能更确切地反映作战活动的动态过程，使其已成为最有价值的作战模拟手段之一。

M-C方法作为一种有效的统计试验方法，只有在计算机上大量实验才有较精确的结果。因此，在20世纪40年代计算机出现后，M-C方法有了发展的基础。当时，具有代表性的工作是研制原子弹工作中的中子扩散计算，1946年Von Neumann等在计算机上用随机抽样方法模拟了中子链式反应。M-C方法直接模拟中子的行为，一个一个地"跟踪"它们，其被介质散射（包括弹性散射和非弹性散射）、吸收和引起裂变，都是随机过程。就是散射，其散射角在应用中也是服从一定分布的随机变量。M-C方法获得了进一步的发展，出现了很多技巧，如"重要性抽样""俄罗斯轮盘"等方法。这一类关于粒子输运问题，在核动力反应堆和核武器的理论和实践中起了重大作用，直到今天，M-C方法仍是核原理研究的基本方法。

M-C方法还能适用于所有随机事件的模拟计算，如武器打击目标、排队系统，以及战斗行动、战役过程等，它能普遍有效地解决这类问题。M-C方法的发展，使它成了计算数学的一个重要分支，是计算物理学的理论基石之一。由于M-C方法对付随机过程特别有效，因此也是作战模拟最重要的一个方法。蒙特卡洛法多用于规模较小的分队战术模型。

1. 蒙特卡洛法

利用与待解问题具有相同概率特性的随机试验和统计分析方法，求所需参数的统计估值及概率特征,这种方法称为蒙特卡洛(Monte Carlo)方法、统计实验方法(Statistical Testing Method)、随机抽样(Random Sampling)技术和随机模拟(Random Simulation)方法,这些名称反映了它的特征。

M-C方法的基本思想是,针对要求解的数学、物理、工程技术以及生产管理等方面的问题,首先,建立一个该问题随机过程的概率模型,确定问题解的指标;其次,通过对模型或过程的观察或抽样试验,来计算解的指标的统计特征,给出解的近似值和它的精度(用标准误差表示)。M-C方法常用来解决较复杂的随机过程。在解决某些复杂的军事运筹学、作战模拟问题时,统计试验是一种基本有效的方法。而且研究经验表明,过程中随机因素越多,就越适合采用 M-C 方法。

现代战争环境条件和战场系统因素一般相当复杂,瞬息万变的随机因素的作用广泛存在并同时起作用,因此要建立描述它的数学解析模型极其困难,甚至是不可能的。M-C方法建立一种概率模型来研究战斗过程,并反复实现该过程(试验)。最后对试验的结果作统计分析,从而决定所研究的战斗过程的特征,即效率指标的数学期望值和统计分布。因此,解题的关键是建立与实际问题有相同概率特性的简单而易于实现的概率模型。

M-C方法是一种用来模拟随机现象的数学方法,这种方法在作战模拟中能直接反映作战过程中的随机性。在作战模拟中能用解析法解决的问题虽然越来越多,但有些情况下只能用 M-C 方法。使用 M-C 方法的基本步骤如下:①根据作战过程的特点构造模拟模型;②确定所需要的各项基础数据;③使用能提高精度和收敛速度的方法;④估计模拟次数;⑤编制程序并在计算机上实现;⑥统计处理数据,给出问题的模拟结果及精度估计。

在 M-C 方法中,对同一个问题可有多种不同的模拟方法,它们有好有差,精度有高有低,计算量有大有小,收敛速度有快有慢,在方法上有相当高的技巧问题。

作战模拟应用 M-C 方法时的特点:①适用范围广,原则上没有什么限制,能解决解析法难以解决甚至无法解决的复杂问题。②特别适用于随机因素较多的问题,随机因素多时,M-C 方法比非解析的数值计算方法工作量小。③各种因素对最终结果的影响不如解析法直接明了,这就是所谓的 M-C 方法的"盲目性"。④对同样的兵力部署和作战条件,用 M-C 方法模拟时,每次试验都产生不同的结果,这正是实战中随机现象的概率特性的反映。比如前面的试验做的次数不一样,结果就不同,重做若干次试验又得到另一个结果,然而这些结果并非无规则,而是围绕战斗过程平均结果以一定概率出现的。原则上试验做的次数越多,误差就越小。⑤对于小概率事件要达到一定精度则很费时间,计算机的发展使 M-C 方法有了推广应用的物质基础,使大量的实验和统计分析能很快获得结论。

2. 随机变量抽样

随机过程的模拟一般采用概率模型,模型是在假设输入过程和服务过程都是符合某种概率分布的随机变量条件下建立的。进行统计试验法运算时,在每次试验中需给讨论的随机变量定值,称为现实,然后讨论随机变量的关系,决定该次试验的指标值,因此随机数的产生是统计试验法中最重要的一个环节。

随机变量分为连续分布随机变量与离散分布随机变量两类,连续分布随机变量能从一个无限大的集合中连续地取值;而离散分布随机变量仅能从一个有限的集合或特殊的无限随机变量集合中间断地取值。

连续随机变量的抽样。一般可以采用以下 2 种方法产生连续分布随机变量,即反函数法和舍选法,这里主要介绍反函数法。

设 X 是连续型随机变量,其分布函数 $F(x)$ 为已知,即 $F(x) = p(X \leq x)$,且 $F(x)$ 的反函数 $F^{-1}(x)$ 存在。由分布函数性质知,$F(x)$ 的值域为 $[0,1]$,即 $0 \leq F(x) \leq 1$。设 ξ 是 $[0,1]$ 上均匀分布的随机变量,令 $\xi = F(X)$,则 $F^{-1}(\xi)$ 就是以 $F(x)$ 为分布函数的随机变量。

可以首先产生 $[0,1]$ 上的均匀随机数,然后用公式 $X = F^{-1}(\xi)$ 进行变换,得到给定分布的随机数,这种变换称为反函数法或逆变换法。下面给出常用分布的随机数的反函数变换公式。

(1) 在区间 $[a,b]$ 上均匀分布。区间 $[a,b]$ 上均匀分布随机变量 X 的概率密度函数为

$$f(x) = \begin{cases} \dfrac{1}{b-a} & (x \in [a,b]) \\ 0 & (x \notin [a,b]) \end{cases}$$

分布函数为

$$F(x) = \int_{-\infty}^{x} f(x) \mathrm{d}x = \frac{x-a}{b-a}$$

计算反函数,令

$$R = F(x) = \frac{x-a}{b-a}$$

得到抽样公式

$$x = a + (b-a)R.$$

(2)负指数分布。负指数分布随机变量 X 的概率密度函数为

$$f(x) = \begin{cases} \lambda e^{-\lambda x} & (x \geqslant 0) \\ 0 & (x < 0) \end{cases}.$$

分布函数为

$$F(x) = \begin{cases} 1 - e^{-\lambda x} & (x \geqslant 0) \\ 0 & (x < 0) \end{cases}.$$

求反函数,令

$$R = F(x) = 1 - e^{-\lambda x}(x > 0)$$

得到抽样公式

$$x = -\frac{\log(1-R)}{\lambda}(x \geqslant 0, R \neq 1)$$

由于 R 是区间 $[0,1]$ 上均匀分布的随机数,所以

$$x = -\frac{\log R}{\lambda}(x \geqslant 0, R \neq 0).$$

离散随机变量的抽样。设 X 为离散型随机变量,且

$$p(X = a_i) = p_i(p_i \geqslant 0, \sum_i p_i = 1).$$

又设 ξ 为 $[0,1)$ 区间上均匀分布的随机数,定义

$$p^{(0)} = 0, p^{(n)} = \sum_{i=1}^{n} p_i (n = 1, 2, \cdots)$$

令

$$x = \begin{cases} a_1 (p^{(0)} \leqslant \xi < p^{(1)}) \\ a_2 (p^{(1)} \leqslant \xi < p^{(2)}) \\ \vdots \quad \vdots \\ a_i (p^{(i)} \leqslant \xi < p^{(i+1)}) \\ \vdots \quad \vdots \end{cases}$$

也即

$$p(X = a_i) = p(p^{(i)} \leqslant \xi < p^{(i+1)}) = p_i$$

所以,由随机数决定了随机变量 X 的取值情况,从而达到模拟的目的。

(1)二项分布随机变量的抽样。二项分布的分布律为

$$p_n = C_N^n p^n (1-p)^{N-n}$$

产生二项分布随机变量的直接抽样方法是:抽取一个区间 $[0,1)$ 上均匀分布的随机数 r,则当

$$\sum_{i=0}^{n-1} p_i < r \leqslant \sum_{i=0}^{n} p_i$$

时，$X = n$ 就是服从二项分布的随机数。

某事件出现的概率为 p，则 N 个相互独立的相同事件中有 n 个事件出现的概率就服从二项分布。

这样就以另一种抽样方法：抽取 N 个 $[0,1)$ 上均匀分布的随机数 $r_1, r_2, \cdots, r_N$，令

$$K_i = \begin{cases} 0 & (r_i \geqslant p) \\ 1 & (r_i < p) \end{cases}.$$

则 $X = \sum_{i=1}^{N} K_i$ 就是服从二项分布的随机数。

(2) 泊松分布随机变量的抽样。泊松分布的分布律为

$$p(X=n) = p_n = \frac{\lambda^n e^{-\lambda}}{n!}$$

其中，$\lambda > 0$ 为常数。

由直接抽样法知：对一个 $[0,1)$ 上均匀分布的随机数 r，则当

$$\sum_{i=0}^{n-1} \frac{\lambda^i e^{-\lambda}}{i!} \leqslant r < \sum_{i=0}^{n} \frac{\lambda^i e^{-\lambda}}{i!}$$

或者

$$\sum_{i=0}^{n-1} \frac{\lambda^i}{i!} \leqslant r e^{\lambda} < \sum_{i=0}^{n} \frac{\lambda^i}{i!}$$

时，$X = n$ 就是服从泊松分布的随机数。

根据泊松分布与指数分布随机变量之间的关系，有如下快速抽样算法：产生 $[0,1)$ 上均匀分布随机数 $r_1, r_2, \cdots r_{n+1}$，满足不等式

$$\prod_{i=1}^{n+1} r_i < e^{-\lambda} \leqslant \prod_{i=1}^{n} r_i, r_0 := 1$$

的 n 值服从泊松分布。

泊松分布是概率论中很重要的一种分布，在随机服务系统、可靠性问题模拟中有着广泛的应用。

(3) 几何分布随机变量的抽样。假定做一组实验，每次试验值有 2 种结果 A 和 A^c，且 $p(A) = p, p(A^c) = 1 - p =: q$，则在事件 A 第一次出现之前，事件 A^c 发生的次数 X 就服从几何分布。

几何分布的分布律为

$$p(X=n) = p_n = pq^n$$

其中,$0 < p < 1, q = 1 - p$ 为正常数。

用直接抽样方法,有
$$1 - q^n \leqslant r < 1 - q^{n+1}; q^{n+1} < 1 - r \leqslant q^n$$
由于 R 和 $1 - R$ 同分布,故当
$$q^{n+1} < r \leqslant q^n$$
也就是
$$n \leqslant \frac{\log r}{\log q} < n + 1$$
时,$X = n = \left[\dfrac{\log r}{\log q}\right]$ 就是服从几何分布的随机数。

3. 随机事件的模拟

战斗过程是由许许多多事件、决策和过程组成的。而事件是战斗过程中影响决策和过程的关键因素,有时甚至影响决策和过程的结果。因此,正确表达事件是作战模拟模型的核心。一场战斗中,总是有确定的事件和不确定的事件,其中更多的是不确定的,称那些不确定的事件为随机事件。

(1)简单事件的模拟。

①单个事件的模拟。给定随机事件 A,且 $p(A) = p, 0 < p < 1$。设 ξ 为 $[0,1)$ 区间中均匀分布的随机数。若 $\xi \leqslant p$,则认为事件 A 发生,否则为不发生。随机事件 A 的发生,与 $[0,1)$ 区间上均匀分布的随机数 $\xi \leqslant p$ 是两个不同的随机现象,但它们具有完全相同的随机特性和概率分布,而在一般情况下,判定随机数较容易且能方便地在计算机上实现。因而 M - C 方法模拟的基本思想,就是用一个易于实现的随机现象,去模拟另一个随机特性完全相同但不易实现的随机现象。

②事件组的模拟。给定相互独立的事件 $A_1, A_2, \cdots, A_N$ 组成的事件组,且 $p(A_i) = p_i, p_i \geqslant 0, i = 1, 2, \cdots, N; \sum_i p_i = 1$。把区间 $[0,1)$ 分成 N 个小区间,使第 i 个小区间的长度恰好等于 p_i。

设 ξ 为区间 $[0,1)$ 中均匀分布的随机数,若落在第 i 个小区间内,则认为事件 A_i 发生。若用代数式表示,为当满足以下不等式时
$$\sum_{j=1}^{i-1} p_j \leqslant \xi < \sum_{j=1}^{i} p_j$$
则认为 A_i 发生。

(2)复合事件的模拟。在作战模拟中,对有些随机现象,有时需用 2 个或更

多的随机事件来共同表示,如射击毁伤目标,是由射击命中目标和命中条件下毁伤目标这样两个是将来表示的。因此,在解决了简单事件模拟的基础上,还需要实现复合事件的模拟。复合事件又可区分为独立事件和非独立事件。

①独立事件。设事件 A,B 为 2 个相互独立的事件,它们的概率分别为 p_A 和 p_B,其联合试验的结果有 4 种,即 AB、AB^c、A^cB、A^cB^c,分别用 C_1、C_2、C_3、C_4 表示,显然有

$$C_1:p(AB)=p_Ap_B$$
$$C_2:p(AB^c)=p_A(1-p_B)$$
$$C_3:p(A^cB)=(1-p_A)p_B$$
$$C_4:p(A^cB^c)=(1-p_A)(1-p_B).$$

判定哪种结果出现的模拟方法有 2 种:一种方法是采用事件组的模拟方法,抽取区间 $[0,1)$ 上均匀分布的随机数,按照事件组计算公式来决定;另一种方法是产生 2 个区间 $[0,1)$ 上均匀分布的随机数 ξ_1、ξ_2。哪种结果出现需根据如下的判别法则判定。

$$\xi_1 \leq p_A,\xi_2 \leq p_B \Rightarrow C_1$$
$$\xi_1 \leq p_A,\xi_2 > p_B \Rightarrow C_2$$
$$\xi_1 > p_A,\xi_2 \leq p_B \Rightarrow C_3$$
$$\xi_1 > p_A,\xi_2 > p_B \Rightarrow C_4.$$

②非独立事件。如果事件之间不相互独立,就要用到条件概率。设事件 A 发生条件下事件 B 发生的概率为 $p(B|A)$,A 和 B 联合试验的可能结果仍用复合事件 $C_i,i=1,2,3,4$ 来表示,则 C_i 的概率 p_i 如下:

$$C_1:p(AB)=p_Ap(B|A)$$
$$C_2:p(AB^c)=p_A(1-p(B|A))$$
$$C_3:p(A^cB)=(1-p_A)(1-p(B|A^c))$$
$$C_4:p(A^cB^c)=(1-p_A)(1-p(B|A^c)).$$

上面利用了全概率公式

$$p(B|A^c)=\frac{p_B-p_Ap(B|A)}{1-p_A}.$$

判定模拟结果的方法仍有 2 种:一种是抽取区间 $[0,1)$ 上均匀分布的随机数,然后用事件组的模拟方法来决定;另一种方法是产生 2 个区间 $[0,1)$ 上均匀分布的随机数 ξ_1、ξ_2。由下面的判别法则判定哪种结果出现。

$$\xi_1 \leq p_A, \xi_2 \leq p(B \mid A) \Rightarrow C_1$$

$$\xi_1 \leq p_A, \xi_2 > p(B \mid A) \Rightarrow C_2$$

$$\xi_1 > p_A, \xi_2 \leq p(B \mid A^c) \Rightarrow C_3$$

$$\xi_1 > p_A, \xi_2 > p(B \mid A^c) \Rightarrow C_4.$$

4. 效率指标和模拟精度

(1) 决定效率指标。在掌握了基本模拟技术的基础上，M-C 方法可用来决定定量描述作战过程的效率指标。

① 概率性的效率指标。在某些情况下，事件 A（可理解为某种作战行动结果）发生的概率是未知的，此时，可用 M-C 方法对事件 A 发生的概率进行估计，其实施步骤如下：

1) 给出事件 A 及一组（或一个）判定事件 A 发生与否的条件；
2) 产生一组随机数；
3) 用随机数来模拟条件是否实现；若模拟结果是这一组条件实现，则认为事件 A 发生，否则，认为事件 A 不发生；
4) 反复模拟 N 次，若事件 A 发生的次数为 n，则有

$$p(A) \approx \frac{n}{N}.$$

② 平均特性的效率指标。设 $x_1, x_2, \cdots, x_n$ 为用 M-C 方法模拟作战过程中某效率指标的随机数值，则

$$\bar{x} = \frac{\sum_{i=1}^{n} x_i}{n}$$

就可作为该效率指标的近似值。例如平均毁伤率、平均杀伤率、平均覆盖率等。也可理解为效率指标的数学期望或均值的估计值。

③ 离散特性的效率指标。在作战过程的模拟中，有时需要对模型某效率指标的随机观察值的离散特性进行估计。设 $x_1, x_2, \cdots, x_n$ 为某效率指标的一组随机实现（统计抽样），也可认为是服从给定分布的随机数，则描述随机观察值离散特性的估计公式为

$$\hat{D} = \frac{1}{n-1} \sum_{i=1}^{n} (x_i - \bar{x})^2$$

式中：$\bar{x} = \dfrac{\sum_{i=1}^{n} x_i}{n}$ 为效率指标（均值）的估计值。实质上 $\hat{D}$ 就是效率指标方差估

计值,而 $\sigma = \sqrt{\hat{D}}$ 为均方差的估计值。

(2)模拟精度的估计。

①影响精度的主要因素。对不同的模拟方法有不同的精度估计,但影响 M-C 方法模拟精度的因素只有 2 个,即方差和模拟次数。

设随机变量 X 的分布为给定,其均值和方差分别用 μ 和 D 表示。$X_1, X_2, \cdots X_i$ 是一列与 X 同分布的随机变量,由同分布的中心极限定理得到

$$\lim_{n \to +\infty} p\left(\frac{(\sum_{i=1}^{n} X_i) - n\mu}{\sqrt{nD}} \leq x \right) = \int_{-\infty}^{x} \frac{1}{\sqrt{2\pi}} \exp\left(-\frac{t^2}{2}\right) dt$$

对常数 a, b 有

$$p\left(a \leq \frac{(\sum_{i=1}^{n} X_i) - n\mu}{\sqrt{nD}} \leq b \right) = \int_{a}^{b} \frac{1}{\sqrt{2\pi}} \exp\left(-\frac{t^2}{2}\right) dt$$

由于 $\bar{X} = \dfrac{\sum_{i=1}^{n} X_i}{n}$ 则得

$$p\left(a \leq \frac{\bar{X} - \mu}{\sqrt{\dfrac{D}{n}}} \leq b \right) = \int_{a}^{b} \frac{1}{\sqrt{2\pi}} \left(-\frac{t^2}{2}\right) dt$$

即

$$p\left(a \sqrt{\frac{D}{n}} \leq \bar{X} - \mu \leq b \sqrt{\frac{D}{n}} \right) = \int_{a}^{b} \frac{1}{2\pi} \exp\left(-\frac{t^2}{2}\right) dt$$

若取 $a = -2, b = 2$,由概率论中的"3σ"原则得

$$\int_{-2}^{2} \frac{1}{\sqrt{2\pi}} \exp\left(-\frac{t^2}{2}\right) dt \approx 0.95$$

也就是说,以概率 0.95 成立

$$|\bar{X} - \mu| \leq \sqrt{\frac{D}{n}}.$$

在多数问题中,方差 D 一般都是未知的,这时可用它的估计量来代替:

$$\hat{D} = \frac{1}{n} \sum_{i=1}^{n} (X_i - \hat{X})^2$$

相应地,则以 0.95 的概率有

$$|\hat{X} - \mu| \leq \sqrt{\frac{\hat{D}}{n}}.$$

因而,在 M‑C 方法的模拟中,计算精度带有一定的随机性,即使是用同一种方法,对同一个问题进行模拟,其精度也有一定的起伏。从上面结果即可看到,影响模拟精度的因素主要有 2 个:模拟次数和方差。

模拟精度与 $\sqrt{\dfrac{1}{n}}$ 成正比,因此要使精度提高一位小数(10 倍),则试验次数就要增加 100 倍,通过这条途径来提高精度计算量太大。

模拟精度还依赖于方差,用具有较小方差的方法产生随机数,可在不增加计算量的条件下使精度提高,这就是方差缩减技术。

②精度和模拟次数的估计。在 M‑C 方法中为了保证结果具有给定的精度,必须进行次数足够多的试验,下面给出粗略的估计公式。

1)事件发生概率的精度估计。如果从 n 次模拟试验中所得出的事件 A 的频率为 p^*,则事件 A 的概率真值 p 将处于下列范围

$$p = p^* \pm 2\sqrt{\dfrac{p^*(1-p^*)}{n}}.$$

用 M‑C 方法估计事件 A 的概率时,为了使最大的实际可能误差不大于给定的 ϵ,所必须的模拟次数不应少于

$$n = \dfrac{4p(1-p)}{\epsilon^2}$$

式中,$p = p(A)$。

但由于 p 为未知,此时可用前面几批的试验结果对 p 值予以估计,然后再随着试验次数的不断增加进行修正。

2)平均效率指标的精度估计。如果从 n 次模拟试验中所得到的某效率指标观察值的算术平均值为 $\bar{x}$,则效率指标(数学期望)的真值将在下列范围内:

$$\mu = \bar{x} \pm \dfrac{2}{\sqrt{n}}\sqrt{\hat{D}}$$

式中

$$\bar{x} = \dfrac{\sum_i x_i}{n},\ \hat{D} = \dfrac{1}{n-1}\sum_i (x_i - \bar{x})^2.$$

用蒙特卡洛方法估计随机变量的数学期望 p 时,如果要求误差不超过规定的 ϵ,则必须的最低模拟次数不应少于 $n = \dfrac{4\hat{D}}{\epsilon^2}$。

对 p 可用前几批的试验结果进行预先粗略估计,然后随着试验的进行再不

断予以修正。

11.4.3 杜派指数法

在作战模拟中,如何定量描述武器的战场效能是一个非常困难的问题。在影响作战效能的诸因素中,有些容易量化,如战斗单位数、武器弹药数等,而有些不易量化,如训练水平、士气、合作精神、指挥、战斗人员素质、指挥员性格等,为了研究军事问题有些需要量化处理。此外,武器装备多种多样,数量分别列出来固然可以,有时又需要统一比较,怎么办?20世纪60年代中期,美国陆军退休上校杜派(Trevor N. Dupuy)及其同事,对1600至1973年所发生的601次战争的资料进行分析,提出了一种战斗效能的定量评估方法,称为战斗效能指数法或杜派指数法。

杜派指数法是一种经验的定量描述方法。这种方法是对历史上不同武器的性能和杀伤能力进行统计比较,分等定级,以特定的数值表达;然后通过一个检验、调整、再检验、再调整的过程,把它们结合成为武器战场效能的计量尺度;最后再考虑士气、指挥、训练、合作精神等因素的影响,对这个尺度予以修正,直到用它对各个战例定量描述的结果能与实际情况相符合为止。这就是火力指数。

杜派指数法还能反映一些不易量化的因素在作战过程中的总效应,是描述大规模作战过程的快速而又理想的方法。其优点是:与传统指挥分析法相近,易被接受和掌握;结构简单;估计分析快捷方便等。指数模型由于简便易行,反映军事人员的作战经验,模型数据适中,因此首先为美国传统观念的陆军指挥人员接受,并很快推广到其他部门。其局限性是:描述不细微较粗糙,只适宜于宏观评估,有的近乎牵强附会。尽管对指数方法褒贬不一,但自20世纪60年代其被编入美陆军《机动演习野战手册》以来,该方法一直在不断应用与发展之中。美军陆军手册FM101-5中,列出了主要武器的毁伤效能指数表。杜派指数法多用于师以上的战役或战略模型。

1. 战斗效能指数

现代战争中,无论作战规模大小,一般情况下,参战双方大都是诸兵种合成结构。为了比较双方由多兵种、多类武器、多种战斗因素构成的战斗力,就需要有一个统一的评定标准。

传统的方法,是用双方的建制单位数、兵力兵员数、武器件数的比值来表示。这种比较方法是不精确的,它没能体现地形、气象、时间等因素对作战能力的作用,也没能反映出指挥、训练、士气、组织协调、作战保障、后勤保障等对作战能力的影响。

为了统一度量标准,为了在不同兵种、不同装备之间有一个比较的基础,达到综合体现诸因素对作战能力的影响和作用,便出现了"指数"的概念。

指数就是把作战过程中的相关数据化为可以对比的相对于同一个量(或基础)的数字。在作战模拟中经常用到的指数有火力指数、武器指数、杀伤力指数、机动力指数等。

指数法在比较各类武器效能时,在事先选择的一个基准点上(规定为 1 或 100),将其他各量表达为这个基础量的倍数。例如,初步假定 7.62mm 半自动步枪的杀伤力为 1,而 60mm 迫击炮是与半自动枪性能和结构都不一样的另一种兵器,但经过靶场试验和战争统计资料的分析,大致可认为 60mm 迫击炮的杀伤力为半自动枪的 m 倍。这个 1 和 m 就可分别作为半自动枪和迫击炮的火力指数。其中,半自动枪的火力指数"1",是假定的事先选择好的比较标准或基准点,它是建立指数的前提,是任何指数建立的基础。而 m 则是迫击炮的杀伤力对半自动枪杀伤力的一种相对比较值。任何其他武器或武器类指数的建立也都需如此进行。

对某种武器指数在战场上的重要性和作用进行修正的指数,被称为加权指数。假定半自动枪指数为 1,某种火炮的指数为 100,在正常情形下这无疑是正确的,但在近距离交战时,火炮的作用甚至可能不如步枪,这样就必须对火炮的指数用一个适当的系数(权重因子)加以修正,才能比较合理地体现其作用和重要性。在动态的作战过程中,不加权的指数没有多大的使用价值。

战斗效能指数分为多种类型。

(1) 火力指数。

①基本火力指数也称单项火力指数,简称火力指数。火力指数是衡量武器杀伤力的一个指标值,所表示的是在某种条件下各种武器的杀伤力与某一特定的基准武器杀伤力的比值,一般可由人工计算或模拟产生,也可由试验而得。火力指数能够实现不同种类、不同效能武器的"等价"对比;它既在数量上又在质量上反映了作战双方武器杀伤力的差异。

②合成火力指数是一个建制单位所拥有的各类武器的单项火力指数与该类武器数量乘积之和。即

$$W = \sum_{i=1}^{n} W_i Z_i$$

式中:W 为建制单位的合成火力指数;W_i 为第 i 类武器的火力指数;Z_i 为第 i 类

武器的件数;n 为建制单位内武器的种类数。

合成火力指数体现了一个作战单位所装备武器的总实力,是比较作战双方战斗力的物质基础。

③单位火力指数。计算合成火力指数很麻烦,对一些较大规模的作战模拟,如果其合成火力指数都从基本火力指数起进行计算是很不方便的;另外,由于同兵种部队有基本一致的配置,不同兵种的部队借助于火力指数也有了相互比较的基础,这样就使得有可能根据需要选定 1 个基本建制单位,把其火力指数之和定义为 1 个新的度量单位,并以此为标准来计算其他所需要的火力指数,从而大大减少了计算量。这样的度量单位称为单位火力指数。

(2)武器指数。一种(件)作战武器自身的防护力和机动力,对武器作战能力的发挥有重要影响,在武器火力指数的基础上,再考虑武器的防护力和机动力的影响之后所得到的结果称为武器指数,也称为武器的基本战斗力指数。武器指数的计算公式为

$$W = \sum_{i=1}^{3} h_i C_i$$

式中:h_i 为第 i 个要素对武器指数的加权系数;C_i 为以标准武器为参照的第 i 个要素的评分。

确定陆军装备指数时,可将火力、机动力和生存能力(防护力)作为 3 项要素,分别给予评分,然后用层次分析法将 3 项综合为一个统一的武器指数。

通常对陆、海、空军的常规武器装备分别建立各自的指数系列。实在需要建立三军武器装备统一指数时,可在各军种装备中各选一种作为典型装备,求出它们之间的指数比值,各系列中其他装备指数用同样比值换算即可求得,该比值称为不同指数系列间的等价系数。

将一个建制单位内各类武器装备的数量与该类装备的武器指数相乘再累加,可得到这个建制单位总的武器指数。

(3)战斗力指数和战斗力系数。

①战斗力指数。基本火力指数和单位火力指数只能表明作战单位一定数量和一定质量的武器所具有的客观战斗效能,是作战单位作战能力的一种理想情况下的静态描述。考虑到作战过程中,其实际的战斗效能要受到作战单位人员素质、指挥、士气、战术运用、战斗状态、地形、气象、作战保障等各种因素的综合影响。因此,只有求出这些因素对作战单位武器战斗效能的影响后,才能表达作战单位的实际战斗能力。定量描述这种实际战斗能力的数值称为综合战斗力指数,一般称为战斗力指数。

火力指数和战斗力指数是不同性质的 2 个量。火力指数是一种客观相对值,也是一种理想状态下的理想值,它不会随战斗环境的变化而变化,只要一个单位所具有的武器数量和类型不变,其火力指数也不会变。而战斗力指数却要根据不同的战斗环境因地制宜而得到。它不是一成不变的,要随天、地、时的变化而变化。同样一个作战单位,在不同的客观环境中,其战斗力指数会有很大的差异。

战斗力指数是对双方作战单位的作战能力进行全面而又统一衡量的综合性数量指标。它反映了作战双方在各方面的实际作战能力。

此处所说的战斗力是作战双方的战斗实力与武器质量、作战指挥、战术运用、战场气象、地形、作战保障、后勤保障、战斗性质等各种因素结合起来,而在作战过程中最终表现出来的一种综合作战能力。除战斗实力外,其他各种影响战斗能力的因素,如作战指挥、环境条件等被量化后的数值,称为战斗力系数。

②战斗力系数。为了计算战斗力指数,还需给出能体现各种因素对战斗力影响的战斗力系数。

根据哪些因素去选择和确定战斗力系数,选择多少个系数,每个系数的值如何确定等也各不相同。它要受到计算单位大小、作战空间、作战时间等条件的制约。其取值一般来自 3 个方面:一是理论分析,二是战争经验,三是实兵演习或靶场试验。常用的战斗力系数有下面几个。

(1)战术运用等级系数。战术运用的优劣,较粗略地可划分为 3 等:较好、一般、较差。战术运用等级的确定由有经验的军事人员给出或判定。

(2)战斗性质系数。作战单位在进攻和防御作战中,其战斗能力是不同的。防御是一种较强的作战样式。在防御作战中,可以少胜多。

(3)地形系数。主要依据地形的起伏、植被的疏密等自然状况而定。一般来说,复杂的地形易守不易攻,可以增强防御一方的战斗力。

(4)阵地系数。主要依据阵地的工事、障碍等设施来确定。防御准备越充分,其战斗能力增强的可能性就越大。

(5)训练系数。主要依据作战人员的训练程度来确定。

(6)气象条件系数。主要依据作战时刻和作战地域内的气象条件来确定。恶劣的天气能大大削弱作战单位的战斗力、影响武器火力的发挥。

除此之外,还有人的精神因素(士气)等主观因素和战斗保障、后勤保障等客观因素对战斗力的影响,对这些因素同样可用上述划分等级的方法确定。当作战过程在较狭窄的地域内进行时气象条件对双方的影响等效,此时气象条件可不予考虑。在确定了各项战斗力系数后,计算作战单位战斗力指数的公式为

战斗力指数 = 火力指数 × 相应的战斗力系数，它实际上就是前面所提到的火力加权指数。计算作战单位战斗力指数的公式为

$$Q = W \times \prod_{i=1}^{n} K_i$$

式中：Q 为作战单位的战斗力指数；W 为作战单位的总火力指数；K_i 为第 i 个战斗力修正系数。当某一种因素对不同兵器的效应不一致时，可分别计算再求和。

2. 指数的产生

当把 7.62mm 半自动步枪的火力指数定为 1 后，其他各种类型武器的火力指数，是按其杀伤力为半自动枪杀伤力的倍数来确定的。这个倍数是该武器自身威力的一种相对比较值，它是对武器系统进行等价研究的基础。但这样一个倍数的确定是十分困难的，国内外的研究者对此提出了不少解决的办法。

第一种方法是专家评估法。

(1) 专家评估法的概念。专家评估法也称德尔菲法（Delphi method），是直观预测中最有代表性的方法。所谓专家评估法，就是首先由军事、兵器等方面的专业人员，对需要评定的各种武器杀伤威力的大小和水平，在独立的情况下提出各自的初步方案，然后由工作人员对初步方案进行整理，对那些不一致和分歧较大的意见再进行第二轮的方案征求。经过几次反复，除少量情况外，对大多数问题都能取得一致的意见，对那些少量不一致的意见在适当时机再组织讨论，以求问题得到妥善解决。

在上面工作的基础上，再用历史数据的统计结果和线性组合的理论分析方法对初步方案进行再分析，做出必要的修正和调整，最后得到一批大家认可的数据和火力指数体系。

(2) 专家评估法的实施步骤。

①确定评估目标。

②选择相关专家。由于专家意见是统计的基础，因而专家的选择是全部工作成败的关键。

③拟定征询意见表。主要要求是紧扣目标，严格单义性，简明扼要，保证应答填表时间短。

④意见征询。

⑤数据统计处理。主要内容是数据排列和确定下、中、上值。所谓下、中、上值，是将所有专家给定的数据，按由小到大的顺序排成一列，在其 $\frac{1}{4}, \frac{1}{2}, \frac{3}{4}$ 处

所取出的3个数值,分别称为下值、中值和上值。

⑥散布特性判断。对下、中、上值,中值表示专家意见最集中的数值,而下值和上值则可用来判断专家意见的散布情况。

⑦数据修正处理。用科学的方法修正因素间的关联和影响。

⑧预测结果评估。主要内容是数据的产生过程和可靠性。

在第一轮工作的基础上,将下、中、上值再反馈给专家,请专家再重新进行估量,或修正或坚持自己的意见。如此反复三轮到四轮,专家意见会基本趋于一致。

德尔菲统计法适合于专家人数不太多,意见又不一致的情况。德尔菲统计法由于统计的科学性、反馈的准确性、简易的普及性、匿名的客观性,使其迅速发展成为解决众多领域中问题的科学评估方法。上述过程如图11.15所示。

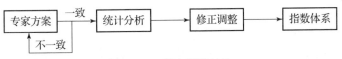

图11.15 德尔菲统计法

我军的各种武器的有关指数数据,就是先让专家参考美军、苏军的武器指数,再结合自己的经验和认识,给出自己认为最合适的指标,并经修正和调整后得到的。

在军事领域中,这种方法的优点很多,能广泛集中军事、兵器等有关方面专家的意见,特别适用于难以定量描述的情况和必须凭直觉给予判定的领域。当然,这种方法也有一定的局限性,如对于一些新武器,就很难依靠经验和定性判断作出合适的结论。

第二种方法是杜派经验法。

由于战场情况的复杂和千变万化,定量描述武器的战斗效能(火力指数和战斗力指数)是很困难的。仅凭专家评估法还满足不了各种情况的要求。杜派提供了一种经验的方法,表明这类量化工作可以做得足够精确,并能很好地应用于军事行动的计划和作战模拟中去。

(1)假设杀伤力指数。从1964年开始,杜派和他的同事们执行了一项旨在定量描述武器战斗效能的研究计划,从军事历史发展的角度提出了一种比较武器固有杀伤力的计算程序。在这项研究中,首先假定目标是一个宽度、纵深都无限的阵列队形,每平方米一名士兵,如图11.16所示;其次,考虑在单位时间内,每种兵器能在这个假想的队形中使多少名士兵失去战斗力,由此比较出各种武器对人员杀伤的相对能力。用这种方法得到的结果称为假设杀伤力指数,或称为理想致命指数(theoretical lethality index,TLI)。

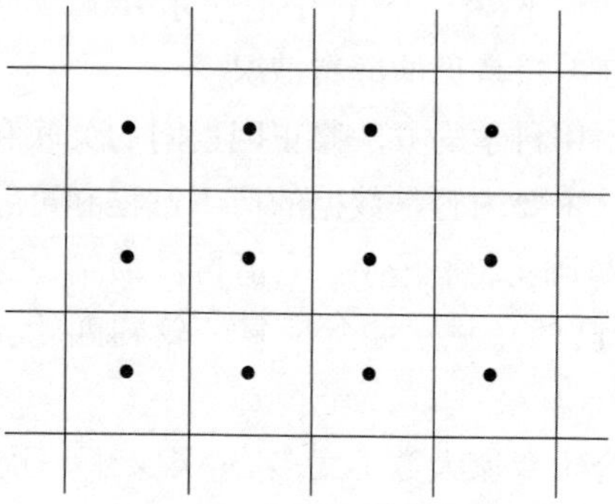

图 11.16　假设杀伤力指数

由于每平方米一名士兵无穷阵列的实现和各种武器对无穷阵列中士兵杀伤效果的确定在实际中是很难实现的,甚至是不可能实现的。因此在假设杀伤力指数的确定中,模拟的方法显得特别有意义。

(2)实际杀伤力指数——火力指数。由于假设杀伤力指数还不能确切反映武器的实际作战效能,兵器的机动性、兵器分布的疏密程度都会对武器火力的发挥产生直接的影响。为此,杜派又提出用疏散因子对假设杀伤力指数予以修正,从而得到武器的近似战斗效能值,即实际杀伤力指数或火力指数,或称为实际致命指数(operational lethality index,OLI)。

从 17 世纪上半叶到 20 世纪的 300 多年中,虽然武器的威力不断增大,但战场上人员的伤亡比例在不断减小。每天的平均伤亡人数,胜方由 15% 下降为 1%~2%,负方由 30% 下降为 2%~3%。这种趋势主要是作战部队进入战场后能迅速疏散展开所造成的,因而疏散已成为制约对方火力发挥的重要因素。

为了定量描述疏散在现代战争中的作用,杜派提出了疏散因子的概念。疏散因子是描述作战部队在作战地域内疏密程度的量值。

如果把一名士兵在作战地域内占有 $10m^2$ 时的疏散因子定义为 1,则对任何一场战争,根据任何一名士兵所占有的平方米的大小,就可计算出其疏散因子。一名士兵平均占有的平方米越大,则疏散因子越大,反之则越小。疏散因子与作战地域内部队集结的密度成反比。疏散因子也在随武器威力的不断发展而不断增大,从而降低了武器的杀伤力。

武器的实际杀伤力、假设杀伤力、疏散因子之间的关系为

$$OLI = \frac{TLI}{疏散因子}.$$

实际杀伤力指数(火力指数)表示了武器在得到最有效使用的理想条件下,

每种武器的最大杀伤力。

美军和苏军主要兵器的 OLI 值是武器性能(或杀伤力)的一种靶场试验值,它是计算作战单位作战能力的基本出发点。

在现代战争中,当把这些 OLI 值应用于作战过程时,还要考虑到战场环境对作战过程的影响,这就是战斗力系数。战斗力系数与一方拥有的全部武器的 OLI 值相乘,就可得出一方的总战斗力。

(3)战斗实力。在有了理想条件下武器实际杀伤力指数(火力指数)的概念和修正这些数值使之适合各种战场环境的战斗力系数概念的基础上,杜派提出了如何把这 2 个概念结合在一起成为计算战斗力指数的方法。杜派分两步完成其计算过程:第一步,考虑客观环境对火力发挥的影响,计算结果被称为战斗实力;第二步,考虑机动、指挥等因素对战斗实力的影响,其结果杜派称为战斗力指数。

杜派在计算过程中,考虑了 6 种不同类型的常规武器:步兵武器、反坦克武器、炮兵武器、防空武器、装甲兵武器、空中支援武器。为便于考虑环境的影响,步兵武器和反坦克武器取相同的环境因子值,炮兵武器和防空兵为其取相同的环境因子值。

经过修正能够反映战斗环境影响的一支部队的武器火力指数值的总和,称为这支部队的战斗实力。总实力的计算公式为

$$S = (W_s + W_{mg} + W_{hw}) \times r_n + W_{gi} \times r_n + \\ (W_g + W_{gy}) \times (r_{wg} \times h_{wg} \times z_{wg} \times w_{wg}) + W_i \times (r_{wi} \times h_{wi}) + \\ W_y \times (r_{wy} \times h_{wy} \times z_{wy} \times w_{yy})$$

式中:S 为战斗实力;W_s 为小型武器的火力指数(OLI);W_{mg} 为机关枪的火力指数(OLI);W_{hw} 为步兵重武器的火力指数(OLI);W_{gi} 为反坦克武器的火力指数(OLI);W_g 为大型火炮的火力指数(OLI);W_{gy} 为防空武器的火力指数(OLI);W_i 为装甲武器的火力指数(OLI);W_y 为近空支援武器的火力指数(OLI);r_n 为与步兵武器有关的地形因子;r_{wg} 为与炮兵武器有关的地形因子;h_{wg} 为与炮兵武器有关的气象因子;z_{wg} 为与炮兵武器有关的季节因子;d_{wg} 为与炮兵武器有关的空中优势因子;r_{wi} 为与装甲兵武器有关的地形因子;h_{wi} 为与装甲兵武器有关的气象因子;r_{wy} 为与空中支援武器有关的地形因子;h_{wy} 为与空中支援武器有关的气象因子;z_{wy} 为与空中支援武器有关的季节因子;w_{yy} 为与空中支援武器有关的空中优势因子。

在各种不同情况下,地形因子、气象因子、季节因子、空中优势因子的取值也不尽相同。

(4)战斗力指数(战斗潜力)。按战斗实力公式计算出的部队总实力,再用战斗状态系数进行第二次修正,就可得出一支部队在战斗环境中的战斗力指数,其计算公式为

$$Q = S \times m \times l_e \times t \times o \times b \times u_s \times r_u \times h_u \times z_u \times v$$

式中:S 为战斗力指数;m 为作战部队的机动因子;l_e 为指挥因子;t 为训练因子;o 为士气因子;b 为后勤因子;u_s 为与实力有关的态势因子;r_u 为与态势有关的地形因子;h_u 为与态势有关的气象因子;z_u 为与态势有关的季节因子;v 为易损性因子。

上面的各系数值,除机动系数和易损性系数外都可通过评估的方法得到。

从以上整个计算过程可以看出,杜派提供了一种经验的理论,他首先说明了战场环境是如何影响武器的杀伤力的,继而又用战斗状态系数反映了作战单位应用其武器的能力,战场环境系数和战斗状态系数的综合影响就表现为战斗力系数。当把上面给出的各种公式和系数的经验值应用到各方的编制武器总数中,就可得到代表一个作战单位的战斗力指数值。根据这些战斗力指数值就可对作战过程的发展趋势给出预测。

3. 战斗效能的定量判定

为了对作战过程的结果作出判定或预测,杜派经验理论提出了以下 2 种方法。

第一种方法是比值法。设红蓝双方的战斗力指数(战斗潜力)分别为 Q_x、Q_y,求出它们的比值 $\dfrac{Q_x}{Q_y}$。若比值大于 1,则战斗进程将对红方有利;若比值小于 1,则战斗进程对蓝方有利;若比值等于 1,则双方势均力敌,或结果不能判定。一般认为当比值在 0.9~1.1 时,交战结局不可确定。

第二种方法是合成值法(定量判断模型 QJM)。杜派经验理论认为,一场战斗的结果可以通过以下 3 个方面进行估价。

(1)使命完成程度的评估。在合成值法度量标准中,最难确定的是使命完成程度的评估。使命完成程度的估价,一般只能用专家评估法。这种评估,通常要由有经验的军事分析人员对战斗情况进行详细分析,对各种战斗评论报告进行认真研究,并进行加权平均试验。作出主观判断,最后给出评估值。在大多数情况下,用上述方法对使命完成程度都能取得比较一致的意见,给出恰当的估价。这个估价一般用任务因子 MF 来衡量,MF 的范围为 1~10。

(2)空间争夺效能的评估。每一方能够夺取或扼守阵地的能力用空间争夺

效能来衡量。通过战力分析与拟合、反复调整,可知它与双方力量对比有关;与双方所占大于纵深有关;与每日平均前进(或撤退)距离有关;还与双方态势有关。下式给出红方计算空间效能的估计公式

$$E_{xsp} = \text{sign}(4Q + D_y)\sqrt{\frac{S_y + U_{sy}}{S_x + U_{sx}} \times \frac{|4Q + D_y|}{3D_x}}$$

式中:x 为红方,y 为蓝方;S 为战斗实力;U_s 为与实力有关的态势因子;D 为各方占据区域的纵深;Q 为各方每天平均进展或退后的距离,对一方为正值,对另一方则为负值。

同样可计算蓝方的空间效能度量值。

(3)人员伤亡效率的评估。表达人员伤亡可以用不同方式,如:"伤亡率=伤亡/最初战斗力、伤亡比=敌方伤亡人数/己方伤亡人数"都能描述伤亡效率。杜派没有沿用原有概念,可以肯定,伤亡效率与双方伤亡人数、实力强弱、力量大小、态势因素和易损性因素均有关系。一方面应反映出给对方造成的、用每日伤亡数字表示的相对杀伤能力,另一方面还应能反映出己方部队人员的日伤亡率。

对蓝方,这个公式的形式为

$$E_y = V_x^2 \times \left(\sqrt{\frac{C_x \times U_{sy} \times S_y}{C_y \times U_{sx}}} - \sqrt{\frac{100C_y}{N_y}}\right)$$

式中:x 为红方,y 为蓝方;E_y 为蓝方伤亡效率的估价;V_x 为红方的易损性系数;C 为伤亡人数/每日;U_s 为与实力有关的态势因子;S 为战斗实力;N 为部队的总兵力(人数)。

对于红方伤亡效率的估价有类似的公式。

(4)定量化战斗结果综合评估。有了上面3个评估值,对战斗双方的每一方,求三者之和,得到一个合成值(综合评估值)

$$R = MF + E_{sp} + E$$

式中:MF 为使命完成程度的估价值;E_{sp} 为空间争夺效能估价值;E 为伤亡效率的估价值;R 为定量化战斗结果的合成值。

可根据合成值结果进行胜负判断:

$$\begin{cases} R_x - R_y < 0 (\text{蓝方胜}) \\ R_x - R_y > 0 (\text{红方胜}) \\ R_x - R_y = 0 (\text{势均力敌}). \end{cases}$$

当用比值法或合成值法对同一场战斗进行定量判定时,有时会出现不一致的结果,这时可对其中一些系数做少许修改后再重复这种比较过程,直到取得

一致结果。

运用定量判定模型,杜派经验理论表明了如何通过经验的途径把影响战斗结果的各种因素定量化,以确定在可能出现的各种战斗环境中战斗结果的大致范围。

如果军事规划人员,能够较准确地估价出双方武器的杀伤力及各种不同情况对杀伤力的影响,那么他就可以预计战斗结局的大致趋势,就可以有较大把握对未来战争结果的种种可能性进行规划和计划;如果军事人员能够对历史上各种战争的经验进行合理的外推,就能得到一些有关现代和未来战争的有用结论。

4. 指数方法的军事应用

由于指数法简单易行,统一衡量了部队武器火力或部队战斗力,因而便于指挥员进行双方实力对比,以辅助决策。

(1)静态对比分析。分析双方兵力、武器火力指数的对比,一般要取胜,至少要3∶1,即红方胜要求满足

$$\frac{Q_x}{Q_y} > 3$$

式中:Q_x、Q_y 分别为红、蓝两方综合战斗力指数。

(2)动态对比分析。指挥员可利用作战过程中不同时间模型计算结果或战场侦察结果,来动态地评估双方战斗力指数之比的变化。

(3)武器装备作战效能评估。特别是在研制、设计新武器装备时,或进行论证时应用,应要求新武器装备的火力指数大于原有武器的火力指数。

(4)指数法与兰彻斯特方程相结合。

1962年美国人维拉对历史上1500次古典战斗利用兰彻斯特方程分析,发现计算结果不符合实际情况。20世纪70年代简尼斯·费茵引用第二次世界大战中在意大利的60次战斗,也发现兰彻斯特方程计算结果与实际不符。进一步研究表明红方兵力 x,蓝方兵力 y,如果利用战斗力指数值来表示,则结果比较好,比较接近实际。

把指数法和兰彻斯特方程理论相结合,就可得到一个指数—兰彻斯特方程。该方法的基本思想是:用交战双方部队的战斗力指数作为基本变量来代替经典兰彻斯特方程中的兵力或武器数量,并以战斗力指数的变化来描述部队的战斗损耗情况。它适用于参战军兵种多、武器种类多、规模大、层次高的对抗模拟,如师(军)级以上的模型。这种模型尽管粗糙一些,但简单易行,计算速度

快,便于反映军事人员的作战经验,易于被军事人员理解和接受。

实践表明,如果各种因素和各项系数处理得当,计算出来的结果还是可用的。因此,该方法是传统的战斗效能定量判定方法和半经验半理论描述的兰彻斯特方法的结合。其方程为

$$\frac{\mathrm{d}x_i(t)}{\mathrm{d}t} = \sum_{j=1}^{m} V_{ji}(t) L_{ji}(t) T_{ji}(t) \alpha_{ji}(t) y_j(t), i = 1, 2, \cdots, n$$

$$\frac{\mathrm{d}y_j(t)}{\mathrm{d}t} = \sum_{i=1}^{n} V_{ij}(t) L_{ij}(t) T_{ij}(t) \beta_{ij}(t) x_i(t), j = 1, 2, \cdots, m$$

式中:$x_i(t)$为红方第i个作战单位在时刻t的战斗力指数;$y_j(t)$为蓝方第j个作战单位在时刻t的战斗力指数;n为红方的作战单位数;m为蓝方的作战单位数;$V_{ji}(t)$和$V_{ij}(t)$分别为蓝方和红方的通视率;$L_{ji}(t)$和$L_{ij}(t)$分别为蓝方和红方的兵力分配率;$T_{ji}(t)$和$T_{ij}(t)$分别为蓝方和红方的兵力投入率;$\alpha_{ji}(t)$和$\beta_{ij}(t)$分别为蓝方和红方的指数损耗系数;$\alpha_{ji}(t)$和$\beta_{ij}(t)$的意义和确定方法都类似于兰彻斯特方程中的损耗系数。

指数法模型(更确切地说是指数—兰彻斯特法模型)的描述比较粗糙。它的所有描述参数,诸如火力指数、作战环境条件的战斗力系数、损耗过程的损耗系数等都具有明显的"平均意义"。由于模型比较粗,数据量(不包括寻求各种指数的过程)较少,模型规模也就较小,运行速度快,适用于在微型机上进行作战模拟的推广与应用。

参考文献

[1] 张最良,等.军事运筹学[M].北京:军事科学出版社,1993.

[2] 徐培德,余滨,马满好,等.军事运筹学基础[M].2版.长沙:国防科技大学出版社,2007.

[3] 李长生.军事运筹学教程[M].北京:军事科学出版社,2000.

[4] 刘德铭,黄振高.对策理论与方法[M].长沙:国防科技大学出版社,1995.

[5] 张维迎.博弈论与信息经济学[M].上海:上海人民出版社,2004.

[6] 张洪彬.军事博弈论[M].北京:解放军出版社,2005.

[7] 徐培德,谭东风.武器系统分析[M].长沙:国防科技大学出版社,1989.

[8] 李登峰,许腾.海军运筹分析教程[M].北京:海潮出版社,2004.

[9] 王书敏,董书军,等.军事运筹学[M].济南:黄河出版社,1993.

[10] 程云门.评定射击效率原理[M].北京:解放军出版社,1986.

[11] 中国人民解放军军事科学院军事运筹分析研究所.中国军事百科全书[M].北京:军事科学出版社,1993.

[12] 军事科学院军事运筹分析研究所.作战模拟的研究与应用[M].北京:军事科学出版社,1987.

[13] 钱松迪.运筹学[M].北京:清华大学出版社,1990.

[14] 潘承泮.武器系统射击效力[M].北京:兵器工业出版社,1994.

[15] 温特切勒.现代武器运筹学导论[M].北京:国防工业出版社,1974.

[16] 楚耶夫.军事技术运筹学基础[M].冷拓,等译.北京:国防工业出版社,1976.

[17] 包富红,毕义明.现代作战与军事运筹[M].西安:西北工业大学出版社,2001.

[18] 莫尔斯,金博尔.运筹学方法[M].吴沧浦,译.北京:科学出版社,1985.

[19] 陈庆华.组合最优化技术及其应用[M].长沙:国防科技大学出版社,1989.

[20] 张干宗.线性规划[M].武汉:武汉大学出版社,1990.

[21] 文仲辉.导弹系统分析与设计[M].北京:北京理工大学出版社,1989.

[22] 冯允成.系统仿真及其应用[M].北京:机械工业出版社,1992.

[23] 江敬灼,郭嘉诚.国防系统分析方法学教程[M].北京:军事科学出版社,2000.

[24] 张野鹏.作战模拟基础[M].北京:解放军出版社,1995.

[25] 王可定.作战模拟理论与方法[M].长沙:国防科技大学出版社,1999.

[26] 徐学文,王寿云.现代作战模拟[M].北京:科学出版社,2001.

[27] 曹志耀.计算机作战模拟系统设计原理[M].北京:解放军出版社,1999.

[28] Ariel Rubinstein, Martin J. Osborne. A Course on Game Theory[M]. Cambridge:MIT University Press,1994.

[29] Roger Myerson. Game Theory: An Analysis of Conflict[M]. Cambridge:Harvard University Press, 1991.

[30] D Fudenberg, Jean Tirole. Game Theory[M]. Cambridge:MIT University Press, 1991.

[31] Michael Maschler, Eilon Solan, Shmuel Zamir. Game Theory[M]. Cambridge:Cambridge University Press,2013.

[32] Stephen Boyd, Lieven Vandenberghe. Convex Optimization[M]. Cambridge:Cambridge University Press, 2004.